VHDL硬件描述语言与数字逻辑电路设计

(第五版)

侯伯亨　刘凯　顾新　编著

西安电子科技大学出版社

内 容 简 介

本书系统地介绍了 VHDL 硬件描述语言以及用该语言设计数字逻辑电路和数字系统的新方法。全书共 13 章：第 1、3、4、5、6、7、8、9 章主要介绍 VHDL 的基本知识和用其设计简单逻辑电路的基本方法；第 2、10 章简单介绍数字系统设计的一些基本知识；第 11 章以洗衣机洗涤控制电路设计为例，详述一个小型数字系统设计的步骤和过程；第 12 章介绍常用微处理器接口芯片的设计实例；第 13 章介绍 VHDL 93 版和 87 版的主要区别。

本书简明扼要，易读易懂，书中所有 VHDL 程序都用 93 版标准格式书写。全书以数字逻辑电路设计为主线，用对比手法来说明数字逻辑电路的电原理图和 VHDL 程序之间的对应关系，并列举了众多实例。另外，从系统设计角度出发，介绍了数字系统设计的一些基本知识及工程设计技巧。

本书既可作为大学本科生教材，也可作为研究生教材，还可供电子电路工程师自学参考。

图书在版编目(CIP)数据

VHDL 硬件描述语言与数字逻辑电路设计 / 侯伯亨，刘凯，顾新编著. —5 版.
—西安：西安电子科技大学出版社，2019.7(2020.12 重印)
ISBN 978-7-5606-4912-2

Ⅰ. ① V… Ⅱ. ① 侯… ② 刘… ③ 顾… Ⅲ. ① 硬件描述语言—数字电路—逻辑电路—程序设计 Ⅳ. TN790.2

中国版本图书馆 CIP 数据核字(2019)第 126443 号

策划编辑 戚文艳
责任编辑 戚文艳
出版发行 西安电子科技大学出版社(西安市太白南路 2 号)
电　　话 (029)88242885 88201467　　邮　　编 710071
网　　址 www.xduph.com　　电子邮箱 xdupfxb001@163.com
经　　销 新华书店
印刷单位 陕西天意印务有限责任公司
版　　次 2019 年 7 月第 5 版　2020 年 12 月第 24 次印刷
开　　本 787 毫米×1092 毫米 1/16　印 张 21.5
字　　数 511 千字
印　　数 106 001～109 000 册
定　　价 52.00 元
ISBN 978－7－5606－4912－2 / TN
XDUP 5214005－24

前　言

本书第一版撰写于 1997 年，1999 年进行了第一次修订，2010 年进行了第二次修订，2014 年进行了第三次修订。为简明起见再进行了第四次修订。本次修订删除了一些不常用的内容，并对一些内容进行了修改和完善。

使用本书的建议

本书以 VHDL 的课堂教学内容为主，未对实验内容作具体安排，这主要考虑到各学校现有资源和任课教师的偏好与所熟悉的工具不同。在将本书作为教材时，只要配备一本简明的实验指导书，介绍所用的 EDA 工具和实验板，即可与当前市场上出售的实验板实现无缝衔接，这样也增加了教师施教的自由选择度。我们建议，在实施教学时应尽可能选择易掌握的 EDA 工具和实验板，以使读者能将主要精力集中在对 VHDL 本身的理解和应用上。

在本科教学过程中，第 2 章、第 7 章、第 10 章内容可以少讲或不讲。属性描述语句可以只讲数组和信号类等几种常用的，尽可能少而精，使读者能较快地掌握常用的和基本的内容。第 11 章、第 12 章可以作为课堂示教的内容，以教师讲解、示范为主。

在研究生教学过程中，教学内容应以掌握数字系统设计的基本知识和解决工程设计实际问题的方法为主，可配合开发板的使用，进行较大规模电路和芯片的设计。

由于时间仓促，遗漏和不当之处在所难免，敬请读者不吝赐教。

作　者

2018 年 5 月

目　录

第 1 章　数字系统硬件设计概述

数字系统设计历来存在两个分支，即系统硬件设计和系统软件设计。同样，设计人员也因工作性质不同，可分成硬件设计人员和软件设计人员。他们各自从事自己的工作，很少涉足对方的领域，特别是软件设计人员更是如此。但是，随着计算机技术的发展和硬件描述语言(Hardware Description Language，HDL)的出现，这种界线已经被打破。数字系统的硬件构成及其行为完全可以用 HDL 来描述和仿真。这样，软件设计人员也同样可以借助 HDL 设计出符合要求的硬件系统。不仅如此，与传统的系统硬件设计方法相比，利用 HDL 来设计系统硬件具有许多突出的优点。它是硬件设计领域的一次变革，对系统的硬件设计将产生巨大的影响。本章将详细介绍这种硬件设计方法的变化情况。

1.1　传统的系统硬件设计方法

在计算机辅助电子系统设计出现以前，人们一直采用传统的硬件电路设计方法来设计系统的硬件。这种硬件设计方法有以下几个主要特征：

(1) 采用自下至上(Bottom Up)的设计方法。

自下至上的硬件电路设计方法的主要步骤是：根据系统对硬件的要求，详细编制技术规格书，并画出系统控制流图；然后根据技术规格书和系统控制流图，对系统的功能进行细化，合理地划分功能模块，并画出系统的功能框图；接着进行各功能模块的细化和电路设计；各功能模块的电路设计、调试完成后，将各功能模块的硬件电路连接起来再进行系统的调试；最后完成整个系统的硬件设计。

自下至上的设计方法充分体现在各功能模块的电路设计中。下面以一个六进制计数器设计为例进行说明。

要设计一个六进制计数器，其方案是多种多样的，但是摆在设计者面前的一个首要问题是如何选择现有的逻辑元器件构成六进制计数器。设计六进制计数器首先从选择逻辑元器件开始。

第一步，选择逻辑元器件。由数字电路的基本知识可知，可以用与非门、或非门、D 触发器、JK 触发器等基本逻辑元器件来构成一个计数器。设计者根据电路尽可能简单、价格合理、购买和使用方便等原则及各自的习惯来选择构成六进制计数器的元器件。本例中选择 JK 触发器和 D 触发器作为构成六进制计数器的主要元器件。

第二步，进行电路设计。假设六进制计数器采用约翰逊计数器。3 个触发器连接应该产生 8 种状态，现在只使用 6 种状态，将其中的 010 和 101 两种状态禁止。这样六进制计数器的状态转移图如图 1-1 所示。

从这个状态转移图中可以看到，在计数过程中计数器的 3 个触发器的状态是这样转移的：首先 3 个触发器的状态均为 0，即 Q2Q1Q0＝000，以后每来一个计数脉冲，其状态变化情况为 000→001→011→111→110→100→000→001→ …。

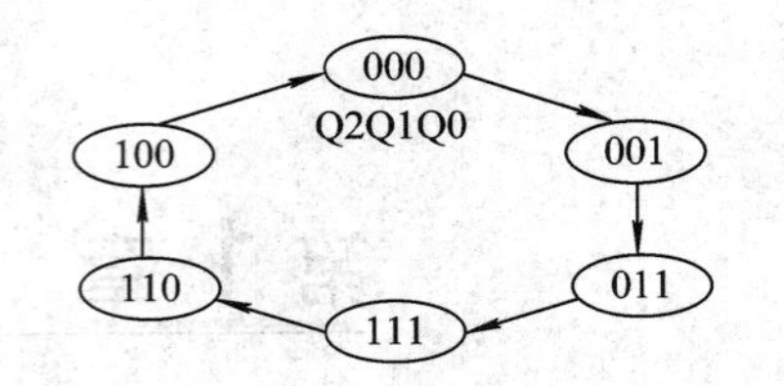

图 1-1　六进制计数器的状态转移图

在知道六进制计数器的状态变化规律以后，就可以列出每个触发器的前一状态和当前状态变化的状态表，如表 1-1 所示。

表 1-1　触发器的状态变化表

计数脉冲＼触发器状态	Q2		Q1		Q0	
	前一状态	当前状态	前一状态	当前状态	前一状态	当前状态
1	0	0	0	0	0	1
2	0	0	0	1	1	1
3	0	1	1	1	1	1
4	1	1	1	1	1	0
5	1	1	1	0	0	0
6	1	0	0	0	0	0

从表 1-1 中可以发现，Q2 当前状态的输出是 Q1 前一状态的输出，而 Q1 当前状态的输出就是 Q0 前一状态的输出。这样，若 Q2 和 Q1 采用 D 触发器，则只要将 Q0 输出端与 D1 触发器的 D 输入端相连接，将 D1 触发器的 Q1 输出端与 D2 触发器的 D 输入端相连接即可。Q0 输出关系复杂一些，因此必须选用 JK 触发器，并且利用 Q1、Q2 输出作为约束条件，经组合逻辑电路作为 D0 的 J 和 K 输入。Q2、Q1 输出和 D0 的 J、K 输入关系如表 1-2 所示。

表 1-2　Q2、Q1 输出和 D0 的 J、K 输入关系表

计数脉冲＼触发器状态	Q2	Q1	Q0			
	前一状态	前一状态	J	K	前一状态	当前状态
1	0	0	1	0	0	1
2	0	0	1	0	1	1
3	0	1	0	0	1	1
4	1	1	0	1	1	0
5	1	1	0	1	0	0
6	1	0	0	0	0	0

从表 1-2 中很容易写出以 Q2、Q1 为输入，以 J、K 为输出的两个真值表。该真值表实际上就是或非门的真值表和与门的真值表。将 Q2、Q1 分别连到或非门的输入端，将或非门的输出连到 Q0 的 J 输入端，再将 Q2、Q1 分别连接到与门的输入端，将与门的输出端与 D0 的 K 输入端相连，这样，一个六进制计数器的硬件电路设计就完成了，如图 1-2 所示。

当然，触发器的时钟端应和计数脉冲端相连接，系统复位信号应和触发器的置“0”端相连接，这样就可以保证实际电路的正常工作。

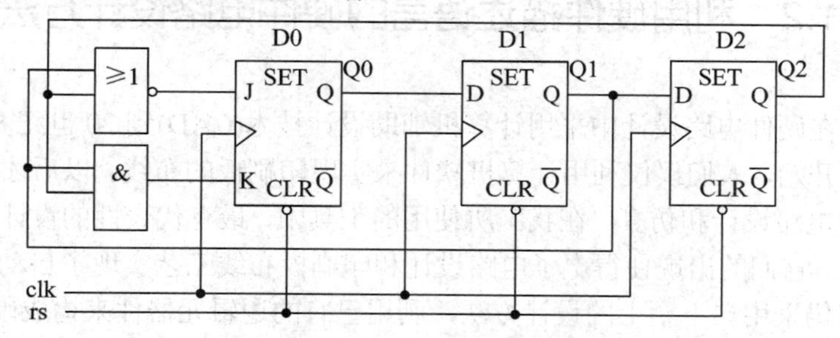

图 1-2　六进制约翰逊计数器原理图

与六进制计数器模块设计一样，系统的其他模块也按此方法进行设计。在所有硬件模块设计完成以后，再将各模块连接起来，进行调试。如果有问题，则进行局部修改，直至整个系统调试完毕为止。

由上述设计过程可以看到，系统硬件的设计是从选择具体元器件开始的，并用这些元器件进行逻辑电路设计，完成系统各独立功能模块的设计，然后将各功能模块连接起来，完成整个系统的硬件设计。上述过程从最底层开始设计，直至最高层设计完毕，故将这种设计方法称为自下至上的设计方法。

(2) 采用通用的逻辑元器件。

在传统的硬件电路设计中，设计者总是根据系统的具体需要，选择市场上能买到的逻辑元器件来构成所要求的逻辑电路，从而完成系统的硬件设计。尽管随着微处理器的出现，在由微处理器及其相应硬件构成的系统中，许多系统的硬件功能可以用软件功能来实现，从而在较大程度上简化了系统硬件电路的设计，但是这种选择通用的元器件来构成系统硬件电路的方法并未改变。

(3) 在系统硬件设计的后期进行仿真和调试。

在传统的系统硬件设计方法中，仿真和调试通常只有在后期完成系统硬件设计以后才能进行，因为进行仿真和调试的仪器一般为系统仿真器、逻辑分析仪和示波器等，它们只有在硬件系统已经构成后才能使用。这样，系统设计时存在的问题只能在后期才会较容易地被发现，即传统的硬件设计方法对系统设计人员提出了较高的要求，一旦考虑不周，系统设计存在较大缺陷，就有可能要重新设计系统，使得设计周期大大延长。

(4) 主要设计文件是电原理图。

在用传统的硬件设计方法对系统进行设计并调试完毕后，所形成的硬件设计文件主要是由若干张电原理图构成的文件。在电原理图中详细标注了各逻辑元器件的名称和相互间的信号连接关系。该文件是用户使用和维护系统的依据。对于小系统，这种电原理图只要几十张至几百张即可。但是，如果系统比较大，硬件比较复杂，那么这种电原理图可能有几千张、几万张甚至几十万张。如此多的电原理图给归档、阅读、修改和使用都带来了极大的不便。

传统的硬件电路设计方法已经沿用了几十年，是目前广大电子工程师所熟悉和掌握的一种方法。但是，随着计算机技术、大规模集成电路技术的发展，这种传统的设计方法已大大落后于当今技术的发展。一种崭新的、采用硬件描述语言的硬件电路设计方法已经兴起，它的出现给硬件电路设计带来了一次重大的变革。

1.2　利用硬件描述语言的硬件电路设计方法

一般来说，在硬件电路设计中采用计算机辅助设计技术(CAD)到 20 世纪 80 年代才得到了普及和应用。一开始，人们仅仅利用计算机软件来实现印刷板的布线，以后才慢慢实现了插件板级规模的电子电路设计和仿真。在我国所使用的工具中，最有代表性的设计工具是 Tango 和早期的 ORCAD。它们的出现使得电子电路设计和印刷板布线工艺实现了自动化。但是，就设计方法而言，其仍采用自下至上的设计方法，利用已有的逻辑元器件来构成硬件电路。

随着大规模专用集成电路(ASIC)的开发和研制，为了提高开发的效率，增加已有开发成果的可继承性以及缩短开发时间，各 ASIC 研制和生产厂家相继开发了用于各自目的的硬件描述语言。其中最有代表性的是美国国防部开发的 VHDL(VHSIC Hardware Description Language)、Verilog 公司开发的 Verilog-HDL 以及日本电子工业振兴协会开发的 UDL/I。

所谓硬件描述语言，就是可以描述硬件电路的功能、信号连接关系及定时关系的语言。它比电原理图能更有效地表示硬件电路的特性。例如，一个二选一选择器的电原理图如图 1-3(a)所示，用 VHDL 描述的二选一选择器如图 1-3(b)所示。

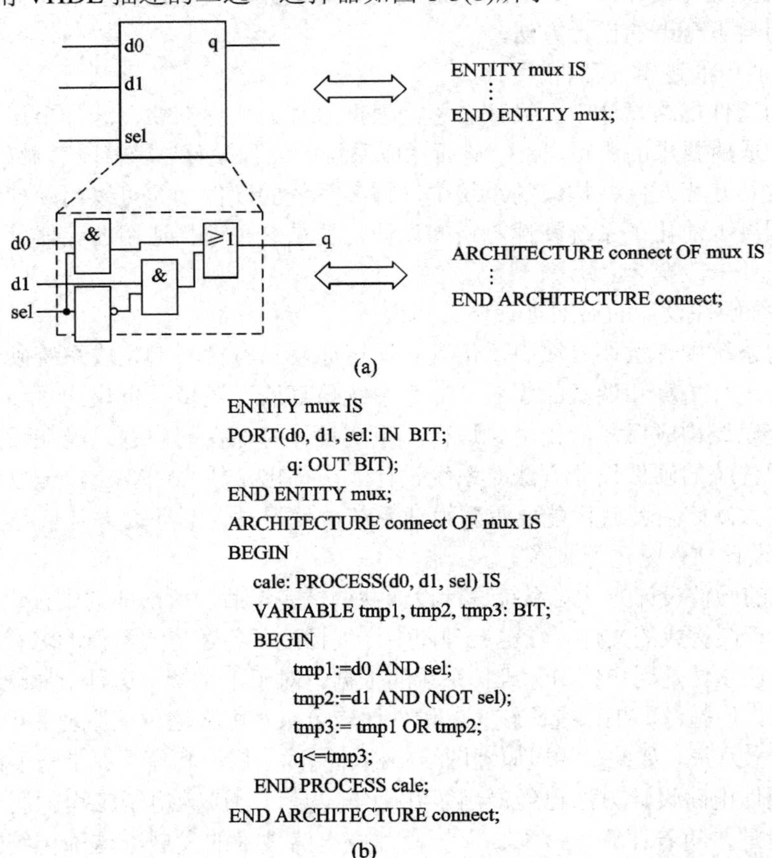


```
ENTITY mux IS
PORT(d0, d1, sel: IN  BIT;
        q: OUT BIT);
END ENTITY mux;
ARCHITECTURE connect OF mux IS
BEGIN
    cale: PROCESS(d0, d1, sel) IS
    VARIABLE tmp1, tmp2, tmp3: BIT;
    BEGIN
        tmp1:=d0 AND sel;
        tmp2:=d1 AND (NOT sel);
        tmp3:= tmp1 OR tmp2;
        q<=tmp3;
    END PROCESS cale;
END ARCHITECTURE connect;
```

(b)

图 1-3　二选一选择器的电原理图与 VHDL 描述

(a) 二选一选择器的电原理图；(b) 二选一选择器的 VHDL 描述

利用硬件描述语言编程来表示逻辑器件及系统硬件的功能和行为，是该设计方法的一个重要特征。

利用 HDL 设计系统硬件的方法，归纳起来具有以下几个特点。

(1) 采用自上至下(Top Down)的设计方法。

所谓自上至下的设计方法，就是从系统的总体要求出发，自上至下地逐步将设计内容细化，最后完成系统硬件的整体设计。在利用 HDL 的硬件设计方法中，设计者将系统硬件设计自上至下分成三个层次进行。

第一层次是行为描述。所谓行为描述，实质上就是对整个系统数学模型的描述。一般来说，对系统进行行为描述的目的是试图在系统设计的初始阶段，通过对系统行为描述的仿真来发现设计中存在的问题。在行为描述阶段并不真正考虑其实际的操作和算法用什么方法来实现，考虑更多的是系统的结构及其工作过程是否能达到系统设计规格书的要求。下面仍以六进制计数器为例，说明如何用 VHDL 以行为方式来描述它的工作特性。

【例 1-1】 用 VHDL 以行为方式描述六进制计数器的工作特性。

```
LIBRARY IEEE;
USE IEEE.STD_LOGIC_1164.ALL;
ENTITY counter IS
PORT(clk: IN STD_LOGIC;
      rs: IN STD_LOGIC;
      count_out: OUT STD_LOGIC_VECTOR(2 DOWNTO 0));
END ENTITY counter;
ARCHITECTURE behav OF counter IS
SIGNAL next_count: STD_LOGIC_VECTOR(2 DOWNTO 0);
BEGIN
       count_proc: PROCESS(rs, clk) IS
BEGIN
      IF rs = '0' THEN
         next_count <= "000";
      ELSIF (clk'EVENT AND clk = '1') THEN
         CASE next_count IS
            WHEN "000" => next_count <= "001";
            WHEN "001" => next_count <= "011";
            WHEN "011" => next_count <= "111";
            WHEN "111" => next_count <= "110";
            WHEN "    110" => next_count <= "100";
            WHEN "100" => next_count <= "000";
            WHEN OTHERS => next_count <= "XXX";
         END CASE;
     END IF;
       count_out <= next_count AFTER 10ns;
```

```
END PROCESS count_proc;
END ARCHITECTURE behav;
```

从例 1-1 中可以看出，该段 VHDL 程序勾画出了六进制计数器的输入、输出引脚和内部计数过程的计数状态变化时序及关系。这实际上是计数器工作模型的描述。当该程序仿真通过以后，说明六进制计数器模型是正确的。在此基础上再改写该程序，使其语句表达式易于用逻辑元件来实现，这是第二层次所要做的工作。

第二层次是 RTL 方式描述。这一层次称为寄存器传输描述(又称数据流描述)。如前所述，用行为方式描述的系统结构的程序其抽象程度高，是很难直接映射到具体的逻辑元件结构用硬件来实现的。要想得到硬件的具体实现，必须将行为方式描述的 VHDL 程序改写为 RTL 方式描述的 VHDL 程序。也就是说，系统采用 RTL 方式描述，才能导出系统的逻辑表达式，才能进行逻辑综合。当然，这里所说的可以进行逻辑综合是有条件的，它是针对某一特定的逻辑综合工具而言的。

【例 1-2】 与例 1-1 行为方式描述等价的六进制计数器的 RTL 描述。

```
LIBRARY IEEE;
USE IEEE.STD_LDGIC_1164.ALL;
USE WORK.NEW.ALL;
ENTITY counter IS
PORT(clk, rs: IN STD_LOGIC;
        q1, q2, q3: OUT STD_LOGIC);
END ENTITY counter;
ARCHITECTURE rtl OF counter IS
COMPONENT dff IS
PORT(d, rs, clk: IN STD_LOGIC;
        q: OUT STD_LOGIC);
END COMPONENT dff;
COMPONENT djk IS
PORT(j, k, rs, clk: IN STD_LOGIC;
       q: OUT STD_LOGIC);
END COMPONENT djk;
COMPONENT and2 IS
PORT(a, b: IN STD_LOGIC;
        c: OUT STD_LOGIC);
END COMPONENT and2;
COMPONENT nor2 IS
PORT(a, b: IN    STD_LOGIC;
        c: OUT STD_LOGIC);
END COMPONENT nor2;
SIGNAL jin, kin, q1_out, q2_out, q3_out: STD_LOGIC;
BEGIN
  u1: nor2
```

```
    PORT MAP(q3_out, q2_out, jin);
u2: and2
    PORT MAP(q3_out, q2_out, kin);
u3: djk
    PORT MAP(jin, kin, rs, clk, q1_out);
u4: dff
    PORT MAP(q1_out, rs, clk, q2_out);
u5: dff
    PORT MAP(q2_out, rs, clk, q3_out);
q1 <= q1_out;
q2 <= q2_out;
q3 <= q3_out;
END ARCHITECTURE rtl;
```

在例1-2中，JK触发器、D触发器、与门和或非门都已在库WORK.NEW.ALL中定义了，这里可以直接引用。该例中的构造体直接描述了它们之间的连接关系。与例1-1相比，例1-2更趋于实际电路的描述。

在把行为方式描述的程序改写为RTL方式描述的程序时，编程人员必须深入了解逻辑综合工具的详细说明和具体规定，这样才能编写出合格的RTL方式描述的程序。

在完成编写RTL方式的描述程序以后，再用仿真工具对RTL方式描述的程序进行仿真。如果通过这一步仿真，那么就可以利用逻辑综合工具进行综合了。

第三层次是逻辑综合。逻辑综合是利用逻辑综合工具将RTL方式描述的程序转换成用基本逻辑元件表示的文件(门级网络表)。此时，如果需要，可以将逻辑综合结果以逻辑原理图的方式输出。也就是说，逻辑综合的结果相当于在人工设计硬件电路时，根据系统要求画出了系统的逻辑电原理图。此后对逻辑综合结果在门电路级上再进行仿真，并检查定时关系。如果一切都正常，那么系统的硬件设计就基本结束。如果在三个层次的某个层次上发现有问题，则都应返回上一层，寻找和修改相应的错误，然后向下继续未完的工作。

由逻辑综合工具产生门级网络表后，在最终完成硬件设计时，还可以有两种选择：第一种是采用由自动布线程序将网络表转换成相应的ASIC芯片的制造工艺，做出ASIC芯片；第二种是将网络表转换成FPGA(现场可编程门阵列)或CPLD的编程码点，然后写入对应芯片，完成硬件电路设计。

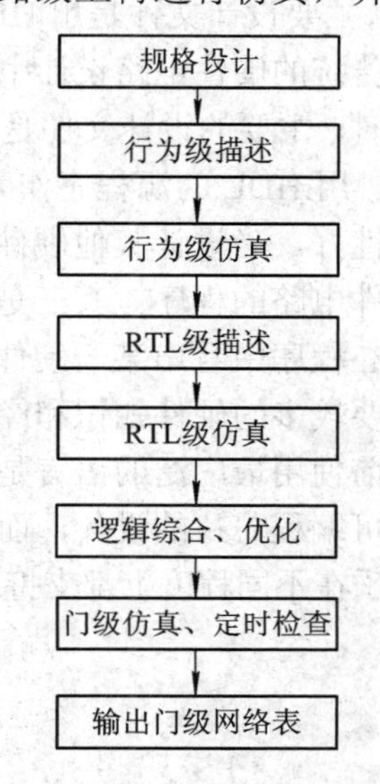

图1-4　自上至下设计系统硬件的过程

在用HDL设计系统硬件时，无论是设计一个局部电路，还是设计由多块插件板组成的复杂系统，上述自上至下的三个层次的设计步骤是必不可少的。利用自上至下设计系统硬件的过程如图1-4所示。

由自上至下的设计过程可知，从总体行为设计开始到最终逻辑综合、形成网络表为止，每一步都要进行仿真检查，这样有利于尽早发现系统设计中存在的问题，从而可以大大缩短系统硬件的设计周期。这是用HDL设计系统硬件的最突出的优点之一。

(2) 系统中可大量采用ASIC芯片。

由于目前众多制造ASIC芯片的厂家的工具软件都可支持HDL的编程，因此，硬件设计人员在设计硬件电路时，不受只能使用通用元器件的限制，而可以根据硬件电路设计需要，设计自用的ASIC芯片或可编程逻辑器件。这样最终会使系统电路设计更趋合理，体积也可大为缩小。

(3) 采用系统早期仿真。

由自上至下的设计过程可以看到，在系统设计过程中要进行三级仿真，即行为级仿真、RTL级仿真和门级仿真，也就是要进行系统数学模型的仿真、系统数据流的仿真和系统门电路电原理的仿真。这三级仿真贯穿系统硬件设计的全过程，从而可以在系统设计早期发现设计中存在的问题。与自下至上设计的后期仿真相比，可大大缩短系统的设计周期，节约大量的人力和物力。

(4) 降低了硬件电路的设计难度。

在采用传统的硬件电路设计方法时，往往要求设计者在设计电路前写出该电路的逻辑表达式或真值表(或时序电路的状态表)。这一工作是相当困难和繁杂的，特别是在系统比较复杂时更是如此。例如，在设计六进制计数器时，必须编写输入和输出的真值表与状态表。根据表中的关系，写出逻辑表达式，并用相应的逻辑元件来实现。

用HDL设计硬件电路，使设计者不必编写逻辑表达式或真值表。如图1-1和例1-1所示，只要知道六进制计数器的6种计数状态就行了，而无需写出相关电路的逻辑表达式。这使硬件电路的设计难度大幅度下降，从而也缩短了硬件电路的设计周期。据有关资料估计，仅此一项就可使设计周期缩短大约1/3～1/2。

(5) 主要设计文件是用HDL编写的源程序。

在传统的硬件电路设计中，最后形成的主要文件是电原理图，而采用HDL设计系统硬件电路时，主要的设计文件是用HDL编写的源程序。如果需要，也可以转换成电原理图形式输出。用HDL的源程序作为归档文件有很多好处。其一是资料量小，便于保存。其二是可继承性好。当设计其他硬件电路时，可以使用文件中的某些库、进程和过程等描述某些局部硬件电路的程序。其三是阅读方便。阅读程序比阅读电原理图要更容易一些，阅读者很容易在程序中看出某一硬件电路的工作原理和逻辑关系，而阅读电原理图推知其工作原理却需要较多的硬件知识和经验，而且看起来也不那么一目了然。

当前使用最广泛的语言是VHDL和Verilog-HDL，它们都已标准化和通用化。VHDL常用于可编程芯片的设计，而Verilog-HDL多用于ASIC芯片的设计。目前，大多数EDA工具几乎在不同程度上都支持这两种语言。这给HDL进一步推广和应用创造了良好的环境。

习题与思考题

1.1　什么是数字系统的自下至上的设计方法？什么是自上至下的设计方法？各有什

么特点？

1.2　什么是硬件描述语言？它和一般的高级语言有什么不同？

1.3　用 VHDL 设计数字系统有什么优点？

1.4　怎样用 VHDL 来描述一个具体的电路？电原理图和 VHDL 描述存在怎样的对应关系？试举例说明。

第2章　数字系统的算法描述

在学习高级语言时，通常用程序流程图来描述程序所实现的一种算法。程序流程图实际上就是一种算法描述的方法。在对数字系统进行算法描述时，为了便于最后进行逻辑综合，常用的算法描述有算法流程图描述、算法状态机描述、硬件描述语言描述等。本章将对算法流程图描述及算法状态机描述进行详细讨论。

2.1　数字系统算法流程图描述

算法流程图实际上是从程序流程图衍生出来的一种描述数字系统硬件操作功能的方法。两者在形式上有许多相似或类同的地方。但是，由于算法流程图描述的是系统的硬件动作，某些操作结果存在并发性，因此在描述时与程序流程图相比会略有不同，这一点在后面还会提及，请读者注意。

2.1.1　算法流程图的符号及描述方法

算法流程图由若干种描述符号构成，即启动框、工作框、判断框、条件框、结束框及有向线(带有箭头的连线)等。

1. 启动框和结束框

与程序流程图一样，启动框和结束框仅仅表示该算法流程图的开始和结束，使读者一目了然。一般这两个框可以省略，而以文字和箭头直接表示，如图2-1所示。

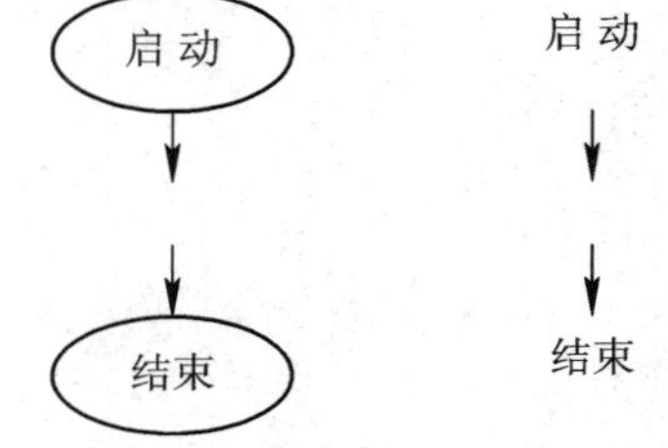

图2-1　启动框和结束框

2. 工作框

如图2-2所示，工作框用一个矩形框表示，在框内用文字说明该工作框所对应的硬件操作内容及对应的输出信号。

通常算法流程图与硬件功能有极好的对应关系。也就是说，一个工作框的功能应该很容易地映射成为一个较基本的逻辑电路。图2-3(a)描述两个二进制数a和b相加，其结果为输出c的工作框；图2-3(b)则是实现该工作框功能的逻辑电路。在设计数字系统时，如用算法流程图描述其功能，则总要经历由粗至细逐步细化的过程。所以，在数字系统描述的初期，一个工作框的功能不一定完全能用一个逻辑电路来实现。但是，随着描述的逐步细化，设计者应考虑每一个工作框的可实现性，只有这样，算法流程图最后才能被综合成逻辑电路。

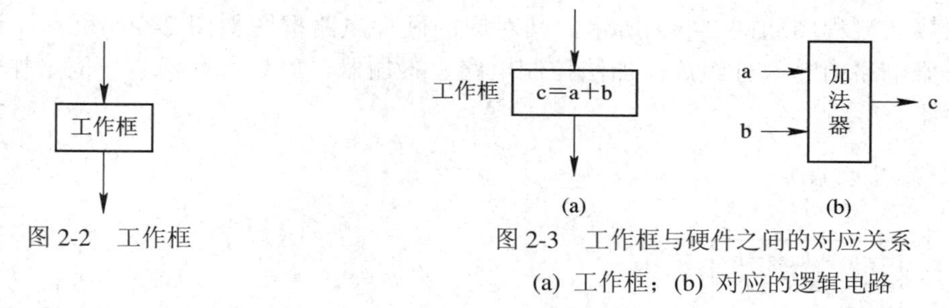

图 2-2 工作框

图 2-3 工作框与硬件之间的对应关系

(a) 工作框；(b) 对应的逻辑电路

3．判断框

判断框与程序流程图中所采用的符号一样，用菱形框来描述。框内应给出判断量和判断条件。根据不同的判断结果，算法流程图将确定采用什么样的后继操作。判断框必定有两个或两个以上的后续操作，当后续操作超过 3 个时可以用若干个判断框连接来描述。图 2-4 是用算法流程图中的判断框描述 2-4 译码器的示例。图 2-4 中，输入为 a、b，输出为 y_0、y_1、y_2、y_3，用 4 个判断框描述该电路的四种不同的后续操作。

4．条件框

条件框用椭圆形符号来表示，如图 2-5 所示。条件框一定与判断框的一个分支相连，且仅当该分支条件满足时，条件框中所表明的操作才被执行。请读者注意，条件框是算法流程图中所特有的，它可描述硬件操作的并发性。与软件程序图中的分支程序不同的是，条件框的操作是与判断结果同时发生的，如图 2-5 所示，当 cnt = 7 时，发光二极管就发亮(D←1)。在时序上 cnt = 7 和 D←1 发生在同一个标定时刻。这和程序中先判别 cnt 是否等于 7，如果等于 7，则再执行下一条指令，点亮发光二极管(D←1)的操作过程是有显著区别的。

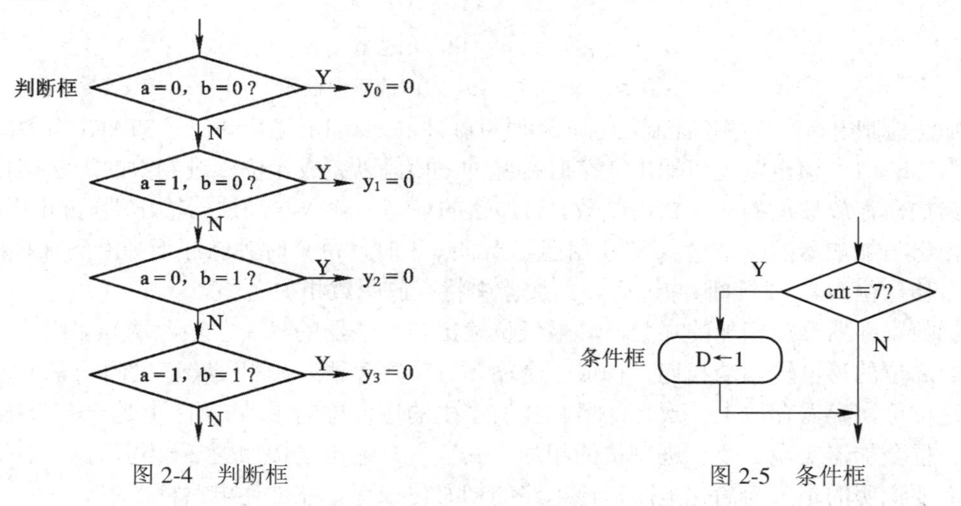

图 2-4 判断框

图 2-5 条件框

2.1.2 算法流程图描述数字系统实例

为了熟悉算法流程图描述方法，现举几个例子加以说明。

1．串行加法器

串行加法器是利用一位加法器实现两个多位二进制数据相加的电路。4 位串行加法器的算法流程图如图 2-6(a)所示，其对应的硬件电路框图如图 2-6(b)所示。该 4 位串行加法器电路由 5 部分组成：加法控制电路、累加器、加数寄存器、一位全加器和进位位寄存器。

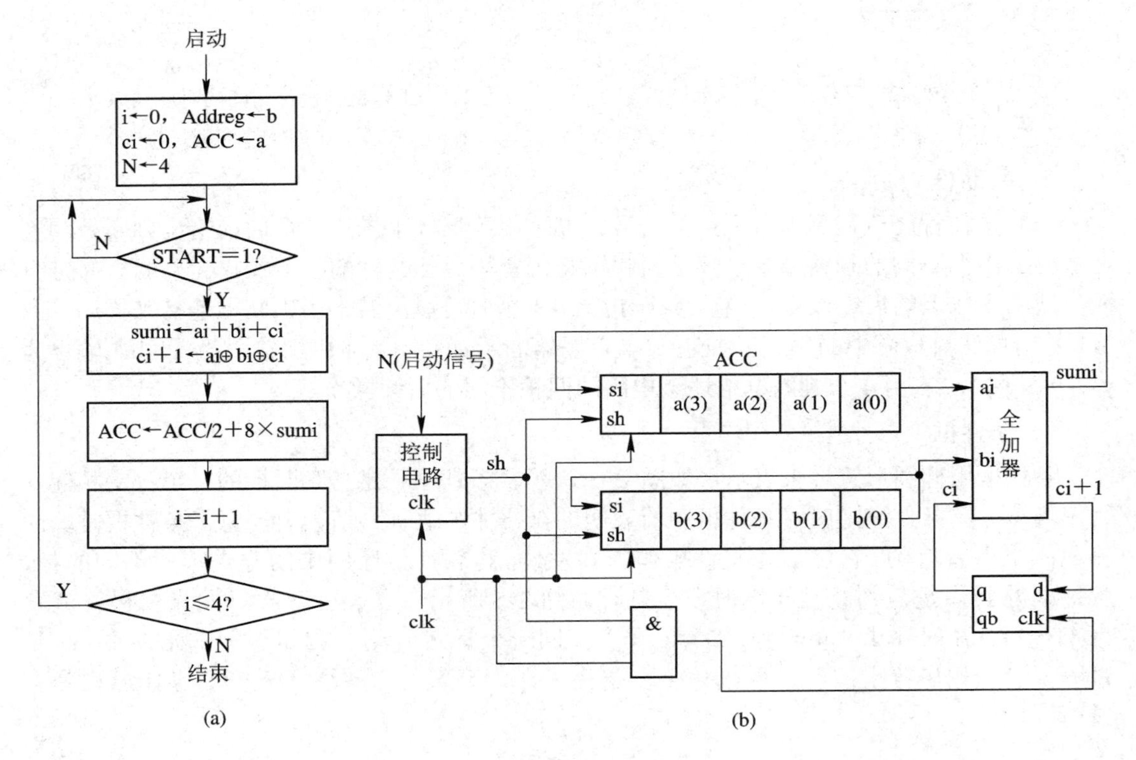

图 2-6　4 位串行加法器

(a) 算法流程图；(b) 对应的硬件框图

加法控制电路产生移位控制信号 sh 和时钟脉冲 clock(clk)。当启动信号 START 有效(START = 1)时，sh = 1，该电路还将输出 4 个时钟脉冲(clk)，以完成 4 位二进制数的加法操作。

累加器存放被加的 4 位二进制数。累加器的最高位输入与加法器输出端 sumi 相连；最低位输出与加法器的一个输入端 ai 相连。当 sh = 1 时，每个时钟脉冲下降沿到来将使累加器向右移一位。4 个时钟脉冲过后，累加器中将存放两数相加之和。

加数寄存器存放相加的加数，其最低位输出与加法器的另一个输入端 bi 相连。另外，还和最高位的移位输入端相连，构成一个循环移位寄存器。sh 和 clk 连接同一累加器。

进位位寄存器存放上一次加法器相加所产生的进位位结果。它实际上是一个 D 触发器。

一位全加器实现 2 个二进制位的相加，其输入、输出连接如图 2-6(b)所示。

需要说明的是，为简化电路，该电路的初始化未包含在上述电路框图中。

如图 2-6(a)所标明的一样，如果算法流程图描述适当，则其各工作框和判断框等都会有较好的对应关系，这样会给电路设计带来很大的方便。但是，毕竟算法流程图更贴近数字系统的行为描述，当数字系统较复杂时这种对应关系就不那么紧密了。

2．乘法器

乘法器可实现的算法很多。2 个 4 位数乘法的运算过程如表 2-1 所示。

表 2-1　2 个 4 位二进制数的相乘过程

步骤	操 作 内 容	被乘数 乘数	备 注
1	初始化 9 位寄存器，乘数最低位为“1”，故加被乘数	0 0000 1001 0101 0 0101 1001	M = 1
2	右移 1 位，最低位为“0”，不加被乘数	0 0010 1100	M = 0
3	右移 1 位，最低位为“0”，不加被乘数	0 0001 0110	M = 0
4	右移 1 位，最低位为“1”，加被乘数	0 0000 1011 0101 0 0101 1011	M = 1
5	右移 1 位，产生乘法结果	0 0010 1101	—

表中有一个 9 位寄存器，低 4 位存放乘数。如果乘数的最低位(寄存器的最低位)为“1”，则将被乘数加到寄存器的 b4～b7 位上；如果为“0”，则不作加法，然后向右移一位。再重复上述过程，直至将乘数全部移出 9 位寄存器为止(此例中要移 4 位)。将这种算法的运算过程用算法流程图来描述，如图 2-7(a)所示，与该算法流程图对应的硬件电路框图如图 2-7(b)所示。

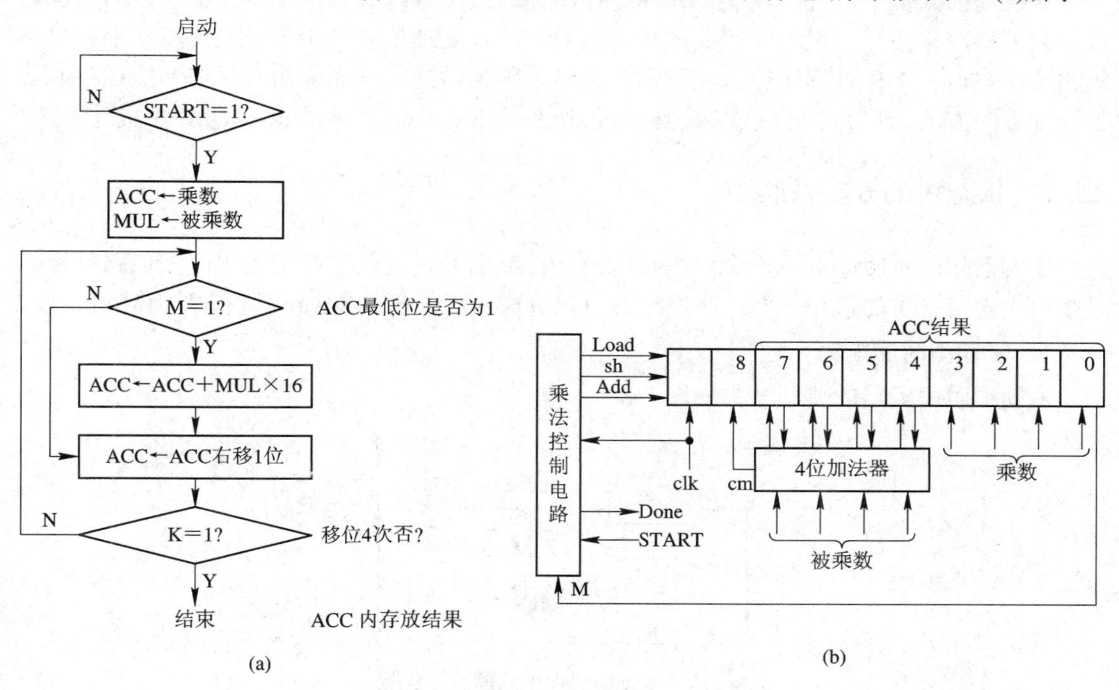

图 2-7　乘法器

(a) 算法流程图；(b) 硬件电路框图

该乘法器由 3 大部分组成：9 位长的累加器 ACC、4 位加法器和 1 个乘法控制电路。乘法控制电路有 3 个输入信号和 4 个输出控制信号：

(1) Load——累加器数据装载控制信号；

(2) sh——累加器移位控制信号；

(3) Add——累加器输出相加信号；

(4) Done——乘法结束标志信号；

(5) clk——时钟信号；

(6) START——启动控制信号；

(7) M——加被乘数控制信号。

在启动信号有效(START = 1)以前应先将乘数装入累加器，将被乘数装入被乘数寄存器(该寄存器图中未画出)，即初始化完毕。在启动信号有效以后，经 4 个时钟脉冲，乘法操作完成，其结果将存于累加器 ACC 中。

如前所述，算法流程图常用于数字系统的行为描述，它仅仅规定了数字系统的一些操作顺序，而并未对操作的时间和操作之间的关系做出严格的规定。因而它常用于验证数字系统数学模型的正确性，对其硬件的可实现性未作更多的关注。

2.2　状态机及算法状态机图描述

众所周知，数字系统由控制单元和处理单元两大部分组成。控制单元在统一的同步时钟控制下，严格按照一定的时间关系输出控制信号；处理单元一步一步地完成整个数字系统的操作。这种工作过程用算法流程图是无法正确描述的。下面介绍一种用于描述控制器工作过程的方法，即算法状态机图(Algorithmic State Machine Flowchart，ASM 图)描述方法。

2.2.1　状态机的分类及特点

控制器按一定时序关系产生一系列的时序控制信号，因此它必定包含时序电路。根据时序输出信号产生的机理不同，时序电路可以分成两类：米勒(Mealy)型和摩尔(Moore)型。

1．米勒型时序电路

米勒型时序电路的典型结构如图 2-8 所示。

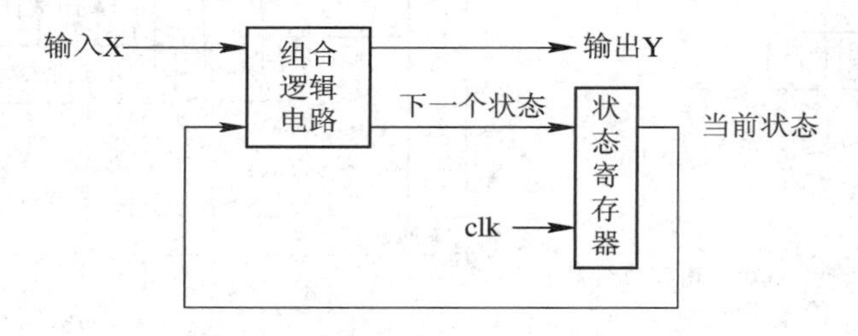

图 2-8　米勒型时序电路的典型结构

从图 2-8 中可以看到，该电路由一个组合逻辑电路和一个状态寄存器构成。状态寄存器的输入是下一个状态值，而输出是当前的状态值。组合逻辑电路的输入为电路输入 X 及当前状态值，输出为电路输出 Y 及下一个状态值。该电路的特点是：其输出不仅与当前状态有关，还和输入值有关。也就是说，输入 X 的值不仅决定了电路的下一个状态，而且对当前的输出值也会产生影响。下面以 4 位串行加法器(见图 2-6)的控制电路为例作一说明。

参照图 2-8 所示的米勒型时序电路的典型结构，此时串行加法器控制电路的输入为 START，输出信号为 sh，状态寄存器的锁存信号为 clk，状态寄存器的输出为 si，根据前述工作过程，我们不难列出其状态表和状态图，如表 2-2 和图 2-9 所示。

表 2-2　串行加法器的控制状态表

当前状态	下一个状态		当前输出(sh)	
	START = 0	START = 1	START = 0	START = 1
S0	S0	S1	0	1
S1	S2	S2	1	1
S2	S3	S3	1	1
S3	S0	S0	1	1

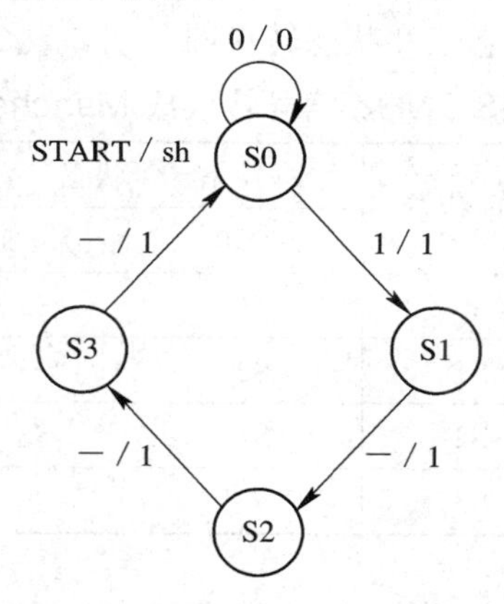

图 2-9　串行加法器的控制状态图

从表 2-2 中可以看到，控制器的输入 START 只有在 S0 状态下才会对输出 sh 产生影响，它表明该电路一旦启动，一定要做完 4 位加法才能使其停止工作。

在图 2-9 中，每一个圆代表一个状态，在其中标出了状态名 S0、S1、S2、S3。各状态之间用带箭头的线连接起来，表示状态转换的方向。在连接线旁标出了箭头所指状态的输入值和输出值，如 0/0，斜杠左边为输入值，右边为输出值，本例中应为 START/sh。

2．摩尔型时序电路

摩尔型时序电路的典型结构如图 2-10 所示。图中，输入有输入信号 X 和状态锁存时钟 clk，输出只有一个 Y，其值仅与当前的状态值有关，而与输入 X 无关。

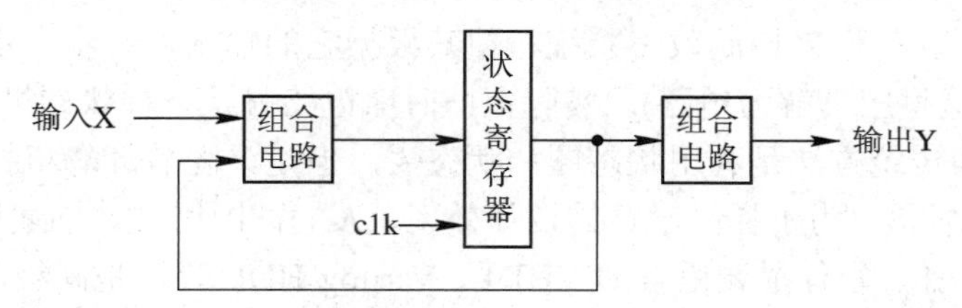

图 2-10　摩尔型时序电路的典型结构

非归零(NRZ)串行数据信号转换成曼彻斯特(Manchester)串行数据信号的时序电路就是摩尔型时序电路的典型实例。NRZ 信号和 Manchester 信号的时序关系如图 2-11 所示。

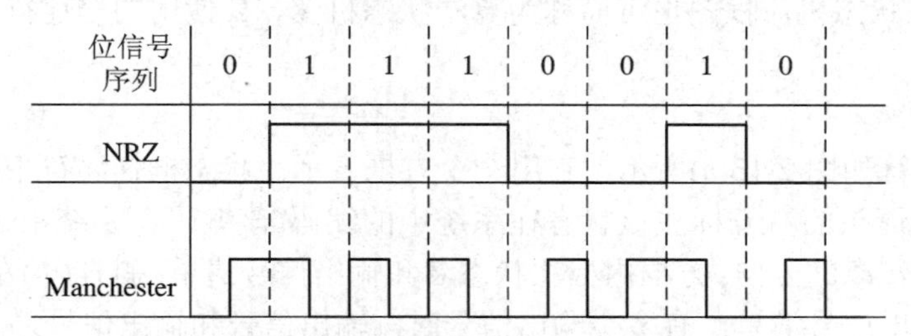

图 2-11　NRZ 信号和 Manchester 信号的时序关系

从图 2-11 中可以看出，当非归零信号由“1”变成“0”或由“0”变成“1”时，曼彻斯特信号在一个码元宽度的时间内将维持不变，在其他情况下，在每个码元中间信号将发生一次变化(由“1”变“0”或由“0”变“1”)。据此，我们可以得出该串行码转换电路的状态表和状态转换图分别如表 2-3 和图 2-12 所示。

表 2-3　NRZ 信号转换成 Manchester 码的状态表

当前状态	下一个状态		当前输出 Y
	X = 0	X = 1	
S0	S1	S3	0
S1	S2	—	0
S2	S1	S3	1
S3	—	S0	1

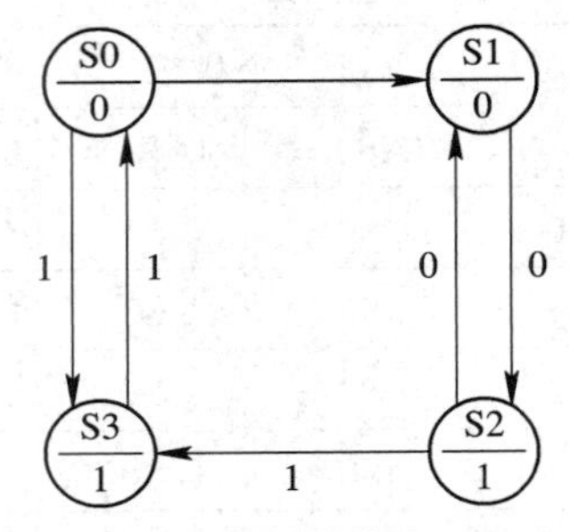

图 2-12　NRZ 信号转换成 Manchester 码的状态图

clk 的时钟周期为码元宽度的二分之一，每个时钟周期为一个状态，也就是半个码元为一个状态。还应注意，Manchester 码的输出相对于 NRZ 信号的输入将滞后一个时钟周期。产生这个滞后的原因是：摩尔时序电路在有效时钟边沿到来以前不能立即响应 NRZ 信号输入的变化。这是 Moore 型电路和 Mealy 型电路的主要区别。在 Mealy 型电路中，只要在下一个时钟脉冲到来以前，输入的变化立即会引起输出的变化。

Mealy 型和 Moore 型时序电路常用于数字系统控制电路的描述，在许多文献和著作中也称它们为 Mealy 状态机和 Moore 状态机，以表示它们构造电路时的不同机理。

2.2.2　算法状态机流程图的符号及描述方法

所谓状态机，就是用来控制数字系统，使其根据它的输出，一步一步地进行相应的操作和运算的机器(这里应理解为电路)。实际上，时序电路就是一种状态机。

分析状态机的传统方法是利用状态图和状态表。但是，随着计算机技术及电子设计自动化(EDA)技术的发展，为了提高电路的设计效率，人们试图用硬件描述语言(HDL)来描述数字系统的硬件电路。硬件描述语言如 VHDL、Verilog-HDL 等都是高级语言。为了编程方便，人们通常用程序流程图来描述算法和系统的功能。同样，为了方便地利用硬件描述语言来描述数字系统，在编程前也需要用类似的流程图来描述数字系统的状态机，这就是状态机流程图(State Machine Flowchart)，也称为算法状态机流程图(Algorithmic State Machine Flowchart)。算法状态机流程图也可简称为算法状态机图，其使用的描述符号与算法流程图类同。

1．状态框

状态框描述符如图 2-13(a)所示，它用一个方框表示。状态框描述符中，上方的箭头表示进入该状态；箭头的右方标注该状态在系统中的编码(该编码在系统中是唯一的)；下方箭头表示该状态转离的方向；方框内标注状态名和输出信号清单，斜杠(/)左边标注状态名，斜杠右边标注输出信号清单。有多个输出信号时，输出信号和输出信号之间用空格分隔。

2．判断框

判断框描述符如图 2-13(b)所示，它用一个菱形框来表示。判断框描述符中，上方箭头表示进入该框的方向；左右两个箭头表示根据框内标明的条件取值不同而转离的方向。条件判断值将标注在箭线的上方。

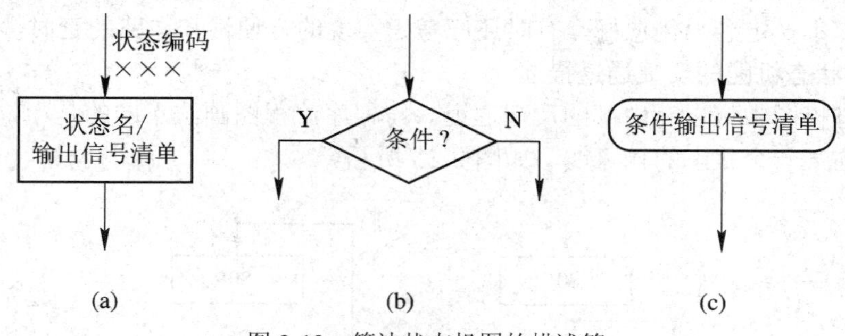

图 2-13　算法状态机图的描述符

(a) 状态框；(b) 判断框；(c) 条件输出框

3. 条件输出框

条件输出框描述符如图 2-13(c)所示。条件输出框描述符中，上方箭头表示条件值转入的方向，该带箭头的线一定和判断框的一个分支相连，且继承对应分支的条件值；下方箭头表示转离方向；框内标注条件输出信号清单。有多个输出信号时，输出信号和输出信号之间同样用空格隔开。

在算法状态机图中，无论是什么输出信号，其输出只能是两种值，非“0”即“1”。例如，在条件输出框中表明的输出信号或输出量，在条件满足时输出为“1”。

2.2.3　算法状态机图描述实例

算法状态机图与程序流程图一样，在描述过程中有许多不同的方法和技巧。同样一个数字系统可以用多种不同形式的算法状态机图来描述，以达到各种不同的目的。

1. 算法状态机图的化简

图 2-14(a)和图 2-14(b)所示的两个算法流程图是等效的。从结构来看，图 2-14(a)是图 2-14(b)的简化。

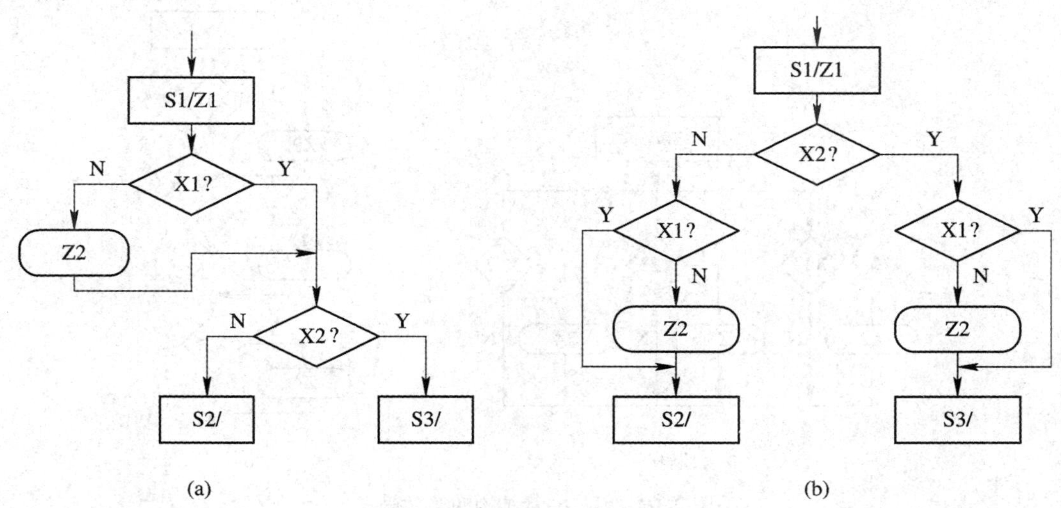

图 2-14　算法状态机图的化简

按图 2-14(a)进行编程，其程序要比图 2-14(b)简单，这一点是不言而喻的。但是，对硬件生成来说，不一定愈简化愈好，有时还应考虑实现的方便性和电路的延时等。

2．算法状态机图的反馈通道描述

算法状态机图中可以有内部的反馈通道。与程序流程图画法不同的是，内部反馈通道的箭头应指向某一个状态的输入线，如图 2-15 所示。

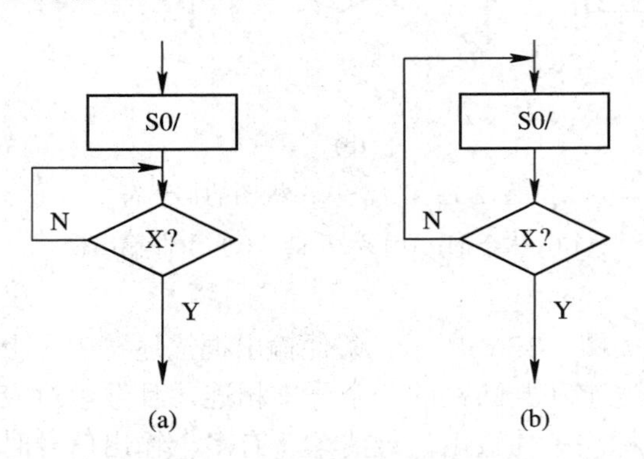

图 2-15　算法状态机图的反馈通道描述

(a) 错误画法；(b) 正确画法

图 2-15(a)中反馈通道箭头指向判断框的输入，这在程序流程图中是允许的，但在算法状态机图中是不允许的，是错误的。如果将图 2-15(a)改成图 2-15(b)，反馈通道指向 S0 状态的输入，这样画法就正确了。

3．算法状态机图的串-并结构变换

在进行数字系统设计时，有时为了节省硬件(如运算器)，所有运算工作可分给一个运算器来工作；有时为了加快处理时间，数字系统的运算工作又可以分给多个运算器并行工作。这些硬件结构反映在算法状态机图上就可分为串行方式和并行方式。串-并方式的互相变换是经常要进行的工作。图 2-16 是这两种结构的等效画法。

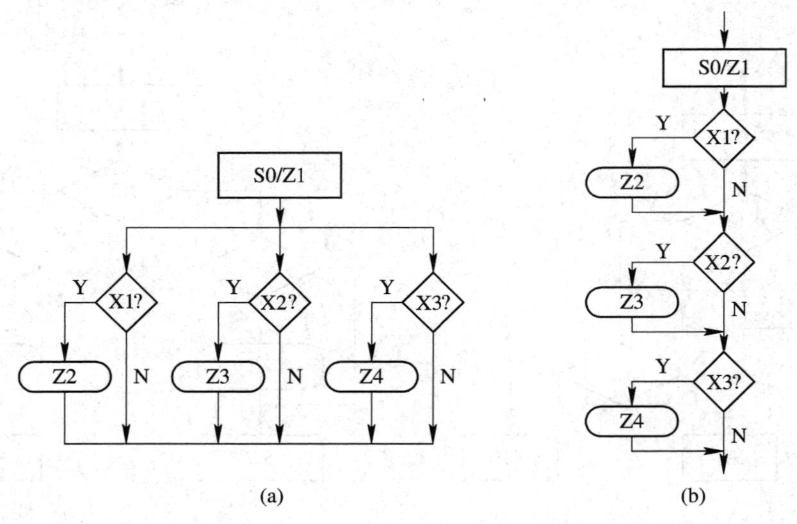

图 2-16　串、并行结构的等效画法

(a) 并行结构；(b) 串行结构

2.2.4　算法流程图至状态图的变换方法

对初学者来说，从算法流程图直接变换至算法状态机图是困难的，特别是当数字系统较为复杂时更是如此。

算法流程图至状态图的变换主要有以下几个步骤：

(1) 系统状态分配。

(2) 确定输入信号及状态转移条件。从算法流程图中，如果抽象出上述三种参数，则可以很容易地画出状态图。

(3) 确定各状态的输出。

1．系统状态分配

算法流程图是由事件驱动的流程图，而状态图是一种时钟驱动的流程图，它将系统工作过程分成若干个状态，由时钟驱动，一个状态接着一个状态，按时钟周期节拍完成系统的工作过程。因此，为了将算法流程图转换成状态图，首先要对算法流程图进行抽象，对其工作过程进行划分。每个相对独立的操作状态就可以定义为一个状态，这个过程就称为系统的状态分配。下面以 4 位乘法算法流程图为例作一说明。

4 位乘法器控制算法流程图如图 2-7 所示。下面根据其工作过程分配各状态。

(1) 系统复位状态——S0；

(2) 装入乘数和被乘数——S1；

(3) 被乘数与累加器 ACC 相加——S2；

(4) 累加器右移 1 位——S3。

S0～S3 包含了 4 位乘法器控制的 4 个基本的独立状态。如果图 2-7 不用循环结构，那么 4 位乘法器的状态就需 10 个(S0～S9)，请读者自行画出。

在较为复杂的系统中，状态图可以从粗到细逐步细化，直至最低层。顶层的一个状态细化展开以后可能要用含有若干个子状态的状态图来描述。

2．确定输入信号及状态转移条件

从图 2-7 中可以看到，当 S0 是复位状态时，START = 0；当 START = 1 时，状态由 S0 转移到 S1。下面判断乘数最低位是否为“1” (M = 1)。如果为“1”，则转移至状态 S2；如果为“0” (M = 0 且 K = 0)，则仍在 S1 状态；若 K = 1 且 M = 0，则转移至 S3。在 S2 状态下，若未移位 4 次(K = 0)，则转移至 S1 状态；如果已移够 4 次(K = 1)，则转移至 S3 状态。S3 状态的下一个状态一定是 S0 状态。

3．确定各状态的输出

由 S0 状态转移至 S1 状态，需要将被乘数和乘数装入累加器 ACC，故需要一个装入控制信号 Load。S1 状态循环或转移至 S3 状态，需一个累加器移位控制信号 sh。由 S1 状态转移至 S2 状态需要一个被乘数和累加器相加的信号 Add。由 S2 状态转移至 S1 状态需加一个累加器移位控制信号 sh。由 S2 状态转移至 S3 状态需要一个累加器移位控制信号 sh。由 S3 状态转移至 S0 状态需要输出 Done 乘法结束状态信号。根据上面的叙述，我们可以画出 4 位乘法器的控制状态表和状态图如表 2-4 和图 2-17 所示，图中 K'、M'表示对应取值为“0”。

表 2-4　4 位乘法器的控制状态表

当前状态	下一个状态	当前状态输出
S0	S0 (START = 0) S1 (START = 1)	Load = 0 Load = 1
S1	S1 (K = 0，M = 0) S2 (M = 1) S3 (K = 1，M = 0)	sh = 1 Add = 1 sh = 1
S2	S1 (K = 0) S3 (K = 1)	sh = 1 sh = 1
S3	S0	Done = 1

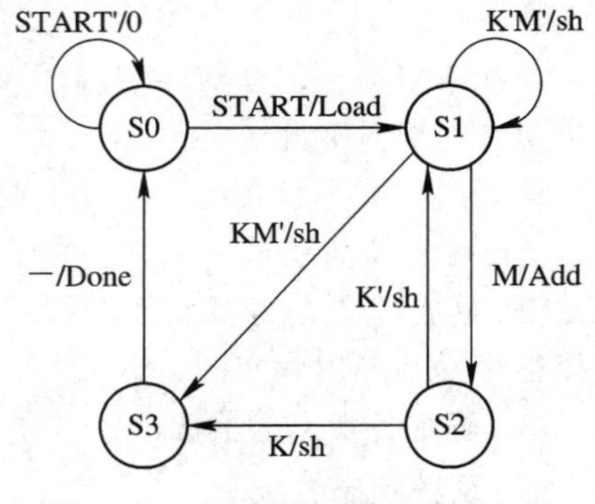

图 2-17　4 位乘法器的控制状态图

算法流程图至状态图的变换结果不一定是唯一的，它和读者的变换技巧高低有很大关系，要做好这一步需要积累一定的工程经验。

2.2.5　状态图至算法状态机图的变换方法

状态图(状态转换图)是传统描述时序电路的方法。为了用硬件描述语言进行编程，通常要将状态图变换成算法状态机图(ASM)。变换大约需经过以下几个步骤。

1．对现有的状态进行编码

从状态图中我们可以确定某数字系统有几个不同的状态，并用二进制数对每一个状态进行赋值。例如，图 2-18(a)是某数字系统的状态图。该系统共有 3 个不同的状态 S0、S1、S2，可以用 2 位二进制数表示：S0—— 00；S1—— 01；S2—— 11。

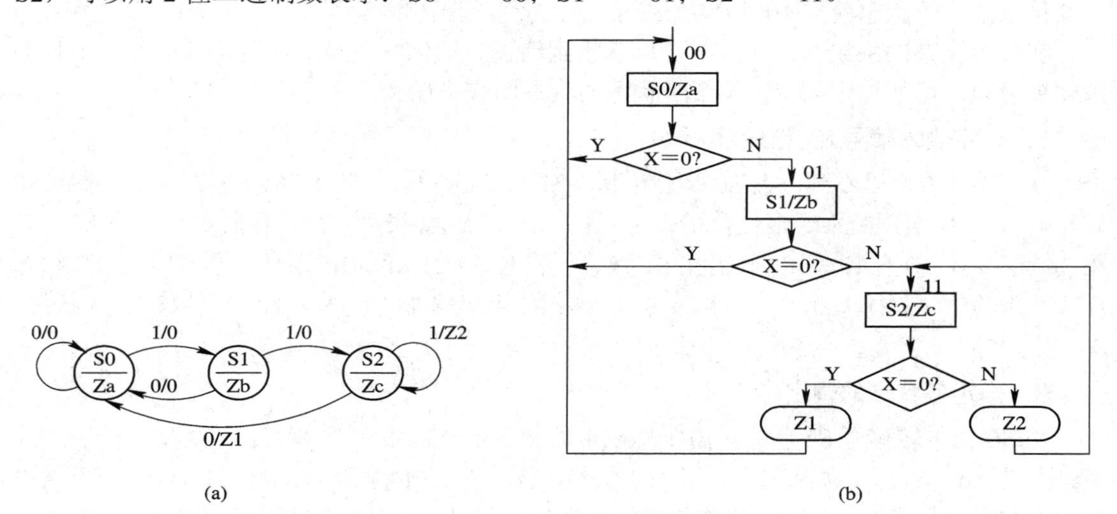

图 2-18　某数字系统的状态图和算法状态机图

(a) 状态图；(b) 算法状态机图

2．各输出信号的确定

图 2-18(a)所示是米勒型和摩尔型状态机混合的状态图，其输出 Za、Zb、Zc 仅由状态

S0、S1 和 S2 确定(Moore 型)，而输出 Z1 和 Z2 都由各状态值和输入值共同确定(Mealy 型)。

根据算法状态机的画法规则，输出 Za、Zb、Zc 应标注在状态框中，如 S0/Za、S1/Zb、S2/Zc；Z1、Z2 除与当前状态值有关外，还与输入值 X 有关，因此 Z1、Z2 应用条件输出框来标注。

3．按状态编码顺序画出算法状态机图

根据状态编码及输出标注方法，状态用状态框描述，输入不同的 X，状态转移方向是不一样的，据此输入用判断框表示。摩尔输出标注在状态框中，米勒输出用条件输出框标注在判断框的相应分支上。这样就完成了状态图至算法状态机图的变换，如图 2-18(b)所示。

对于实际的数字系统，其状态图可能要复杂得多，但是基本的变换方法是一致的。下面举两个变换的实例。

【例 2-1】 串行加法器的控制状态图如图 2-19 所示。该状态图是米勒型状态图，其输出由输入和当前状态确定。

(1) 对现有状态进行编码。

图 2-19 共有 4 个状态 S0、S1、S2、S3，可用 2 位二进制数进行编码。

S0——00；

S1——01；

S2——10；

S3——11。

(2) 确定输出值。

图 2-19 中的输出值为 sh，它由输入值 START 和状态值确定，可用条件输出框描述。在图 2-19 中，只有在 S0 状态下，输入值 START 为“1”，才会发生状态转移，由 S0 状态转至 S1 状态，且输出 sh = 1。在其他状态下，只要有时钟脉冲，状态就会向下一个转换，直至 S0，同时不管此时的输入 START 为何值，其输出值 sh 仍继续保持为“1”。

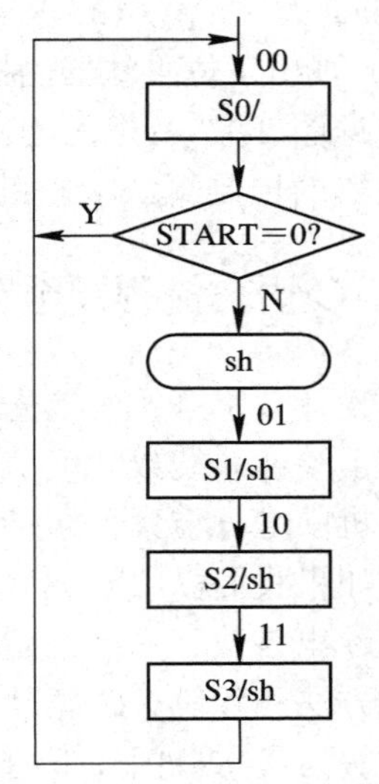

图 2-19　串行加法器的控制算法状态机图

(3) 画出串行加法器控制算法状态机图。

根据上面叙述，我们可以画出串行加法器控制算法状态机图如图 2-19 所示。

【例 2-2】 4 位乘法控制器的状态图如图 2-17 所示。从状态图中可以看到，它是一个米勒型状态机图，其输出应用条件输出框表示。

(1) 对现有状态进行编码。

4 位乘法器控制电路共有 4 个状态 S0～S3，这样对应状态编码为 00～11，必须用 2 位二进制数来表示。

对照图 2-17 可以看到，S0 是复位状态。当 START 为“1”时，系统状态将转移到 S1，并输出 Load 信号，将被乘数和乘数装入 ACC。下一个状态有两种选择。如果 M = 1(即乘数低位为“1”)，则输出 Add 信号，进行累加器和被乘数的加法操作，转移至状态 S2；如果 M = 0，则输出 sh 信号，控制 ACC 右移 1 位，并对 K 进行检测。在 S1、S2 状态下，如

果 K = 1(表明最后一次移位结束)，则下一个状态为 S3；如果 K = 0，则转移至 S1 状态。在 S3 状态下，Done 信号(完成信号)有效输出，在下一个时钟脉冲到来后，状态返回至 S0，一个 4 位数的乘法过程宣布结束。

(2) 确定输出。

图 2-20 中的输出都是米勒型输出，因此这些输出都应用条件输出框表示。乘法器控制电路的输出有：

sh——移位控制信号；

Add——加法控制信号；

Done——结束标志信号；

Load——加载 ACC 信号。

(3) 画出 4 位乘法器的控制算法状态机图。

根据图 2-17 及上面的叙述，我们可以画出 4 位乘法器的控制算法状态机图如图 2-20 所示。

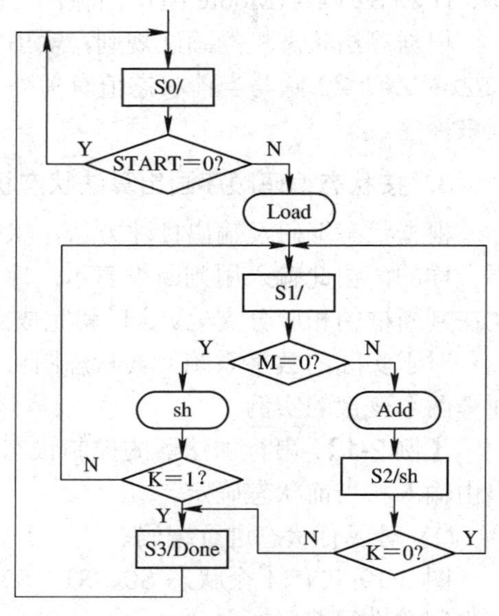

图 2-20　4 位乘法器的控制算法状态机图

2.2.6　C 语言流程图至算法状态机图的变换方法

在设计数字系统时首先要建立系统的数学模型。最初，通常建立的是行为级的数学模型。为了验证系统数学模型的正确性，设计人员可以根据数学模型的算法，用 C 语言程序在计算机中进行仿真。如果仿真结果是正确的，那么该 C 语言程序所描述的系统功能是正确的。如果我们以此 C 语言程序为依据，将它变换成系统的算法状态机图，那么就可以正确地设计出该数字系统的硬件。这种思路是完全可行的，并且前面几节内容已提供了基本的变换方法和手段。C 语言程序很容易变换成算法流程图，那么从算法流程图也就很容易变换成算法状态机图。下面以一个实例加以说明。

【例 2-3】 一个 C 语言程序。

```
#include <stdio.h>
int sample (int foo)
{     int bar
      bar = 0;
      while (bar<foo)
         bar = bar+1;
      return (bar);
}
```

众所周知，C 语言程序有三种基本结构：顺序结构、分支结构和循环结构。在对程序进行抽象和分配状态时大致可以遵循以下规则：

(1) 顺序结构。C 语言程序中，顺序结构部分可以归结在一个状态中，因为一般顺序操作中不会改变系统的工作状态。

(2) 分支结构。在分支结构中程序将对条件量进行判断，条件不同，程序将转向不同的分支。分支程序的条件量是系统状态的输入，不同条件将转向不同的状态，从而发生状态转移。

(3) 循环结构。循环程序以循环变量为条件量，该条件量通常是一个计数值。当计数值达到指定值时，条件满足，状态发生转移，这一点与分支结构相类似。

【例 2-4】 C 语言程序的流程图如图 2-21(a)所示。从该流程图中可以看到，该程序可以分配 3 个状态：初始状态 S0(循环结构之前部分)、循环结构部分状态 S1、结果输出状态 S2。该 C 语言程序的状态图如图 2-21(b)所示。图中，状态输入信号如下：

fooFlag——foo 值刷新标志量；

M——循环计数条件变量；

retFlag——bar 值输出标志量。

根据图 2-21 可把状态图转换成算法状态机图，如图 2-22 所示。

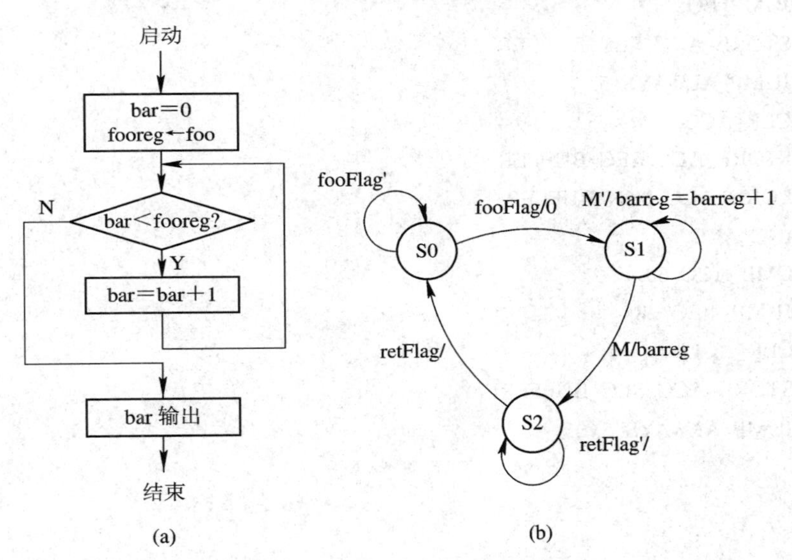

图 2-21　例 2-4 C 语言程序的流程图和状态图

(a) 流程图；(b) 状态图

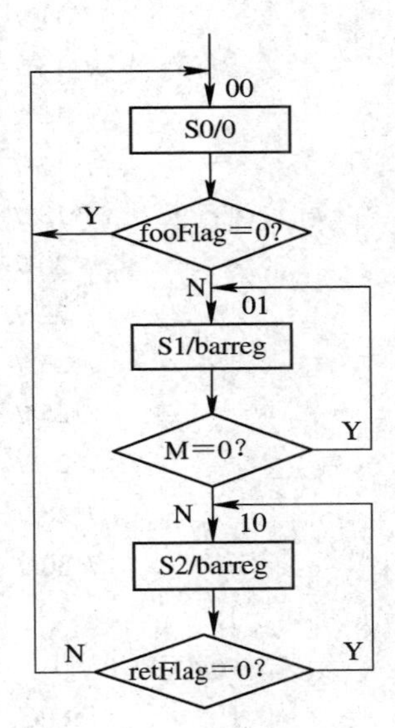

图 2-22　例 2-4 C 语言程序的算法状态机图

【例 2-5】 用 switch 语句描述 CPU 功能的 C 语言程序。

```
#include <stdio.h>
#define MEMSIZE 34
#define std_logic char
#define LOAD_ACC 0
#define STORE_ACC
#define CLR_ACC 2
#define INC_ACC 3
#define CMP_ACC
#define JUMP_EQ
#define JUMP_NEQ 6
```

```
#define JUMP_ALWAYS 7
#define WAIT_TIME 8
#define SEC_BUFFER 32
#define MIN_BUFFER 33
int ROM[MEMSIZE] = {
        /*00*/  CLR_ACC,
        /*01*/  STORE_ACC, SEC_BUFFER,
        /*03*/  STORE_ACC, MIN_BUFFER,
        /*05*/  WAIT_TIME,
        /*06*/  LORD_ACC, SEC_BUFFER,
        /*08*/  INC_ACC,
        /*09*/  CMP_ACC, 60,
        /*11*/  JUMP_EQ, 17,
        /*13*/  STORE_ACC, SEC_BUFFER,
        /*15*/  JUMP_ALWAYS, 5,
        /*17*/  CLR_ACC,
        /*18*/  STORE_ACC, SEC_BUFFER,
        /*20*/  LORD_ACC, MIN_BUFFER,
        /*22*/  INC_ACC,
        /*23*/  CMP_ACC, 60,
        /*25*/  JUMP_NEQ, 28,
        /*27*/  CLR_ACC,
        /*28*/  STORE_ACC, SEC_BUFFER,
        /*30*/  JUMP_ALWAYS, 5,
};
void CPU(void)
{       int PC;
        int ACC;
        std_logic Flag;
        int Opcode;
        int Operand;
        PC = 0:
        while(1) {
            Opcode = ROM [PC];
            PC = PC+1;
            switch (Opcode) {
            case LOAD_ACC:
                Operand = ROM [PC];
                ACC = ROM [Operand];
                PC = PC+1;
```

```
        break;
 case STORE_ACC:
        Operand = ROM [PC];
        ROM[Operand] = ACC;
        PC = PC+1;
        break;
case CLR_ACC:
        ACC = 0;
        break;
case    INC_ACC:
        ACC = ACC+1;
        break;
case    CMP_ACC:
        Operand = ROM [PC];
        if ( ACC == Operand)
            Flag = '1';
        else
            Flag = '0';
          PC = PC+1;
        break;
case JUMP_EQ:
        Operand = ROM [PC];
        if (Flag == '1')
            PC = Operand;
        else
            PC = PC+1;
        break;
case JUMP_NEQ:
          Operand = ROM[PC];
          if (Flag == '0')
            PC = Operand;
          else
            PC = PC+1;
        break;
 case JUMP_ALWAYS:
          PC = ROM[PC];
          break;
 case WAIT_TIME: {
          long unsigned int    timer;                      } 1 秒等待
          for(timer = 0; timer<1000000; timer++)           } ——→
```

```
                    printf("");
                    }
                      break;
                  }
            printf("%02d'%02d￥tPC = %03d，ACC = %03d，Flag = %c￥r",
                      ROM [MIN_BUFFER]，ROM[SEC_BUFFER]，PC，ACC，Flag)};
            /*getchar() ; */
    }
    void main(void)
    {
     CPU( );
    }
```

以上程序描述的仅仅是一个 CPU 的行为模型。为了便于状态图描述，我们将该程序用 if 和 goto 语句来改写，程序如下：

```
S0:    PC = 0
S1:    Opcode = MEM [PC];
S2:    PC = PC+1;
S3:    if (Opcode == LOAD_ACC)       goto S4; else goto S8;
S4:    Operand = MEM[PC];
S5:    ACC = MEM(Operand);
S6:    PC = PC+1;
S7:    goto S1;
S8:    if (Opcode == STORE_ACC)      goto S9; else goto S13;
S9:    Operand = MEM[PC];
S10:   MEM(Operand) = ACC;
S11 :   PC = PC+1;
S12:   goto S1;
S13:   if (Opcode == CLR_ACC)                goto S14; else goto S16;
S14:   ACC = 0
S15:   goto S1;
S16:   if (Opcode == INC_ACC)        goto S17; else goto S19;
S17:   ACC = ACC+1;
S18:   goto S1;
S19:   if (Opcode == CMP_ACC)                goto S20; else goto S27;
S20:   Operand = MEM[PC];
S21:   if (ACC == Operand)                   goto S22; else goto S24;
S22:   Flag = '1';
S23:   goto S25;
S24:   Flag = '0';
S25:   PC = PC+1;
```

```
S26:  goto S1;
S27:  if (Opcode == JUMP_EQ)          goto S28; else goto S34;
S28:  Operand = MEM[PC];
S29:  if (Flag = '1')                 goto S30; else goto S32;
S30:  PC = Operand;
S31:  goto S1;
S32:  PC = PC+1;
S33:  goto S1;
S34:  if (Opcode == JUMP_NEQ)         goto S35; else goto S41;
S35:  Operand = MEM[PC];
S36:  if (Flag == '0')                goto S37; else goto S39;
S37:  PC = Operand;
S38:  goto S1;
S39:  PC = PC+1;
S40:  goto S1;
S41:  if (Opcode == JUMP_ALWAYS)      goto S42; else goto S44;
S42:  PC=MEM [PC];
S43:  goto S1;
S44:  if (Opcode == WAIT_TIME)        goto S45; else goto S1;
S45:  timer = 0;
S46:  if (timer<1000000)              goto S47; else goto S1;
S47:  timer = timer+1;
S48:  goto S46;
```

利用 if 和 goto 语句改写程序之后，前面的标号就是状态名，该程序分配为 49 个状态 S0～S48。据此可以画出状态图，如果是顺序语句，则状态是步进的。例如，S0 状态之后下面一个状态一定是 S1(即忽略状态转移条件，也称为无条件转移)。若碰到 if 语句，则状态将根据条件转移。用 if 和 goto 语句改写的程序所对应的状态图如图 2-23 所示。

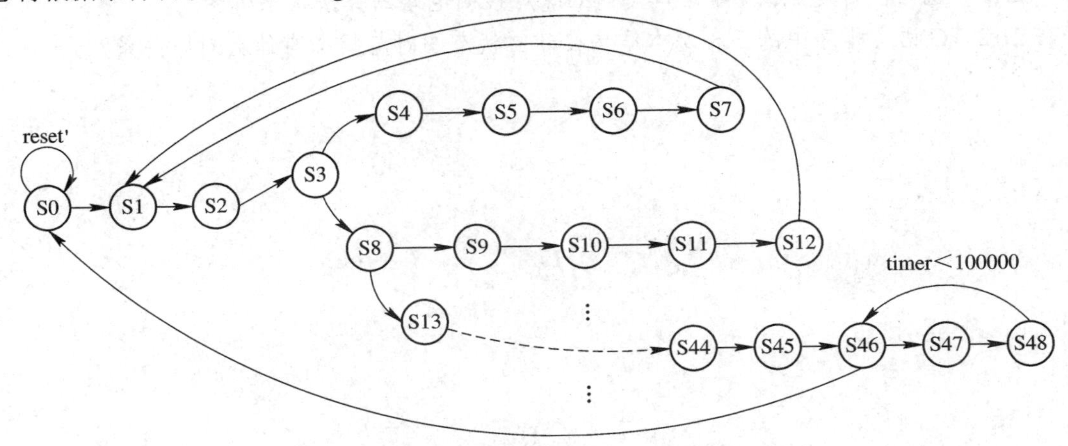

图 2-23　用 if 和 goto 语句改写的程序所对应的状态图

为了简明，图 2-23 中省略了 S14～S43 状态，根据前面所讲的画法，读者可以很容易地将它们添加上去。

习题与思考题

2.1　算法流程图与程序流程图有哪些相同之处和不同之处？

2.2　试画出用逐次累加器实现 4 位二进制数加法的算法流程图。

2.3　设十字路口交通红绿灯每隔 30 秒切换一次，试画出其控制电路的算法流程图。

2.4　状态机分为哪两类？在结构上各有什么不同？

2.5　什么是状态图？它所描述的是哪一类逻辑电路？

2.6　试用状态图描述习题 2.3 的十字路口交通灯的控制电路。

2.7　算法状态机图(ASM)是怎样产生的？它与算法流程图的主要区别是什么？

2.8　算法状态机图由哪几种符号构成？条件输出框的物理含义是什么？它与判断框之间有什么关系？

2.9　将算法流程图改写成算法状态机图应经历几个必要的步骤？

2.10　画出 8 位可逆计数器的算法流程图和算法状态机图。8 位可逆计数器的真值表如题表 2-1 所示。

题表 2-1　8 位可逆计数器的真值表

输　入　端				输　出　端
Reset	En	clk	up/down	Q
0	X	X	X	"00000000"
1	0	X	X	不变
1	1	0 →1	1	计数器加 1 操作
1	1	0 →1	0	计数器减 1 操作

2.11　试画出习题 2.3 十字路口交通红绿灯控制电路的算法状态机图。

2.12　C 语言程序中的三种基本结构在建立状态图时与状态有什么对应关系？

第 3 章　VHDL 程序的基本结构

一个完整的 VHDL 程序通常包含实体(Entity)、构造体(Architecture)、配置(Configuration)、包集合(Package)和库(Library)五部分。前四部分是可分别编译的源设计单元。实体用于描述所设计系统的外部接口信号；构造体用于描述系统内部的结构和行为；包集合存放各设计模块都能共享的数据类型、常数和子程序等；配置用于从库中选取所需单元来组成系统设计的不同版本；库存放已经编译的实体、构造体、包集合和配置。库可由用户生成或由 ASIC 芯片制造商提供，以便于在设计中为大家所共享。本章将对上述 VHDL 设计的主要构成作一详细介绍。

3.1　VHDL 设计的基本单元及其构成

所谓 VHDL 设计的基本单元(Design Entity)，就是 VHDL 的一个基本设计实体。一个基本设计单元，简单的可以是一个与门(AND Gate)，复杂一点的可以是一个微处理器或一个系统。但是，不管是简单的数字电路，还是复杂的数字系统，其基本构成是一致的，它们都由实体说明(Entity Declaration)和构造体(Architecture Body)两部分构成。如前所述，实体说明部分规定了设计单元的输入、输出接口信号或引脚，而构造体部分定义了设计单元的具体构造和操作(行为)。图 3-1 示出了作为一个设计单元的二选一电路的 VHDL 描述。由图 3-1 可以看出，实体说明是二选一器件外部引脚的定义，构造体则描述了二选一器件的逻辑电路和逻辑关系。

下面以二选一器件描述为例来说明这两部分的具体书写规定。

```
ENTITY mux IS
GENERIC(m: TIME:=1 ns);
PORT(d0, d1, sel: IN BIT;
        q: OUT BIT);
END ENTITY mux;
ARCHITECTURE connect OF mux IS
SIGNAL tmp: BIT;
BEGIN
   cale: PROCESS(d0, d1, sel) IS
   VARIABLE tmp1, tmp2, tmp3: BIT;
   BEGIN
       tmp1:=d0 AND sel;
       tmp2:=d1 AND (NOT sel);
       tmp3:=tmp1 OR tmp2;
       tmp<=tmp3;
       q<=tmp AFTER 1ns;
   END PROCESS cale;
END ARCHITECTURE connect;
```

图 3-1　一个基本设计单元的构成

3.1.1　实体说明

任何一个基本设计单元的实体说明都具有如下结构:

```
ENTITY 实体名 IS
[类属参数说明];
```

[端口说明];

END ENTITY 实体名;

一个基本设计单元的实体说明以“ENTITY 实体名 IS”开始至“END ENTITY 实体名”结束。例如，在图 3-1 中从“ENTITY mux IS”开始，至“END ENTITY mux”结束。这里大写字母表示实体说明的框架，即每个实体说明都应这样书写，是不可缺少和省略的部分；小写字母是设计者添写的部分，随设计单元不同而不同。实际上，对 VHDL 而言，大写或小写都一视同仁，不加区分。这里仅仅是为了阅读方便才加以区分而已。

1. 类属参数说明

类属参数说明必须放在端口说明之前，用于指定参数，例如图 3-1 中的 GENERIC(m: TIME := 1 ns)。该语句指定了构造体内 m 的值为 1 ns。这样语句：

```
tmp1 := d0 AND sel AFTER m;
```

表示 d0 和 sel 两个输入信号相与后，经 1 ns 延迟才送到 tmp1。在这个例子中，GENERIC 利用类属参数为 tmp1 建立一个延迟值。

2. 端口说明

端口说明是对基本设计实体(单元)与外部接口的描述，也可以说是对外部引脚信号的名称、数据类型，以及输入、输出方向的描述。其一般书写格式如下：

```
PORT(端口名{，端口名}: 方向  数据类型名;
          ⋮
      端口名{，端口名}: 方向  数据类型名);
```

1) *端口名*

端口名是赋予每个外部引脚的名称，通常用一个或几个英文字母，或者英文字母加数字来命名。例如，图 3-1 中的外部引脚为 d0、d1、sel、q。

2) *端口方向*

端口方向用来定义外部引脚的信号方向是输入还是输出。例如，图 3-1 中的 d0、d1、sel 为输入引脚，故用方向说明符“IN”来说明，而 q 则为输出引脚，用方向说明符“OUT”来说明。凡是用“IN”进行方向说明的端口，其信号自端口输入到构造体，而构造体内部的信号不能从该端口输出；相反，凡是用“OUT”进行方向说明的端口，其信号将从构造体内经端口输出，而不能通过该端口向构造体输入信号。

另外，“INOUT”用以说明该端口是双向的，可以输入，也可以输出；“BUFFER”用以说明该端口可以输出信号，且在构造体内部也可以利用该输出信号。表示方向的说明符及其含义如表 3-1 所示。

表 3-1　端口方向说明

方向定义	含　义
IN	输入
OUT	输出(构造体内部不能再使用)
INOUT	双向
BUFFER	输出(构造体内部可再使用)

注：OUT 允许对应多个信号，而 BUFFER 只允许对应一个信号。

表 3-1 中的“OUT”和“BUFFER”都可以定义输出端口，但是它们之间是有区别的，如图 3-2 所示。

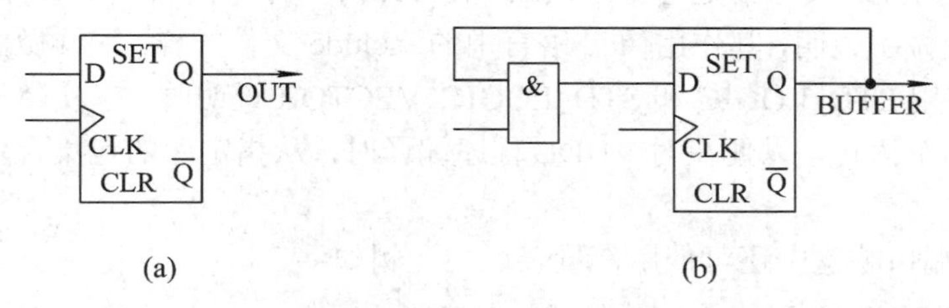

图 3-2　OUT 和 BUFFER 的区别

(a) OUT；(b) BUFFER

在图 3-2(a)中，锁存器的输出端口被说明为“OUT”，而在图 3-2(b)中，锁存器的输出被说明为“BUFFER”。从图中可以看到，如果构造体内部要使用该信号，那么锁存器的输出端必须被说明为“BUFFER”，而不能被说明为“OUT”。

图 3-2(b)说明当一个构造体用“BUFFER”说明输出端口时，与其连接的另一个构造体的端口也要用“BUFFER”说明。对于“OUT”，则没有这样的要求。

3) 数据类型

在 VHDL 中有 10 种数据类型，但是在逻辑电路设计中只用到两种：BIT 和 BIT_VECTOR。

当端口被说明为 BIT 数据类型时，该端口的信号取值只可能是“1”或“0”。注意，这里的“1”和“0”是指逻辑值。所以，BIT 数据类型是位逻辑数据类型，其取值只能是两个逻辑值(“1”和“0”)中的一个。当端口被说明为 BIT_VECTOR 数据类型时，该端口的取值可能是一组二进制位的值。例如，某一数据总线输出端口具有 8 位的总线宽度，那么这样的总线端口的数据类型可以被说明为 BIT_VECTOR。总线端口上的值由 8 位二进制位的值所确定。

【例 3-1】 较完整的端口说明。

```
PORT(d0, d1, sel: IN BIT;
        q: OUT BIT;
        bus: OUT BIT_VECTOR(7 DOWNTO 0));
```

该例中 d0、d1、sel、q 都是 BIT 数据类型，而 bus 是 BIT_VECTOR 类型，(7 DOWNTO 0)表示该 bus 端口是一个 8 位端口，由 B7～B0 共 8 位构成。位矢量长度为 8 位。

在某些 VHDL 的程序中，数据类型的说明符号有所不同。

【例 3-2】 VHDL 程序中数据类型的不同说明符号。

```
LIBRARY IEEE;
USE IEEE.STD_LOGIC_1164.ALL;
ENTITY mux IS
PORT(d0, d1, sel: IN STD_LOGIC;
        q: OUT STD_LOGIC;
        bus: OUT STD_LOGIC_VECTOR(7 DOWNTO 0));
END ENTITY mux;
```

该例中 BIT 类型用 STD_LOGIC 说明，而 bus 用 STD_LOGIC_VECTOR(7 DOWNTO 0) 说明。上述两例的描述实际上是完全等效的。在 VHDL 中存在一个库，该库有一个包集合，专门对数据类型做了说明，其作用像 C 语言中的 include 文件一样。这样做主要是为了标准和统一。但是在用 STD_LOGIC 和 STD_LOGIC_VECTOR 说明时，在实体说明以前必须增加例中所示的两个语句，以便在对 VHDL 程序编译时，从指定库的包集合中寻找数据类型的定义。

在 93 版的端口映射中还可使用常量表达式，例如：

```
u2: and2 PORT MAP(a => nsel, b => dl, c => ab);
```

其中，a、b 是“与门”的输入端；c 是输出端；nsel、dl 和 ab 是信号量或输入端口名，映射的对象都是信号量。但是，在 93 版中这种情况已有了拓展，映射的对象可以是一个常量表达式。例如：

```
M1: mux PORT MAP(sel => TO_MVL(code),
        d0 => TO_MVL(bus(0)), d1 => TO_MVL(bus(1)),
        TO_BIT(2) => ctrl);
```

该例说明二选一选择器的输入端为 sel、d0、d1。这里映射的是函数表达式 sel => TO_MVL(code)、d0 => TO_MVL(bus(0))等。实际上，选择器选择输入端 sel 代入的是函数 TO_MVL(code) 返回的值，其他各端也类同。

3.1.2　构造体

构造体是一个基本设计单元的功能描述体，它具体指明了该基本设计单元的行为、元件及内部的连接关系。也就是说，它定义了设计单元的具体功能。构造体对其基本设计单元的输入、输出关系可以用 3 种方式进行描述，即行为描述(基本设计单元的数学模型描述)、寄存器传输描述(数据流描述)和结构描述(逻辑元件连接描述)。不同的描述方式只体现在描述语句上，而构造体的结构是完全一样的。

由于构造体是对实体功能的具体描述，因此它一定要跟在实体的后面。通常，先编译实体之后才能对构造体进行编译。如果实体需要重新编译，那么相应的构造体也应重新进行编译。

一个构造体的具体结构描述如下：

```
ARCHITECTURE 构造体名 OF 实体名 IS
［定义语句］内部信号，常数，数据类型，函数等的定义;
BEGIN
[并行处理语句];
END ARCHITECTURE 构造体名;
```

一个构造体从“ARCHITECTURE 构造体名 OF 实体名 IS”开始，至“END ARCHITECTURE 构造体名”结束。下面对构造体的有关内容和书写方法作一说明。

1. 构造体名称的命名

构造体的名称是对本构造体的命名，它是该构造体的唯一名称。OF 后面紧跟的实体名表明了该构造体所对应的是哪一个实体。用 IS 来结束构造体的命名。

构造体的名称可以由设计者自由命名。但是在大多数文献和资料中，通常把构造体的名称命名为 behavioral(行为)、dataflow(数据流)或者 structural(结构)。如前所述，这 3 个名称实际上是 3 种构造体描述方式的名称。当设计者采用某一种描述方式来描述构造体时，该构造体的结构名称就命名为那一个名称。这样使得阅读 VHDL 程序的人能直接了解设计者所采用的描述方式。例如，使用结构描述方式来描述二选一电路，那么二选一电路的构造体就可以这样命名：

```
ARCHITECTURE structural OF mux IS
```

2．定义语句

定义语句位于 ARCHITECTURE 和 BEGIN 之间，用于对构造体内部所使用的信号、常数、数据类型和函数进行定义。例如：

```
ARCHITECTURE behav OF mux IS
SIGNAL nes1: BIT;
   ⋮
BEGIN
   ⋮
END ARCHITECTURE behav;
```

信号定义和端口说明的语句一样，应有信号名和数据类型的说明。因为它是内部连接用的信号，所以没有也不需有方向的说明。

3．并行处理语句

并行处理语句处于语句 BEGIN 和 END 之间，这些语句具体地描述了构造体的行为及其连接关系。

【例 3-3】 二选一的数据流方式描述。

```
ENTITY mux IS
PORT(d0, d1: IN BIT;
        sel: IN BIT;
        q: OUT BIT);
END ENTITY mux;
ARCHITECTURE dataflow OF mux IS
BEGIN
   q <= (d0 AND sel) OR (NOT sel AND d1);
END ARCHITECTURE dataflow;
```

在该程序的构造体中所使用的语句，实际上是二选一的逻辑表达式的描述语句。它正确地反映了二选一器件的行为。这种语句和其他高级语言是相当类似的，读者只要有一点基本的高级语言知识就可以读懂。在上述语句中，符号“<=”表示传送(或代入)的意思，即将逻辑运算结果送 q 输出。

在构造体中的语句都是可以并行执行的。也就是说，语句的执行不以书写的语句顺序为执行顺序。

3.2　VHDL 构造体的子结构描述

在规模较大的电路设计中，全部电路都用唯一的模块来描述是非常不方便的。为此，电路设计者总希望将整个电路分成若干个相对比较独立的模块来进行电路的描述。这样，一个构造体可以用几个子结构，即相对比较独立的几个模块来构成。VHDL 可以有以下 3 种形式的子结构描述语句：

- BLOCK 语句结构；
- PROCESS 语句结构；
- SUBPROGRAM 语句结构。

下面就上述 3 种子结构作一说明。

3.2.1　BLOCK 语句结构描述

1．BLOCK 语句的结构

采用 BLOCK 语句描述局部电路的书写格式如下：

```
块结构名:
BLOCK
BEGIN
  ⋮
END BLOCK  块结构名;
```

【例 3-4】如果采用 BLOCK 语句来描述二选一电路，那么用 VHDL 就可以书写如下：

```
ENTITY mux IS
PORT(d0, d1, sel: IN BIT;
        q: OUT BIT);
END ENTITY mux;
ARCHITECTURE connect OF mux IS
SIGNAL tmp1, tmp2, tmp3: BIT;
BEGIN
   cale:
   BLOCK
   BEGIN
      tmp1 <= d0 AND sel;
      tmp2 <= d1 AND (NOT sel);
      tmp3 <= tmp1 OR  tmp2;
      q <= tmp3;
   END BLOCK cale;
END ARCHITECTURE connect;
```

上述程序的构造体中只有一个 BLOCK 块，当电路较复杂时就可以由几个 BLOCK 块组成。

2．BLOCK 块和子原理图的关系

人们在用计算机电路辅助设计工具输入电原理图时，往往将一个大规模的电原理图分割成多张子原理图，进行输入和存档。同样在 VHDL 中也不例外，电路的构造体对应整个电原理图，而构造体可以由多个 BLOCK 块构成，每一个 BLOCK 块对应一张子原理图。这样电原理图的分割关系和 VHDL 程序中用 BLOCK 分割构造体的关系是一一对应的。一个具体实例如图 3-3 所示。

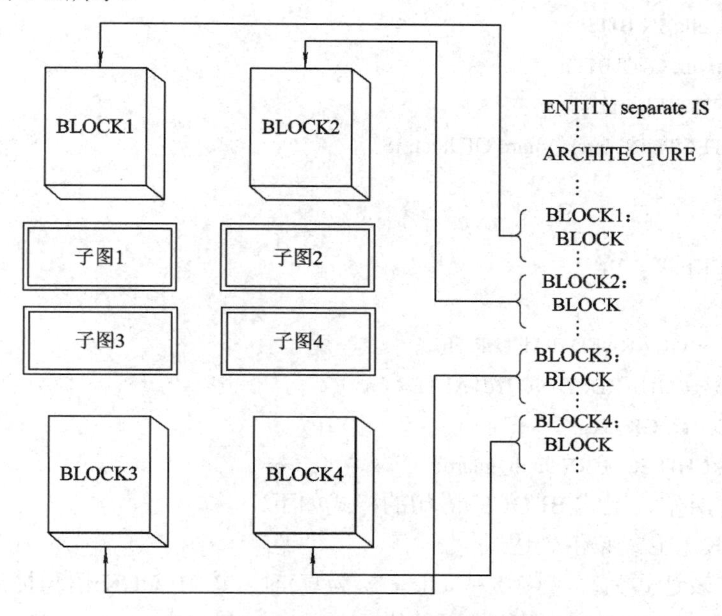

图 3-3　BLOCK 块和子原理图的关系

在图 3-3 的左边有一张电原理图，它被分成 4 个子原理图；在图 3-3 的右边是用 VHDL 书写的电路设计程序，该程序中的构造体由 4 个 BLOCK 语句构成，它们分别对应被分割的子原理图。

在用其他高级语言编程时，总希望程序模块小一点，以利于编程和查错，也利于实现积木化结构。同理，在 VHDL 中采用 BLOCK 语言也会给编程、查错、仿真及再利用带来莫大的好处。

3．BLOCK 中语句的并发性

在对程序进行仿真时，BLOCK 语句中所描述的各个语句是可以并行执行的，它和书写顺序无关。在 VHDL 中将可以并行执行的语句称为并发语句(Concurrent Statement)。当然，在构造体内直接书写的语句也是并发的。在 VHDL 中也存在只能顺序执行的语句，这一点将在后面再作介绍。

4．卫式 BLOCK(Guarded BLOCK)

在图 3-3 中使用 BLOCK 语句，仅仅是将构造体划分成几个独立的程序模块，这和执行控制没有直接关系。如前所述，在系统仿真时 BLOCK 语句将被无条件地执行。但是，

在实际电路设计中，往往会碰到这样的情况，即当某一种条件得到满足时，BLOCK 语句才可以被执行；当条件不满足时，该 BLOCK 语句将不能执行。这就是卫式 BLOCK，它可以实现 BLOCK 的执行控制。

【例 3-5】现在用 BLOCK 语句来描述一个锁存器的结构。该锁存器是一个 D 触发器，具有一个数据输入端 d、时钟输入端 clk、输出端 q 和反相输出端 qb。众所周知，只有 clk 有效(clk = '1')时，输出端 q 和 qb 才会随 d 端输入数据的变化而变化。此时，用卫式 BLOCK 语句描述该锁存器结构的 VHDL 程序可以书写为

```
ENTITY latch IS
PORT(d, clk: IN BIT;
        q, qb: OUT BIT);
END ENTITY latch;
ARCHITECTURE latch_guard OF latch IS
BEGIN
   G1:
   BLOCK(clk = '1')
   BEGIN
       q <= GUARDED d AFTER 5ns;
       qb <= GUARDED NOT(d) AFTER 7ns;
    END BLOCK G1;
END ARCHITECTURE latch_guard;
```

如上述程序所示，卫式 BLOCK 语句的格式如下：

BLOCK ［卫式布尔表达式］

当卫式布尔表达式为真(例 3-5 中 clk = '1' 为真)时，该 BLOCK 语句被启动执行；当卫式表达式为假时，该 BLOCK 语句将不被执行。

在 BLOCK 块中的两个信号传送语句都写有前卫关键词 GUARDED，这表明只有卫式布尔表达式为真时，这两个语句才被执行。

现在根据程序，描述一下锁存器的工作过程。当端口 clk 的值为“1”时，卫式布尔表达式为真。d 端的输入值经 5 ns 延迟以后从 q 端输出，并且对 d 端的值取反，经 7 ns 后从 qb 端输出。当端口 clk 的值为“0”时，d 端到 q、qb 端的信号传递通道将被切断，q 端和 qb 端的输出保持原状，不随 d 端值的变化而改变。

3.2.2　PROCESS 语句结构描述

1．PROCESS 语句的结构

采用 PROCESS 语句描述电路结构的书写格式如下：

```
[进程名]: PROCESS(信号 1，信号 2，…) IS
BEGIN
   ⋮
END PROCESS;
```

进程名可以有，也可以省略。PROCESS 语句从 PROCESS 开始，至 END PROCESS 结束。执行 PROCESS 语句时，通常带有若干个信号量。这些信号量将在 PROCESS 结构的语句中被使用。

【例 3-6】 用 PROCESS 语句结构描述的程序如下：

```
ENTITY mux IS
PORT(d0, d1, sel: IN BIT;
        q: OUT BIT);
END ENTITY mux;
ARCHITECTURE connect OF mux IS
BEGIN
    cale: PROCESS(d0, d1, sel) IS
    VARIABLE tmp1, tmp2, tmp3: BIT;
    BEGIN
        tmp1 := d0 AND sel;
        tmp2 := d1 AND (NOT sel);
        tmp3 := tmp1 OR tmp2;
        q <= tmp3 ;
    END PROCESS cale;
END ARCHITECTURE connect;
```

上述程序中的 tmp1、tmp2 和 tmp3 是在进程中定义的变量，是局部变量，它们只能在进程中使用，详细说明后面再介绍。

2．PROCESS 中语句的顺序性

在 VHDL 中，与 BLOCK 语句一样，某一个功能独立的电路在设计时也可以用一个 PROCESS 语句结构来描述。与 BLOCK 语句不同的是，在系统仿真时，PROCESS 结构中的语句是按顺序一条一条向下执行的，而不像 BLOCK 中的语句可以并行执行。这一点与单处理机上执行 C 语言和 Pascal 语言的语句是完全一样的。在后面还会提到，在 VHDL 中，这种顺序执行的语句只在 PROCESS 和 SUBPROGRAM 的结构中使用。

3．PROCESS 的启动

在 PROCESS 的语句中总是带有一个或几个信号量。这些信号量是 PROCESS 的输入信号，在书写时跟在“PROCESS”后面的括号中。例如，PROCESS(d0，d1，sel)语句中，d0、d1、sel 都是信号量。在 VHDL 中，信号量也称敏感量。这些信号无论哪一个发生变化(如由“0”变“1”或者由“1”变“0”)都将启动该 PROCESS 语句。一旦启动，PROCESS 中的语句将从上到下逐句执行一遍。当最后一个语句执行完毕时，就返回到开始的 PROCESS 语句，等待下一次变化的出现。这样，只要 PROCESS 中指定的信号变化一次，该 PROCESS 语句就会执行一遍。

4．PROCESS 的同步描述

在例 3-6 所示的用 PROCESS 结构描述的二选一电路的程序中，构造体内部只存在一个 PROCESS。但是在实际的程序设计中，同一个构造体中可以有多个进程存在，而且各 PROCESS 之间还可以一边进行通信，一边并行地同步执行。下面以图 3-4 为例作一说明。

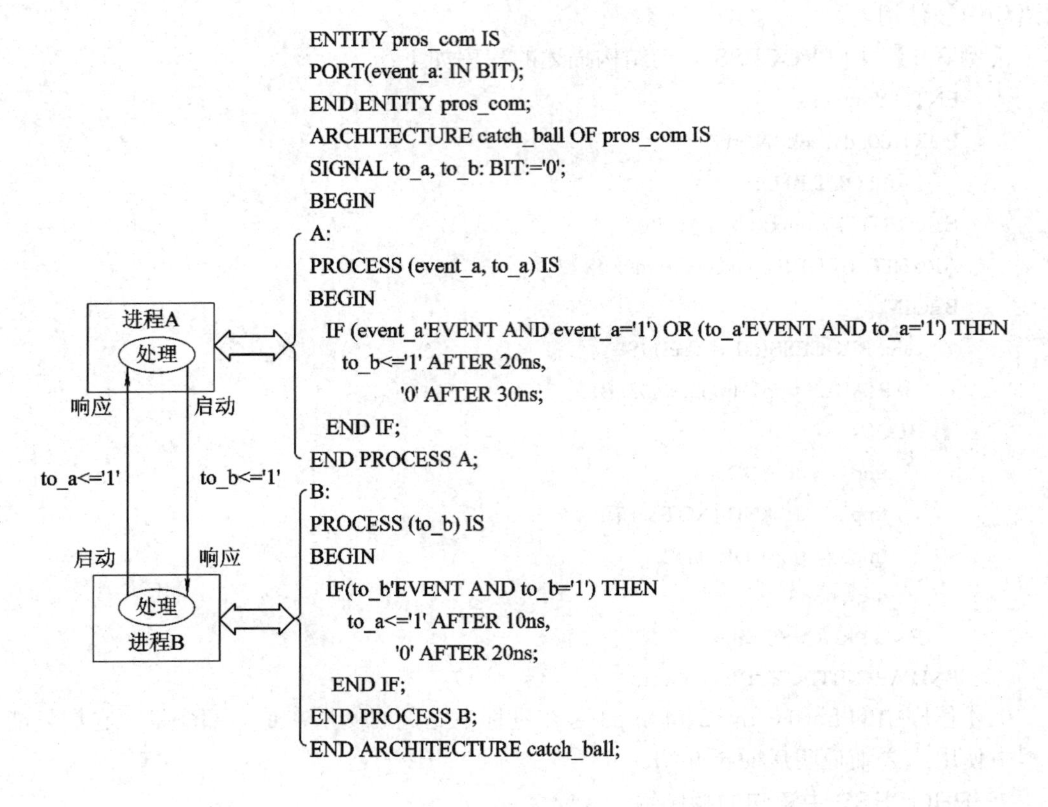

图 3-4　进程的同步描述

如图 3-4 左边框图所示，在一个构造体中存在着两个进程 A 和 B。进程 A 处理结束或者有了一个进程 B 启动所需要的数据，就使信号量 to_b = '1'。to_b 是进程 B 的输入信号，当进程 B 敏感到 to_b 有变化且 to_b = '1' 时，进程 B 被启动。同样，进程 B 处理结束或者有了一个进程 A 启动所需的数据，就使信号量 to_a = '1'。to_a 是进程 A 的输入信号，当进程 A 敏感到 to_a 有变化且 to_a = '1' 时，进程 A 被启动。如此循环工作，就使进程 A 和进程 B 并行地同步工作。

3.2.3　SUBPROGRAM 语句结构描述

所谓子程序(SUBPROGRAM)，就是在主程序调用它以后能将处理结果返回主程序的程序模块，其含义和其他高级语言中的子程序概念相当。子程序可以反复调用，使用非常方便。子程序在调用时首先要进行初始化，执行结束后子程序就终止，再调用时要再进行初始化。因此子程序内部的值不能保持，子程序返回以后才能被再调用，它是一个非重入的程序。

在 VHDL 中子程序有两种类型：

- 过程(Procedure)；
- 函数(Function)。

其中，“过程”与其他高级语言中的子程序相当；“函数”与其他高级语言中的函数相当。

1．过程语句

1) 过程语句的结构

在 VHDL 中，过程语句的书写格式如下：

```
PROCEDURE 过程名(参数 1; 参数 2; …) IS
[定义语句]; (变量等定义)
BEGIN
[顺序处理语句]; (过程的语句)
END PROCEDURE 过程名;
```

在 PROCEDURE 结构中，参数可以是输入，也可以是输出。也就是说，过程中的输入、输出参数都应列在紧跟过程名的括号内。例如，在 VHDL 中，将位矢量转换为整数的程序可以由一个过程语句来实现。

【例 3-7】 用过程语句来实现将位矢量转换为整数。

```
PROCEDURE vector_to_int
      ( z: IN STD_LOGIC_VECTOR;
       x_flag: OUT BOOLEAN;
       q: INOUT INTEGER) IS
BEGIN
      q := 0;
      x_flag := FALSE;
      FOR i IN z'RANGE LOOP
            q := q*2;
         IF (z(i) = 1) THEN
            q := q+1;
         ELSIF (z(i) / = 0) THEN
            x_flag := TRUE;
         END IF
      END LOOP;
END PROCEDURE vector_to_int;
```

该过程调用后，如果 x_flag = TRUE，则说明转换失败，不能得到正确的转换整数值。

在例 3-7 中，z 是输入，x_flag 是输出，q 为输入输出。在没有特别指定的情况下，“IN”作为常数，而“OUT”和“INOUT”则看作“变量”进行拷贝。当过程的语句执行结束以后，在过程中所传递的输出和输入输出参数值将拷贝到调用者的信号或变量中。此时输入输出参数如果没有特别指定，则按变量对待，将值传递给变量。如果调用者需要将输出和输入输出作为信号使用，则在过程中定义参数时要指明是信号。

【例 3-8】 在过程中定义参数时指明输入和输入输出是信号。

```
PROCEDURE shift(din: IN STD_LOGIC_VECTOR;
                SIGNAL dout: OUT STD_LOGIC_VECTOR);
    ⋮
END PROCEDURE shift;
```

2) 过程结构中语句的顺序性

前面已经提到，PROCESS 结构中的语句是顺序执行的，那么在过程结构中的语句也是顺序执行的。调用者在调用过程前应先将初始值传递给过程的输入参数。然后过程语句启动，按顺序自上至下执行过程结构中的语句，执行结束，将输出值拷贝到调用者的“OUT”和“INOUT”所定义的变量或信号中。

2．函数语句

1) 函数语句的结构

在 VHDL 中，函数语句的书写格式如下：

```
FUNCTION  函数名(参数 1; 参数 2; …)
          RETURN  数据类型名  IS
[定义语句];
BEGIN
[顺序处理语句];
 RETURN [返回变量名];
END FUNCTION[函数名];
```

在 VHDL 中，FUNCTION 语句中括号内的所有参数都是输入参数(也称输入信号)。因此在括号内指定端口方向的“IN”可以省略。FUNCTION 的输入值由调用者拷贝到输入参数中，如果没有特别指定，则在 FUNCTION 语句中按常数处理。

通常各种功能的 FUNCTION 语句的程序都被集中在包集合(Package)中。

【例 3-9】 包集合中的 FUNCTION 语句的程序。

```
LIBRARY IEEE;
USE IEEE.STD_LOGIC_1164.ALL;
PACKAGE bpac IS
FUNCTION max(a: STD_LOGIC_VECTOR;
             b: STD_LOGIC_VECTOR)
             RETURN STD_LOGIC_VECTOR;
END PACKAGE bpac;
PACKAGE BODY bpac IS
FUNCTION max(a: STD_LOGIC_VECTOR;
             b: STD_LOGIC_VECTOR)RETURN STD_LOGIC_VECTOR IS
VARIABLE tmp: STD_LOGIC_VECTOR(a'RANGE);
BEGIN
  IF (a>b) THEN
    tmp := a;
  ELSE
```

```
      tmp := b;
    END IF;
    RETURN tmp;
  END FUNCTION max;
  END PACKAGE BODY bpac;
```

2) 函数调用及结果的返回

在 VHDL 中，函数语句可以在构造体的语句中直接调用。

【例 3-10】 用 FUNCTION 语句描述最大值检出的程序。

```
LIBRARY IEEE;
LIBRARY WORK;
USE IEEE.STD_LOGIC_1164.ALL;
USE WORK.bpac.ALL;
ENTITY peakdetect IS
PORT( data: IN STD_LOGIC_VECTOR(5 DOWNTO 0);
      clk,  set: IN STD_LOGIC;
      dataout: OUT STD_LOGIC_VECTOR(5 DOWNTO 0));
END ENTITY peakdetect;
ARCHITECTURE rtl OF peakdetect IS
SIGNAL peak: STD_LOGIC_VECTOR(5 DOWNTO 0);
BEGIN
  dataout <= peak;
  PROCESS(clk) IS
    BEGIN
      IF (clk'EVENT AND clk = '1') THEN
        IF (set = '1') THEN
          peak <= data;
        ELSE
          peak <= MAX(data, peak);
        END IF;
      END IF;
  END PROCESS;
END ARCHITECTURE rtl;
```

在上述程序中，peak <= MAX(data，peak)就是调用 FUNCTION 的语句。包集合中的参数 a 和 b 在这里用 data 和 peak 所替代。函数的返回值 tmp 被赋予 peak。在 MAX(a，b)函数的定义中，返回值 tmp 可以赋予信号或者变量，在本例中被赋予信号 peak。

上面详细叙述了子程序中过程、函数的结构和使用方法。为了能重复使用这些过程和函数，这些程序通常组织在包集合、库中。它们与包集合和库具有这样的关系，即多个过程和函数汇集在一起构成包集合(Package)，而几个包集合汇集在一起就形成一个库(Library)。有关包集合和库的详细内容将在 3.3 节介绍。但是，需要指出的是，不同公司发布的包集合和库的登记方法是各不相同的。

3.3 库、包集合及配置

除了实体和构造体之外，包集合、库及配置是VHDL中另外3个可以各自独立进行编译的源设计单元。

3.3.1 库

库(Library)是经编译后的数据的集合，它存放包集合定义、实体定义、构造体定义和配置定义。

库的功能类似于UNIX等操作系统中的目录，库中存放设计的数据。在VHDL中，库的说明总是放在设计单元的最前面，即

LIBRARY 库名;

这样，在设计单元内的语句就可以使用库中的数据。由此可见，库的好处就在于使设计者可以共享已经编译过的设计结果。在VHDL中可以存在多个不同的库，但是库和库之间是独立的，不能互相嵌套。

1．库的种类

当前在VHDL中存在的库大致可以归纳为5种：IEEE库、STD库、面向ASIC的库、用户定义库和WORK库。

1) IEEE库

在IEEE库中有一个“STD_LOGIC_1164”的包集合，它是IEEE正式认可的标准包集合。现在有些公司，如SYNOPSYS公司也提供一些包集合“STD_LOGIC_ARITH”、“STD_LOGIC_UNSIGNED”。

2) STD库

STD库是VHDL的标准库，在库中存放有名为“STANDARD”的包集合。由于它是VHDL的标准配置，因此设计者如果要调用“STANDARD”中的数据，可以不按标准格式说明。STD库中还包含有名为“TEXTIO”的包集合。在使用“TEXTIO”包集合中的数据时，应先说明库和包集合名，然后才可使用该包集合中的数据。例如：

```
LIBRARY STD;
USE STD.TEXTIO.ALL;
```

该包集合在测试时使用。

3) 面向ASIC的库

在VHDL中，为了进行门级仿真，各公司可提供面向ASIC的逻辑门库。在该库中存放着与逻辑门一一对应的实体。为了使用面向ASIC的库，对库进行说明是必要的。

4) WORK库

WORK库是现行作业库。设计者所描述的VHDL语句不需要任何说明，将都存放在WORK库中。在使用该库时无需进行任何说明。

5) 用户定义库

用户为自身设计需要所开发的共用包集合和实体等，也可以汇集在一起定义成一个库，这就是用户定义库，也称用户库。在使用时同样要首先说明库名。

2．库的使用

1) 库的说明

前面提到的 5 类库除 WORK 库和 STD 库之外，其他 3 类库在使用前都要首先进行说明，第一个语句是"LIBRARY 库名"，表明使用什么库。另外，还要说明设计者要使用的是库中哪一个包集合以及包集合中的项目名(如过程名、函数名等)。这样第二个语句的格式如下：

```
USE LIBRARY_name.package_name.ITEM.name
```

所以，一般在使用库时首先要用两条语句对库进行说明。例如：

```
LIBRARY IEEE;
USE IEEE.STD_LOGIC_1164.ALL;
        ⋮
```

上述表明，在该 VHDL 程序中要使用 IEEE 库中 STD_LOGIC_1164 包集合的所有项目。这里项目名为 ALL，表示包集合的所有项目都要用。

2) 库说明语句的作用范围

库说明语句的作用范围从一个实体说明开始，到它所属的构造体、配置为止。当一个源程序中出现两个以上实体时，两条作为使用库的说明语句应在每个实体说明语句前重复书写。

【例 3-11】 库使用说明的重复。

```
LIBRARY IEEE;                         }库使用说明
USE IEEE.STD_LOGIC_1164.ALL;          }
ENTITY and1 IS
      ⋮
END ENTITY and1;
ARCHTECTURE rtl OF and1 IS
      ⋮
END ARCHTECTURE rtl;
CONFIGURATION s1 OF and1 IS
      ⋮
END CONFIGURATION s1;
LIBRARY IEEE;                         }库使用说明
USE IEEE.STD_LOGIC_1164.ALL;          }
ENTITY or1 IS
      ⋮
END ENTITY or1
CONFIGURATION s2 OF or1 IS
      ⋮
END CONFIGURATION s2;
```

3.3.2　包集合

包集合(Package)说明像 C 语言中的 include 语句一样，用来单纯地罗列 VHDL 中所要用到的信号定义、常数定义、数据类型、元件语句、函数定义和过程定义等，它是一个可编译的设计单元，也是库结构中的一个层次。要使用包集合时可以用 USE 语句说明。例如：

```
USE IEEE.STD_LOGIC_1164.ALL;
```

该语句表示在 VHDL 程序中要使用名为 STD_LOGIC_1164 的包集合中的所有定义或说明项。

包集合的结构如下：

```
PACKAGE 包集合名 IS              ⎫
[说明语句];                      ⎬ 包集合标题
END PACKAGE 包集合名;            ⎭
PACKAGE BODY 包集合名 IS         ⎫
[说明语句];                      ⎬ 包集合体
END PACKAGE BODY 包集合名;       ⎭
```

一个包集合由两大部分组成：包集合标题(Header)和包集合体。包集合体(Package Body)是一个可选项。也就是说，包集合可以只由包集合标题构成。一般包集合标题列出所有项的名称，而包集合体具体给出各项的细节。

【例 3-12】　包集合标题和包集合体。

```
LIBRARY STD;
USE STD.STD_LOGIC.ALL;
PACKAGE math IS
  TYPE tw16 IS ARRAY(0 TO 15) OF T_WLOGIC;           ⎫
  FUNCTION add(a, b: IN tw16) RETURN tw16;           ⎬ 包集合标题
  FUNCTION sub(a, b: IN tw16) RETURN tw16;           ⎭
END PACKAGE math;
PACKAGE BODY math IS                                 ⎫
FUNCTION vect_to_int (s: tw16)                       ⎪
     RETURN INTEGER IS                               ⎪
     VARIABLE result: INTEGER := 0;                  ⎪
BEGIN                                                ⎪
     FOR i IN 0 TO 15 LOOP                           ⎬ 包集合体
        result := result*2;                          ⎪
       IF s(i) = '1' THEN                            ⎪
        result := result+1;                          ⎪
       END IF;                                       ⎪
     END LOOP;                                       ⎭
```

```
    RETURN result;
END FUNCTION vect_to_int;
FUNCTION int_to_tw16(s: INTEGER)
        RETURN tw16 IS
    VARIABLE result: tw16;
    VARIABLE digit: INTEGER := 2**15;
    VARIABLE local: INTEGER;
BEGIN
    local := s;
    FOR i IN 0 TO 15 LOOP
        IF local/digit >= 1 THEN
          result(i) := 1;
          local := local-digit;
        ELSE
          result(i) := 0;
        END IF;
            digit := digit/2;
    END LOOP;
    RETURN result;
END FUNCTION int_to_tw16;
FUNCTION add(a, b: IN tw16)
        RETURN tw16 IS
    VARIABLE result: INTEGER;
BEGIN
    result := vect_to_int(a)+vect_to_int(b);
    RETURN int_to_tw16(result);
END FUNCTION add;
FUNCTION sub(a, b: IN tw16)
        RETURN tw16 IS
    VARIABLE result:INTEGER;
BEGIN
    result := vect_to_int(a)-vect_to_int(b);
    RETURN int_to_tw16(result);
END FUNCTION sub;
END PACKAGE BODY math;
```

（以上为包集合体）

例 3-12 的包集合由包集合标题和包集合体两部分组成。在包集合标题中，定义了数据类型和函数的调用说明，而在包集合体中才具体地描述实现该函数功能的语句和数据的赋值。这样分开描述的好处是：当函数的功能需要作某些调整或数据赋值需要变化时，只要改变包集合体的相关语句就行了，而无需改变包标题的说明，从而可以使重新编译的单元数目尽可能少。

包集合也可以只有一个包集合标题说明，因为在包集合标题中也允许使用数据赋值和有实质性的操作语句。

【例 3-13】 包集合只有一个包集合标题说明。

```
LIBRARY IEEE;
USE IEEE STD_LOGIC_1164.ALL;
PACKAGE upac IS
    CONSTANT k: INTEGER := 4;
    TYPE instruction IS(add, sub, adc, inc, srf, slf);
    SUBTYPE cpu_bus IS STD_LOGIC_VECTOR(k-1 DOWNTO 0);
END PACKAGE upac;
```

上述包集合是用户自定义的。在该包集合中定义了 CPU 的指令这一数据类型和 cpu_bus 为一个 4 位的位矢量。由于它是用户自己定义的，因此编译以后就会自动地加到 WORK 库中，如果要使用该包集合，则可用如下格式调用：

```
USE WORK.upac.inctruction;
```

3.3.3 配置

配置(Configuration)语句描述层与层之间的连接关系以及实体与结构之间的连接关系。设计者可以利用这种配置语句来选择不同的构造体，使其与要设计的实体相对应。在仿真某一个实体时，可以利用配置来选择不同的构造体，进行性能对比试验以得到性能最佳的构造体。例如，要设计一个二输入四输出的译码器。如果一种结构中的基本元件采用反相器和三输入与门，而另一种结构中的基本元件都采用与非门，它们各自的构造体是不一样的，并且都放在各自不同的库中，那么现在要设计的译码器就可以利用配置语句实现对两种不同构造体的选择。

配置语句的基本书写格式如下：

```
CONFIGURATION 配置名 OF 实体名 IS
[语句说明];
END CONFIGURATION 配置名;
```

配置语句根据不同情况，其说明语句有简有繁，下面举几个例子进行说明。

【例 3-14】 最简单的缺省配置格式结构。

```
CONFIGURATION 配置名 OF 实体名 IS
    FOR 选配构造体名
    END FOR;
END CONFIGURATION 配置名;
```

这种配置用于选择不包含块(BLOCK)和元件(COMPONENTS)的构造体。在配置语句中只包含有实体所选配的构造体名，其他什么也没有。典型的例子是对计数器实现多种形式的配置，即

```
LIBRARY IEEE;
USE IEEE.STD_LOGIC_1164.ALL;
ENTITY counter IS
PORT(load，clear，clk: IN STD_LOGIC;
      data_in: IN INTEGER;
      data_out: OUT INTEGER);
END ENTITY counter;
ARCHITECTURE count_255 OF counter IS
BEGIN
   PROCESS(clk) IS
      VARIABLE count: INTEGER := 0;
   BEGIN
      IF clear = '1' THEN
         count := 0;
      ELSIF load = '1' THEN
         count := data_in;
      ELSIF (clk'EVENT) AND (clk = '1') AND (clk'LAST_VALUE = '0') THEN
           IF (count = 255) THEN
              count := 0;
           ELSE
              count := count+1;
           END IF;
      END IF;
      data_out <= count;
   END PROCESS;
END ARCHITECTURE count_255;
ARCHITECTURE count_64K OF counter IS
BEGIN
   PROCESS(clk) IS
      VARIABLE count: INTEGER := 0;
   BEGIN
      IF (clear = '1') THEN
         count := 0;
      ELSIF load = '1' THEN
         count := data_in;
      ELSIF (clk'EVENT) AND (clk = '1') AND (clk'LAST_VALUE = '0') THEN
          IF(count = 65535) THEN
             count := 0;
          ELSE
```

```
                count := count+1;
            END IF;
        END IF;
    data_out <= count;
  END PROCESS;
  END ARCHITECTURE count_64K;
      CONFIGURATION small_count OF counter IS
          FOR count_255
          END FOR;
      END CONFIGURATION small_count;
      CONFIGURATION big_count OF counter IS
          FOR count_64K
          END FOR;
      END big_count;
```

在例 3-14 中，一个计数器实体可以实现两个不同构造体的配置。需要注意的是，为达到这个目的，计数器实体中，对装入计数器和构成计数器的数据位宽度不应作具体说明，只将输入和输出数据作为 INTEGER(整型)数据来对待。这样就可以支持多种形式的计数器(如例中的 8 位计数器和 16 位计数器)，以便在宿主机上方便地进行仿真。

下面再举一个构造体内含有元件的配置实例。

【例 3-15】 设计一个二输入四输出的译码器。译码器的电原理图如图 3-5 所示，它由反相器和三输入与门构成。

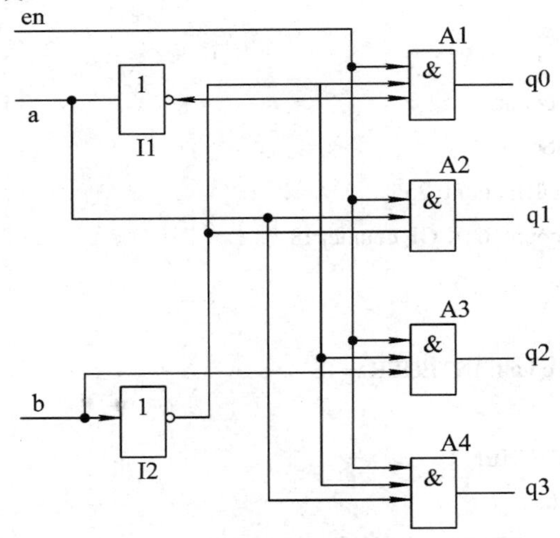

图 3-5　二输入四输出的译码电路

反相器和三输入与门电路的描述如下：

```
LIBRARY IEEE;
USE IEEE.STD_LOGIC_1164.ALL;
ENTITY inv IS
```

```
PORT(a: IN STD_LOGIC;
        b: OUT STD_LOGIC);
END ENTITY inv;
ARCHITECTURE behave OF inv IS
BEGIN
  b <= NOT(a) AFTER 5ns;
END ARCHITECTURE behave;
CONFIGURATION invcon OF inv IS
  FOR behave
  END FOR;
END CONFIGURATION invcon;
LIBRARY IEEE;
USE IEEE.STD_LOGIC_1164.ALL;
ENTITY and3 IS
PORT(a1, a2, a3: IN STD_LOGIC;
        o1: OUT STD_LOGIC);
END ENTITY and3;
ARCHITECTURE behave OF and3 IS
BEGIN
  o1 <= a1 AND a2 AND a3 AFTER 5ns;
END ARCHITECTURE behave;
CONFIGURATION and3con OF and3 IS
  FOR behave
  END FOR;
END CONFIGURATION and3con;
```

下面就是用反相器和与非门构成译码器的程序实例，例中使用了 COMPONENT 语句和 PORT MAP()语句(这两个语句的含义将在后面章节中详述)。

【例 3-16】 构成译码器的程序。

```
LIBRARY IEEE;
USE IEEE.STD_LOGIC_1164.ALL;
ENTITY decode IS
PORT(a, b, en: IN STD_LOGIC;
        q0, q1, q2, q3: OUT STD_LOGIC);
END ENTITY decode;
ARCHITECTURE structural OF decode IS
    COMPONENT inv IS
    PORT(a: IN STD_LOGIC;
            b: OUT STD_LOGIC);
    END COMPONENT inv;
```

```
        COMPONENT and3 IS
        PORT(a1, a2, a3: IN STD_LOGIC;
              o1: OUT STD_LOGIC);
        END COMPONENT and3;
        SIGNAL nota, notb: STD_LOGIC;
    BEGIN
      I1: inv
        PORT MAP(a, nota);
      I2: inv
        PORT MAP(b, notb);
      A1: and3
        PORT MAP(nota, en, notb, q0);
      A2: and3
        PORT MAP(a, en, notb, q1);
      A3: and3
        PORT MAP(nota, en, b, q2);
      A4: and3
        PORT MAP(a, en, b, q3);
    END ARCHITECTURE structural;
```

根据上面对反相器和与门的结构描述，以及对译码器结构的描述，可以利用不同层次的连接关系实现不同译码器的配置。

【例 3-17】 低层次配置的选择配置。

```
CONFIGURATION decode_llcon OF decode IS
  FOR structura1
      FOR I1: inv USE CONFIGURATION WORK.invcon;
      END FOR;
  END FOR;
  FOR I2: inv USE CONFIGURATIOR WORK.invcon;
  END FOR;
  FOR ALL: and3 USE CONFIGURATION WORK.and3con;
  END FOR;
  END CONFIGURATION decode_llcon;
```

【例 3-18】 实体与构造体对应的配置。

```
CONFIGURATION decode_eacon OF decode IS
  FOR structural
    FOR I1: inv USE ENTITY WORK.inv(behave);
    END FOR;
    FOR OTHERS: inv USE ENTITY WORK.inv(behave);
    END FOR;
```

```
        FOR A1: and3 USE ENTITY WORK.and3(behave);
        END FOR;
        FOR OTHERS: and3 USE ENTITY WORK.and3(behave);
        END FOR;
        END FOR;
    END CONFIGURATION decode_eacon;
```

例 3-14～例 3-18 是配置实际应用的几个例子，内部的语句也有多种多样的书写格式，但是不管怎样改变，基本格式和实现的功能是完全相同的。

习题与思考题

3.1 VHDL 设计的基本单元由哪几部分构成？各部分的结构是怎样描述的？

3.2 试以与非门为例，说明与非门逻辑符与描述与非门的 VHDL 基本设计单元各部分之间的对应关系。

3.3 一个构造体内可否有几个 BLOCK 语句？引入 BLOCK 结构的主要目的是什么？

3.4 进程语句和 BLOCK 语句有什么不同？某一个电路是用 BLOCK 语句来描述的，那么其功能是否也可以用一个进程语句来描述？

3.5 进程的启动条件是什么？如果进程有两个敏感量，其中一个由“0”变为“1”，等待一段时间以后再由“1”变为“0”，而另一个只由“1”变为“0”改变一次，请问该进程将执行几遍？

3.6 有人认为，进程中的语句顺序颠倒一下并不会改变所描述电路的功能，这种说法对吗？为什么？

3.7 过程语句用于什么场合？其所带参数是怎样定义的？

3.8 函数语句用于什么场合？其所带参数是怎样定义的？

3.9 库由哪些部分组成？在 VHDL 中常见的有几种库？编程人员怎样使用现有的库？

3.10 一个包集合由哪两大部分组成？包集合体通常包含哪些内容？

3.11 在 VHDL 中配置的主要功能是什么？试举例说明之。

3.12 在 VHDL 中哪些部分是可以单独编译的源设计单元？

第 4 章 VHDL 的数据类型与运算操作符

和其他高级语言一样，VHDL 具有多种数据类型。两者对大多数数据类型的定义是一致的，但也有某些区别，如 VHDL 中可以由用户自己定义数据类型，这一点在其他高级语言中是做不到的。读者在阅读时务请多加注意。

4.1 VHDL 的客体及其分类

在 VHDL 中，凡是可以赋予一个值的对象就称为客体(Object)。客体主要包括以下 4 种：信号(Signal)、变量(Variable)、常数(Constant)、文件(File)。在电子电路设计中，这 4 类客体通常都具有一定的物理含义。例如，信号对应地代表物理设计中的某一条硬件连接线，常数对应地代表数字电路中的电源和地等。当然，变量对应关系不太直接，通常只代表暂存某些值的载体。4 类客体的含义和说明场合如表 4-1 所示。

表 4-1 VHDL 中 4 类客体的含义和说明场合

客体类别	含 义	说 明 场 合
信号	信号是全局量	ARCHITECTURE，PACKAGE，ENTITY
变量	共享变量是全局量，局部变量是局部量	PROCESS，FUNCTION，PROCEDURE
常数	常数是全局量	上面两种场合下均可存在
文件	文件是全局量	ARCHITECTURE，PACKAGE，ENTITY

4.1.1 常数

常数(Constant)是一个固定的值。所谓常数说明，就是对某一常数名赋予一个固定的值。通常赋值在程序开始前进行，该值的数据类型则在说明语句中指明。常数说明的一般格式如下：

CONSTANT 常数名: 数据类型 := 表达式;

例如：

```
CONSTANT VCC: REAL := 5.0;
CONSTANT DALY: TIME := 100ns;
CONSTANT FBUS: BIT_VECTOR := "0101";
```

常数一旦被赋值就不能再改变。上面 VCC 被赋值为 5.0 V，那么在所有的 VHDL 程序中 VCC 的值就固定为 5.0 V，它不像后面所提到的信号和变量那样，可以任意代入不同的数值。另外，常数所赋的值应和定义的数据类型一致。例如：

```
CONSTANT VCC: REAL := "0101";
```

这样的常数说明显然是错误的。

4.1.2　变量

在 93 版中，变量(Variable)增添了一种可在全局引用的共享变量(Shared Variable)，但初学者应慎用。因为，几个进程执行的时序不同会产生不同的结果。以后书中未作特殊说明的变量都是局部变量。

1. 共享变量

前面已经提到信号和变量的重要区别是：信号可以是全局量，只要在构造体中已定义，那么在构造体内的所有地方都可以使用；变量是局部量，只能在进程、子程序内部定义和使用。如果要将结果带出外部，则必须将变量值赋给某一个信号量才行。

但是，实际使用过程中有时希望进程或子程序中的结果以变量形式进行数据传递，因此，在 93 版中定义了共享变量。共享变量的说明格式如下：

```
SHARED VARIABLE 变量名: 子类型名 [ := 初始值];
```

例如：

```
ARCHITECTURE sample OF tests IS
SHARED VARIABLE notclk: STD_LOGIC;
SIGNAL clk: STD_LOGIC;
BEGIN
p1: PROCESS(clk) IS
    BEGIN
      IF (clk'EVENT AND clk = '1') THEN
        notclk := '0';
      END IF;
    END PROCESS p1;
p2: PROCESS(clk) IS
    BEGIN
      IF (clk'EVENT AND clk = '0') THEN
        notclk := '1';
      END IF;
    END PROCESS p2;
END ARCHITECTURE sample;
```

p1 进程在时钟上升沿将共享变量 notclk 置为“0”，而 p2 进程在时钟下降沿将 notclk 置为“1”，从而使 notclk 和 clk 在任何时刻其值正好相反。共享变量除在进程和子程序的说明域中不能使用外，在其他任何地方都可以使用。但是，如前所述，初学者应慎用，因为几个并发进程执行的时序不同，会产生不同的结果。

2. 局部变量

局部变量只能在进程语句、函数语句和过程语句结构中使用，它是一个局部量。在仿真过程中，它不像信号那样，到了规定的仿真时间才进行赋值，局部变量的赋值是立即生效的。局部变量说明语句的格式如下：

VARIABLE 变量名: 数据类型 约束条件 := 表达式;

例如：

```
VARIABLE x, y: INTEGER;
VARIABLE count: INTEGER RANGE 0 TO 255 := 10;
```

局部变量在赋值时不能产生附加延时。例如，tmp1、tmp2、tmp3 都是局部变量，那么下式产生延时的方式是不合法的：

```
tmp3 := tmp1+tmp2 AFTER 10 ns;
```

4.1.3 信号

信号(Signal)是电子电路内部硬件连接的抽象。它除了没有数据流动方向说明以外，其他性质几乎和前面所述的“端口”概念一致。信号通常在构造体、包集合和实体中说明。信号说明的语句的格式如下：

SIGNAL 信号名: 数据类型 约束条件 := 表达式;

例如：

```
SIGNAL sys_clk: BIT := '0';
SIGNAL ground: BIT := '0';
```

在程序中，信号值的代入采用“<=”代入符，而不是像变量赋值时用“:=”符，而且信号代入时可以附加延时。例如，s1 和 s2 都是信号，且 s2 的值经 10 ns 延时以后才被代入 s1。此时信号传送语句可写为

```
s1 <= s2 AFTER 10ns;
```

信号是一个全局量，它可以用来进行进程之间的通信。

一般来说，在 VHDL 中对信号赋值是按仿真时间来进行的。信号值的改变也需按仿真时间的计划表行事。

在 93 版中可对信号赋无效值，以表明不改变当前驱动器的输出值。例如：

```
a <= NULL;
```

执行该条语句，a 的信号值将不发生变化。

4.1.4 信号和变量值代入的区别

信号和变量值的代入不仅形式不同，其操作过程也不相同。在变量的赋值语句中，该语句一旦被执行，其值立即被赋予变量。在执行下一条语句时，该变量的值就为上一句新赋的值。变量的赋值符为“:=”。信号代入语句采用“<=”代入符，该语句即使被执行也不会使信号立即发生代入，下一条语句执行时，仍使用原来的信号值。由于信号代入语句是

同时进行处理的，因此，实际代入过程和代入语句的处理是分开进行的。

如图 4-1 所示，信号 C 和 D 的代入值(A+B)和(C+B)将由 PROCESS 外部通过进程的敏感信号 A、B、C 取得。进程执行时，只从信号所对应的实体取值，只要不碰到 WAIT 语句或进程执行结束，进程执行过程中信号值是不进行代入的。如图 4-2 所示，为了进行仿真，需要让代入和处理交替反复进行。

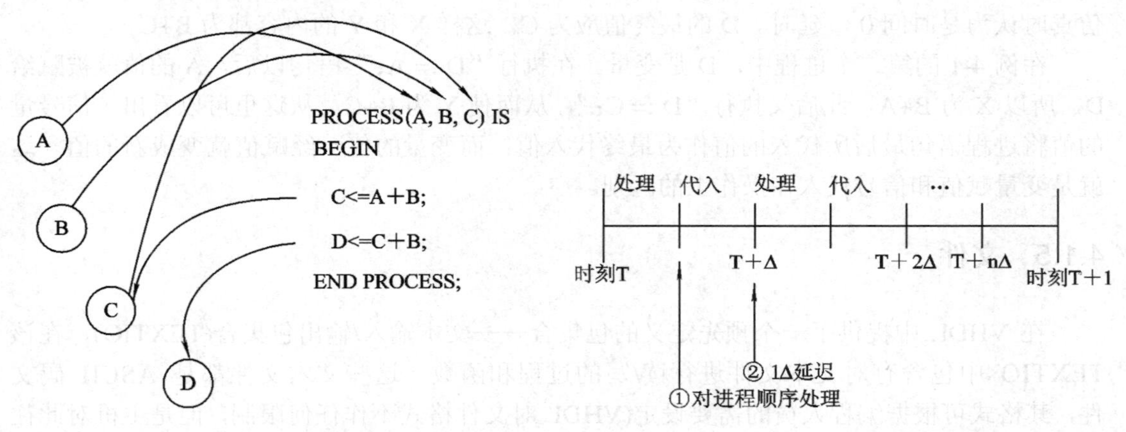

图 4-1　信号代入值的取得　　　图 4-2　进程语句的顺序处理

【例 4-1】 以下是两个进程描述的语句。首先，由于信号 A 发生变化使进程语句开始启动执行。这样一来，仿真器对进程中的各语句自上至下地进行处理。当进程所有语句执行完毕，或者中途碰到 WAIT 语句时，该进程执行结束，信号代入过程被执行，代入同样应按顺序自上至下地进行。

```
P1: PROCESS(A, B, C, D) IS
    BEGIN
        D <= A;
        X <= B+D;
        D <= C;
        Y <= B+D;
    END PROCESS P1;
```

结果：

```
    X <= B+C;
    Y <= B+C;
P2: PROCESS(A, B, C) IS
    VARIABLE D: STD_LOGIC_VECTOR(3 DOWNTO 0);
    BEGIN
        D := A;
        X <= B+D;
        D := C;
        Y <= B+D;
    END PROCESS P2;
```

结果：

```
X <= B+A;
Y <= B+C;
```

在例 4-1 的第一个进程中，D 中最初代入的值是 A，接着又代入 C 值。尽管 D 中先代入 A 值，后代入 C 值，在时间上有一个 Δ 的延时，但是，在代入时由于不进行处理，因此仿真时认为是时间 0 值延时。D 的最终值应为 C，这样 X 和 Y 的内容都为 B+C。

在例 4-1 的第二个进程中，D 是变量。在执行“D := A;”语句以后，A 的值就被赋给 D，所以 X 为 B+A。此后又执行“D := C;”，从而使 Y 为 B+C。从这里可以看出，信号量的值将进程语句最后所代入的值作为最终代入值，而变量的值一经赋值就变成新的值。这就是变量赋值和信号代入在操作上的区别。

4.1.5 文件

在 VHDL 中提供了一个预先定义的包集合——文本输入/输出包集合(TEXTIO)，在该 TEXTIO 中包含有对文本文件进行读/写的过程和函数。这些文本文件都是 ASCII 码文件，其格式可根据编程人员的需要设定(VHDL 对文件格式不作任何限制，但是主机对此往往有一定限制)。TEXTIO 按行对文件进行处理，一行为一个字符串，并以回车、换行符作为行结束符。

1．文件类型定义的格式

文件类型定义的格式如下：

```
TYPE 类型名 IS FILE OF  类型/子类型名;
```

例如：

```
TYPE index IS RANGE 0 TO 15;
TYPE int_ftype IS FILE OF index;
```

2．文件操作语句

TEXTIO 中提供了打开文件、关闭文件、从文件读/写一行的过程及检查文件结束的函数：

```
FILE_OPEN(文件名，"外部文件名"，文件读写类型)
FILE_CLOSE(文件名)
READ
WRITE
ENDFILE(文件名)
```

TEXTIO 还隐含行读和行写两个子过程：

```
READLINE(目的行变量，源行变量)
WRITELINE(目的行变量，源行变量)
```

TEXTIO 也对用于处理文本文件的数据类型作了具体说明。数据类型 line(行)是读/写文本文件时要用的，line 的结构是 TEXTIO 对文件进行操作的基本单位。例如，对文件进行读操作时，首先读一行字符，并将它放到 line 数据类型的结构中，而后再按字段进行处理。具体应用实例将在第 9 章中详述。

4.2　VHDL 的数据类型

如前所述，在 VHDL 中信号、变量、常数都要指定数据类型，因此，VHDL 提供了多种标准的数据类型。另外，为使用户设计方便，还可以由用户自定义数据类型。这样使语言的描述能力及自由度得到了更进一步的提高，从而为系统高层次的仿真提供了必要手段。

与此相反，VHDL 的数据类型的定义相当严格，不同类型之间的数据不能直接代入，而且即使数据类型相同，位长不同也不能直接代入。这样，为了熟练地使用 VHDL 编写程序，必须很好地理解各种数据类型的定义。

4.2.1　标准的数据类型

标准的数据类型共有 10 种，如表 4-2 所示。

表 4-2　标准的数据类型

数 据 类 型	含　义
整数	整数 32 位，–2 147 483 647～2 147 483 647
实数	浮点数，–1.0E + 38～+1.0E + 38
位	逻辑“0”或“1”
位矢量	位矢量
布尔量	逻辑“假”或逻辑“真”
字符	ASCII 字符
时间	时间单位 fs、ps、ns、μs、ms、sec、min、hr
错误等级	NOTE，WARNING，ERROR，FAILURE
自然数，正整数	整数的子集(自然数：大于等于 0 的整数；正整数：大于 0 的整数)
字符串	字符矢量

下面对各数据类型作一简要说明。

1．整数(Integer)

整数与数学中整数的定义相同。在 VHDL 中，整数的表示范围为 –2 147 483 647～2 147 483 647，即 $-(2^{31}-1)\sim(2^{31}-1)$。千万不要把一个实数(含小数点的数)赋予一个整数变量，这是因为 VHDL 是一个强类型语言，它要求在赋值语句中的数据类型必须匹配。整数的例子如下：

+136，+12456，–457

尽管整数值在电子系统中可能是用一系列二进制位值来表示的，但是整数不能看作位矢量，也不能按位来进行访问，对整数不能用逻辑操作符。当需要进行位操作时，可以用转换函数，将整数转换成位矢量。目前，有的 CAD 厂商所提供的工具中对此规定已有所突破，允许对有符号和无符号的整型量进行算术逻辑运算。

在电子系统的开发过程中，整数也可以作为对信号总线状态的一种抽象手段，用来准确地表示总线的某一种状态。

2．实数(Real)

在进行算法研究或者实验时，作为对硬件方案的抽象手段，常常采用实数四则运算。实数的定义值范围为 -1.0E + 38～+1.0E + 38。实数有正负数，书写时一定要有小数点。例如：

-1.0，+2.5，-1.0E+38

有些数可以用整数表示，也可以用实数表示。例如，数字 1 的整数表示为 1，而用实数表示则为 1.0。两个数的值是一样的，但数据类型却不一样。

3．位(Bit)

在数字系统中，信号值通常用一个位来表示。位值的表示方法是：用字符 '0' 或者 '1' (将值放在单引号中)来表示。位与整数中的 1 和 0 不同，'1' 和 '0' 仅仅表示一个位的两种取值。位值有时也可以显式说明，例如：

BIT' ('1')

位数据可以用来描述数字系统中总线的值。位数据不同于布尔数据，当然也可以用转换函数进行转换。

4．位矢量(Bit_Vector)

位矢量是 93 版扩展的数据类型，它是用双引号括起来的扩展的数字序列。例如：

B"001_101_010"——9 位二进制位串；

X"A_F0_FC"——20 位十六进制位串；

O"3701"——12 位八进制位串；

X" "——空位串。

在这里，位矢量最前面的 B、X、O 表示二、十六、八进制。用位矢量数据表示总线状态最形象也最方便，在以后的 VHDL 程序中将会经常遇到。

5．布尔量(Boolean)

一个布尔量具有两种状态——“真”或者“假”。虽然布尔量也是二值枚举量，但它和位不同，没有数值的含义，也不能进行算术运算。它能进行关系运算。例如，它可以在 IF 语句中被测试，测试结果产生一个布尔量 TRUE 或者 FALSE。

一个布尔量常用来表示信号的状态或者总线上的情况。如果某个信号或者变量被定义为布尔量，那么在仿真中将自动地对其赋值进行核查。一般这一类型的数据的初始值总为 FALSE。

6．字符(Character)

字符也是一种数据类型，所定义的字符量通常用单引号括起来，如 'A'。一般情况下 VHDL 对大小写不敏感，但是对字符量中的大、小写字符则认为是不一样的。例如，'B'不同于 'b'。字符量中的字符可以是 a～z 中的任一个字母、0～9 中的任一个数以及空白或者特殊字符，如 $、@、% 等。包集合 STANDARD 中给出了预定义的 128 个 ASCII 码字符类型，不能打印的用标识符给出。字符 '1' 与整数 1 和实数 1.0 都是不相同的。当要明确指出 1 的字符数据时，可写为

CHARACTER' ('1')

7．字符串(String)

字符串是由双引号括起来的一个字符序列，也称为字符矢量或字符串数组。例如：

"integer range"

字符串常用于程序的提示和说明。

8．时间(Time)

时间是一个物理量数据。完整的时间量数据应包含整数和单位两部分，而且整数和单位之间至少应留一个空格的位置。例如，55 sec、2 min 等。在包集合 STANDARD 中给出了时间的预定义，其单位为 fs、ps、ns、μs、ms、sec、min、hr。下面是时间数据的例子：

20 μs，100 ns，3 sec

在系统仿真时，时间数据特别有用，用它可以表示信号延时，从而使模型系统更逼近实际系统的运行环境。

9．错误等级(Severity Level)

错误等级类型数据用来表征系统的状态，共有 4 种：NOTE(注意)、WARNING(警告)、ERROR(出错)、FAILURE(失败)。在系统仿真过程中，可以用这 4 种状态来提示系统当前的工作情况。这样可以使操作人员随时了解当前系统工作的情况，并根据系统的不同状态采取相应的对策。

10．大于等于零的整数(Natural，自然数)、正整数(Positive)

这两类数据是整数的子类，Natural 类数据只能取值 0 和 0 以上的正整数，Positive 只能为正整数。

上述 10 种数据类型是 VHDL 中标准的数据类型，在编程时可以直接引用。如果用户需使用这 10 种以外的数据类型，则必须进行自定义。大多数 CAD 厂商已在包集合中对标准数据类型进行了扩展，例如数组型数据等，这一点请读者注意。

由于 VHDL 属于强类型语言，因此在仿真过程中，首先要检查赋值语句中的类型和区间，任何一个信号和变量的赋值均须落入给定的约束区间中，也就是说要落入有效数值的范围中。约束区间的说明通常跟在数据类型说明的后面。例如：

```
INTEGER RANGE 100 DOWNTO 1
BIT_VECTOR (3 DOWNTO 0)
REAL RANGE 2.0 TO 30.0
```

这里 DOWNTO 表示下降，TO 表示上升。

对于一个 BCD 数的比较器，利用约束区间说明的端口说明语句可以写为

```
ENTITY bcd_compare IS
PORT(a，b: IN INTEGER RANGE 0 TO 9 := 0;
      c: OUT BOOLEAN);
END ENTITY bcd_compare;
```

4.2.2　用户定义的数据类型

VHDL 使用户最感兴趣的一个特点是：可以由用户自己来定义数据类型。用户定义数据类型的书写格式如下：

TYPE 数据类型名 {, 数据类型名} 数据类型定义;

在 VHDL 语中还存在不完整的用户定义的数据类型的书写格式:

TYPE 数据类型名 {, 数据类型名};

这种由用户进行的数据类型定义是一种利用其他已定义的说明所进行的“假”定义，因此它不能进行逻辑综合。

可由用户定义的数据类型有如下几种：枚举(Enumerated)类型；整数(Integer)类型；实数(Real)、浮点数(Floating)类型；数组(Array)类型；存取(Access)类型；文件(File)类型；记录(Recode)类型；时间(Time)类型(物理类型)。

下面对常用的几种用户定义的数据类型作一说明。

1. 枚举类型

在逻辑电路中，所有的数据都是用“1”或“0”来表示的，但是人们在考虑逻辑关系时，只有数字往往是不方便的。在 VHDL 中，可以用符号名来代替数字。例如，在表示一周每一天状态的逻辑电路中，可以假设“000”为星期天，“001”为星期一。这对阅读程序是颇不方便的。为此，可以定义一个叫“week”的数据类型。

TYPE week IS(sun，mon，tue，wed，thu，fri，sat);

由上述定义可知，凡是用于代表星期二的日子都可以用 tue 来代替，这比用代码“010”表示星期二直观多了，使用时也不易出错。

枚举类型数据的定义格式如下:

TYPE 数据类型名 IS (元素，元素，…);

这类用户定义的数据类型的应用相当广泛，例如在包集合“STD_LOGIC”和“STD_LOGIC_1164”中都有此类数据的定义。例如:

```
TYPE STD_LOGIC IS
('U'，'X'，'0'，'1'，'Z'，'W'，'L'，'H'，'-');
```

2. 整数类型和实数类型

整数类型在 VHDL 中已存在，这里所说的是用户定义的整数类型，实际上可以认为是整数的一个子类。例如，在一个数码管上显示数字，其值只能取 0～9 的整数。如果由用户定义一个用于数码显示的数据类型，那么就可以写为

```
TYPE digit IS INTEGER RANGE 0 TO 9;
```

同理，实数类型也如此。例如:

```
TYPE current IS REAL RANGE –1E4 TO 1E4;
```

据此可以总结出整数或实数用户定义数据类型的格式为

TYPE 数据类型名 IS 数据类型定义约束范围;

3. 数组类型

数组是将相同类型的数据集合在一起所形成的一个新的数据类型。它可以是一维的，也可以是二维或多维的。

数组定义的书写格式如下:

TYPE 数据类型名 IS ARRAY 范围 OF 原数据类型名;

在这里如果范围这一项没有被指定，则使用整数数据类型。例如:

```
TYPE word IS ARRAY (1 TO 8) OF STD_LOGIC;
```

若范围这一项需用整数类型以外的其他数据类型，则在指定数据范围前应加数据类型名。例如：

```
TYPE word IS ARRAY (INTEGER 1 TO 8) OF STD_LOGIC;
TYPE instruction IS (ADD，SUB，INC，SRL，SRF，LDA，LDB，XFR);
SUBTYPE digit IS INTEGER 0 TO 9;
TYPE insflag IS ARRAY (instruction ADD TO SRF) OF digit;
```

数组在总线定义及ROM、RAM等的系统模型中使用。"STD_LOGIC_VECTOR"也属于数组数据类型，它在包集合"STD_LOGIC_1164"中被定义：

```
TYPE STD_LOGIC_VECTOR IS ARRAY
(NATURAL RANGE<>) OF STD_LOGIC;
```

这里范围由"RANGE<>"指定，这是一个没有范围限制的数组。在这种情况下，范围由信号说明语句等确定。例如：

```
SIGNAL aaa: STD_LOGIC_VECTOR (3 DOWNTO 0);
```

在函数和过程的语句中，当使用无限制范围的数组时，其范围一般由调用者所传递的参数来确定。

多维数组需要用两个以上的范围来描述，而且多维数组不能生成逻辑电路，只能用于生成仿真图形及硬件的抽象模型。例如：

```
TYPE memarray IS ARRAY (0 TO 5, 7 DOWNTO 0) OF STD_LOGIC;
CONSTANT romdata: memarray :=
(('0', '0', '0', '0', '0', '0', '0', '0'),
('0', '1', '1', '1', '0', '0', '0', '1'),
('0', '0', '0', '0', '0', '1', '0', '1'),
('1', '0', '1', '0', '1', '0', '1', '0'),
('1', '1', '0', '1', '1', '1', '1', '0'),
('1', '1', '1', '1', '1', '1', '1', '1'));
SIGNAL data_bit:STD_LOGIC;
  ⋮
data_bit <= romdata (3, 7);
```

上述例子是二维的。在三维情况下要用3个范围来描述。

在代入初值时，各范围最左边所说明的值为数组的初始位脚标。在上例中(0，7)是起始位，接下去右侧范围向右移一位变为(0，6)，以后顺序为(0，5)，(0，4)，…，(0，0)。然后，左侧范围向右移一位变为(1，7)，此后按此规律移动得到最后一位(5，0)。

4．时间类型(物理类型)

表示时间的数据类型在仿真时是必不可少的，其书写格式如下：

```
TYPE 数据类型名 IS 范围;
   UNITS 基本单位;
    单位;
```

```
END UNITS;
```

例如：

```
TYPE time IS RANGE –1E18 TO 1E18;
    UNITS
        fs;
        ps = 1000 fs;
        ns = 1000 ps;
        μs = 1000 ns;
        ms = 1000 μs;
        sec = 1000 ms;
        min = 60 sec;
        hr = 60 min;
END UNITS;
```

这里的基本单位是“fs”，其 1000 倍是“ps”，以此类推。时间是物理类型的数据。当然，对容量、阻抗值等也可以进行定义。

5．记录类型

数组是同一类型数据集合起来形成的，而记录则是将不同类型的数据和数据名组织在一起而形成的新客体。记录数据类型的定义格式如下：

```
TYPE  数据类型名  IS RECORD
      元素名: 数据类型名;
      元素名: 数据类型名;
        ⋮
END RECORD;
```

从记录数据类型中提取元素数据类型时，应使用“.”。例如：

```
TYPE bank IS RECORD
    addr0: STD_LOGIC_VECTOR (7 DOWNTO 0);
    addr1: STD_LOGIC_VECTOR (7 DOWNTO 0);
    r0: INTEGER;
    inst: instruction;
END RECORD;
SIGNAL addbus1，addbus2: STD_LOGIC_VECTOR (31 DOWNTO 0);
SIGNAL result: INTEGER;
SIGNAL alu_code: instruction;
SIGNAL r_bank: bank := ("00000000"，"00000000"，0，add);
addbus1 <= r_bank.addr1;
r_bank.inst <= alu_code;
```

用记录描述 SCSI 总线及通信协议是比较方便的。在生成逻辑电路时应将记录数据类型分解开来。因此，记录类型比较适用于系统仿真。

4.2.3　用户定义的子类型

用户定义的子类型是用户对已定义的数据类型作一些范围限制而形成的一种新的数据类型。子类型的名称通常采用用户较易理解的名字。子类型定义的一般格式如下：

SUBTYPE 子类型名 IS 数据类型名;

例如，在“STD_LOGIC_VECTOR”基础上所形成的子类如下：

```
SUBTYPE iobus IS STD_LOGIC_VECTOR (7 DOWNTO 0);
SUBTYPE digit IS INTEGER RANGE 0 TO 9;
```

子类型可以对原数据类型指定范围而形成，也可以完全和原数据类型范围一致。例如：

```
SUBTYPE abus IS STD_LOGIC_VECTOR (7 DOWNTO 0);
SIGNAL aio: STD_LOGIC_VECTOR (7 DOWNTO 0);
SIGNAL bio: STD_LOGIC_VECTOR (15 DOWNTO 0);
SIGNAL cio: abus;
aio <= cio;  --正确操作
bio <= cio;  --错误操作
```

此外，子类型还常用于存储器阵列等的数组描述场合。新构造的数据类型及子类型通常在包集合中定义，再由 USE 语句装载到描述语句中。

4.2.4　数据类型的转换

在 VHDL 中，数据类型的定义是相当严格的，不同类型的数据是不能进行运算和直接代入的。为了实现正确的代入操作，必须将要代入的数据进行类型变换，这就是所谓的类型变换。变换函数通常由 VHDL 的包集合提供。例如，在“STD_LOGIC_1164”、“STD_LOGIC_ARITH”、“STD_LOGIC_UNSIGNED”的包集合中提供了如表 4-3 所示的数据类型变换函数。

表 4-3　数据类型变换函数

函　数　名	功　　能
• STD_LOGIC_1164 包集合	
TO_STDLOGICVECTOR(A)	由 BIT_VECTOR 变换为 STD_LOGIC_VECTOR
TO_BITVECTOR(A)	由 STD_LOGIC_VECTOR 变换为 BIT_VECTOR
TO_STDLOGIC(A)	由 BIT 变换成 STD_LOGIC
TO_BIT(A)	由 STD_LOGIC 变换成 BIT
• STD_LOGIC_ARITH 包集合	
CONV_STD_LOGIC_VECTOR(A，位长)	由 INTEGER、UNSIGNED、SIGNED 变换成 STD_LOGIC_VECTOR
CONV_INTEGER(A)	由 UNSIGNED、SIGNED 变换成 INTEGER
• STD_LOGIC_UNSIGNED 包集合	
CONV_INTEGER(A)	由 STD_LOGIC_VECTOR 变换成 INTEGER

【例 4-2】 由“STD_LOGIC_VECTOR”变换成“INTEGER”的实例。

```
LIBRARY IEEE;
USE IEEE.STD_LOGIC_1164.ALL;
USE IEEE.STD_LOGIC_UNSIGNED.ALL;
ENTITY add5 IS
PORT(num:IN STD_LOGIC_VECTOR (2 DOWNTO 0);
        ⋮
     );
END ENTITY add5;
ARCHITECTURE rtl OF add5 IS
SIGNAL in_num:INTEGER RANGE 0 TO 5;
        ⋮
BEGIN
  in_num <= CONV_INTEGER (num);                    --变换式
        ⋮
END ARCHITECTURE rtl;
```

此外，由“BIT_VECTOR”变换成“STD_LOGIC_VECTOR”也非常方便。代入“STD_LOGIC_VECTOR”的值只能是二进制数，而代入“BIT_VECTOR”的值除二进制数以外，还可能是十六进制数和八进制数。不仅如此，“BIT_VECTOR”还可以用“_”来分隔数值位。下面的几个语句表示了“BIT_VECTOR”和“STD_LOGIC_VECTOR”的赋值语句：

```
SIGNAL a: BIT_VECTOR (11 DOWNTO 0);
SIGNAL b: STD_LOGIC_VECTOR (11 DOWNTO 0);
a <= X"A8"; 十六进制值可赋予位矢量
b <= X"A8"; 语法错，十六进制值不能赋予位矢量
b <= TO_STDLOGICVECTOR (X"AF7");
b <= TO_STDLOGICVECTOR (O"5177"); 八进制变换
b <= TO_STDLOGICVECTOR (B"1010_1111_0111");
```

4.2.5 数据类型的限定

在 VHDL 中，有时可以用所描述文字的上下关系来判断某一数据的数据类型。例如：

```
SIGNAL a: STD_LOGIC_VECTOR (7 DOWNTO 0);
a <= "01101010";
```

联系上下文关系，可以断定“01101010”不是字符串(String)，也不是位矢量(Bit_Vector)，而是“STD_LOGIC_VECTOR”。但是，也有判断不出来的情况。例如：

```
CASE (a & b & c) IS
  WHEN "001" => Y <= "01111111";
  WHEN "010" => Y <= "10111111";
    ⋮
END CASE;
```

在该例中，a&b&c 的数据类型如果不确定，那么就会发生错误。在这种情况下就要对数据进行类型限定(这类似于 C 语言中的强制方式)。数据类型限定的方式是在数据前加上“类型名”。例如：

```
a <= STD_LOGIC_VECTOR' ("01101010");
SUBTYPE STD3BIT IS STD_LOGIC_VECTOR (0 TO 2);
CASE STD3BIT' (a & b & c) IS
   WHEN "000" => Y <= "01111111";
   WHEN "001" => Y <= "10111111";
      ⋮
END CASE;
```

数据类型的限定方式与数据类型的变换很相似，这一点应引起读者注意。

4.2.6 IEEE 标准“STD_LOGIC”和“STD_LOGIC_VECTOR”

在上面的数据类型介绍中，曾讲到 VHDL 的标准数据类型“BIT”，它是一个逻辑型的数据类型。这类数据取值只能是“0”和“1”。由于该类型数据不存在不定状态'X'，因此不便于仿真。另外，由于它也不存在高阻状态，因此也很难用来描述双向数据总线。为此，IEEE 在 1993 年制定出了新的标准(IEEE STD1164)，使得“STD_LOGIC”型数据可以具有如下 9 种不同的值：

'U'——初始值；
'X'——不定；
'0'——0；
'1'——1；
'Z'——高阻；
'W'——弱信号不定；
'L'——弱信号 0；
'H'——弱信号 1；
'—'——不可能情况。

“STD_LOGIC”和“STD_LOGIC_VECTOR”是 IEEE 新制定的标准化数据类型，也是在 VHDL 语法以外所添加的数据类型，因此将它归属到用户定义的数据类型中。当使用该类型数据时，在程序中必须写出库说明语句和使用包集合的说明语句。

4.3 VHDL 的运算操作符

在 VHDL 中共有 4 类操作符，可以分别进行逻辑运算(Logical)、关系运算(Relational)、算术运算(Arithmetic)和并置运算(Concatenation)。需要注意的是，被操作符所操作的对象是操作数，且操作数的类型应该和操作符所要求的类型相一致。另外，运算操作符是有优先级的，例如逻辑运算符 NOT 在所有操作符中其优先级最高。表 4-4 给出了主要操作符的优先级。

表 4-4 操作符的优先级

优先级顺序	运算操作符的类型	操 作 符	功 能
低	逻辑运算符	AND	逻辑与
↓		OR	逻辑或
		NAND	逻辑与非
		NOR	逻辑或非
		XOR	逻辑异或
		SLL	逻辑左移
		SRL	逻辑右移
		SLA	算术左移
		SRA	算术右移
		ROL	逻辑循环左移
		ROR	逻辑循环右移
	关系运算符	=	等号
		/=	不等号
		<	小于
		>	大于
		<=	小于等于
		>=	大于等于
	加、减、并置运算符	+	加
		–	减
		&	并置
	正、负运算符	+	正
		–	负
	乘法运算符	*	乘
		/	除
		MOD	求模
		REM	取余
		**	指数
		ABS	取绝对值
高		NOT	取反

4.3.1 逻辑运算符

在 VHDL 的 87 版中，逻辑运算符共有以下 6 种：

NOT——取反；

AND——与；

OR——或；

NAND——与非；

NOR——或非；

XOR——异或。

在 93 版中增加了 6 种新的逻辑运算符：

SLL——逻辑左移；

SRL——逻辑右移；

SLA——算术左移；

SRA——算术右移；

ROL——逻辑循环左移；

ROR——逻辑循环右移。

这 12 种逻辑运算符可以对“STD_LOGIC”和“BIT”等的逻辑型数据、“STD_LOGIC_VECTOR”逻辑型数组及布尔型数据进行逻辑运算。必须注意，运算符的左边和右边，以及代入信号的数据类型必须是相同的。

当一个语句中存在两个以上逻辑表达式时，在 C 语言中运算有自左至右的优先级顺序的规定，而在 VHDL 中，左右没有优先级差别。例如，在下例中，如去掉式中的括号，那么从语法上来说是错误的：

```
X <= (a AND b) OR (NOT c AND d);
```

当然也有例外，如果一个逻辑表达式中只有“AND”、“OR”、“XOR”中的一种运算符，那么改变运算顺序将不一定会导致逻辑的改变。此时，括号是可以省略的。例如：

```
a <= b AND c AND d AND e;
a <= b OR c OR d OR e;
a <= b XOR c XOR d XOR e;
a <= ((b NAND c) NAND d) NAND e; (必须要括号)
a <= (b AND c) OR (d AND e); (必须要括号)
```

在所有逻辑运算符中，NOT 的优先级最高。

4.3.2 算术运算符

VHDL 中有以下 10 种算术运算符：

+ ——加；

– ——减；

* ——乘；

/ ——除；

MOD——求模；

REM——取余；

+ ——正(一元运算)；

- ——负(一元运算)；

** ——指数；

ABS——取绝对值。

在算术运算中，一元运算的操作数(正、负)可以为任何数值类型(整数、实数、物理量)。加法和减法的操作数也可以为任意数值类型，但应具有相同的数据类型。乘、除法的操作数可以同为整数和实数。物理量可以被整数或实数相乘或相除，其结果仍为一个物理量。物理量除以同一类型的物理量即可得到一个整数量。求模和取余的操作数必须是同一整数类型的数据。一个指数的运算符的左操作数可以是任意整数或实数，而右操作数应为一整数(只有在左操作数是实数时，右操作数才可以是负整数)。

实际上，能够真正综合逻辑电路的算术运算符只有"+"、"-"、"*"。在数据位较长的情况下，在使用算术运算符进行运算，特别是使用乘法运算符"*"时，应特别慎重。因为对于 16 位的乘法运算，综合时逻辑门电路会超过 2000 个门。对于算术运算符" / "、"MOD"、"REM"，分母的操作数为 2 乘方的常数时，逻辑电路综合是可能的。

当对"STD_LOGIC_VECTOR"进行"+"(加)、"-"(减)运算时，若两边的操作数和代入的变量位长不同，则会产生语法错误。另外，"*"运算符两边的位长相加后的值和要代入的变量的位长不相同时，同样也会出现语法错误。

4.3.3 关系运算符

VHDL 中有以下 6 种关系运算符：

= ——等于；

/= ——不等于；

< ——小于；

<= ——小于等于；

> ——大于；

>= ——大于等于。

在关系运算符的左右两边是运算操作数，不同的关系运算符对两边的操作数的数据类型有不同的要求。其中，等号"="和不等号"/="可以适用所有类型的数据；其他关系运算符则可使用于整数(INTEGER)、实数(REAL)、位(STD_LOGIC)等枚举类型以及位矢量(STD_LOGIC_VECTOR)等数组类型的关系运算。在进行关系运算时，左右两边的操作数的数据类型必须相同，但是位长度不一定相同，当然也有例外的情况。在利用关系运算符对位矢量数据进行比较时，比较过程是从最左边的位开始，自左至右按位进行比较的。在位长不同的情况下，只能将自左至右的比较结果作为关系运算的结果。例如，对 3 位和 4 位的位矢量进行比较：

```
SIGNAL   a: STD_LOGIC_VECTOR (3 DOWNTO 0);
SIGNAL   b: STD_LOGIC_VECTOR (2 DOWNTO 0);
a <= "1010";              --10
b <= "111";               --7
IF (a>b) THEN
```

```
    ⋮
ELSE
    ⋮
END IF;
```

上例中，a 的值为 10，b 的值为 7，a 应该比 b 大。但是，由于位矢量是从左至右按位比较的，当比较到次高位时，a 的次高位为“0”，而 b 的次高位为“1”，因此比较结果 b 比 a 大。这样的比较结果显然是不符合实际情况的。

为了能使位矢量进行关系运算，在包集合“STD_LOGIC_UNSIGNED”中对“STD_LOGIC_VECTOR”关系运算重新作了定义，使其可以正确地进行关系运算。注意：在使用时必须首先说明调用该包集合。当然，此时位矢量还可以和整数进行关系运算。

在关系运算符中，小于等于符“<=”和代入符“<=”是相同的，在读 VHDL 的语句时，应按照上下文关系来判断此符号到底是关系符还是代入符。

4.3.4　并置运算符

并置运算符“&”用于位的连接。例如，将 4 个位用并置运算符“&”连接起来就可以构成一个具有 4 位长度的位矢量。两个 4 位的位矢量用并置运算符“&”连接起来就可以构成 8 位长度的位矢量。图 4-3 就是使用并置运算符的实例。

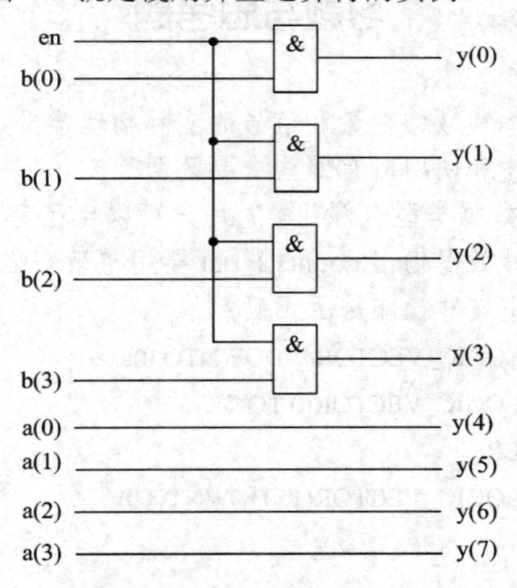

图 4-3　并置运算符使用实例

图 4-3 中，en 是 b(0)～b(3)的允许输出信号，而 y(0)～y(7)中存在如下关系：

y(0) = b(0)　　y(1) = b(1)

y(2) = b(2)　　y(3) = b(3)

y(4) = a(0)　　y(5) = a(1)

y(6) = a(2)　　y(7) = a(3)

这种逻辑关系用并置运算符可以很容易地表达出来：

```
tmp_b <= b AND (en&en&en&en);
```

```
y <= a&tmp_b;
```

第一个语句表示 b 的 4 位位矢量由 en 进行选择得到一个 4 位位矢量输出。第二个语句表示 4 位位矢量 a 和 4 位位矢量 b 再次连接(并置)构成 8 位位矢量 y 输出。

位的连接也可使用集合体的方法，将并置运算符换成逗号即可。例如：

```
tmp_b <= (en, en, en, en);
```

但是，这种方法不适用于位矢量之间的连接。如下的描述方法是错误的：

```
a <= (a, tmp_b);
```

集合体也能指定位的脚标，例如上一个语句可表示如下：

```
tmp_b <= (3 => en, 2 => en, 1 => en, 0 => en);
```

或

```
tmp_b <= (3 DOWNTO 0 => en);
```

在指定位的脚标时，也可以用“OTHERS”来说明：

```
tmp_b <= (OTHERS => en);
```

注意：在集合体中“OTHERS”只能放在最后。假若 b 位矢量的脚标 b(2)的选择信号为“0”，其他位的选择信号均为 en，那么此时表达式可写为

```
tmp_b <= (2 => '0'，OTHERS => en);
```

习题与思考题

4.1 VHDL 中 3 类客体常数、变量和信号的实际物理含义是什么？

4.2 信号和变量在描述和使用时有哪些主要区别？

4.3 在 VHDL 中标准数据类型有哪几类？用户可以自己定义的数据有哪几类？

4.4 若一个十二进制计数器输出 count12_out 要用整数来描述，则应怎样进行定义？

4.5 下面数据类型的定义和操作是否正确？

```
SIGNAL atmp: STD_LOGIC_VECTOR(7 DOWNTO 0);
SIGNAL btmp: STD_LOGIC_VECTOR(0 TO 7);
SIGNAL cint: INTEGER;
SIGNAL dtmp: STD_LOGIC_VECTOR(15 DOWNTO 0);
    atmp <= cint;
    atmp <= btmp;
    btmp <= dtmp;
```

4.6 为什么要进行数据类型转换？查阅附录 C，列出几种主要转换函数的名称。

4.7 在习题 4.5 中为了实现将 cint 的值代入 atmp，应怎样使用转换函数？

4.8 参阅附录 C，说明 STD_LOGIC、STD_ULOGIC、STD_LOGIC_VECTOR、STD_ULOGIC_VECTOR 之间的关系。下列操作是否正确？

```
SIGNAL a: STD_LOGIC;
SIGNAL b: STD_ULOGIC;
SIGNAL abus: STD_LOGIC_VECTOR(7 DOWNTO 0);
```

```
SIGNAL bbus: STD_ULOGIC_VECTOR(7 DOWNTO 0);
    a <= b;
    abus <= bbus;
```

4.9　BIT 类型数据和 STD_LOGIC 类型数据有什么区别？

4.10　VHDL 有哪几类主要运算？在一个表达式中有多种运算符时应按怎样的准则进行运算？

下面 3 个表达式是否等效？

```
a <= NOT b AND c OR d;
a <= (NOT b AND c) OR d;
a <= NOT b AND (c OR d);
```

4.11　并置运算应用于什么场合？下面的并置运算是否正确？

```
SIGNAL a: STD_LOGIC;
SIGNAL eb: STD_LOGIC;
SIGNAL b: STD_LOGIC_VECTOR(3 DOWNTO 0);
SIGNAL d: STD_LOGIC_VECTOR(7 DOWNTO 0);
    b <= a&a&eb&eb;
    d <= b&eb&eb&eb&eb;
```

第5章 VHDL构造体的描述方式

在第1章中已经提到，对硬件系统可以用3种不同风格的描述方式进行描述，即行为描述方式、寄存器传输(或数据流)描述方式和结构描述方式。这3种描述方式从不同的角度对硬件系统进行行为和功能的描述。在当前情况下，采用后两种描述方式的VHDL程序可以进行逻辑综合，而采用行为描述的VHDL程序大部分只用于系统仿真，少数也可以进行逻辑综合。本章针对这3种不同风格的描述方式作一介绍。

5.1 构造体的行为描述方式

什么样的描述属于行为描述方式，这一点目前还没有确切的定义，所以在不同的书刊中，对相同或相似的某些用VHDL描述的逻辑电路的程序有不同的说明。有的说明为行为描述方式，有的说明为寄存器传输描述方式。但是，有一点是明确的，行为描述方式是对系统数学模型的描述，其抽象程度比寄存器传输描述方式和结构描述方式更高。在行为描述方式的程序中大量采用算术运算、关系运算、惯性延时、传输延时等难以进行逻辑综合和不能进行逻辑综合的VHDL语句。一般来说，采用行为描述方式的VHDL程序主要用于系统数学模型的仿真或者系统工作原理的仿真。

在VHDL中存在一些专门用于描述系统行为的语句，它们是VHDL为什么能在高层次上对系统硬件进行行为描述的原因所在。这些语句与一般的高级语言的语句有较大差别。

5.1.1 代入语句

代入语句是VHDL中进行行为描述的最基本语句。例如：

```
a <= b;
```

该语句的功能是a得到b的值。当该语句有效时，现行信号b的值将代入到信号a中。只要b的值有一个新的变化，那么该语句将被执行。所以，b是该代入语句的一个敏感量。

代入语句最普遍的格式如下：

```
信号量 <= 敏感信号量表达式;
```

例如：

```
z <= a NOR (b NAND c);
```

式中有3个敏感量a、b、c。无论哪一个敏感量发生新的变化，该代入语句都将被执行。

具有延时时间的代入语句如下：

```
a <= b AFTER 5 ns;
```

该语句表示：在 b 发生新的变化 5 ns 以后才被代入到信号 a。

众所周知，一个二输入的与门由于固有延时，在输入端发生变化以后，与门的输出端的新的输出总要比输入端的变化延时若干时间，例如延时 5 ns。与门的这种输出特性就可以用具有延时时间的代入语句来描述。

【例 5-1】 用具有延时时间的代入语句描述与门的延时特性。

```
ENTITY and2 IS
PORT(a, b: IN BIT;
     c: OUT BIT);
END ENTITY and2;
ARCHITECTURE and2_behav OF and2 IS
BEGIN
  c <= a AND b AFTER 5ns;
END ARCHITECTURE and2_behav;
```

下面再举一个用行为描述方式描述四选一电路的例子。四选一电路的逻辑原理图如图 5-1 所示。

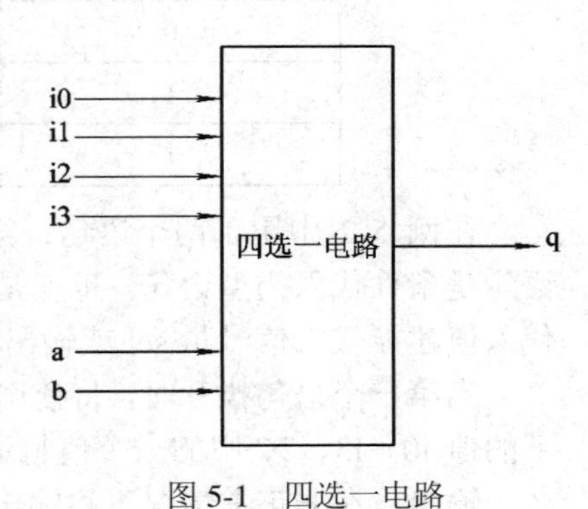

图 5-1 四选一电路

【例 5-2】 描述四选一电路的 VHDL 程序。

```
LIBRARY IEEE;
USE IEEE.STD_LOGIC_1164.ALL;
USE IEEE.STD_LOGIC_UNSIGNED.ALL;
ENTITY mux4 IS
PORT(i0, i1, i2, i3, a, b: IN STD_LOGIC;
     q: OUT STD_LOGIC);
END ENTITY mux4;
ARCHITECTURE behav OF mux4 IS
SIGNAL sel: INTEGER;
BEGIN
  WITH sel SELECT
     q <= i0 AFTER 10ns WHEN 0,
          i1 AFTER 10ns WHEN 1,
          i2 AFTER 10ns WHEN 2,
          i3 AFTER 10ns WHEN 3,
          'X' AFTER 10ns WHEN OTHERS;
     sel <= 0 WHEN a = '0' AND b = '0' ELSE
            1 WHEN a = '1' AND b = '0' ELSE
            2 WHEN a = '0' AND b = '1' ELSE
            3 WHEN a = '1' AND b = '1' ELSE
            4;
END ARCHITECTURE behav;
```

在四选一电路的构造体中有 6 个输入端口和 1 个输出端口。a 和 b 是选择信号的输入端口。在正常情况下，a 和 b 共有 4 种取值 0～3。a 和 b 的取值将确定 i0～i3 中的哪一个输入端信号可以通过四选一电路从输出端 q 输出，其真值表如表 5-1 所示。

表 5-1　四选一电路真值表

b	a	q
0	0	i0
0	1	i1
1	0	i2
1	1	i3

在例 5-2 中用了两个语句：第一个语句是选择语句，第二个语句是代入语句。这两个语句是条件代入类型语句。也就是说，只有 WHEN 后面所指定的条件得到满足时，指定的代入值才被代入信号量 sel 或输出量 q。

当第一个语句执行时，将使用选择信号。根据选择信号 sel 的当前值，后跟的 5 种状态下的值 i0～i3、'X' 中的一个值将通过输出端口 q 输出。在正常情况下，q 端将选择 i0～i3 之一输出，在非正常情况下将输出 'X' 值。

第二个语句执行时，根据 a 和 b 的具体状态，将 0～4 的值代入信号量 sel。正常情况下，代入 sel 的值为 0～3，非正常情况下代入 4。

上述两个语句都存在敏感信号量。在第二个语句中，a 和 b 是敏感信号量，当 a 和 b 任何一个值有变化时，该语句将执行。第一个语句的信号敏感量为 sel，只要 sel 值有新的变化，第一个语句就会执行。在该构造体中，上述这两个语句是可以并发执行的。有关并发执行的概念，将在后面章节中进一步介绍。

5.1.2　延时语句

在 VHDL 中存在两种延时类型：惯性延时和传输延时。这两种延时常用于 VHDL 的行为描述方式。

1．惯性延时

在 VHDL 中，惯性延时是缺省的，即在语句中如果不作特别说明，产生的延时一定是惯性延时，这是因为大多数器件在行为仿真时都会呈现这种惯性延时。

在惯性模型中，系统或器件输出信号要发生变化必须有一段时间的延时，这段延时时间常称为系统或器件的惯性，也称为惯性延时。惯性延时有一个重要的特点，即当一个系统或器件的输入信号变化周期小于系统或器件的惯性(或惯性延时)时，其输出将保持不变。如图 5-2 所示，有一个门电路，其惯性延时时间为 20 ns，当该门电路的输入端 a 输入一个 10 ns 的脉冲信号时，其输出端 b 的输出仍维持低电平，没有发生变化。对于惯性时间等于 20 ns 的门电路，为使其实现正常的功能，输入信号的变化周期一定要大于 20 ns。

几乎所有器件都存在惯性延时，因此，硬件电路的设计人员为了逼真地仿真硬件电路的实际工作情况，在代入语句中总要加上惯性延时时间的说明。例如：

```
b <= a AFTER 20ns;
```

惯性延时说明只在行为仿真时有意义，在逻辑综合时将被忽略，或者在逻辑综合前必须去掉。

2．传输延时

在 VHDL 中，传输延时不是缺省的，必须在语句中明确说明。传输延时常用于描述总线延时、连接线的延时及 ASIC 芯片中的路径延时。

如果图 5-2 所示的门电路的惯性延时用传输延时来替代，那么就可以得到如图 5-3 所示的波形结果。从图 5-3 所示的波形图中可以看到，对于同样的门电路，当有 10 ns 的脉冲波形输入时，经 20 ns 传输延时以后，在输出端就产生 10 ns 的脉冲波形。也就是说，输出端的信号除延时规定时间外，将完全复现输入端的输入波形，而不管输入波形的形状和宽窄如何。

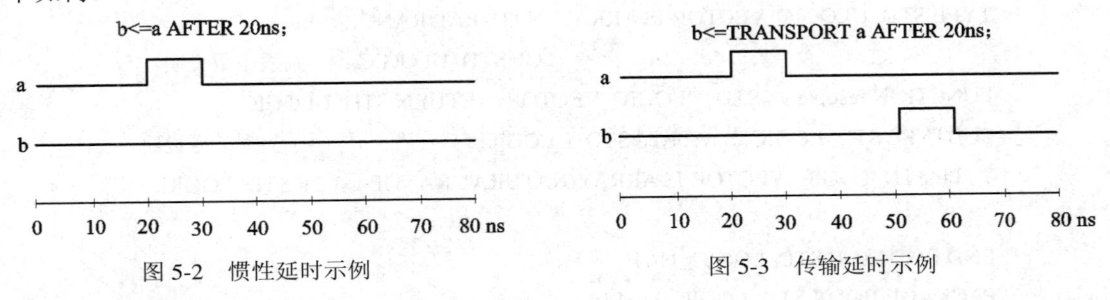

图 5-2　惯性延时示例　　图 5-3　传输延时示例

具有传输延时的代入语句如下：

```
b <= TRANSPORT a AFTER 20ns;
```

语句中“TRANSPORT”是专门用于说明传输延时的前置词。

在 93 版中，信号量延时可指定脉冲宽度限制，在信号延迟表达式中 REJECT 用来限制脉冲宽度。例如：

```
dout1 <= a AND b AFTER 5ns;
dout2 <= REJECT 3ns INERTIAL a AND b;
```

上述程序中，“REJECT 3 ns”表示脉冲宽度限制为 3 ns。

5.1.3　多驱动器描述语句

在 VHDL 中，创建一个驱动器可以由一条信号代入语句来实现。当有多个信号并行输出时，在构造体内部必须利用代入语句，对每个信号创建一个驱动器。这样在构造体内部就会有多个代入语句。在设计逻辑电路时，有时会出现多个驱动器的输出连接到同一条信号线上的情况。考虑到这种情况，多驱动器的构造体应按如下方式描述：

```
ARCHITECTURE sample OF sample IS
BEGIN
  a <= b AFTER 5ns;
  a <= d AFTER 5ns;
END ARCHITECTURE sample;
```

在上述 sample 的结构中，信号 a 由两个驱动源 b 和 d 驱动。每一个并发的信号代入语句都将创建一个驱动器，它们的输出共同驱动信号 a。第一条语句创建一个驱动器，其输出值为 b，经 5 ns 延时驱动信号 a；第二个语句创建一个驱动器，其输出值为 d，经 5 ns

延时驱动信号 a。在这种情况下，信号 a 的值将取决于两个驱动器的输出 b 和 d，那么信号 a 到底应该取何值这一点在标准的数据类型中是没有定义的。为了解决多个驱动器同时驱动一个信号的信号行为描述，在包集合 STD_LOGIC_1164 中专门定义了一种描述判决函数的数据类型，称为判决函数子类型。所谓判决函数，就是在多个驱动器同时驱动一个信号时，定义输出哪一个值的函数。

【例 5-3】 包集合 STD_LOGIC_1164 中关于判决函数描述的部分源程序。

```
PACKAGE STD_LOGIC_1164 IS
    ⋮
TYPE STD_ULOGIC IS ('U', 'X', '0', '1', 'Z', 'W', 'L', 'H', '-');
TYPE STD_ULOGIC_VECTOR IS ARRAY (NATURAL RANGE<>)
                                          OF STD_ULOGIC;    --判决函数说明
FUNCTION resolved(s:STD_ULOGIC_VECTOR) RETURN STD_ULOGIC;
SUBTYPE STD_LOGIC IS resolved STD_ULOGIC;                   --子类型数据说明
TYPE STD_LOGIC_VECTOR IS ARRAY(NATURAL RANGE<>) OF STD_LOGIC;
    ⋮
END PACKAGE STD_LOGIC_1164;
PACKAGE BODY STD_LOGIC_1164 IS
    ⋮
CONSTANT resolution_table: STDLOGIC_TABLE := (
--|U    X    0    1    Z    W    L    H    -        |  |
 ('U', 'U', 'U', 'U', 'U', 'U', 'U', 'U', 'U'),    --|U|
 ('U', 'X', 'X', 'X', 'X', 'X', 'X', 'X', 'X'),    --|X|
 ('U', 'X', '0', 'X', '0', '0', '0', '0', 'X'),    --|0|
 ('U', 'X', 'X', '1', '1', '1', '1', '1', 'X'),    --|1|
 ('U', 'X', '0', ' 1', 'Z', 'W', 'L', 'H', 'X'),   --|Z|
 ('U', 'X', '0', '1', 'W', 'W', 'W', 'W', 'X'),    --|W|
 ('U', 'X', '0', '1', 'L', 'W', 'L', 'W', 'X'),    --|L|
 ('U', 'X', '0', '1', 'H', 'W', 'W', 'H', 'X'),    --|H|
 ('U', 'X', 'X', 'X', 'X', 'X', 'X', 'X', 'X')     --|-|
);
FUNCTION resolved (s: STD_ULOGIC_VECTOR) RETURN STD_ULOGIC IS   --判决函数本体
          VARIABLE result:STD_ULOGIC := 'Z';                    --高阻状态
BEGIN
  IF (s'LENGTH = 1) THEN RETURN s(s'LOW);
  ELSE
    FOR i IN s'RANGE LOOP
      result := resolution_table(result, s(i));
    END LOOP;
  END IF;
```

```
    RETURN result;
  END FUNCTION resolved;
      ⋮
  END PACKAGE STD_LOGIC_1164;
```

在例 5-3 中定义了判决函数，当系统要确定多驱动器输出的状态时，可调用该函数。例如：

```
FUNCTION resolved (s:STD_ULOGIC_VECTOR) RETURN STD_ULOGIC;
```

上述语句中，s 是位矢量，其位长度就是多驱动器输出的信号数。

例如：

```
    ⋮
若 s 取值为('0', '1', 'X')
s1 := resolved(s);      --s1 为 STD_ULOGIC
    ⋮
```

上述两条语句表示：有 3 个驱动器，其输出值分别为“0”、“1”和“X”。s1 是这 3 个驱动器输出共同驱动的信号，那么在这种情况下，s1 应该处于什么状态呢？调用判决函数 resolved(s)得到的返回值应为“X”，那么此时 s1 的状态应为“X”。若 s = ('0'，'Z'，'Z')，调用 resolved(s)可得到返回值“0”，那么此时 s1 的状态应为“0”。这样，使用判决函数就可以正确地描述多驱动器输出时的信号行为。

5.1.4 GENERIC 语句

GENERIC 语句常用于不同层次之间的信息传递。例如，在数据类型说明上，GENERIC 可用于位矢量的长度、数组的位长以及器件的延时时间等参数的传递。该语句所涉及的数据除整数类型以外，如涉及其他类型的数据，则不能进行逻辑综合。因此，该语句主要用于行为描述方式。

使用 GENERIC 语句易于使器件模块化和通用化。例如，要描述二输入与门的行为。二输入与门的逻辑关系是明确的，但是由于在集成时材料不同且工艺不同，不同类型的二输入与非门的上升沿、下降沿等参数是不一致的。为简化设计和供其他设计人员方便调用，需要开发一个通用的二输入与门的程序模块。在该模块中某些参数是待定的，在仿真或逻辑综合时，只要用 GENERIC 语句将待定参数初始化，即可实现各种类型二输入与门的仿真或逻辑综合。

【例 5-4】 采用 GENERIC 语句的一个实例。

```
ENTITY and2 IS
GENERIC (rise, fall: TIME);
PORT(a, b: IN BIT;
      c: OUT BIT)
END ENTITY and2;
ARCHITECTURE behav OF and2 IS
SIGNAL internal: BIT;
```

```
BEGIN
   internal <= a AND b;
   c <= internal AFTER (rise) WHEN internal = '1' ELSE
      internal AFTER (fall);
END ARCHITECTURE behav;
```

例 5-4 是一个通用的二输入与门的实体。如果要构成一个如图 5-4 所示的电路，那么尽管图 5-4 中的各二输入与非门的上升和下降的时间不同，但使用 GENERIC 和 GENERIC MAP 语句仍能调用通用的二输入与非门模块，以简化电路的设计。

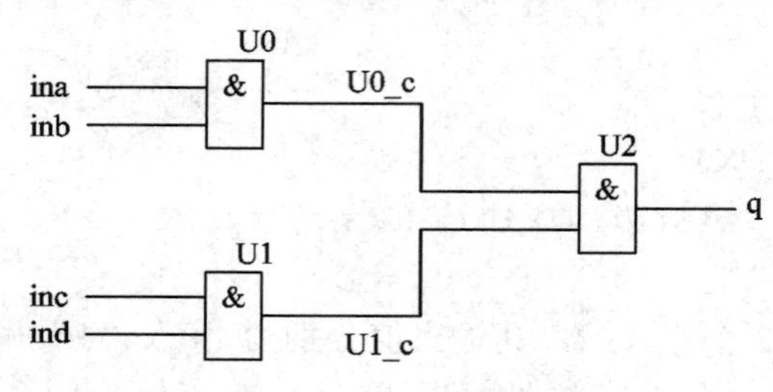

图 5-4　3 个二输入与门构成的电路

【例 5-5】 利用例 5-4 通用二输入与门模块构成图 5-4 所示逻辑电路的 VHDL 程序。

```
ENTITY sample IS
GENERIC (rise, fall: TIME);
PORT(ina, inb, inc, ind: IN BIT;
                    q: OUT BIT);
END ENTITY sample;
ARCHITECTURE behav OF sample IS
   COMPONENT and2 IS
   GENERIC (rise, fall: TIME);
   PORT(a, b: IN BIT;
         c: OUT BIT);
   END COMPONENT and2;
SIGNAL U0_c, U1_c: BIT
BEGIN
   U0: and2 GENERIC MAP (5ns, 5ns)
            PORT MAP (ina, inb, U0_c);
   U1: and2 GENERIC MAP (8ns, 10ns)
            PORT MAP (inc, ind, U1_c);
   U2: and2 GENERIC MAP (9ns, 11ns)
            PORT MAP (U0_c, U1_c, q);
END ARCHITECTURE behav;
```

由例 5-5 可以看到，GENERIC MAP 语句的功能为：在使用同一个 and2 实体的情况下，可使得 U0、U1、U2 三个与门的上升时间和下降时间具有不同的值。U0 的上升时间为 5 ns，

U1 的上升时间为 8 ns，U2 的上升时间为 9 ns；U0 的下降时间为 5 ns，U1 的下降时间为 10 ns，U2 的下降时间为 11 ns。如此灵活地改变参数就可以完全满足实际设计中的要求。

此外，还有其他许多语句也用于构造体的行为描述方式，如 GUARDED BLOCK 等。VHDL 之所以优于目前已开发的各种硬件描述语言，其主要优点是：它具有丰富的语句和语法，能在高层次上对系统的行为进行描述和仿真。

5.2　构造体的寄存器传输(RTL)描述方式

如 5.1 节所述，采用行为描述方式的 VHDL 程序在一般情况下只能用于行为层次的仿真，而不能进行逻辑综合。用行为描述方式的 VHDL 程序只有改写为 RTL 描述方式才能进行逻辑综合。也就是说，RTL 描述方式才是真正可以进行逻辑综合的描述方式。在某些书刊中，也把 RTL 描述方式称为数据流描述方式。

5.2.1　RTL 描述方式的特点

RTL 描述方式是一种明确规定寄存器描述的方法。由于受逻辑综合的限制，在采用 RTL 描述方式时，所使用的 VHDL 的语句有一定限制。其限制情况如附录 A 所示。在 RTL 描述方式中，要么采用寄存器硬件的一一对应的直接描述，要么采用寄存器之间的功能描述。

【例 5-6】　下面是 5.1 节的四选一电路采用 RTL 描述方式时的 VHDL 描述程序。

```
LIBRARY IEEE;
USE IEEE.STD_LOGIC_1164.ALL;
USE IEEE.STD_LOGIC_UNSIGEND.ALL;
ENTITY mux4 IS
PORT(input: IN STD_LOGIC_VECTOR (3 DOWNTO 0);
      sel: IN STD_LOGIC_VECTOR (1 DOWNTO 0);
      y: OUT STD_LOGIC);
END ENTITY mux4;
ARCHITECTURE rtl OF mux4 IS
BEGIN
   y <= input(0) WHEN sel = "00" ELSE
      input(1) WHEN sel = "01" ELSE
      input(2) WHEN sel = "10" ELSE
      input(3);
END ARCHITECTURE rtl;
```

例 5-6 其实是对四选一电路的功能进行描述而得到的 RTL 描述实体。

下面再举一个二选一电路的例子，二选一电路的原理图如图 5-5 所示。下面用两种不同的方法来描述该电路。

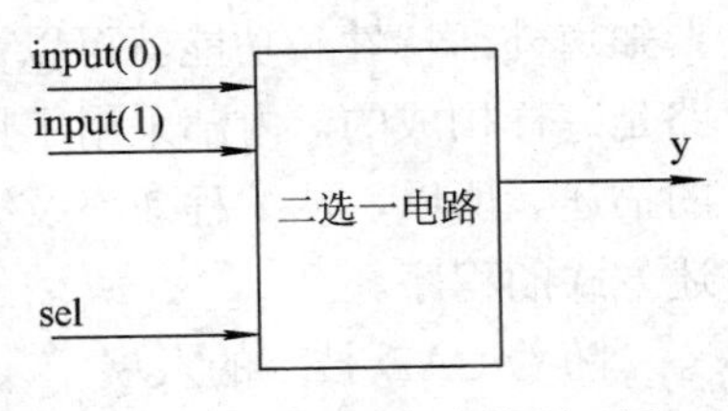

图 5-5　二选一电路的原理图

【例 5-7】 用功能描述的 RTL 描述方式。

```
LIBRARY IEEE;
USE IEEE.STD_LOGIC_1164.ALL;
USE IEEE.STD_LOGIC_UNSIGEND.ALL;
ENTITY mux2 IS
PORT(input: IN STD_LOGIC_VECTOR (1 DOWNTO 0);
        sel: IN STD_LOGIC;
        y: OUT STD_LOGIC);
END ENTITY mux2;
ARCHITECTURE rtl OF mux2 IS
BEGIN
   y <= input(0) WHEN sel = '1' ELSE
      input(1);
END ARCHITECTURE rtl;
```

【例 5-8】 采用硬件一一对应的 RTL 描述方式。

```
LIBRARY IEEE;
USE IEEE.STD_LOGIC_1164.ALL;
USE IEEE.STD_LOGIC_UNSIGEND.ALL
ENTITY mux2 IS
PORT(in0, in1, sel: IN STD_LOGIC;
         y: OUT STD_LOGIC);
END ENTITY mux2;
ARCHITECTURE rtl OF mux2 IS
SIGNAL tmp1, tmp2, tmp3: STD_LOGIC;
BEGIN
   tmp1 <= in0 AND sel;
   tmp2 <= in1 AND (NOT sel);
   tmp3 <= tmp1 OR tmp2;
   y <= tmp3;
END ARCHITECTURE rtl;
```

例 5-7 是将二选一电路看成一个黑框，编程人员无需了解二选一电路内部的细节，只要知道外部特性和功能就可以进行正确的描述；对于例 5-8，编程人员就必须了解二选一电路是怎样构成的，内部采用了哪些门电路，只有了解了这些细节，才能用 VHDL 进行正确的描述。所以，从编程效率及编程难度上来看，应该选择例 5-7 的编程方法来编写 RTL 描述方式的程序。

随着 CAD 技术的发展，人们也正在探讨如何对用行为描述方式的程序进行逻辑综合，如果能做到这一点，将会大大提高 CAD 技术的水平。

5.2.2　使用 RTL 描述方式应注意的问题

1．“X”状态的传递

在目前的 RTL 设计中要对所设计的程序进行仿真检验，在逻辑电路综合以后还有必要对综合的结果进行仿真。之所以要进行二次仿真，是因为在仿真过程中存在“X”传递的影响。它可以使得 RTL 仿真和门级电路仿真产生不一致的结果。

所谓“X”状态的传递，实质上是不确定信号状态的传递，它将使逻辑电路产生不确定的结果。不确定状态在 RTL 仿真时是允许出现的，但是在逻辑综合后的门级电路仿真中是不允许出现的。

例 5-9 是一个二值输入器件的 RTL 描述。当 sel = 1 时，其输出 y 为“0”；当 sel = 0 时，其输出 y 为“1”。如果在这里 sel 的状态为“X”，那么因“X”不是“1”，故程序执行 ELSE 项，使输出为“1”。这样“X”状态就从前一段传递到后一段，在仿真时认为电路是正确的。

【例 5-9】　二值输入器件的 RTL 描述。

```
PROCESS(sel) IS
BEGIN
 IF (sel = '1') THEN
  y <= '0';
 ELSE
  y <= '1';
 END IF;
END PROCESS;
```

【例 5-10】　改变例 5-9 的描述顺序。

```
PROCESS(sel) IS
BEGIN
 IF (sel = '0') THEN
  y <= '1';
 ELSE
  y <= '0';
 END IF;
END PROCESS;
```

同样当 sel ＝ 'X' 时，输出的 y 值将变为“0”。为了防止这种不合理的结果，在例 5-9 中增加一项 y <= 'X' 输出项：

```
PROCESS(sel) IS
BEGIN
 IF (sel = '1') THEN
  y <= '0';
 ELSIF (sel = '0') THEN
  y <= '1';
```

```
    ELSE
      y <= 'X';
    END IF;
  END PROCESS;
```

在上面的 ELSE 项以前，将 sel 所有的可能取值都做了明确的约束，当 sel = 'X' 时，其输出 y 也将变为“X”，就不会出现不合理的结果。在逻辑综合时，ELSE 项是被忽略的，这样 RTL 仿真结果就和逻辑综合的仿真结果是一样的。

在使用双向总线(如数据总线)时，其信号取值总是会出现高阻状态“Z”。当双向总线的信号去驱动逻辑电路时，就有可能出现“X”状态的传递。为了保证逻辑电路的正常工作，高阻状态“Z”应该是禁止的，如图 5-6 所示。在图 5-6 中，用与非门来禁止，不使“Z”状态变为“X”状态而被传递；禁止信号 EN 保证在双向总线出现“Z”状态时，其取值为“0”，正常时取值为“1”。

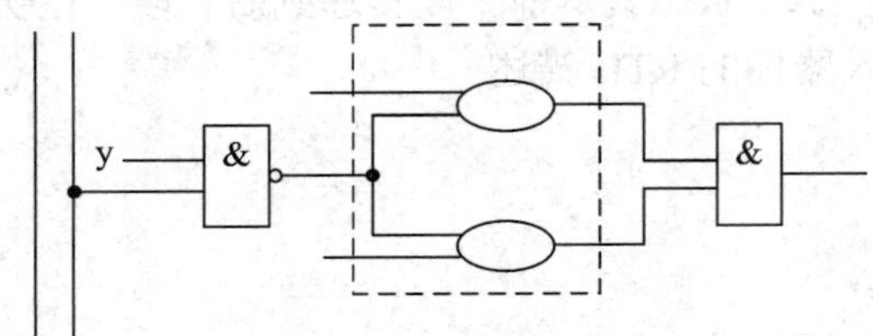

图 5-6　双向总线与逻辑电路的连接

2．寄存器 RTL 描述的限制

由 RTL 描述所生成的逻辑电路中，一般来说，寄存器的个数和位置与 RTL 描述的情况是一致的。但是，寄存器 RTL 描述不是任意的，而是有一定限制的。

(1) 禁止在一个进程中存在两个寄存器描述。RTL 描述规定：在一个进程中只能描述一个寄存器。像例 5-11 那样对两个寄存器进行描述是不允许的。

【例 5-11】 禁止进程中存在两个寄存器描述实例。

```
PROCESS(clk1, clk2)
BEGIN
  IF (clk1'EVENT AND clk1 = '1') THEN
    y <= a;
  END IF;
  IF (clk2'EVENT AND clk2 = '1') THEN
    z <= b;
  END IF;
END PROCESS;
```

(2) 禁止使用 IF 语句中的 ELSE 项。在用 IF 语句描述寄存器功能时，禁止采用 ELSE 项。例 5-12 所示的描述是应该禁止使用的。

【例 5-12】 禁止使用 IF 语句中的 ELSE 项实例。

```
PROCESS(clk) IS
BEGIN
```

```
    IF (clk'EVENT AND clk = '1') THEN
        y <= a;
    ELSE            --禁止使用
        y <= b;
    END IF;
END PROCESS;
```

(3) 寄存器描述中必须代入信号值。在寄存器描述中，必须将值代入信号，如例 5-13 所示。

【例 5-13】 寄存器描述中必须代入信号值实例。

```
PROCESS(clk) IS
VARIABLE tmp: STD_LOGIC;
BEGIN
    IF (clk'EVENT AND clk = '1') THEN
        tmp := a;
    END IF;
        y <= tmp;
END PROCESS;
```

3. 关联性强的信号的处理

在设计“与”及“或”部件时，如果它们在原理图上是并行放置的，那么通常进程和部件是一一对应的。但是，在许多较复杂的电路中，有多个输入和输出，有些信号互相的关联度很高，而有些信号互相的关联度就很低。在这种情况下，为了在逻辑综合以后，使其电路的面积和速度指标更高，通常将关联度高的信号放在一个进程中，将电路分成几个进程来描述。图 5-7 所示的逻辑电路可以用一个进程描述，如例 5-14 所示，也可以采用多进程描述，如例 5-15 所示。

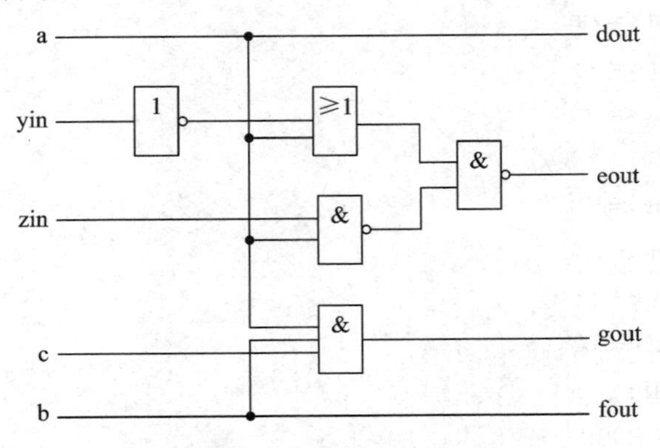

图 5-7　多进程描述的电路

【例 5-14】 用一个进程描述图 5-7 所示的逻辑电路。

```
LIBRARY IEEE;
USE IEEE.STD_LOGIC_1164.ALL;
ENTITY ex1 IS
```

```
PORT(a, b, c, zin, yin: IN STD_LOGIC;
        dout, eout, fout, gout: OUT STD_LOGIC);
END ENTITY ex1;
ARCHITECTURE rtl OF ex1 IS
BEGIN
  PROCESS(a, b, c, zin, yin) IS
    BEGIN
      IF (a = '1' AND b = '0') THEN
        dout <= '1';
        eout <= zin;
        fout <= '0';
        gout <= '0';
      ELSIF (a = '0' AND b = '0') THEN
        dout <= '0';
        eout <= yin;
        fout <= '0';
        gout <= '0';
      ELSIF (a = '0' AND b = '1') THEN
        dout <= '0';
        eout <= yin;
        fout <= '1';
        gout <= '0';
      ELSIF (c = '1') THEN
        dout <= '1';
        eout <= zin;
        fout <= '1';
        gout <= '1';
      ELSE
        dout <= '1';
        eout <= zin;
        fout <= '1';
        gout <= '0';
      END IF;
    END PROCESS;
END ARCHITECTURE rtl;
```

【例 5-15】 用多个进程描述图 5-7 所示的逻辑电路。

```
LIBRARY IEEE;
USE IEEE.STD_LOGIC_1164.ALL;
ENTITY ex2 IS
```

```
PORT(a, b, c, zin, yin: IN STD_LOGIC;
      dout, eout, fout, gout: OUT STD_LOGIC);
END ENTITY ex2;
ARCHITECTURE rtl OF ex2 IS
BEGIN
  PROCESS(a, zin, yin) IS
    BEGIN
      IF (a = '1') THEN
        dout <= '1';
        eout <= zin;
      ELSE
        dout <= '0';
        eout <= yin;
      END IF;
    END PROCESS;
  PROCESS(b) IS
    BEGIN
      IF (b = '1') THEN
        fout <= '1';
      ELSE
        fout <= '0';
      END IF;
    END PROCESS;
  PROCESS(a, b, c) IS
    BEGIN
      IF (a = '1' AND b = '1' AND c = '1') THEN
        gout <= '1';
      ELSE
        gout <= '0';
      END IF;
    END PROCESS;
END ARCHITECTURE rtl;
```

由上面几个例子可以看出，在用 RTL 描述时，要想使这些描述都能正确地进行逻辑综合，并使综合结果具有较佳的性能，就必须注意 RTL 描述的一些具体规定和相应的技巧。

5.3　构造体的结构描述方式

所谓构造体的结构描述方式，就是在多层次的设计中，高层次的设计模块调用低层次的设计模块，或者直接用门电路设计单元来构成一个复杂逻辑电路的描述方法。结构描述方式最能提高设计效率，并可以将已有的设计成果方便地用到新的设计中。例如，某一个逻辑电路是由 AND 门、OR 门和 XOR 门构成的，而 AND 门、OR 门和 XOR 门的逻辑电路都已有现成的设计单元，那么，用这些现成的设计单元(AND 的 ENTITY、OR 的 ENTITY 和 XOR 的 ENTITY)经适当连接就可以构成新的设计电路的 ENTITY。这样的描述其结构非常清晰，且能做到与电原理图中所画的器件一一对应。当然，用结构描述方式要求设计人员有较多的硬件设计知识。

5.3.1　构造体结构描述的基本框架

二选一电路的逻辑电路如图 5-8 所示，用结构化描述方式描述的构造体如例 5-16 所示。

【例 5-16】 用结构化描述方式描述的二选一电路构造体。

```
ENTITY mux2 IS
PORT(d0, d1, sel: IN BIT;
        q: OUT BIT);
END ENTITY mux2;
ARCHITECTURE struct OF mux2 IS
   COMPONENT and2 IS
   PORT(a, b: IN BIT;
         c: OUT BIT);
   END COMPONENT;
   COMPONENT or2 IS
   PORT(a, b: IN BIT;
         c: OUT BIT);
   END COMPONENT;
   COMPONENT inv IS
   PORT(a: IN BIT;
         c: OUT BIT);
   END COMPONENT;
   SIGNAL aa, ab, nsel: BIT;
BEGIN
   u1: inv   PORT MAP (sel, nsel);
   u2: and2 PORT MAP (nsel, d1, ab);
   u3: and2 PORT MAP (d0, sel, aa);
   u4: or2   PORT MAP (aa, ab, q);
END ARCHITECTURE struct;
```

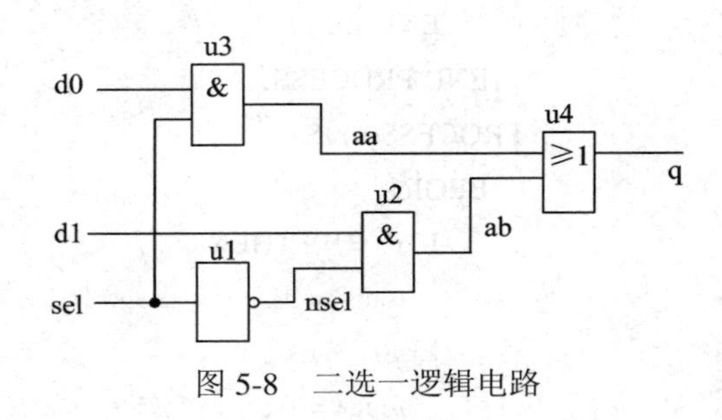

图 5-8　二选一逻辑电路

从例 5-16 中可以看出，在二选一电路的构造体中用 COMPONENT 语句指明了在该电路中所使用的已生成模块(在这里是 AND、OR、NOT 门电路)，供本构造体调用。用 PORT MAP() 语句将生成模块的端口与所设计的各模块(在这里为 u1、u2、u3、u4)的端口联系起来，并定义相应的信号，以表示所设计的各模块的连接关系。

这种结构描述方式可较方便地进行多层次的结构设计。例如，某系统由若干块插件板组成，每个插件块又由若干块专用的 ASIC 电路组成，各专用的 ASIC 电路又由若干个已生成的基本单元电路组成，这样 3 个层次构成的系统可以用 3 个层次的结构来描述。

1. ASIC 级结构描述

假设该系统中的 ASIC 电路的基本结构是由与门、或门和非门 3 种基本逻辑电路构成的，那么 ASIC 级的结构描述如例 5-17 所示。

【例 5-17】 ASIC 级结构描述实例。

```
asic1: BLOCK
        PORT(…);
        COMPONENT and2 IS
          ⋮
        END COMPONENT and2;
        COMPONENT or2 IS
          ⋮
        END COMPONENT or2;
        COMPONENT inv IS
          ⋮
        END COMPONENT inv;
        SIGNAL …;
        FOR u1: and2 USE ENTITY WORK.and2;
        FOR u2: or2 USE ENTITY WORK.or2;
BEGIN
        u1: and2 PORT MAP (…);
        u2: or2 PORT MAP (…);
          ⋮
END BLOCK asic1;
  ⋮
asicn: BLOCK
  ⋮
END BLOCK asicn;
```

在例 5-17 中，对 n 种 ASIC 芯片的结构作了描述，不同的 ASIC 芯片是由不同个数和连接关系的与门、或门和非门构成的。对这些 ASIC 芯片进行逻辑综合就可以得到现成的 ASIC 芯片。如果在其他逻辑电路中要使用这些 ASIC 芯片，那么从库中调用即可。

2. 插件板级结构描述

每种插件板都是由若干块不同的 ASIC 芯片构成的。

【例 5-18】 采用结构描述方式来描述插件板的逻辑电路。

```
ENTITY printed_board1 IS                                    ⎫
PORT(…);                                                    ⎪
END ENTITY printed_board1;                                  ⎪
ARCHITECTURE board1 OF printed_board1 IS                    ⎪
SIGNAL …;                                                   ⎪
BEGIN                                                       ⎪
   asic1: BLOCK                                             ⎪
      ⋮                                                     ⎬ 插件板 1
   END BLOCK asic1;                                         ⎪
      ⋮                                                     ⎪
   asic5: BLOCK                                             ⎪
      ⋮                                                     ⎪
   END BLOCK asic5;                                         ⎪
    ⋮                                                       ⎪
END ARCHITECTURE board1;                                    ⎭
    ⋮
ENTITY printed_boardm IS                                    ⎫
PORT(…);                                                    ⎪
END ENTITY printed_boardm;                                  ⎬ 插件板 m
ARCHITECTURE boardm OF printed_boardm IS                    ⎪
    ⋮                                                       ⎪
END ARCHITECTURE boardm;                                    ⎭
```

在例 5-18 中描述了 m 块插件板的每一块是由哪些 ASIC 芯片组成的，且其连接关系是什么。这样就得到了插件板级的逻辑电路的结构描述。

3. 系统级结构描述

若一个系统是由 m 块插件板连接而成的，通过插件板级描述，则认为它们是可以供系统设计逻辑电路时任意调用的已设计好的模块。此时，系统级结构描述实例如例 5-19 所示。

【例 5-19】 系统级结构描述实例。

```
ENTITY system IS
PORT(…);
  ⋮
END ENTITY system;
ARCHITECTURE struct OF system IS
      COMPONENT printed_board1 IS
      PORT(…);
      END COMPONENT printed_board1;
```

```
      ⋮
    COMPONENT printed_boardm IS
    PORT(…);
    END COMPONENT printed_boardm;
    FOR B_1: printed_board1 USE ENTITY WORK.printed_board1;
      ⋮
    FOR B_m: printed_boardm USE ENTITY WORK.printed_boardm;
    SIGNAL …;
BEGIN
  B_1: printed_board1          --插件板 1
    PORT MAP (…);
     ⋮
  B_m: printed_boardm          --插件板 m
    PORT MAP (…);
END ARCHITECTURE struct;
```

由此三级结构描述可以清晰地看到系统的结构及其连接关系，这些现成的模块可为以后的设计带来很大的方便。

5.3.2 COMPONENT 语句

在构造体的结构描述中，COMPONENT 语句是基本的描述语句。该语句指定了本构造体中所调用的是哪一个现成的逻辑描述模块。例如，在例 5-16 的二选一电路的结构描述程序中使用了 3 个 COMPONENT 语句，分别引用了现成的 3 种门电路的描述。这 3 种门电路在库中已生成，在任何设计中用到这 3 种门电路时，只要用 COMPONENT 语句调用就行了，无需在构造体中再对这些门电路进行定义和描述。COMPONENT 语句的基本书写格式如下：

```
COMPONENT 元件名 IS
  GENERIC 说明;        --参数说明
  PORT 说明;           --端口说明
END COMPONENT 元件名;
```

COMPONENT 语句可以在 ARCHITECTURE、PACKAGE 及 BLOCK 的说明部分中使用。在 COMPONENT 和 END COMPONENT 之间可以有用于参数说明的 GENERIC 语句和用于端口说明的 PORT 语句。

GENERIC 通常用于该元件的可变参数的代入或赋值，而 PORT 则用于说明该元件的输入、输出端口的信号规定。

5.3.3 COMPONENT_INSTANT 语句

COMPONENT_INSTANT 语句是结构化描述中不可缺少的一个基本语句。该语句将现成元件的端口信号映射成高层次设计电路中的信号。例如，在例 5-16 中将二输入与门的 a、 b、c 三个端口信号映射成图 5-8 中与门 u2 的 nsel、d1 和 ab 三条连接线的信号。图 5-8 中的各门电路之间的连接关系就是通过该语句信号映射关系来实现连接的。COMPONENT_INSTANT 语句的书写格式如下：

标号名: 元件名 PORT MAP (信号, …);

例如：

```
u2: and2 PORT MAP (nse1, d1, ab);
```

标号名加在元件名的前面，在该构造体的说明中该标号名一定是唯一的。下一层元件的端口信号与实际连接的信号用 PORT MAP 的映射关系联系起来。映射方法有两种：一种是位置映射；另一种是名称映射。

1．位置映射方法

所谓位置映射，就是在下一层中元件端口说明中的信号书写顺序位置和 PORT MAP() 中指定的实际信号书写顺序位置一一对应。例如，在二输入与门中端口的输入、输出定义如下：

```
PORT(a, b: IN BIT;
        c: OUT BIT);
```

在设计的引用中与门 u2 的信号对应关系描述如下：

```
u2: and2 PORT MAP (nsel, d1, ab);
```

也就是说，在图 5-8 中，u2 的 nsel 对应 a, d1 对应 b, ab 对应 c。

2．名称映射方法

所谓名称映射，就是将已经存于库中的现成模块的各端口名称赋予设计中模块的信号名。例如：

```
u2: and2 PORT MAP (a => nsel, b => d1, c => ab);
```

在输出信号没有连接的情况下，对应端口的描述可以省略。

从描述层次来看，结构描述可以归属于 RTL 描述，也可以认为是 RTL 描述的一种特殊方式。

习题与思考题

5.1　什么是构造体的行为描述方式？它应用于什么场合？用行为描述方式所编写的 VHDL 程序是否都可以进行逻辑综合？

5.2　什么是惯性延时？什么是传输延时？若图 5-2 中门的惯性延时时间为 5 ns，试问该图应怎样进行修改？

5.3　为什么要引入判决函数 resolved(s)？若某一条引线上有 3 个输出信号作用，其状态分别为 1、Z 和 0，试问最终该引线所呈现的状态应是什么？

5.4　什么是 RTL 描述方式？它和行为描述方式的主要区别在哪里？用 RTL 描述方式所编写的程序是否都可以进行逻辑综合？

5.5　在用 RTL 方式描述寄存器时应注意哪些问题？

5.6　什么是构造体的结构描述方式？实现结构描述方式的主要语句是哪两个？

第 6 章　VHDL 的主要描述语句

在用 VHDL 描述系统硬件行为时，按语句执行顺序对其进行分类，可以分为顺序(Sequential)描序语句和并发(Concurrent)描述语句。例如，进程语句(Process Statement)是一个并发语句。在一个构造体内可以有几个进程语句同时存在，各进程语句是并发执行的。但是，在进程内部所有语句应是顺序描述语句。也就是说，是按书写的顺序自上至下一个语句一个语句地执行的。例如，IF 语句、LOOP 语句等都属于此类顺序描述语句。灵活运用这两类语句就可以正确地描述系统的并发行为和顺序行为。

6.1　顺序描述语句

顺序描述语句只能出现在进程或子程序中，由它定义进程或子程序所执行的算法。顺序描述语句中所涉及的系统行为有时序流、控制、条件和迭代等。顺序描述语句的功能操作有算术、逻辑运算，信号和变量的赋值，子程序调用等。顺序描述语句像在一般高级语言中一样，其语句是按出现的次序加以执行的。在 VHDL 中，顺序描述语句主要有以下几种：

- WAIT 语句；
- 断言语句；
- 信号代入语句；
- 变量赋值语句；
- IF 语句；
- CASE 语句；
- LOOP 语句；
- NEXT 语句；
- EXIT 语句；
- 过程调用语句；
- NULL 语句。

NULL(空)语句表示只占位置的一种空处理操作，但是它可以为所对应信号赋予一个空值，表示该驱动器被关闭。该语句在下面不作介绍，其余语句将通过具体实例作详细介绍。

6.1.1　WAIT 语句

进程在仿真运行中总是处于下述两种状态之一：执行或挂起。进程状态的变化受等待语句的控制，当进程执行到等待语句时，会被挂起，并设置好再次执行的条件。WAIT 语句可以设置 4 种不同的条件：无限等待、时间到、条件满足以及敏感信号量变化。这几类条件可以混用，其书写格式如下：

WAIT　(无限等待)
WAIT ON　(敏感信号量变化)
WAIT UNTIL　(条件满足)
WAIT FOR　(时间到)

1. WAIT ON 语句

WAIT ON 语句的完整书写格式如下：

WAIT ON 信号 [, 信号];

WAIT ON 语句后面跟着的是一个或多个信号量。例如：

```
WAIT ON a, b;
```

该语句表明：它等待信号量 a 或 b 发生变化。a 或者 b 中只要有一个信号量发生变化，进程就结束挂起状态，而继续执行 WAIT ON 语句后继的语句。WAIT ON 可以再次启动进程的执行，其条件是指定的信号量必须有一个新的变化。

【例 6-1】 WAIT ON 可以再次启动进程的条件。

```
PROCESS(a, b) IS
BEGIN
   y <= a AND b;
END PROCESS;
```

```
PROCESS
BEGIN
    y <= a AND b;
   WAIT ON a, b;
END PROCESS;
```

例 6-1 中的两个进程的描述是完全等价的，只是 WAIT ON 和 PROCESS 中所使用的敏感信号量的书写方法有区别。在使用 WAIT ON 语句的进程中，敏感信号量应写在进程中的 WAIT ON 语句后面；在不使用 WAIT ON 语句的进程中，敏感信号量只应在进程开头的 PROCESS 后跟的括号中说明。需要注意的是，如果 PROCESS 语句已有敏感信号量说明，那么在进程中再不能使用 WAIT ON 语句。例如，例 6-2 的描述是非法的。

【例 6-2】 PROCESS 语句已有敏感信号量说明的情况。

```
PROCESS(a, b) IS
BEGIN
   y <= a AND b;
   WAIT ON a, b;   --错误语句
END PROCESS;
```

2. WAIT UNTIL 语句

WAIT UNTIL 语句的完整书写格式如下：

WAIT UNTIL 表达式;

WAIT UNTIL 语句后面跟的是布尔表达式，当进程执行到该语句时将被挂起，直到表达式返回一个“真”值，进程才被再次启动。

该语句在表达式中将建立一个隐式的敏感信号量表。当表中的任何一个信号量发生变

化时，立即对表达式进行一次评估。如果评估结果使表达式返回一个“真”值，则进程脱离等待状态，继续执行下一个语句。例如：

```
WAIT UNTIL ((x*10) <100);
```

在这个例子中，当信号量 x 的值大于或等于 10 时，进程执行到该语句将被挂起；当 x 的值小于 10 时，进程再次被启动，继续执行 WAIT 语句的后继语句。

3. WAIT FOR 语句

WAIT FOR 语句的完整书写格式如下：

```
WAIT FOR 时间表达式;
```

WAIT FOR 语句后面跟的是时间表达式。当进程执行到该语句时将被挂起，直到指定的等待时间到时，进程再开始执行 WAIT FOR 语句后继的语句。例如：

```
WAIT FOR 20ns;
WAIT FOR (a*(b+c));
```

在上例的第一个语句中，时间表达式是一个常数值 20 ns，当进程执行到该语句时将等待 20 ns。一旦 20 ns 时间到，进程将执行 WAIT FOR 语句的后继语句。

在上述第二个语句中，FOR 后面是一个时间表达式，a*(b+c)是时间量。WAIT FOR 语句在等待过程中要对表达式进行一次计算，计算结果返回的值就作为该语句的等待时间。例如，a = 2，b = 50 ns，c = 70 ns，那么 WAIT FOR(a*(b+c))这个语句将等待 240 ns。也就是说，该语句和 WAIT FOR 240 ns 是等价的。

4. 多条件 WAIT 语句

在前面已叙述的 3 个 WAIT 语句中，等待的条件都是单一的，要么是信号量，要么是布尔量，要么是时间量。实际上，WAIT 语句还可以同时使用多个等待条件。

例如：

```
WAIT ON nmi，interrupt UNTIL((nmi = TRUE) OR (interrupt = TRUE)) FOR 5μs;
```

上述语句等待的是以下 3 个条件：

(1) 信号量 nmi 和 interrupt 中任何一个有一次新的变化；

(2) 信号量 nmi 或 interrput 中任何一个取值为“真”；

(3) 该语句已等待 5 μs。

只要上述 3 个条件中一个或多个条件满足，进程就再次启动，继续执行 WAIT 语句的后继语句。

应该注意的是，在多条件等待时，表达式的值至少应包含一个信号量的值。例如：

```
WAIT UNTIL (interrupt = TRUE) OR (old_clk = '1');
```

如果该语句的 interrupt 和 old_clk 两个都是变量，而不是信号量，那么即使两个变量的值有新的改变，该语句也不会对表达式进行评估和计算(事实上，在挂起的进程中变量的值是不可能改变的)。这样，该等待语句将变成无限的等待语句，包含该等待语句的进程就不能再启动。在多种等待条件中，只有信号量变化才能引起等待语句表达式的一次新的评价和计算。

5. 超时等待

往往存在这样一种情况：在设计的程序模块中，等待语句所等待的条件在实际执行时不能保证一定会碰到。在这种情况下，等待语句通常要加一项超时等待项，以防止该等待语句进入无限期的等待状态。但是，如果采用这种方法，则应作适当的处理，否则就会产生错误的行为。

【例 6-3】 超时等待示例。

```
ARCHITECTURE wait_example OF wait_example IS
SIGNAL sendB, sendA: STD_LOGIC;
BEGIN
    sendA <= '0';
    A: PROCESS
        BEGIN
            WAIT UNTIL sendB = '1';
            sendA <= '1' AFTER 10ns;
            WAIT UNTIL sendB='0';
            sendA <= '0'  AFTER 10ns;
        END PROCESS A;
    B: PROCESS
        BEGIN
            WAIT UNTIL sendA = '0';
            sendB <= '0' AFTER 10ns;
            WAIT UNTIL sendA = '1';
            sendB <= '1'  AFTER 10ns;
        END PROCESS B;
END ARCHITECTURE wait_example;
```

在例 6-3 中，一个构造体内包含有两个进程。这两个进程通过两个信号量 sendA 和 sendB 进行通信。尽管例 6-3 实际上并不做任何事情，但是它可以说明为什么等待语句会处于无限期的等待状态，也就是通常所说的“死锁”状态。

在仿真的最初阶段，所有的进程都将会执行一次。进程通常在仿真启动的执行点得到启动。在本例中，进程 A 在仿真启动点启动，而在执行到下述语句时被挂起：

```
WAIT UNTIL sendB = '1';
```

此时，进程 B 同样在启动点被启动，而在执行到下述语句时被挂起：

```
WAIT UNTIL sendA = '1';
```

B 进程启动以后不会停留在第一条等待语句 WAIT UNTIL sendA = '0' 上。这是因为该构造体中的第一条语句是 sendA <= '0'。它使 B 进程中的第一条等待语句已满足了等待条件，可以继续执行后继的语句。此后，B 进程向下执行将“0”代入 sendB，而后停留在 B 进程的第二条等待语句上。这样，两个进程就处于相互等待状态，两个进程都不能继续执行，因为两个进程各自等待的条件都需要对方继续执行。如果在每一个等待语句中插入一个超时等待项，那么就可以允许进程继续执行，而不至于进入死锁状态。为了检测出进程没有遇到等待条件而继续向下执行的情况，在等待语句后面可以加一条 ASSERT(断言)语句。

【例6-4】 加有超时等待项的示例。

```
ARCHITECTURE wait_timeout OF wait_example IS
SIGNAL sendA, sendB: STD_LOGIC;
BEGIN
  A: PROCESS
  BEGIN
    WAIT UNTIL (sendB = '1') FOR 1μs;
    ASSERT (sendB = '1')
      REPORT "sendB timed out at '1' "
      SEVERITY ERROR;
    sendA <= '1' AFTER 10ns;
    WAIT UNTIL (sendB = '0') FOR 1μs;
    ASSERT (sendB = '0')
      REPORT "sendB timed out at '0' "
      SEVERITY ERROR;
    sendA <= '0' AFTER 10ns;
  END PROCESS A:
  B: PROCESS
  BEGIN
    WAIT UNTIL (sendA = '0') FOR 1μs;
    ASSERT (sendA = '0')
      REPORT "sendA timed out at '0' "
      SEVERITY ERROR;
    sendB <= '0' AFTER 10ns;
    WAIT UNTIL (sendA = '1') FOR 1μs;
    ASSERT (sendA = '1')
      REPORT "sendA timed out at '1' "
      SEVERITY ERROR;
    sendB <= '1' AFTER 10ns;
  END PROCESS B;
END ARCHITECTURE wait_timeout;
```

在例6-4中，每个等待语句的超时表达式用1 μs说明。如果等待语句的等待时间超过了1 μs，则进程将执行下一条ASSERT语句。ASSERT语句的判断条件为“假”，就向操作人员提供错误信息输出，从而有助于操作人员了解在进程中发生了超时等待。

6.1.2 断言语句

断言(ASSERT)语句主要用于程序仿真、调试中的人-机会话，它可以给出一个文字串作为警告和错误信息。ASSERT语句的书写格式如下：

ASSERT 条件[REPORT 输出信息][SEVERITY 级别];

当执行 ASSERT 语句时，就会对条件进行判别。如果条件为“真”，则向下执行另一个语句；如果条件为“假”，则输出错误信息和错误严重程度的级别。在 REPORT 后面跟的是设计者所写的文字串，通常是说明错误的原因，文字串应用双引号" " 括起来。SEVERITY 后面跟的是错误严重程度的级别。在 VHDL 中，错误严重程度分为 4 个级别：FAILURE，ERROR、WARNING、NOTE。

例如，在例 6-4 A 进程中的第一个等待语句后面跟的 ASSERT 语句如下：

```
ASSERT (sendB = '1')
REPORT "sendB timed out at '1' "
SEVERITY ERROR;
```

该断言语句的条件是信号量 sendB = '1'。如果执行到该语句时，信号量 sendB = '0'，则说明条件不满足，就会输出 REPORT 后跟的文字串。该文字串说明出现了超时等待错误。SEVERITY 后跟的错误级别告诉操作人员其出错级别为 ERROR。ASSERT 语句为程序的仿真和调试带来了极大的方便。

6.1.3　信号代入语句

信号代入语句的情况在第 4 章中已有详述，这里只作归纳性的介绍。

信号代入语句的书写格式如下：

目的信号量 <= 信号量表达式;

该语句表明：将右边信号量表达式的值赋予左边的目的信号量。例如：

```
a <= b;
```

该语句表示将信号量 b 的当前值赋予目的信号量 a。需要再次指出的是，代入语句的符号“<=”和关系操作的小于等于符“<=”是一致的，要正确判别不同的操作关系，应注意上下文的含义和说明。另外，代入符号两边信号量的类型和位长度应该是一致的。

6.1.4　变量赋值语句

变量赋值语句的书写格式如下：

目的变量 := 表达式;

该语句表明：目的变量的值将由表达式所表达的新值替代，但是两者的类型必须相同。目的变量的类型、范围及初值在事先应已给出过。右边的表达式可以是变量、信号或字符。该变量和一般高级语言中的变量是类似的。例如：

```
a := 2;
b := 3.0;
c := d+e;
```

变量值只在进程或子程序中使用，它无法传递到进程之外。因此，它类似于一般高级语言的局部变量，只在局部范围内有效。93 版引入了共享变量，共享变量可在全局范围内使用。

6.1.5　IF 语句

IF 语句是根据所指定的条件来确定执行哪些语句的，其书写格式通常可以分成以下 3 种类型。

1．IF 语句的门闩控制

用作门闩控制的 IF 语句的书写格式如下：

```
IF 条件 THEN
   顺序处理语句
END IF;
```

当程序执行到该 IF 语句时，就要判断 IF 语句所指定的条件是否成立。如果条件成立，则 IF 语句所包含的顺序处理语句将被执行；如果条件不成立，则程序将跳过 IF 语句所包含的顺序处理语句，而向下执行 IF 语句后继的语句。这里的条件起门闩的控制作用。

【例 6-5】 IF 语句的门闩控制示例。

```
IF (a = '1') THEN
  c <= b;
END IF;
```

该 IF 语句所描述的是一个门闩电路。例 6-5 中，a 是门闩控制信号量；b 是输入信号量；c 是输出信号量。当门闩控制信号量 a 为 '1' 时，输入信号量 b 的任何值的变化都将被赋予输出信号量 c。也就是说，c 值与 b 值永远是相等的。当 a≠'1' 时，c <= b 语句不被执行，c 将维持原始值，而不管信号量 b 的值发生什么变化。

这种描述经逻辑综合实际上可以生成 D 触发器。

【例 6-6】 D 触发器的 VHDL 描述。

```
LIBRARY IEEE;
USE IEEE. STD_LOGIC_1164.ALL;
ENTITY dff IS
PORT(clk, d: IN STD_LOGIC;
        q: OUT STD_LOGIC);
END ENTITY dff;
ARCHITECTURE rtl OF dff IS
BEGIN
  PROCESS(clk) IS
  BEGIN
    IF(clk' EVENT AND clk = '1') THEN
       q <= d;
    END IF;
  END PROCESS;
END ARCHITECTURE rtl;
```

在例 6-6 中，IF 语句的条件是时钟信号 clk 发生变化，且时钟信号 clk = '1'。只是在这个时候 q 端输出复现 d 端输入的信号值。当该条件不满足时，q 端维持原来的输出值。

2．IF 语句的二选择控制

当 IF 语句用作二选择控制时的书写格式如下：

```
IF 条件 THEN
    顺序处理语句;
ELSE
    顺序处理语句;
END IF;
```

在这种格式的 IF 语句中，当 IF 语句所指定的条件满足时，将执行 THEN 和 ELSE 之间所界定的顺序处理语句；当 IF 语句所指定的条件不满足时，将执行 ELSE 和 END IF 之间所界定的顺序处理语句。也就是说，用条件来选择两条不同程序执行的路径。

这种描述的典型逻辑电路实例是二选一电路。

【例 6-7】 二选一电路的输入为 a 和 b，选择控制端为 sel，输出端为 c 时，用 IF 语句描述该电路行为的程序如下：

```
ARCHITECTURE rtl OF mux2 IS
BEGIN
   PROCESS(a, b, sel) IS
   BEGIN
      IF (sel = '1') THEN
          c <= a;
      ELSE
          c <= b;
      END IF;
   END PROCESS;
END ARCHITECTURE rtl;
```

3．IF 语句的多选择控制

IF 语句的多选择控制又称 IF 语句的嵌套，其书写格式如下：

```
IF  条件  THEN
    顺序处理语句;
ELSIF  条件  THEN
    顺序处理语句;
    ⋮
ELSIF  条件  THEN
    顺序处理语句;
ELSE
    顺序处理语句;
END IF;
```

在这种多选择控制的 IF 语句中，设置了多个条件，当满足所设置的多个条件之一时，执行该条件后跟的顺序处理语句；如果所有设置的条件都不满足，则执行 ELSE 和 END IF 之间的顺序处理语句。这种描述的典型逻辑电路实例是多选一电路。

【例 6-8】 四选一电路的描述。

```
LIBRARY IEEE;
USE IEEE.STD_LOGIC_1164.ALL;
ENTITY mux4 IS
PORT(input: IN STD_LOGIC_VECTOR (3 DOWNTO 0);
     sel: IN STD_LOGIC_VECTOR (1 DOWNTO 0);
     y: OUT STD_LOGIC);
END ENTITY mux4;
ARCHITECTURE rtl OF mux4 IS
BEGIN
  PROCESS(input, sel) IS
  BEGIN
    IF (sel = "00") THEN
      y <= input(0);
    ELSIF (sel = "01") THEN
      y <= input(1);
    ELSIF (sel = "10") THEN
      y <= input(2);
    ELSE
      y <= input(3);
    END IF;
  END PROCESS;
END ARCHITECTURE rtl;
```

IF 语句不仅可以用于选择器的设计，还可以用于比较器、译码器等凡是可以进行条件控制的逻辑电路设计。

需要注意的是，IF 语句的条件判断输出是布尔量，即是“真”(TRUE)或“假”(FALSE)。因此在 IF 语句的条件表达式中只能使用关系运算操作(=、/=、<、>、<=、>=)及逻辑运算操作的组合表达式。

6.1.6　CASE 语句

CASE 语句用来描述总线或编码、译码的行为，从许多不同语句的序列中选择其中之一来执行。虽然 IF 语句也有类似的功能，但是 CASE 语句的可读性比 IF 语句要强得多，程序的阅读者很容易找出条件式和动作的对应关系。CASE 语句的书写格式如下：

```
CASE 表达式 IS
WHEN 条件表达式 => 顺序处理语句;
END CASE;
```

上述 CASE 语句中的条件表达式可以有如下 4 种不同的表示形式：

WHEN 值 => 顺序处理语句;

WHEN 值|值|值|…|值 => 顺序处理语句;

WHEN 值 TO 值 => 顺序处理语句;

WHEN OTHERS => 顺序处理语句;

当 CASE 和 IS 之间的表达式的取值满足指定的条件表达式的值时，程序将执行后跟的由符号 => 所指的顺序处理语句。条件表达式的值可以是一个值，也可以是多个值的“或”关系，还可以是一个取值范围或者表示其他所有的缺省值。

【例 6-9】 当条件表达式取值为某一值时，CASE 语句的使用实例。

```
LIBRARY IEEE;
USE IEEE.STD_LOGIC_1164.ALL;
ENTITY mux4 IS
PORT(a, b, i0, i1, i2, i3: IN STD_LOGIC;
     q: OUT STD_LOGIC);
END ENTITY mux4;
ARCHITECTURE mux4_behave OF mux4 IS
SIGNAL sel: INTEGER RANGE 0 TO 3;
BEGIN
  B: PROCESS(a, b, i0, i1, i2, i3) IS
  BEGIN
    sel <= '0';
    IF (a = '1') THEN
      sel <= sel+1;
    END IF;
    IF (b = '1') THEN
      sel <= sel+2;
    END IF;
    CASE sel IS
      WHEN 0 => q <= i0;
      WHEN 1 => q <= i1;
      WHEN 2 => q <= i2;
      WHEN 3 => q <= i3;
    END CASE;
  END PROCESS;
END ARCHITECTURE mux4_behave;
```

例 6-9 表明，选择器的行为描述不仅可以用 IF 语句，还可以用 CASE 语句。但是它们两者还是有区别的。首先在 IF 语句中，先处理最起始的条件，如果不满足，则再处理下一个条件；在 CASE 语句中，没有值的顺序号，所有值是并行处理的。因此，在 WHEN 项中已用过的值，如果在后面 WHEN 项中再次使用，那么在语法上是错误的。也就是说，值不能重复使用。另外，应该将表达式的所有取值都一一列举出来，如果不列举出表达式的所有取值，那么在语法上也是错误的。

【例 6-10】 带有 WHEN OTHERS 项的三-八译码器的行为描述示例。

```
LIBRARY IEEE;
USE IEEE.STD_LOGIC_1164.ALL;
ENTITY decode_3to8 IS
PORT( a, b, c, G1, G2A, G2B: IN STD_LOGIC;
      y: OUT STD_LOGIC_VECTOR(7 DOWNTO 0));
END ENTITY decode_3to8;
ARCHITECTURE rtl OF decode_3to8 IS
SIGNAL indata: STD_LOGIC_VECTOR(2 DOWNTO 0);
BEGIN
   indata <= c & b & a;
   PROCESS(indata, G1, G2A, G2B) IS
   BEGIN
     IF (G1 = '1' AND G2A = '0' AND G2B = '0') THEN
        CASE indata IS
          WHEN "000" => y <= "11111110";
          WHEN "001" => y <= "11111101";
          WHEN "010" => y <= "11111011";
          WHEN "011" => y <= "11110111";
          WHEN "100" => y <= "11101111";
          WHEN "101" => y <= "11011111";
          WHEN "110" => y <= "10111111";
          WHEN "111" => y <= "01111111";
          WHEN OTHERS => y <= "XXXXXXXX";
        END CASE;
     ELSE
          y <= "11111111";
     END IF;
   END PROCESS;
END ARCHITECTURE rtl;
```

在例 6-10 中，indata 是矢量型数据，除了取值为“0”和“1”之外，还有可能取值为“X”、“Z”和“U”。尽管这些取值在逻辑电路综合时没有用，但是，在 CASE 中却必须把所有可能取的值都描述出来，故在本例中应加 WHEN OTHERS 项，使得它包含 y 输出的所有缺省值。当 WHEN 后跟的值不同，但是输出相同时，可以用符号“|”来描述。例如，例 6-10 中 WHEN OTHERS 项也可以写成：

```
WHEN "UZX"|"ZXU"|"UUZ"|…|"UUU" => y <= "XXXXXXXX";
```

所有“U”、“Z”、“X”三种状态的排列表示不同的取值。但是所有这些排列使三-八译码器的输出值是一致的。因此，WHEN 后面可以用 OTHERS 符号来列举所有可能的取值。

同样，当输入值在某一个连续范围内，其对应的输出值相同时，若用 CASE 语句，则在 WHEN 后面可以用“TO”来表示一个取值的范围。例如，对自然数取值范围为 1～9，则可表示为 WHEN 1 TO 9 => …。

应该再次提醒的是，WHEN 后跟的“=>”符号不是关系运算操作符，它在这里仅仅描述值和对应执行语句的对应关系。

在进行组合逻辑电路设计时，往往会碰到任意项，即在实际正常工作时不可能出现的那些输入状态。在利用卡诺图对逻辑进行化简时，可以把这些项看作“1”或者“0”，从而使逻辑电路得到简化。

下面介绍用 CASE 语句来描述这种逻辑设计时的任意项。

【例 6-11】 例 6-10 是一个三-八译码电路。将三-八译码电路的输入变为输出，输出变为输入，它就变为二-十进制编码电路。该电路的功能描述如下：

```
LIBRARY IEEE;
USE IEEE.STD_LOGIC_1164.ALL;
ENTITY encodey IS
PORT( input: IN STD_LOGIC_VECTOR (7 DOWNTO 0);
        y: OUT STD_LOGIC_VECTOR (2 DOWNTO 0));
END ENTITY encoder;
ARCHITECTURE rtl OF encoder IS
BEGIN
  PROCESS(input) IS
  BEGIN
     CASE input IS
        WHEN "01111111" => y <= "111";
        WHEN "10111111" => y <= "110";
        WHEN "11011111" => y <= "101";
        WHEN "11101111" => y <= "100";
        WHEN "11110111" => y <= "011";
        WHEN "11111011" => y <= "010";
        WHEN "11111101" => y <= "001";
        WHEN "11111110" => y <= "000";
        WHEN OTHERS => y <= "XXX";
     END CASE;
   END PROCESS;
END ARCHITECTURE rtl;
```

例 6-11 中的 WHEN OTHERS 语句和例 6-10 中的 WHEN OTHERS 语句尽管最后都将“X”值代入 y，但是其含义是不一样的。例 6-10 中，在正常情况下，所有的输入状态从 000 到 111 都在 CASE 语句的 OTHERS 之前罗列出来了，因此在逻辑综合时就不会有什么不利影响。例 6-11 中，输入的所有状态并未在 CASE 语句的 OTHERS 之前都罗列出来。

例如，当某一项输入同时出现两个或两个以上“0”时，y 输出值就将变为“X”(可能是“0”，也可能是“1”)。如果逻辑综合时，可以认为这些是不可能的输出项，那么就可以大大简化逻辑电路的设计。在仿真时如果出现了不确定的“X”值，则可以检查是否出现了不正确的输入。

如果用 CASE 语句描述具有两个以上“0”的情况，并使它们针对某一特定的 y 输出，例如 OTHERS 改写为

```
WHEN OTHERS => y <= "111";
```

那么在逻辑电路综合时，就会使电路的规模和复杂性大大增加。

在目前 VHDL 的标准中还没有能对输入任意项进行处理的方法。优先级编码器的真值表如表 6-1 所示。表中，标有“—”符号的输入项为任意项，也就是说标有“—”的位其值可以取“1”，也可以取“0”。如果想用 CASE 语句来描述优先级编码电路，则必须用到下述语句：

```
WHEN "XXXXXXX0" => y <= "111";
WHEN "XXXXXX01" => y <= "110";
   ⋮
```

表 6-1 优先级编码器的真值表

输入								输出		
b7	b6	b5	b4	b3	b2	b1	b0	b2	b1	b0
—	—	—	—	—	—	—	0	1	1	1
—	—	—	—	—	—	0	1	1	1	0
—	—	—	—	—	0	1	1	1	0	1
—	—	—	—	0	1	1	1	1	0	0
—	—	—	0	1	1	1	1	0	1	1
—	—	0	1	1	1	1	1	0	1	0
—	0	1	1	1	1	1	1	0	0	1
—	1	1	1	1	1	1	1	0	0	0

显然，这样的描述语句在 VHDL 中还未制定出来，因此不能使用这种非法的语句。此时利用 IF 语句则能正确地描述优先级编码器的功能。

【例 6-12】 用 IF 语句描述优先级编码器的功能。

```
LIBRARY IEEE;
USE IEEE.STD_LOGIC_1164.ALL;
ENTITY priorityencoder IS
PORT( input: IN STD_LOGIC_VECTOR (7 DOWNTO 0);
      y: OUT STD_LOGIC_VECTOR (2 DOWNTO 0));
END ENTITY priorityencoder;
ARCHITECTURE rtl OF priorityencoder IS
BEGIN
   PROCESS(input) IS
```

```
    BEGIN
      IF (input (0) = '0') THEN
        y <= "111";
      ELSIF (input(1) = '0') THEN
        y <= "110";
      ELSIF (input(2) = '0') THEN
        y <= "101";
      ELSIF (input(3) = '0') THEN
        y <= "100";
      ELSIF (input(4) = '0') THEN
        y <= "011";
      ELSIF (input(5) = '0') THEN
        y <= "010";
      ELSIF (input(6) = '0') THEN
        y <= "001";
      ELSE
        y <= "000";
      END IF;
    END PROCESS;
  END ARCHITECTURE rtl;
```

在例 6-12 中，IF 语句首先判别 input(0)是否为“0”，然后依顺序判别下去。如果该程序中首先判别 input(6)是否为“0”，则然后判别 input(5)是否为“0”，这样一直判别到 input(0)是否为“0”。尽管每种情况所使用的条件是一样的，而且每种条件也只用到一次，但是其结果却是不一样的。例 6-12 中所采用的判别顺序是正确的，它正确地反映了优先级编码器的功能；由 input(6) 到 input(0) 进行判别的顺序是错误的，它不能正确反映优先级编码器的功能，其原因请读者自己思考。

通常在 CASE 语句中，WHEN 语句可以颠倒次序而不致于发生错误；在 IF 语句中，颠倒条件判别的次序往往会使综合的逻辑功能发生变化。这一点希望读者切记。

在大多数情况下，能用 CASE 语句描述的逻辑电路同样也可以用 IF 语句来描述，例如，例 6-8 用 IF 语句描述的四选一电路和例 6-9 用 CASE 语句描述的四选一电路。

目前 IEEE 正在对任意项描述的 VHDL 标准进行深入探讨，相信在不久的将来，像优先级编码器那样的逻辑电路也完全可以用 CASE 语句进行描述。

6.1.7　LOOP 语句

LOOP 语句与其他高级语言中的循环语句一样，使程序能进行有规则的循环，循环的次数受迭代算法控制。在 VHDL 中，LOOP 语句常用来描述位片逻辑及迭代电路的行为。

LOOP 语句的书写格式一般有两种。

1．FOR 循环变量

这种 LOOP 语句的书写格式如下：

```
[标号]: FOR 循环变量 IN 离散范围 LOOP
            顺序处理语句;
        END LOOP [标号];
```

LOOP语句中的循环变量的值在每次循环中都将发生变化，而IN后跟的离散范围则表示循环变量在循环过程中依次取值的范围。例如：

```
ASUM: FOR i IN 1 TO 9 LOOP
        sum = i+sum;     --sum 初始值为 0
      END LOOP ASUM;
```

在该例中，i是循环变量，它可取值 1, 2, …, 9，共9个值。也就是说，sum = i+sum的算式应循环计算9次。该程序对1～9的数进行累加计算。

【例6-13】 下面是8位奇偶校验电路的VHDL描述实例。

```
LIBRARY IEEE;
USE IEEE.STD_LOGIC_1164.ALL;
ENTITY parity_check IS
PORT(a: IN STD_LOGIC_VECTOR(7 DOWNTO 0);
     y: OUT STD_LOGIC);
END ENTITY parity_check;
ARCHITECTURE rtl OF parity_check IS
BEGIN
    PROCESS(a) IS
    VARIABLE tmp: STD_LOGIC;
    BEGIN
      tmp := '0';
      FOR i IN 0 TO 7 LOOP
        tmp := tmp XOR a(i);
      END LOOP;
      y <= tmp;
    END PROCESS;
END ARCHITECTURE rtl;
```

在例6-13中有以下几点需要说明：

(1) tmp是变量，它只能在进程内部说明，因为它是一个局部量。

(2) FOR-LOOP语句中的i无论在信号说明和变量说明中都未涉及，它是一个循环变量。如前例所述，它是一个整数变量。信号和变量都不能代入到此循环变量中。

(3) 如果tmp变量值要从进程内部输出，则必须将它代入信号量，信号量是全局的，可以将值带出进程。在例6-13中，tmp的值通过信号y带出进程。

2．WHILE条件

这种LOOP语句的书写格式如下：

```
[标号]: WHILE 条件 LOOP
```

```
    顺序处理语句;
END LOOP [标号];
```

在该LOOP语句中，如果条件为“真”，则进行循环；如果条件为“假”，则结束循环。例如：

```
i := 1;
sum := 0;
sbcd: WHILE (i<10) LOOP
sum := i+sum;
   i := i+1;
  END LOOP sbcd;
```

该例和 FOR-LOOP 语句示例的行为是一样的，都是对 1～9 的数求累加和的运算。这里利用了 i<10 的条件使程序结束循环，而循环控制变量 i 的递增是通过算式 i := i+1 来实现的。

【例 6-14】 将例 6-13 中的 8 位奇偶校验电路的行为用 WHILE 条件的 LOOP 语句来描述。

```
LIBRARY IEEE;
USE IEEE.STD_LOGIC_1164.ALL;
ENTITY parity_check IS
PORT(a: IN STD_LOGIC_VECTOR(7 DOWNTO 0);
     y: OUT STD_LOGIC);
END ENTITY parity_check;
ARCHITECTURE behav OF parity_check IS
BEGIN
  PROCESS(a) IS
  VARIABLE tmp: STD_LOGIC;
  BEGIN
    tmp := '0';
    i := 0;
    WHILE (i<8) LOOP
       tmp := tmp XOR a(i);
       i := i+1;
    END LOOP;
    y <= tmp;
  END PROCESS;
END ARCHITECTURE behav;
```

虽然 FOR-LOOP 和 WHILE-LOOP 语句都可以用来进行逻辑综合，但是一般不太采用 WHILE-LOOP 语句来进行 RTL 描述。

6.1.8 NEXT 语句

在 LOOP 语句中，NEXT 语句用来跳出本次循环，其书写格式如下：

NEXT [标号] [WHEN 条件];

NEXT 语句执行时将停止本次迭代，而转入下一次新的迭代。NEXT 后跟的“标号”表明下一次迭代的起始位置，而“WHEN 条件”则表明 NEXT 语句执行的条件。如果 NEXT 语句后面既无“标号”，也无“WHEN 条件”，那么只要执行到该语句就立即无条件地跳出本次循环，从 LOOP 语句的起始位置进入下一次循环，即进行下一次迭代。

【例 6-15】 NEXT 语句示例。

```
PROCESS(a, b) IS
  CONSTANT max_limit: INTEGER := 255;
BEGIN
   FOR i IN 0 TO max_limit LOOP
     IF (done(i) = TRUE) THEN
         NEXT;
     ELSE
         done(i) := TRUE;
     END IF;
     q(i) <= a(i) AND b(i);
   END LOOP;
END PROCESS;
```

当 LOOP 语句嵌套时，通常 NEXT 语句应标有“标号”和“WHEN 条件”。例如，有一个 LOOP 嵌套的程序如下：

```
L1: WHILE i<10 LOOP
L2: WHILE j<20 LOOP
  ⋮
NEXT L1 WHEN i = j;
  ⋮
END LOOP L2;
END LOOP L1;
```

在上例中，当 i = j 时，NEXT 语句被执行，程序将从内循环中跳出，而再从下一次外循环中开始执行。

由此可知，NEXT 语句实际上是用于 LOOP 语句的内部循环控制语句。

6.1.9　EXIT 语句

EXIT 语句也是 LOOP 语句中使用的循环控制语句。与 NEXT 语句不同的是，执行 EXIT 语句将结束循环状态，而从 LOOP 语句中跳出，结束 LOOP 语句的正常执行。EXIT 语句的书写格式如下：

EXIT [标号] [WHEN 条件];

如果 EXIT 后面没有跟“标号”和“WHEN 条件”，则程序执行到该语句时就无条件地从 LOOP 语句中跳出，结束循环状态，继续执行 LOOP 语句后继的语句。

【例 6-16】 EXIT 语句示例。

```
PROCESS(a) IS
VARIABLE int_a: INTEGER;
BEGIN
  int_a := a;
  FOR i IN 0 TO max_limit LOOP
    IF(int_a <= 0) THEN
      EXIT;
    ELSE
      int_a := int_a-1;
      q(i) <= 3.1416/REAL(a*i);
    END IF;
  END LOOP;
  y <= q;
END PROCESS;
```

在该例中，int_a 通常代入大于 0 的正数值。如果 int_a 的取值为负值或零，则将出现错误状态，算式不能计算。也就是说，int_a 小于或等于 0 时，IF 语句将返回“真”值，EXIT 语句得到执行，LOOP 语句执行结束，程序将向下执行 LOOP 语句后继的语句。

EXIT 语句具有 3 种基本的书写格式。第一种书写格式是 EXIT 语句没有“循环标号”或“WHEN 条件”。当条件为“真”，执行 EXIT 语句时，程序将按如下顺序执行：执行 EXIT，程序将仅仅从当前所属的 LOOP 语句中退出。如果 EXIT 语句位于一个内循环 LOOP 语句中，即该 LOOP 语句嵌在任何其他一个 LOOP 语句中，那么执行 EXIT，程序仅仅退出内循环，而仍然留在外循环的 LOOP 语句中。

第二种书写格式是 EXIT 语句后跟 LOOP 语句的标号。此时，执行 EXIT 语句，程序将跳至所说明的标号。

第三种书写格式是 EXIT 语句后跟“WHEN 条件”语句。当程序执行到该语句时，只有在所说明的条件为“真”的情况下，才跳出循环的 LOOP 语句。此时，不管 EXIT 语句是否有标号说明，都将执行下一条语句。如果有标号说明，则下一条要执行的语句将是标号所说明的语句；如果无标号说明，则下一条要执行的语句是循环外的下一条语句。

EXIT 语句是一条很有用的控制语句。当程序需要处理保护、出错和警告状态时，它能提供一个快捷、简便的方法。

6.2　并发描述语句

在 VHDL 中能进行并发处理的语句有：进程(PROCESS)语句、并发信号代入(Concurrent Signal Assignment)语句、条件信号代入(Conditional Signal Assignment)语句、选择信号代入(Selective Signal Assignment)语句、并发过程调用(Concurrent Procedure Call)语句和块(BLOCK)语句。由于硬件描述语言所描述的实际系统的许多操作是并发的，所以在对系统进行仿真时，这些系统中的元件在定义的仿真时刻应该是并发工作的。并发语句就是用来表示这种并发行为的语句。并发描述可以是结构性的，也可以是行为性的。在并发语句中最关键的语句是进程。下面介绍一下各种并发语句的使用。

6.2.1 进程语句

进程(PROCESS)语句在前面已多次提到，并在众多实例中得到了广泛的使用。进程语句是一种并发处理语句，在一个构造体中多个 PROCESS 语句可以同时并发运行。因此，PROCESS 语句是 VHDL 中描述硬件系统并发行为的最基本语句。

PROCESS 语句归纳起来具有如下几个特点：

(1) 它可以与其他进程并发运行，并可存取构造体或实体名中所定义的信号；

(2) 进程结构中的所有语句都是按顺序执行的；

(3) 为启动进程，在进程结构中必须包含一个显式的敏感信号量表或者包含一个 WAIT 语句；

(4) 进程之间的通信是通过信号量传递来实现的。

后面要提到的一些并发语句实质上是一种进程的缩写形式，它们仍可以归属于进程语句。

6.2.2 并发信号代入语句

在 5.1 节中已详述了代入语句的功能和相关问题，这里重提代入语句，并且冠以“并发信号”的词句，主要是为了强调该语句的并发性。代入语句(信号代入语句)可以在进程内部使用，此时它作为顺序语句形式出现；代入语句(并发信号代入语句)也可以在构造体的进程之外使用，此时它作为并发语句形式出现。一个并发信号代入语句实际上是一个进程的缩写。例如：

```
ARCHITECTURE behav OF a_var IS
BEGIN
  output <= a(i);
END ARCHITECTURE behav;
```

可以等效于

```
ARCHITECTURE behav OF a_var IS
BEGIN
   PROCESS(a(i)) IS
   BEGIN
      output <= a(i);
   END PROCESS;
END ARCHITECTURE behav;
```

由信号代入语句的功能可知，当代入符号“<=”右边的信号值发生任何变化时，代入操作就会立即发生，新的值将赋予代入符号“<=”左边的信号。从进程语句的描述来看，

在 PROCESS 语句的括号中列出了敏感信号量表，上例中是 a 和 i。由 PROCESS 语句的功能可知，仿真时进程一直在监视敏感信号量表中的敏感信号量 a 和 i。一旦任何一个敏感信号量发生新的变化，将使其值有一个新的改变，进程将得到启动，代入语句将被执行，新的值将从 output 信号量输出。

由上面的叙述可知，并发信号代入语句和进程语句在这种情况下确实是等效的。

并发信号代入语句在仿真时刻同时运行，它表征了各个独立器件的各自的独立操作。例如：

```
a <= b+c;
d <= e*f;
```

第一个语句描述了一个加法器的行为，第二个语句描述了一个乘法器的行为。在实际硬件系统中，加法器和乘法器是独立并行工作的。现在第一个语句和第二个语句都是并发信号代入语句，在仿真时刻，这两个语句是并发处理的，从而真实地模拟了实际硬件系统中的加法器和乘法器的工作。

并发信号代入语句可以仿真加法器、乘法器、除法器、比较器及各种逻辑电路的输出。因此，在代入符号“<=”的右边可以用算术运算表达式，也可以用逻辑运算表达式，还可以用关系操作表达式来表示。

6.2.3　条件信号代入语句

条件信号代入语句也是并发描述语句，它可以根据不同条件将不同的多个表达式之一的值代入信号量，其书写格式如下：

```
目的信号量 <= 表达式 1 WHEN 条件 1 ELSE
        表达式 2 WHEN 条件 2 ELSE
        表达式 3 WHEN 条件 3 ELSE
              ⋮           ELSE
        表达式 n;
```

在每个表达式后面都跟有用“WHEN”所指定的条件，如果满足该条件，则该表达式的值代入目的信号量；如果不满足条件，则再判别下一个表达式所指定的条件。最后一个表达式可以不跟条件。在上述表达式所指明的条件都不满足时，将该表达式的值代入目标信号量。

【例 6-17】 利用条件信号代入语句描述的四选一逻辑电路。

```
ENTITY mux4 IS
PORT(i0, i1, i2, i3, a, b: IN STD_LOGIC;
        q: OUT STD_LOGIC);
END ENTITY mux4;
ARCHITECTURE rtl OF mux4 IS
SIGNAL sel: STD_LOGIC_VECTOR(1 DOWNTO 0);
BEGIN
  sel <= b & a;
```

```
q<= i0 WHEN sel = "00" ELSE
     i1 WHEN sel = "01" ELSE
     i2 WHEN sel = "10" ELSE
     i3 WHEN sel = "11" ELSE
     'X';
END ARCHITECTURE rtl;
```

条件信号代入语句与前述 IF 语句的不同之处就在于：后者只能在进程内部使用(因为它们是顺序语句)，而且与 IF 语句相比，条件信号代入语句中的 ELSE 是一定要有的，IF 语句则可以有，也可以没有。另外，与 IF 语句不同的是，条件信号代入语句不能进行嵌套，因此，受制于没有自身值代入的描述，不能生成锁存电路。用条件信号代入语句所描述的电路与逻辑电路的工作情况比较贴近，这样往往要求设计者具有较多的硬件电路知识，从而使一般设计者难于掌握。一般来说，只有当用进程语句、IF 语句和 CASE 语句难于描述时，才使用条件信号代入语句。

6.2.4 选择信号代入语句

选择信号代入语句类似于 CASE 语句，它对表达式进行测试，当表达式取值不同时，将使不同的值代入目的信号量。选择信号代入语句的书写格式如下：

```
WITH 表达式 SELECT
   目的信号量 <= 表达式 1 WHEN 条件 1
                 表达式 2 WHEN 条件 2
                   ⋮
                 表达式 n WHEN 条件 n;
```

【例 6-18】 四选一电路用选择信号代入语句所描述的程序如下：

```
LIBRARY IEEE;
USE IEEE.STD_LDGIC_1164.ALL;
ENTITY mux IS
PORT(i0, i1, i2, i3, a, b: IN STD_LOGIC;
      q: OUT STD_LOGIC);
END ENTITY mux;
ARCHITECTURE behav OF mux IS
SIGNAL sel: INTEGER;
BEGIN
   WITH sel SELECT
      q<= i0 WHEN 0,
          i1 WHEN 1,
          i2 WHEN 2,
          i3 WHEN 3,
          'X' WHEN OTHERS;
```

```
        sel <=  0 WHEN a = '0' AND b = '0' ELSE
                1 WHEN a = '1' AND b = '0' ELSE
                2 WHEN a = '0' AND b = '1' ELSE
                3 WHEN a = '1' AND b = '1' ELSE
                4;
END ARCHITECTURE behav;
```

例 6-18 中的选择信号代入语句根据 sel 的当前不同值来完成 i0、i1、i2、i3 及剩余情况的选择功能。选择信号代入语句在进程外使用。当被选择的信号(例如 sel)发生变化时，该语句就会启动执行。由此可见，选择信号的并发代入，可以在进程外实现 CASE 语句进程的功能。

【例 6-19】 四选一电路用 CASE 语句所描述的程序如下：

```
LIBRARY IEEE;
USE IEEE.STD_LOGIC_1164.ALL;
ENTITY mux4 IS
PORT(input: IN STD_LOGIC_VECTOR(1 DOWNTO 0);
       i0, i1, i2, i3: IN STD_LOGIC;
       q: STD_LOGIC);
END ENTITY mux4;
ARCHITECTURE rtl OF mux4 IS
BEGIN
   PROCESS(input) IS
   BEGIN
       CASE input IS
          WHEN "00" => q <= i0;
          WHEN "01" => q <= i1;
          WHEN "10" => q <= i2;
          WHEN "11" => q <= i3;
          WHEN OTHERS => q <= 'X';
       END CASE;
   END PROCESS;
END ARCHITECTURE rtl;
```

对照例 6-18 和例 6-19 可以看到，两者功能是完全一样的，所不同的仅仅是描述方法有区别而已。

6.2.5 并发过程调用语句

并发过程调用语句可以出现在构造体中，它是一种可以在进程之外执行的过程调用语句。有关过程的结构及书写方法在 3.2 节中已详述，这里仅就调用时应注意的几个问题作一说明。

(1) 并发过程调用语句是一个完整的语句，在它的前面可以加标号；

(2) 并发过程调用语句应带有 IN、OUT 或者 INOUT 参数，它们应列于过程名后跟的括号内；

(3) 并发过程调用可以有多个返回值，但这些返回值必须通过过程中所定义的输出参数带回。

在构造体中采用并发过程调用语句的实例如下：

```
ARCHITECTURE …
BEGIN
  Vector_to_int (z, x_flag, q);
    ⋮
END ARCHITECTURE;
```

该例中的 Vector_to_int 并发过程调用是对位矢量 z 进行数制转换，使之变成十进制的整数 q；x_flag 是标志位，当标志位为“真”时表明转换失败，当标志位为“假”时表明转换成功。

这种并发过程调用语句实际上是一个过程调用进程的简写。如 3.2 节所述，过程调用语句可以出现在进程语句中，如果该进程的作用就是进行过程调用，完成该过程的操作功能，那么两者是完全等效的。由此可知，上例的并发过程调用语句和下面的过程调用进程是完全等效的，因为两者都是为了完成位矢量至整数的转换。

```
ARCHITECTURE …
BEGIN
  PROCESS(z, q) IS
  BEGIN
    Vector_to_int (z, x_flag, q);
      ⋮
  END PROCESS;
END ARCHITECTURE … ;
```

在构造体中的并发过程调用语句也由过程信号敏感量的变化而得到启动，例如上例的位矢量 z 的变化将使 Vector_to_int 语句得到启动，并执行之。执行结果将拷贝到 x_flag 和 q 中，构造体中的其他语句就可以使用该结果。

另外，还存在这样一个问题，尽管某一个目标量并未编入过程的自变量表中，但是过程中目标量的值却发生了变化。例如，过程中某一语句的代入操作可能使构造体中的一个信号量的值发生变化，而这个信号量并未编入过程的自变量表中。再如，如果有两个信号并未在过程的自变量表中说明，但是在现行过程的过程调用中发生了代入操作，则这样的信号量的代入操作都会带来问题。因此在编写过程语句时应很好地注意这个问题，不要使类似的问题发生。

6.2.6　块语句

在 3.2 节中已经介绍，块(BLOCK)语句是一个并发语句，它所包含的一系列语句也是并发语句，而且块语句中的并发语句的执行与次序无关。为便于 BLOCK 语句的使用，这里再详细介绍一下 BLOCK 语句的书写格式。BLOCK 语句的书写格式如下：

```
标号: BLOCK
        块头
        {说明语句};
        BEGIN
        {并发处理语句};
        END BLOCK 标号名;
```

其中，“块头”主要用于信号的映射及参数的定义，通常通过 GENERIC 语句、GENERIC_MAP 语句、PORT 语句和 PORT_MAP 语句来实现。“说明语句”与构造体的说明语句相同，主要是对该块所要用到的客体加以说明。可说明的项目有以下几种：

(1) USE 子句；

(2) 子程序说明及子程序体；

(3) 类型说明；

(4) 常数说明；

(5) 信号说明；

(6) 元件说明。

BLOCK 语句常用于构造体的结构化描述。

【例 6-20】 如果想设计一个 CPU 芯片，为简化起见，假设这个 CPU 只由 ALU 模块和 REG8(寄存器)模块组成。ALU 模块和 REG8 模块的行为分别由两个 BLOCK 语句来描述。每个模块相当于 CPU 电原理图中的子原理图(REG8 模块又由 8 个子块 REG1，REG2，…，REG8 构成)。在每个块内有局部信号、数据类型、常数等说明。任何一个客体可以在构造体中说明，也可以在块中说明。程序如下：

```
LIBRARY IEEE;
USE IEEE.STD_LOGIC_1164.ALL;
PACKAGE BIT_32 IS
TYPE tw32 IS ARRAY(31 DOWNTO 0) OF STD_LOGIC;
END PACKAGE BIT_32;
USE IEEE.STD_LOGIC_1164.ALL;
USE WORK.BIT32.ALL;
ENTITY CPU IS
PORT( clk, interrupt: IN STD_LOGIC;
      addr: OUT tw32;
      data: INOUT tw32);
END ENTITY CPU;
ARCHITECTURE cpu_blk OF cpu IS
SIGNAL ibus, dbus: tw32;
BEGIN
   ALU: BLOCK
   SIGNAL qbus: tw32;
```

```
BEGIN
    --ALU 行为描述语句
END BLOCK ALU;
REG8: BLOCK
SIGNAL zbus: tw32;
BEGIN
  REG1: BLOCK
    SIGNAL qbus: tw32;
BEGIN
    --REG1 行为描述语句
END BLOCK REG1;
    --其他 REG8 行为描述语句
END BLOCK REG8;
END ARCHITECTURE cpu_blk;
```

在例 6-20 中，CPU 模块有 4 个端口用作与外面的接口。其中，clk、interrupt 是输入端口；addr 是输出端口；data 是双向端口。该实体的构造体中的所有 BLOCK 对这些信号都是用显式说明的，全都可以在 BLOCK 内使用。

信号 ibus 和 dbus 是构造体 cpu_blk 中的局部信号量，它只能在构造体 cpu_blk 中使用，在构造体 cpu_blk 之外不能使用。只要是在 cpu_blk 构造体内，无论在哪一个 BLOCK 块中这些信号量都是可以使用的。另外，由于 BLOCK 块是可以嵌套的，因此内层 BLOCK 块能够使用外层 BLOCK 块所说明的信号，而外层 BLOCK 块却不能够使用内层 BLOCK 块中所说明的信号。

例如，例 6-20 中的 qbus 信号只在 ALU 块中说明。因此，它是 ALU 块的局部信号量，所有 ALU 块中的语句都可以使用 qbus 信号，但是在 ALU 块之外则不能使用该信号，如 REG8 块就不能使用 qbus 信号。再如，zbus 信号是 REG8 块所说明的局部信号量，REG1 块是嵌套在 REG8 块中的内层块，所以 REG1 块可以使用 zbus 信号。

在 REG1 块的信号说明项中也有一个称为 qbus 的信号，该信号与 BLOCK 块中所说明的信号具有相同的名字，那么这样做会不会引起问题呢？事实上，编译器将分别对这两个信号进行处理。这在语法上虽然是合法的，但是容易引起混淆。两个信号分别在各自的说明区域中加以说明，同样也仅仅在这些范围中有效。因此，可以这样认为，它们是具有相同信号名的各自独立的信号，每个 qbus 只能在所说明的 BLOCK 块区域中使用。

此外，还有一种应该注意的情况如下：

```
BLK1: BLOCK
SIGNAL qbus: tw32;
BEGIN
  BLK2: BLOCK
  SIGNAL qbus: tw32;
  BEGIN
    --BLK2 语句
```

```
    END BLOCK BLK2;
      --BLK1 语句
  END BLOCK BLK1;
```

在上述实例中，信号 qbus 在两个块中都做了说明。应注意的是，这两个块是嵌套关系，一个块包含另一个块。现在先来看一下 BLK2 块对信号 qbus 的操作。第一种类型的操作是 BLK2 中的语句对 BLK2 中所说明的局部信号量 qbus 进行的操作；第二种类型的操作是 BLK2 中的语句对 BLK1 中所说明的局部信号量 qbus 进行的操作(由于 BLK1 包含 BLK2，因此这种操作是允许的)。由此可见，BLK1 块所说明的信号可以看作 BLK2 块内部说明的信号。如果名字相同，则可以在信号名字前面加块名字前缀。例如，在本例中 BLK1 块的 qbus 可以用 BLK1_qbus 来表示。

通常，这种同名信号会使编程发生混乱。出现这个问题的起因是：在有限的时间内，如果不对信号说明进行详细分析，则不能保证正确地使用 qbus 信号。

以上所提到的只是块本身范围所涉及的问题。但是，块是一个独立的子结构，它可以包含 PORT 和 GENERIC 语句。这样就允许设计者通过这两个语句将块内的信号变化传递给块的外部信号，同样也可以将块外部的信号变化传递给块的内部。

PORT 和 GENERIC 语句的这种性能将允许在一个新的设计中重复使用 BLOCK 块。例如，在上例的 CPU 的设计中，如果需要扩展 ALU 部分的功能，则可设计一个新的 ALU 模块，使其完成新的所需要的功能。在新的 CPU 模块中，PORT 名和 GENERIC 名与原来的不一致，此时，在块中采用 PORT 和 GENERIC 映射就可以顺利解决这个问题。也就是说，在上例的基础上，在设计中映射信号名并产生参数，就可以建立一个新的 ALU 模块，如例 6-21 所示。

【例 6-21】 在一个新的设计中重复使用 BLOCK 块示例。

```
PACKAGE math IS
TYPE tw32 IS ARRAY(31 DOWNTO 0) OF STD_LOGIC;
FUNCTION tw_add(a, b: tw32)
     RETURN tw32;
FUNCTION tw_sub(a,b:tw32)
     RETURN tw32;
END math;
USE WORK.math.ALL;
USE IEEE.STD_LOGIC_1164.ALL;
ENTITY cpu IS
PORT(clk, interrupt: IN STD_LOGIC;
      add: OUT tw32; comt:IN INTEGER;
      data: INOUT tw32);
END ENTITY cpu;
ARCHITECTURE cpu_blk OF cpu IS
SIGNAL ibus, dbus: tw32;
BEGIN
```

```
    ALU: BLOCK
    PORT(abus, bbus: IN tw32;
            d_out: OUT tw32;
            ctbus: IN INTEGER);
    PORT MAP (abus => ibus, bbus => dbus, d_out => data, ctbus => comt);
    SIGNAL qbus: tw32;
  BEGIN
    d_out <= tw_add (abus, bbus) WHEN ctbus = 0 ELSE
    tw_sub (abus, bbus) WHEN ctbus = 1 ELSE
    abus;
    END BLOCK ALU;
  END ARCHITECTURE cpu_blk;
```

从例 6-21 中可以看出，除了端口和端口映射语句之外，ALU 的说明部分和前面例子中所述的是一样的。端口语句说明了端口号和方向，还说明了端口的数据类型。端口映射语句映射了带有信号的新的端口或者 BLOCK 块外部的端口。例如，本例中端口 abus 被映射到 cpu_blk 构造体内说明的局部信号 ibus；端口 bbus 被映射到 dbus；端口 d_out 和 ctbus 被映射到实体外部的端口。

映射实现了端口和外部信号之间的连接，使连接到端口的信号值发生变化，由原来的值变成一个新的值。如果这种变化发生在 ibus 上，则 ibus 上出现的新的值将被传送到 ALU 块内，使得 abus 端口得到新的值。当然，其他有映射关系的端口也应如此。

6.3　其他语句和有关规定的说明

在 VHDL 中，除了顺序描述语句和并发描述语句之外，还有说明语句、定义语句和一些具体的规定，本节将逐一对前面未介绍过的内容作一说明。

6.3.1　命名规则和注解的标记

在 VHDL 中大写字母和小写字母是没有区别的，这一点在前面的说明和程序实例中已经可以看到。也就是说，在所有的语句中写大写字母也可以，写小写字母也可以，混合起来写也可以。但是，有两种情况例外，即用单引号括起来的字符常数和用双引号括起来的字符，这时大写字母和小写字母是有区别的。例如，在 STD_LOGIC 和 STD_LOGIC_VECTOR 代入不定值 'X' 时应注意。

```
SIGNAL a: STD_LOGIC;
SIGNAL b: STD_LOGIC_VECTOR(3 DOWNTO 0);
a <= 'X';              --X 用小写字母是错误的
b <= "XXXX";           --X 用小写字母是错误的
```

在 VHDL 中所使用的名字(名称)，如信号名、实体名、构造体名、变量名等，在命名时应遵守如下规则：

(1) 名字的最前面应该是英文字母；

(2) 能使用的字符只有英文字母、数字和 '_'；

(3) 不能连续使用 '_' 符号，在名字的最后也不能使用 '_' 符号。

例如：

```
SIGNAL a_bus: STD_LOGIC_VECTOR(7 DOWNTO 0);
SIGNAL 302_bus: …          -- 数字开头的名字是错误的
SIGNAL b_@bus: …           -- @符号不能作为名称的字母，故是错误的
SIGNAL a_bus: …            --'_' 符号在名称中不能连着使用，故是错误的
SIGNAL b_bus_: …           --'_' 符号不能在名称最后使用，故是错误的
```

像其他高级语言一样，VHDL 的程序有注释栏目，可以对所编写的语句进行注释。注释从“--”符号开始，到该项末尾(回车、换行符)结束。注释文字虽然不作为 VHDL 的语句予以处理，但是有时也用于其他工具和接口。

6.3.2 ATTRIBUTE(属性)描述与定义语句

VHDL 有属性预定义功能，该功能有许多重要的应用，例如检出时钟边沿、完成定时检查、获得未约束的数据类型的范围等。ATTRIBUTE 语句可以从所指定的客体中获得关心的数据或信息。例如：

```
TYPE number IS INTEGER RANGE 9 DOWNTO 0;
```

如果 i 为一个整数变量，那么利用属性描述语句就可以得到设计者感兴趣的数据。

例如，要想得到 number 的最大值，那么可以用下述变量赋值语句得到：

```
i := number' HIGH;     -- i = 9
```

如果想得到 number 的最小值，同样可以利用下述变量赋值语句得到：

```
i := number' LOW;      -- i = 0
```

通过预定义属性描述语句可以得到客体的有关值、功能、类型和范围(区间)。

预定义的属性类型有以下几种：

(1) 数值类属性；

(2) 函数类属性；

(3) 信号类属性；

(4) 数据类型类属性；

(5) 数据区间类属性；

(6) 用户自定义属性。

下面对各类属性的具体应用作一说明。

1．数值类属性

数值类属性用来得到数组、块或者一般数据的有关值。例如，可以用来得到数组的长度、数据的最低限制等。在数值类属性中还可以再分成一般数据的数值属性、数组的数值属性和块的数值属性 3 个子类。

1) 一般数据的数值属性

一般数据的数值属性有以下 4 种：

(1) T' LEFT——得到数据类或子类区间的最左端的值。

(2) T' RIGHT——得到数据类或子类区间的最右端的值。

(3) T' HIGH——得到数据类或子类区间的高端值。

(4) T' LOW——得到数据类或子类区间的低端值。

一般数据的数值属性的书写格式如下：

客体' 属性名

上述 T' LOW 中，T 为客体，T 代表一般数据类或子类的名称，符号“'”紧跟在客体的后面，符号“'”的后面是属性名，本例中属性名为 LOW。

LEFT 表示数据类或子类区间的左端。也就是说，它表示约束区间最左的入口点。例如，区间左端为 0，区间右端为 9：

```
TYPE number IS 0 To 9;
```

显然，RIGHT 表示数据类或子类区间的右端，也就是约束区的最右端的入口点。

HIGH 表示数据类或子类区间的高端，也就是约束区间的最大值；LOW 表示数据类或子类区间的低端，也就是约束区间的最小值。按此表示方法，就可以写出如下关系式：

```
i := number'LEFT;        -- i = 0
i := number'RIGHT;       -- i = 9
i := number'HIGH;        -- i = 9
i := number'LOW;         -- i = 0
```

需要注意的是，变量 i 的数据类型应与赋值区间的数据类型相同。例如，上例的 number 是正整数，那么 i 也应该是正整数。

【例 6-22】 用 DOWNTO 表示的区间示例。

```
PROCESS(a) IS
TYPE bit_range IS ARRAY(31 DOWNTO 0) OF BIT;
VARIABLE left_range, right_range, uprange, lowrange: INTEGER;
BEGIN
   left_range := bit_range'LEFT;          --得到 31
   right_range := bit_range'RIGHT;        --得到 0
   uprange := bit_range'HIGH;             --得到 31
   lowrange := bit_range'LOW;             --得到 0
END PROCESS;
```

从例 6-22 中可以看出，不同的属性可以得到不同的关于数据类的信息。如果数据类的区间用(a TO b)来定义，那么 b>a，此时 'LEFT 属性的值通常等于 'LOW 属性的值；相反，如果数据类的区间用(b DOWNTO a)来定义，那么 b>a，此时 'LEFT 属性的值与 'HIGH 属性的值相对应。

数值类属性不光适用于数字类型，而且适用于任何标量类型。

【例 6-23】 用于枚举类型的情况如下：

```
ARCHITECTURE time1 OF time IS
TYPE tim IS (sec, min, hous, day, moth, year);
SUBTYPE reverse_tim IS tim RANGE month DOWNTO min;
```

```
SIGNAL tim1, tim2, tim3, tim4, tim5, tim6, tim7, tim8: TIME;
BEGIN
   tim1 <= tim'LEFT;              --得到 sec
   tim2 <= tim'RIGHT;             --得到 year
   tim3 <= tim'HIGH;                    --得到 year
   tim4 <= tim'LOW;               --得到 sec
   tim5 <= reverse_tim'LEFT;      --得到 min
   tim6 <= reverse_tim'RIGHT;     --得到 month
   tim7 <= reverse_tim'HIGH;      --得到 month
   tim8 <= reverse_tim'LOW;       --得到 min
END time1;
```

在例 6-23 中，信号 tim1 和 tim2 代入的是 sec 和 year，分别是区间的左端值和右端值。这一点很容易在类型说明中得到验证。但是，如何说明用 'HIGH 和 'LOW 属性来得到枚举类数据的数值属性呢？实际上，这里的 'HIGH 和 'LOW 表示的是数据类的位置序号值的大小。对于整数和实数来说，数值的位置序号值与数本身的值相等；对于枚举类型的数据来说，在说明中较早出现的数据其位置序号值低于较后出现的数据。例如，在例 6-23 中 sec 的位置序号为 0，因为它最先在类型说明中说明，同样，min 的位置序号为 1，hous 的位置序号为 2。这样，位置序号大的其属性为 'HIGH；位置序号小的其属性为 'LOW。

信号 tim5 到 tim8 代入的是 reverse_tim 类数据的属性值。该类数据的区间用 DOWNTO 来加以说明。此时，用属性 'HIGH 和 'RIGHT 得到的将不是同一个值(在用 TO 来说明区间时，两者的属性值是相同的)，其原因就在于区间内的数据说明颠倒了。在例 6-23 中，对 reverse_tim 数据类型来说，month 的位置序号大于 min 的位置序号。

2) 数组的数值属性

数组的数值属性只有一个，即 'LENGTH。在给定数组类型后，用该属性将得到一个数组的长度值。该属性可用于任何标量类数组和多维的标量类区间的数组。例 6-24 就是一个简单应用的示例。

【例 6-24】 数组的数值属性的应用实例一。

```
PROCESS(a) IS
TYPE bit4 IS ARRAY (0 TO 3) of BIT;
TYPE bit_strange IS ARRAY(10 TO 20) OF BIT;
VARIABLE len1, len2: INTEGER;
BEGIN
   len1 := bit4'LENGTH;          --len1 = 4
   len2 := bit_strange'LENGTH;   --len2 = 11
END PROCESS;
```

在例 6-24 中，len1 代入的是数组 bit4 的元素个数；len2 代入的是数组 bit_strange 的元素个数。

该属性同样也可以用于枚举类型的区间，如例 6-25 所示。

【例 6-25】 数组的数值属性的应用实例二。

```
PACKAGE p_4val IS
TYPE t_4val IS('X', '0', '1', 'z');
TYPE t_4valx1 IS ARRAY (t_4va1'LOW TO t_4val'HIGH) OF t_4val;
TYPE t_4valx2 IS ARRAY (t_4val'LOW TO t_4val'HIGH) OF t_4valx1;
TYPE t_4valmd IS ARRAY (t_4val'LOW TO t_4val'HIGH, t_4val'LOW TO t_4val'HIGH) OF t_4val;
CONSTANT andsd:t_4valx2 :=
    (('X',          --XX
      '0',          --X0
      'X',          --X1
      'X'),         --XZ
     ( '0',         --0X
      '0',          --00
      '0',          --01
      '0'),         --0Z
     ('X',          --1X
      '0',          --10
      '1',          --11
      'X'),         --1Z
     ('X',          --ZX
      '0',          --Z0
      'X',          --Z1
      'X'));        --ZZ
CONSTANT andmd: t_4valmd :=
    (('X',          --XX
      '0',          --X0
      'X',          --X1
      'X'),         --XZ
     ( '0',         --0X
      '0',          --00
      '0',          --01
      '0'),         --0Z
     ( 'X',         --1X
      '0',          --10
      '1',          --11
      'X'),         --1Z
     ( 'X',         --ZX
      '0',          --Z0
      'X',          --Z1
```

```
' X'));          --ZZ
END PACKAGE p_4val;
```

例 6-25 中的 andsd 和 andmd 是两个复合型常数，它们是 t_4val 类型数据的“与”函数的真值表。第一个常数 andsd 用数组的数组来表示其相“与”的值。第二个常数 andmd 用多维数组来表示它的取值。在 andsd 中，“X”和“X”相“与”为“X”，“X”和“0”相“与”为“0”，“X”和“1”相“与”为“X”，“X”和“Z”相“与”为“X”，其他状态值也是根据逻辑“与”的功能得到的。

如果现在将属性 'LENGTH 用于这些类型的数据，那么就可以得到例 6-26 注解中所注明的数值。

【例 6-26】 数组的数值属性的应用实例三。

```
PROCESS(a) IS
VARIABLE len1, len2, len3, len4: INTEGER;
BEGIN
   len1 := t_4valx1'LENGTH;           --得到 4
   len2 := t_4valx2'LENGTH;           --得到 4
   len3 := t_4valmd'LENGTH(1);            --得到 4
   len4 := t_4valmd'LENGTH(2);            --得到 4
END PROCESS;
```

在例 6-26 中，t_4valx1 是一个包含 4 个元素的数组，数组的区间用 t_4val 类型数据的 'LOW 和 'HIGH 属性来说明，因此 t_4valx1 的长度值应为 4。同理，len2 也将得到 4。这是因为 t_valx2 的区间是从数组元素 t_4valx1 的 'LOW 到 'HIGH，共有 4 个元素(一个数组为另一个数组的元素)。

代入 len3 和 len4 的是多维数组 t_4valmd 的 'LENGTH 的属性值。由于多维数组有多个区间，因此在对某个区间取属性值时，在属性 'LENGTH 后面应标注区间号，如例 6-26 中的 'LENGTH(1)和 'LENGTH(2)。如果不作特别说明，那么属性 'LENGTH 得到的将是第一个区间的长度值。

3) 块的数值属性

块的数值属性有两种：'STRUCTURE 和 'BEHAVIOR。这两种属性用于块(BLOCK)和构造体，通过它们可以得到块和构造体是怎样的一个设计模块的信息。如果块有标号说明，或者构造体有构造体名说明，而且在块和构造体中不存在 COMPONENT 语句，那么用属性'BEHAVIOR 将得到“TRUE”的信息；如果在块和构造体中只有 COMPONENT 语句或被动进程，那么用属性 'STRUCTURE 将得到“TRUE”的信息。

【例 6-27】 块的数值属性示例。

```
LIBRARY IEEE;
USE IEEE.STD_LOGIC_1164.ALL;
ENTITY shifter IS
PORT(clk, left: IN STD_LOGIC;
      right: OUT STD_LOGIC);
```

```
END ENTITY shifter;
ARCHITECTURE structural OF shifter IS
COMPONENT dff IS
PORT(d, clk: IN STD_LOGIC;
      q: OUT STD_LOGIC);
END COMPONENT dff;
SIGNAL i1, i2, i3: STD_LOGIC;
BEGIN
  u1: dff PORT MAP (d => left, clk => clk, q => i1);
  u2: dff PORT MAP (d => i1, clk => clk, q => i2);
  u3: dff PORT MAP (d => i2, clk => clk, q => i3);
  u4: dff PORT MAP (d => i3, clk => clk, q => right);
  checktime: PROCESS(clk) IS
  VARIABLE last_time: time := time'LEFT;
  BEGIN
    ASSERT (NOW-last_time = 20 ns)
      REPORT "spike on clock"
      SEVERITY WARNING;
      last_time := now;
  END PROCESS checktime;
END ARCHITECTURE structural;
```

在例 6-27 中，移位寄存器模块由 4 个 D 触发器基本单元串联而成。在对应于 shifter 实体的构造体中，还包含有一个用于检出时钟 clk 跳变的被动进程 checktime。现在对这样的构造体施加属性 'BEHAVIOR 和 'STRUCTURE，就可以得到如下所描述的信息。

```
structural'BEHAVIOR          --得到“假”
structural'STRUCTURE         --得到“真”
```

由上述描述可知，实际上属性 'BEHAVIOR 和 'STRUCTURE 用来验证所说明的块或构造体是用结构描述方式来描述的模块还是用行为描述方式来描述的模块。这对设计人员检查程序是非常有用的。另外，例 6-27 中的 checktime 是被动进程。所谓被动进程，可以这么认为，它是一个无源的进程。如果在进程中包含有代入语句，那么该进程就不是被动进程了，它变成了一个有源进程或者称主动进程。如果 checktime 进程包含有代入语句，那么用属性 'STRUCTURE 得到的信息将不是“真”，而是“假”了。

请读者注意，在 93 版中 'BEHAVIOR 和 'STRUCTURE 两种属性已被删除，且增加了 t'ASCENDING、t'IMAGE(X)、t'VALUE(X)、a'ASCENDING、s'DRIVING、s'DRIVING_VALUE、e'INSTANCE_NAME、e'PATH_NAME。关于这些属性的详细介绍，请参阅 93 版标准的有关资料。

2．函数类属性

所谓函数类属性，是指属性以函数的形式，让设计人员得到有关数据类型、数组、信号的某些信息。当函数类属性以表达式形式使用(例如 'POS(x))时，首先应指定一个输入的自变量值(如 x)，函数调用后将得到一个返回的值。该返回的值可能是枚举数据的位置序号，也可能是信号有某种变化的指示，还可能是数组区间中的某一个值。

函数类属性有数据类型属性函数、数组属性函数和信号属性函数 3 种。

1) *数据类型属性函数*

用数据类型属性函数可以得到有关数据类型的各种信息。例如，给出某类数据值的位置，那么利用位置函数属性就可以得到该位置的数值。另外，利用其他相应属性还可以得到某些值的左邻值和右邻值等。

对数据类型属性函数再进行细分，可以得到以下 6 种属性函数：

(1) 'POS(x)——得到输入 x 值的位置序号；

(2) 'VAL(x)——得到输入位置序号 x 的值；

(3) 'SUCC(x)——得到输入 x 值的下一个值；

(4) 'PRED(x)——得到输入 x 值的前一个值；

(5) 'LEFTOF(x)——得到邻接输入 x 值左边的值；

(6) 'RIGHTOF(x)——得到邻接输入 x 值右边的值。

数据类型属性函数的一个典型应用是将枚举或物理类型的数据转换成整数。

【例 6-28】 将物理量 μA、μV、ohm 转换成整数的实例。

```
PACKAGE ohms_law IS
TYPE current IS RANGE 0 TO 1000000
    UNITS
     μA;
     mA = 1000 μA;
     A = 1000 mA;
    END UNITS;
TYPE voltage IS RANGE 0 TO 1000000
    UNITS
     μV;
     mV = 1000μV;
     V = 1000mV;
    END UNITS;
TYPE resistance IS RANGE 0 TO 1000000
    UNITS
     ohm;
     kohm = 1000ohm;
     mohm = 1000kohm;
    END UNITS;
END PACKAGE ohms_law;
USE WORK.ohms_law.ALL;
ENTITY calc_resistance IS
```

```
PORT(i: IN current;
      e: IN voltage;
      r: OUT resistance);
END ENTITY calc_resistance;
ARCHITECTURE behav OF calc_resistance IS
BEGIN
   ohm_proc: PROCESS(i,e) IS
   VARIABLE convi, conve, int_r: INTEGER;
   BEGIN
      convi := current'pos(i);         --以微安为单位的电流值
      conve := voltage'pos(e);               --以微伏为单位的电压值
      int_r := conve/convi;            --以欧姆为单位的电阻值
      r <= resistance'VAL(int_r);
   END PROCESS ohm_proc;
END ARCHITECTURE behav;
```

包集合 ohms_law 定义了 3 种物理类型的数据，即 current(电流)、voltage(电压)和 resistance (电阻)。例 6-28 的作用是将物理类型的数据转换成整数(conve, convi→int_r)，而后再由整数转换成物理类型的数据(int_r→r)。从这个转换和再转换的过程可以看出，它实际完成了由电压和电流值计算电阻值的运算过程。当端口 i 和 e 中的任何一个发生变化时，ohm_proc 进程就被启动，根据新的电流(i)和电压(e)值计算得到新的电阻(r)值。

进程的第一条语句将输入电流值(i)的位置序号赋予变量 convi。例如，输入电流值为 10 μA，那么赋予变量 convi 的值为 10。

进程的第二条语句将输入电压值(e)的位置序号赋予变量 conve。电压的基本单位是μV，因此，电压值的位置序号与输入电压的 μV 数相等。

进程的第三条语句是计算整数 conve 和 convi 的商，得到的是一个 int_r 整数值。该整数值与要得到的电阻的阻值是相等的，但 int_r 不是物理量数据，要转换成物理量数据还需进行一次整数至物理量的转换，这就是进程中的第四条语句。

进程的第四条语句将位置序号转换成数值，即利用属性 'VAL 将位置序号 int_r 转换成用欧姆表示的电阻值。

前面详述了属性 'POS 和 'VAL 的使用方法，下面再举例说明一下属性 'SUCC、'PRED、'RIGHTOF 和 'LEFTOF。

【例 6-29】 有一个 t_time 的包集合定义了两类枚举型数据。

```
PACKAGE t_time IS
TYPE time IS( sec, min, hous, day, month, year);
TYPE reverse_time IS time RANGE year DOWNTO sec;
END PACKAGE t_time;
```

利用余下的 4 个属性就可以得到 time 的不同值，现罗列如下：

time'SUCC(hous)——得到 day;

time'PRED(day)——得到 hous;

reverse_time'SUCC(hous)——得到 min;

reverse_time'PRED(day)——得到 month;

time'RIGHTOF(hous)——得到 day;

time'LEFTOF(day)——得到 hous;

reverse_time'RIGHTOF(hous)——得到 min;

reverse_time'LEFTOF(day)——得到 month。

由上述可知，对于递增区间来说，下面的等式成立：

```
'SUCC(x) = 'RIGHTOF(x)
'PRED(x) = 'LEFTOF(x)
```

对于递减区间来说，与上述等式相反，下面两个等式成立：

```
'SUCC(x) = 'LEFTOF(x)
'PRED(x) = 'RIGHTOF(x)
```

需要注意的是，当一个枚举类型数据的极限值被传递给属性 'SUCC 和 'PRED 时，如本例中假设：

```
y := sec;
x := time'PRED(y);
```

第二个表达式将引起运行错误。这是因为在枚举数据 time 中，最小的值是 sec，time'PRED(y) 要求提供比 sec 更小的值，已超出了定义范围。

2) 数组属性函数

利用数组属性函数可得到数组的区间。在对数组的每一个元素进行操作时，必须知道数组的区间。数组属性函数可分为以下 4 种：

- 'LEFT(n)——得到索引号为 n 的区间的左端位置号。在这里 n 实际上是多维数组中所定义的多维区间的序号。当 n 缺省时，就代表对一维区间进行操作。
- 'RIGHT(n)——得到索引号为 n 的区间的右端位置号。
- 'HIGH(n)——得到索引号为 n 的区间的高端位置号。
- 'LOW(n)——得到索引号为 n 的区间的低端位置号。

上述属性与数值数据类属性一样，在递增区间和递减区间存在着不同的对应关系。

在递增区间，存在如下关系：

- 'LEFT = 'LOW，数组 'LEFT = 数组 'LOW。
- 'RIGHT = 'HIGHT，数组 'RIGHT = 数组 'HIGHT。

在递减区间，存在如下关系：

- 'LEFT = 'HIGHT。
- 'RIGHT = 'LOW。

【例 6-30】 描述随机存储器的示例。

```
PACKAGE p_ram IS
TYPE ram_data IS ARRAY(0 TO 511) OF INTEGER;
CONSTANT x_val: INTEGER := –1;
CONSTANT z_val: INTEGER := –2;
```

```
END PACKAGE p_ram;
USE WORK.p_ram.ALL;
USE IEEE.STD_LOGIC_1164.ALL;
ENTITY ram IS
PORT(data_in: IN INTEGER;
      addr: IN INTEGER;
      data: OUT INTEGER;
      cs: IN STD_LOGIC;
      r_wb: IN STD_LOGIC);
END ENTITY ram;
ARCHITECTURE behave_ram OF ram IS
BEGIN
  main_proc: PROCESS(cs, addr, r_wb) IS
    VARIABLE ram_data1: ram_data;
    VARIABLE ram_init: Boolean := FALSE;
  BEGIN
    IF NOT (ram_init) THEN
      FOR i IN ram_data1'LOW TO ram_data1'HIGH LOOP
         ram_data1(i) := 0;
      END LOOP;
      ram_init := TRUE;
    END IF;
    IF (cs = 'X') OR (r_wb = 'X') THEN
       data <= x_val;
    ELSIF (cs = '0') THEN
       data <= z_val;
    ELSIF (r_wb = '1') THEN
    IF (addr = x_val) OR (addr = z_val) THEN
       data <= x_val;
  ELSE
    data <= ram_data1(addr);
  END IF;
    ELSE
      IF (addr = x_val) OR (addr = z_val) THEN
         ASSERT FALSE REPORT
            "WRITING TO UNKNOWN ADDRESS"
        SEVERITY ERROR;
        data <= x_val;
      ELSE
```

```
            ram_data1(addr) := data_in;
            data <= ram_data1(addr);
          END IF;
        END IF;
      END PROCESS main_proc;
    END ARCHITECTURE behave_ram;
```

例 6-30 描述的是一个输入/输出整数的随机存储器。该 RAM 有 512 个整数单元，由两条控制线进行数据输入/输出控制：一条是片选线 cs，另一条是读/写线 r_wb。

该程序包含一条 IF 语句，用来将 RAM 的各单元初始化为“0”值。布尔量 ram_init 用来指示 RAM 是否已被初始化。如果 ram_init 为“假”，则表明 RAM 未被初始化；如果 ram_init 为“真”，则表明 RAM 已被初始化。

在进程首次执行时，变量 ram_init 将是“假”状态，因此 IF 语句被执行。IF 语句内部的 LOOP 语句循环对每一个单元进行初始化，使用函数数组属性 'LOW 和 'HIGH 来控制初始化的循环区间。

该循环语句只要被执行一次，所有 RAM 单元就被初始化，并将 ram_init 置为“真”。设置变量 ram_init 为“真”，可防止程序再次对 RAM 进行初始化。

程序中的其他语句用于描述 RAM 的读/写功能，并检查在输入端口的值是否是正确的值。

3) 信号属性函数

信号属性函数用来得到信号的行为信息。例如，信号的值是否有变化，从最后一次变化到现在经过了多长时间，信号变化前的值为多少等。

信号属性函数共有以下 5 种：

- s'EVENT——如果在当前一个相当小的时间间隔内事件发生了，那么函数将返回一个为“真”的布尔量；否则就返回“假”。
- s'ACTIVE——如果在当前一个相当小的时间间隔内信号发生了改变，那么函数将返回一个为“真”的布尔量；否则就返回“假”。
- s'LAST_EVENT——该属性函数将返回一个时间值，即从信号前一个事件发生到现在所经过的时间。
- s'LAST_VALUE——该属性函数将返回一个值，该值是信号最后一次改变以前的值。
- s'LAST_ACTIVE——该属性函数返回一个时间值，即从信号前一次改变到现在的时间。

(1) 属性'EVENT 和 'LAST_VALUE。属性'EVENT 通常用于确定时钟信号的边沿，用它可以检查信号是否处于某一个特殊值，以及信号是否刚好已发生变化。

【例 6-31】 用属性 'EVENT 检出 D 触发器时钟脉冲上升沿的描述实例。

```
LIBRARY IEEE;
USE IEEE.STD_LOGIC_1164.ALL;
ENTITY dff IS
PORT(d, clk: IN STD_LOGIC;
     q: OUT STD_LOGIC);
END ENTITY dff;
```

```
ARCHITECTURE dff OF dff IS
BEGIN
  PROCESS(clk) IS
  BEGIN
    IF (clk = '1') AND (clk'EVENT) THEN
       q <= d;
    END IF;
  END PROCESS;
END ARCHITECTURE dff;
```

在例 6-31 中描述了 D 触发器的工作原理，当 D 触发器的时钟脉冲的上升沿到来时，其 D 输入端的值就被传送到输出端 Q。为了检出时钟脉冲的上升沿，就用到了属性'EVENT。上升沿的发生是由两个条件来约束的，即时钟脉冲目前处于“1”电平，而且时钟脉冲刚刚从其他电平变为“1”电平。

在上例中，如果原来的电平为“0”，那么逻辑是正确的。但是，如果原来的电平是“X”(不定状态)，那么上例的描述同样也被认为出现了上升沿，显然这种情况是错误的。为了避免出现这种逻辑错误，最好使用属性'LAST_VALUE。这样上例中的 IF 语句可以作如下改写：

```
IF (clk = '1') AND (clk'EVENT)  AND (clk'LAST_VALUE = '0') THEN
   q <= d;
END IF;
```

该语句保证时钟脉冲在变成“1”电平之前一定处于“0”状态。

值得注意的是，在上面的两种应用场合使用属性 'EVENT 并不是必需的。因为该进程中只有一个敏感信号量 clk，该进程启动的条件是敏感信号量发生变化，其作用和'EVENT 的说明是一致的。但是，如果进程中有多个敏感信号量，那么用 'EVENT 来说明哪一个信号发生变化是必需的。

(2) 属性 'LAST_EVENT。用属性 'LAST_EVENT 可得到信号上各种事件发生以来所经过的时间。该属性常用于检查定时时间，如检查建立时间、保持时间和脉冲宽度等。用于检查建立时间和保持时间的示例如图 6-1 所示。

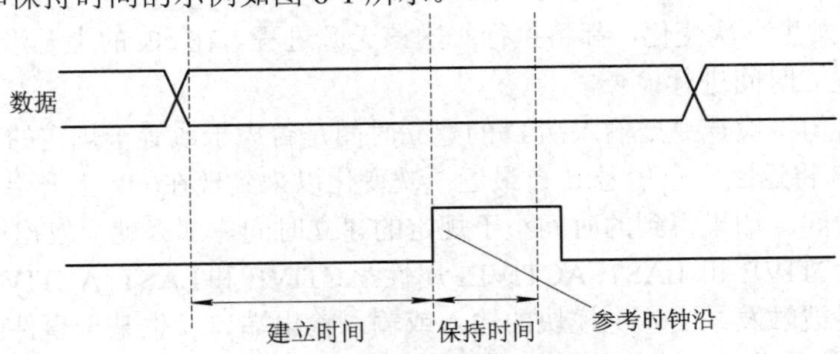

图 6-1　建立时间和保持时间示例

图 6-1 中的信号 clk 其上升沿是所有时间检查的参考沿。建立时间检查将保证数据输入信号在建立时间内不发生变化；保持时间检查将保证在参考沿后面的一段规定的保持时间内数据输入信号不发生变化。通过这些检查就可以确保 D 触发器正常工作。

【例 6-32】 下面是利用 'LAST_EVENT 属性对建立时间进行检查的实例。

```
LIBRARY IEEE;
USE IEEE.STD_LOGIC_1164.ALL;
ENTITY dff IS
GENERIC(setup_time, hold_time: TIME);
PORT(d, clk: IN STD_LOGIC;
      q: OUT STD_LOGIC);
BEGIN
  setup_check: PROCESS(clk) IS
  BEGIN
    IF (clk = '1') AND (clk'EVENT) THEN
      ASSERT(d'LAST_EVENT >= setup_time)
        REPORT "SETUP VIOLATION"
      SEVERITY ERROR;
    END IF;
  END PROCESS setup_check;
END ENTITY dff;
ARCHITECTURE dff_behav OF dff IS
  dff_process: PROCESS(clk) IS
  BEGIN
    IF(clk = '1') AND (clk'EVENT) THEN
      q <= d;
    END IF;
  END PROCESS dff_process;
END ARCHITECTURE dff_behav;
```

由例 6-32 可以看到，建立时间的检查进程是一个无源进程，它被放在实体 dff 的模块中，检查当然也可以放在 dff 构造体的模块中。但是，在实体中的检查可以被该实体所属的所有构造体所共享，这一点是需要充分注意的。

信号 clk 每发生一次变化，都将执行一次该无源进程。在 clk 的上升沿，ASSERT 语句将执行，并对建立时间进行检查。

ASSERT 语句将检查数据输入端 D 的建立时间是否大于或等于规定的建立时间，属性 d'LAST_EVENT 将返回一个信号 d 自最近一次变化以来到现在(clk 上升沿)clk 事件发生时为止所经过的时间。如果得到的时间小于规定的建立时间，那么就会发出错误警告。

(3) 属性 'ACTIVE 和 'LAST_ACTIVE。属性 'ACTIVE 和'LAST_ACTIVE 在信号发生转换或事件发生时被触发。当一个模块的输入或输入输出端口发生某一事件时，将启动该模块执行，从而使信号发生转换。其转换后的值应与'ACTIVE 所指定的值相同，这样 'ACTIVE 将返回一个“真”值，否则就会返回一个“假”值。属性 'LAST_ACTIVE 将返回一个时间值，这个时间值就是所加信号发生转换或发生某一个事件开始到当前时刻的时间间隔。这两个属性与 'EVENT 和 'LAST_EVENT 提供相对应的事件发生行为的描述。

3. 信号类属性

信号类属性用于产生一种特别的信号，这个特别的信号是以所加属性的信号为基础而形成的。也就是说，在这个特别的信号中包含了所加属性的有关信息。用这种信号类属性得到的有关信息类似于用函数类属性所得到的信息。所不同的是，前者可以用于任何一般的信号，也包括敏感信号量表中所指定的信号。

信号类属性有以下 4 种：

- s'DELAYED[(time)]——该属性将产生一个延时的信号，其信号类型与该属性所加的信号相同，即以属性所加的信号为参考信号，经括号内时间表达式所确定的时间延时后所得的延迟信号。
- s'STABLE[(time)]——该属性可建立一个布尔信号，在括号内的时间表达式所说明的时间内，若参考信号没有发生事件，则该属性可得到“真”的结果。
- s'QUIET[(time)]——该属性可建立一个布尔信号，在括号内的时间表达式所说明的时间内，若参考信号没有发生转换或其他事件，则属性可以得到“真”的结果。
- s'TRANSACTION——该属性可以建立一个 BIT 类型的信号，当属性所加的信号发生转换或其他事件时，其值都将发生改变。

需要注意的是，上述信号类属性不能用于子程序中，否则程序在编译时会出现编译错误信息。

(1) 属性 'DELAYED。属性 'DELAYED 可建立一个所加信号的延迟版本。为实现同样的功能，也可以用传送延时赋值语句(Transport delay)来实现。两者不同的是，后者要求编程人员用传送延时赋值的方法记入程序中，而且带有传送延时赋值的信号是一个新的信号，它必须在程序中加以说明。

下面来看一下属性 'DELAYED 在实际应用中的例子。在建立 ASIC 器件模型时，有一种方法是采用器件输入引脚的通路相关延时模型，如图 6-2 所示。

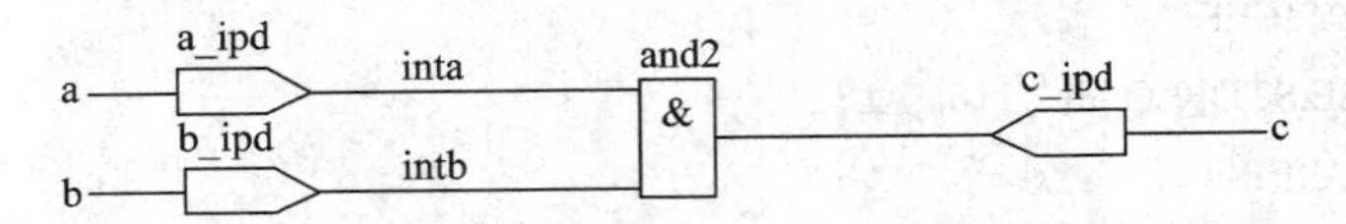

图 6-2　ASIC 器件的通路相关延时模型

在设计以前，要估计每一个输入的延时。在设计以后，反过来要注明实际的延时值，并且再次对实际延时情况进行仿真。提供实际延时值的方法之一是在器件的配置(Configurations)中用 GENERIC 产生延时值。

【例 6-33】 对如图 6-2 中 and2 进行描述的典型模块如下：

```
LIBRARY IEEE;
USE IEEE.STD_LOGIC_1164.ALL;
ENTITY and2 IS
GENERIC (a_ipd, b_ipd, c_opd:TIME);
PORT(a, b: IN STD_LOGIC;
        c: OUT STD_LOGIC);
END ENTITY and2;
```

```
ARCHITECTURE int_signals OF and2 IS
SIGNAL inta, intb: STD_LOGIC;
BEGIN
  inta <= TRANSPORT a AFTER a_ipd;
  intb <= TRANSPORT b AFTER b_ipd;
  c <= inta AND intb AFTER c_opd;
END ARCHITECTURE int_signals;
ARCHITECTURE attr OF and2 IS
BEGIN
  c <= a'DELAYED(a_ipd) AND b'DELAYED (b_ipd) AFTER c_opd;
END ARCHITECTURE attr;
```

在例 6-33 中采用两种不同的方法来描述信号输入通道的延时。第一种方法采用传送延时描述，它重新定义两个中间信号作为延时后的信号，两个中间信号相“与”以后经延时再赋予输出端 c，从而完成整个器件的通道延时描述。第二种方法使用信号属性 'DELAYED，输入信号 a 和 b 分别被已定义的延时时间 a_ipd 和 b_ipd 所延时，延时后的两个信号相“与”后再经 c_opd 延时时间而被赋予输出端口 c。

在使用 'DELAYED 属性时，如果所说明的延时时间事先未加定义，那么实际的延时时间就被赋为 0 ns。

属性 'DELAYED 还可用于保持检查。

在前面的章节中已经讨论了建立时间和保持时间，并且举了利用属性 'LAST_EVENT 实现建立时间检查的例子。现在为了实现保持时间的检查，需要使用延时后的 clk 信号，如例 6-34 所示。

【例 6-34】 使用 clk 信号实现保持时间的检查。

```
LIBRARY IEEE;
USE IEEE.STD_LOGIC_1164.ALL;
ENTITY dff IS
GENERIC(setup_time, hold_time: TIME);
PORT(d, clk: IN STD_LOGIC;
     q: OUT STD_LOGIC);
BEGIN
  setup_check: PROCESS(clk) IS
  BEGIN
    IF (clk = '1') AND (clk'EVENT) THEN
       ASSERT(d'LAST_EVENT <= setup_time)
       REPORT"setup violation"
       SEVERITY ERROR;
    END IF;
  END PROCESS setup_check;
  hold_check: PROCESS(clk'DELAYED(hold_time))
```

```
    BEGIN
      IF (clk'DELAYED(hold_time) =   '1') AND (clk'DELAYED(hold_time) 'EVENT) THEN
        ASSERT(d'LAST_EVENT = 0 ns) OR (d'LAST_EVENT<hold_time)
        REPORT "hold violation"
        SEVERITY ERROR;
      END IF;
    END PROCESS hold_check;
  END ENTITY dff;
  ARCHITECTURE dff_behave OF dff IS
  BEGIN
    dff_process: PROCESS(clk) IS
    BEGIN
      IF (clk = '1') AND (clk'EVENT) THEN
         q <= d;
      END IF;
    END PROCESS dff_process;
  END ARCHITECTURE dff_behave;
```

在例 6-34 中，clk 输入的延时版本将触发保持时间的检查，clk 输入信号延时了相当于保持检查所要求的时间。如果数据输入信号在要求的保持时间内发生了改变，则 d'LAST_EVENT 将返回一个低于要求保持时间的值。如果数据输入信号与被延时的 clk 信号同时发生改变，那么由 d'LAST_EVENT 返回的是 0 ns。这是一种特殊情况，它是正确的，必须作特殊处理。

(2) 属性 'STABLE。属性 'STABLE 用来确定信号对应的有效电平，即它可以在一个指定的时间间隔中，确定信号是否正好发生改变或者没有发生改变。属性返回的值就是信号本身的值，用它可以触发其他进程。

【例 6-35】 下面是一个使用属性 'STABLE 的例子。

```
LIBRARY IEEE;
USE IEEE.STD_LOGIC_1164.ALL;
ENTITY pulse_gen IS
PROT(a: IN STD_LOGIC;
      b: OUT STD_LOGIC);
END ENTITY pulse_gen;
ARCHITECTURE pulse_gen OF pulse_gen IS
BEGIN
  b <= a'STABLE(10ns);
END ARCHITECTURE pulse_gen;
```

如图 6-3 所示，当波形 a 加到本模块时，即可得到输出波形 b。图中的波形说明，每次信号 a 电平有一次改变，信号 b 的电平将由高电平变成低电平(即由“真”变为“假”)，其持续时间为 10 ns(该值由属性括号内的时间值确定)。信号 a 在 10 ns 和 30 ns 处各有一次改变，因而对应地信号 b 在 10 ns 和 30 ns 处各有 10 ns 的低电平时间。在 55 ns 处和 60 ns 处信号 a 又各有一次改变。但是，由于改变的间隔小于 10 ns，因此信号 b 从 55 ns 处开始到 70 ns 处结束，将变为低电平。

如果属性 'STABLE 后括号中的时间值被说明为 0 ns 或者未加说明，那么当信号 a 发生改变时，输出信号 b 在对应的时间位置将产生 Δ 宽度的低电平，如图 6-4 所示。

从图 6-4 中可以看到，当波形 a 发生变化时，其输出波形 b 在对应时刻就会出现一个宽度为 Δ 的负向脉冲。

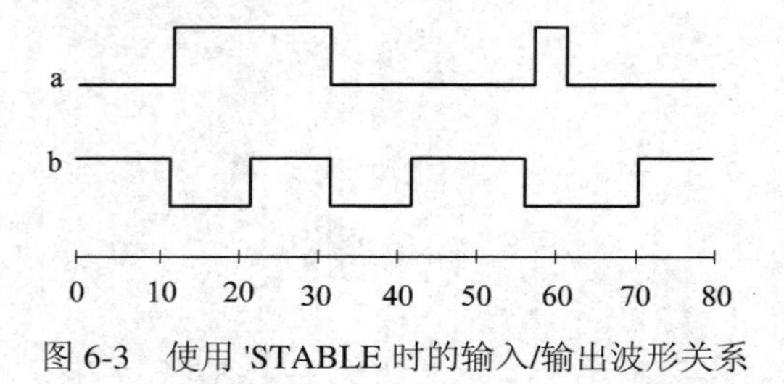

图 6-3　使用 'STABLE 时的输入/输出波形关系

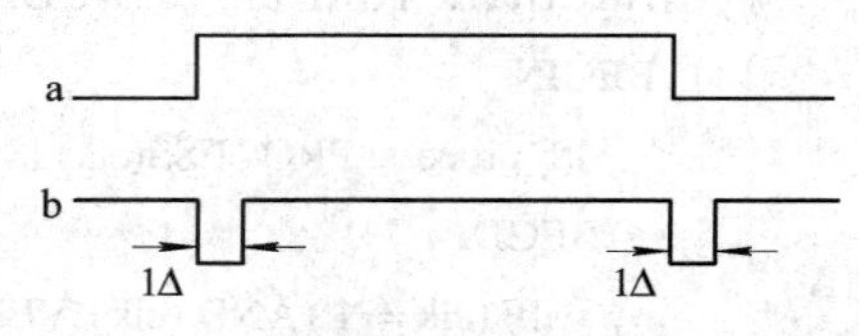

图 6-4　'STABLE 属性时间为 0 ns 时的输入/输出波形关系

该属性与 'EVENT 一样，也可以检出信号的上升沿，例如：

```
IF ((clk' EVENT) AND (clk = '1') AND (clk'LAST_VALUE = '0')) THEN
  ⋮
END IF;
IF (NOT(clk'STABLE) AND (clk = '1') AND (clk'LAST_VALUE = '0')) THEN
END IF;
  ⋮
```

上述两种情况用 IF 语句都可以检出上升沿。但是，在 'EVENT 情况下，IF 语句在内存有效利用及速度方面将更加有效。这是因为属性 'STABLE 需要建立一个额外的信号，这将使其使用更多的内存。另外，不管对新的信号来说，是否需要该值都要求对其进行刷新。

(3) 属性 'QUIET。属性 'QUIET 具有与 'STABLE 相同的功能，但是，属性 'QUIET 由所加的信号上的电平值的改变所触发(事件除外)。属性 'QUIET 将建立一个布尔信号，当所加的信号没有改变，或者在所说明的时间内没有发生事件时，利用该属性可得到一个“真”的结果。

该属性常用于描述较复杂的一些信号值的变化，如开关电平或者器件的值的解析。

【例 6-36】 属性 'QUIET 示例。

```
ARCHITECTURE test OF test IS
TYPE t_int IS (int1, int2, int3, int4, int5);
SIGNAL int, intsig1, intsig2, intsig3: t_int;
SIGNAL lock_out: BOOLEAN;
BEGIN
  int1_ proc: PROCESS
  BEGIN
    ⋮
```

```
    WAIT ON trigger1;                         --输出端触发信号
    WAIT UNTIL clk = '1';
    IF NOT(lock_out) THEN
       intsig1 <= int1;
    END IF;
 END PROCESS int1_proc;
 int2_proc: PROCESS
 BEGIN
     ⋮
    WAIT ON trigger2;                         --输出端触发信号
    WAIT UNTIL clk = '1';
    IF NOT(lock_out) THEN
       intsig2 <= int2;
    END IF;
 END PROCESS int2_proc;
 int3_proc: PROCESS
 BEGIN
     ⋮
    WAIT ON trigger3;                         --输出端触发信号
    WAIT UNTIL clk = '1';
    IF NOT(lock_out) THEN
       intsig3 <= int3;
    END IF;
 END PROCESS int3_proc;
 int <= intsig1 WHEN NOT(intsig1'QUIET) ELSE
      intsig2 WHEN NOT(intsig2'QUIET) ELSE
      intsig3 WHEN NOT(intsig2'QUIET) ELSE
      int;
 int_handle: PROCESS
 BEGIN
    WAIT ON int'TRANSACTION;                  --后述讨论
    Lock_out <= TRUE;
    WAIT FOR 10ns;
    CASE int IS
       WHEN int1 =>
          ⋮
       WHEN int2 =>
          ⋮
       WHEN int3 =>
```

```
            ⋮
            WHEN int4 =>
            ⋮
            WHEN int5 =>
            ⋮
          END CASE;
          lock_out <= FALSE;
        END PROCESS;
      END ARCHITECTURE test;
```

例 6-36 描述了一个具有优先级的机制，该机制能处理多级的外部中断。进程 int1_proc 的优先级最高，进程 int3_proc 的优先级最低。无论哪一个进程被触发，相应的中断处理字将放在信号 int 上，并且根据该中断处理字将调用相应的中断过程。

上述模块由 3 个进程组成，这 3 个进程将驱动中断信号 int，而且任何进程都可以调用各自的中断过程。信号 int 不是一个判决函数信号(resolved)，因此不能支持多个驱动器的输出。如果将信号 int 设定成判决函数信号，那么驱动器的序列就不能用来确定优先级。因此，在要求有优先级的情况下，只能采用上述的方法。

在上述模块中，内部信号 intsig1、intsig2 和 intsig3 分别由各进程驱动。这些信号由一个状态信号赋值语句组合起来，在所涉及的驱动器的信号发生改变时，利用所定义的属性'QUIET 的赋值语句来确定状态信号的值。信号的改变应在内部信号中进行检测，这是因为进程通常将赋予相同的值，以使事件仅仅在第一条赋值语句上发生。

优先级的机制是通过状态信号赋值语句来进行控制的。当 intsig1、intsig2 或 intsig3 发生转换时，赋值语句将给信号 int 赋一个相对应的值。如果只有信号 intsig2 发生转换(改变)，那么 intsig2' QUIET 将返回“假”，从而执行状态赋值语句，将 intsig2 的值赋予信号 int。但是，如果 intsig2 和 intsig3 同时发生了信号转换，则此时状态赋值语句将进行判断，第一级 WHEN 表达式判别结果将返回一个“假”，此后继续对第二级 WHEN 表达式进行判别。这时由于 intsig2 发生了转换，WHEN 表达式判别结果将返回一个“真”，因此 intsig2 的值将赋予 int。这样，优先级的编排是由状态赋值语句中 WHEN 语句前后次序不同来实现的。

(4) 属性'TRANSACTION。从例 6-36 中还可以看到，在中断处理的进程中，利用 WAIT 语句中的属性 'TRANSACTION 可实现中断处理。属性'TRANSACTIN 将建立一个数据类型为 BIT 的信号，当属性所加的信号每次从“1”或“0”发生改变时，就触发该 BIT 信号翻转。该属性常用于进程调用。

在上述中断处理进程的实例中，中断处理进程应在信号 int 发生改变时启动。由于同样的中断可以多次发生，所以，当一个信号转换发生，而不能在信号 int 上产生一个事件时，等待语句 WAIT 就会一直处于等待状态。用属性'TRANSACTION 和 int'TRANSACTION 触发一个事件发生，从而将 WAIT 激活，中断处理程序就被启动。

4. 数据类型类属性

利用该属性可以得到数据类型的一个值。它仅仅是一种类型属性，而且必须使用数值类或函数类属性的值来表示。例如：

t'BASE

用该属性可以得到数据 t 的类型或子类型，它仅仅作为其他属性的前缀来使用。

【例 6-37】 数据类型类属性示例。

```
do_nothing: PROCESS(x) IS
TYPE color IS (red, blue, green, yellow, brown, black);
SUBTYPE color_gun IS color RANGE red TO green;
VARIABLE a: color;
BEGIN
    a := color_gun'BASE'RIGHT;              --a = black
    a := color'BASE'LEFT;                   --a = red
    a := color_gun'BASE'SUCC(green);        --a = yellow
END PROCESS do_nothing;
```

在例 6-37 的第一条对变量 a 进行赋值的语句中，color_gun'BASE 将返回 color 的数据类型，而后跟的 'RIGHT 将 color 的数据值 black 赋予变量 a。此时变量 a 的数据类型与 color_gun 的相同，且其值为 color 的最后一个值 black。同理，对变量 a 的第二条赋值语句，将 color 的 red 的取值赋予变量 a。

在 VHDL 中只有一种可供编程人员使用的属性变量，这一点应特别注意。

5. 数据区间类属性

在 VHDL 中有两类数据区间类属性，这两类属性仅用于受约束的数组类型数据，并且可返回所选择输入参数的索引区间。这两个属性如下：

- a'RANGE[(n)]。
- a'REVERSE_RANGE[(n)]。

属性 'RANGE[(n)] 将返回一个由参数 n 值所指出的第 n 个数据区间，而 'REVERSE_RANGE 将返回一个次序颠倒的数据区间。

【例 6-38】 属性 'RANGE 和'REVERSE 循环语句的循环次数如下：

```
FUNCTION vector_to_int(vect: STD_LOGIC_VECTOR)
         RETURN INTEGER IS
   VARIABLE result: INTEGER := 0;
BEGIN
   FOR i IN vect'RANGE LOOP
      result := result*2;
      IF vect(i) = '1' THEN
         result := result+1;
      END IF;
   END LOOP;
   RETURN result;
END FUNCTION vector_to_int;
```

例 6-38 是一个将位矢量转换成整数的函数，程序中的循环次数应由输入参数 vect 的位数来确定。在该函数被调用时，输入不能被赋予没有约束的值。这样，属性 'RANGE 就可以用来确定输入矢量的区间。

属性 'REVERSE_RANGE 类似于属性'RANGE，所不同的仅仅是返回区间的次序是颠倒的。例如，若属性'RANGE 返回的区间是 0 TO 15，那么使用 'REVERSE_RANGE 返回的区间将是 15 TO 0。

6．用户自定义属性

除了上面在 VHDL 中所定义的属性以外，还有由用户自定义的属性。用户自定义属性的书写格式如下：

ATTRIBUTE 属性名：数据子类型名；

ATTRIBUTE 属性名 OF 目标名：目标集合 IS 公式；

在对要使用的属性进行说明以后，接着就可以对数据类型、信号、变量、实体、构造体、配置、子程序、元件、标号进行具体的描述。例如：

```
ATTRIBUTE max_area: REAL;
ATTRIBUTE max_area OF fifo: ENTITY IS 150.0;
ATTRIBUTE capacitance: cap;
ATTRIBUTE capacitance OF clk, reset: SIGNAL IS 20pF;
```

用户自定义属性的值在仿真中是不能改变的，也不能用于逻辑综合。用户自定义属性主要用于从 VHDL 到逻辑综合及 ASIC 的设计工具、动态解析工具的数据的过渡。

6.3.3 GENERATE 语句

GENERATE 语句用来产生多个相同的结构，它有 FOR-GENERATE 和 IF-GENERATE 两种使用形式：

```
标号：FOR 变量 IN 不连续区间 GENERATE
        <并发处理语句>;
END GENERATE [标号名];
标号：IF 条件 GENERATE
        <并发处理语句>;
END GENERATE [标号名];
```

FOR-GENERATE 和 FOR-LOOP 语句不同。在 FOR-GENERATE 结构中所列举的是并发处理语句，因此，在结构内部的语句不是按书写顺序执行的，而是并发执行的。这样，结构中就不能使用 EXIT 语句和 NEXT 语句。

IF-GENERATE 语句在条件为“真”时才执行结构内部的语句，语句同样是并发处理的。与 IF 语句不同的是，该结构中没有 ELSE 项。

该语句的典型应用场合是生成存储器阵列和寄存器阵列等。另一种应用像在其他语言(如 C 语言)中那样，用于仿真状态编译机。下面举一个利用多个 D 触发器构成移位寄存器的例子。

图 6-5 是一个由 4 个 D 触发器组成的移位寄存器的原理框图。

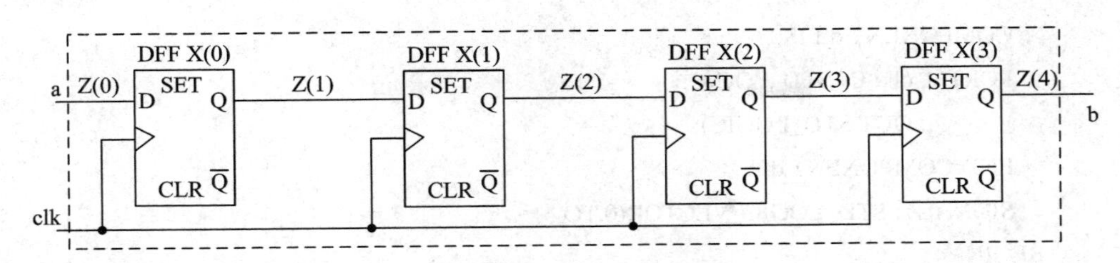

图 6-5　4 位移位寄存器的原理框图

【例 6-39】 利用 GENERATE 语句来描述该 4 位移位寄存器的一个程序模块。

```
LIBRARY IEEE;
USE IEEE.STD_LOGIC_1164.ALL;
ENTITY shift IS
PORT(a, clk: IN STD_LOGIC;
      b: OUT STD_LOGIC);
END ENTITY shift;
ARCHITECTURE gen_shift OF shift IS
   COMPONENT dff IS
   PORT(d, clk: IN STD_LOGIC;
         q: OUT STD_LOGIC);
   END COMPONENT dff;
   SIGNAL z: STD_LOGIC_VECTOR(0 TO 4);
 BEGIN
   z(0) <= a;
   g1: FOR i IN 0 TO 3 GENERATE
       dffx: dff PORT MAP(z(i), clk, z(i+1));
   END GENERATE;
   b <= z(4);
 END ARCHITECTURE gen_shift;
```

例 6-39 是 4 位移位寄存器的行为描述，端口 a 是移位寄存器的输入端，端口 b 为输出端，端口 clk 为时钟输入端。

在构造体 gen_shift 中有两条并发的信号赋值语句和一条 GENERATE 语句。信号赋值语句将内部信号 z 与输入端口 a 和输出端口 b 连接起来。GENERATE(FOR-GENERATE)语句产生 4 个 D 触发器元件。

在 FOR-GENERATE 语句中，FOR 的作用和一般顺序语句中的 FOR-LOOP 很像，变量 i 不需要事先定义，i 在 GENERATE 语句中是不可见的，而且在 GENERATE 语句内部也是不能赋值的。

为了说明 GENERATE 语句的特点，这里再举一个一般生成 4 位移位寄存器模块的实例，以进行对比参考。

【例 6-40】 一般生成 4 位移位寄存器模块的实例。

```
ARCHITECTURE long_way_shift OF shift IS
```

```
    COMPONENT dff IS
    PORT(d, clk: IN STD_LOGIC;
         q: OUT STD_LOGIC);
    END COMPONENT dff;
    SIGNAL z: STD_LOGIC_VECTOR(0 TO 4);
BEGIN
    z(0) <= a;
    dff1: dff PORT MAP(z(0), clk, z(1));
    dff2: dff PORT MAP(z(1), clk, z(2));
    dff3: dff PORT MAP(z(2), clk, z(3));
    dff4: dff PORT MAP(z(3), clk, z(4));
    b <= z(4);
END long_way_shift;
```

比较例 6-39 和例 6-40 可以看到，两者的区别仅仅在于，前者用一条 FOR-GENERATE 语句替代了后者的 4 条 PORT MAP 语句，使程序更加简练，而且改变 i 的取值范围可以描述任意长度的移位寄存器。

从例 6-39 中可以看出，移位寄存器的输入端和输出端的信号连接无法用 FOR-GENERATE 语句来实现，只能用两条信号代入语句来完成。也就是说，FOR-GENERATE 语句只能处理规则的构造体。但是，在大多数情况下，电路的两端(输入端和输出端)总是具有不规则性，无法用同一种结构表示。为解决这种不规则电路的统一描述方法，可以采用 IF-GENERATE 语句。下面仍以一个任意长度的移位寄存器描述模块为例来加以说明。

【例 6-41】 假设移位寄存器的输入信号为 a，输出信号为 b，时钟信号为 clk，共有 len 位，那么该移位寄存器描述的模块如下：

```
LIBRARY IEEE;
USE IEEE.STD_LOGIC_1164.ALL;
ENTITY shift IS
    GENERIC (len: INTEGER);
    PORT(a, clk: IN STD_LOGIC;
         b: OUT STD_LOGIC);
END ENTITY shift;
ARCHITECTURE if_shift OF shift IS
    COMPONENT dff IS
    PORT(d, clk: IN STD_LOGIC;
         q: OUT STD_LOGIC);
    END COMPONENT dff;
    SIGNAL z: STD_LOGIC_VECTOR(1 TO (len-1));
BEGIN
    g1: FOR i IN 0 TO (len-1) GENERATE
        IF i = 0 GENERATE
```

```
      dffx: dff PORT MAP(a,clk,z(i+1));
    END GENERATE;
    IF i = (len-1) GENERATE
      dffx: PORT MAP (z(i), clk, b);
    END GENERATE;
    IF (i /= 0) AND (i /= (len-1)) GENERATE
      dffx: PORT MAP(z(i), clk, z(i+1));
    END GENERATE;
  END GENERATE;
END ARCHITECTURE if_hift;
```

在例 6-41 中使用了一个可配置长度的移位寄存器。len 是移位寄存器长度，也是信号数组 z 的长度，它应由 GENERIC 语句事先说明。

在 FOR-GENERATE 语句结构中，IF-GENERATE 语句首先检查 i = 0 或者 i = len−1，也就是检查所产生的 D 触发器是移位寄存器最前面一级还是最后面一级。因为在程序中都用 PORT MAP 语句来生成 D 触发器。如果是第一级，那么 POR MAP 语句中的输入应用信号 a 来代替；如果是最后一级，那么 PORT MAP 语句的输出信号应用 b 来取代。这样引入条件语句后，用 PORT MAP 语句就可以生成任意长度的移位寄存器。

【例 6-42】 下面再举一个根据不同状态控制生成的语句。

```
PACKAGE gen_cond IS
TYPE t_checks IS(onn,off);
END PACKAGE gen_cond;
LIBRARY IEEE;
USE WORK.gen_cond.ALL;
USE IEEE.STD_LOGIC_1164.ALL;
ENTITY dff IS
GENERIC(timing_checks: t_checks;
          setup, qrise, qfall, qbrise, qbfall: TIME);
PORT(din, clk: IS STD_LOGIC;
     q, qb: OUT STD_LOGIC);
END ENTITY dff;
ARCHITECTURE condition OF dff IS
BEGIN
  G1: IF (timing_checks = on) GENERATE
    ASSERT(din'LAST_EVENT>setup)
      REPROT "SETUP VIOLATION"
      SEVERITY ERROR;
  END GENERATE;
  PROCESS(clk) IS
  VARIABLE int_qb: STD_LOGIC;
```

```
    BEGIN
      IF (clk = '1') AND (clk'EVENT) AND (clk'LAST_VALUE = '0') THEN
          int_qb := NOT din;
              q <= din AFTER f_delay(din, qrise, qfall);
            qb <= int_qb AFTER f_delay(int_qb, qbrise, qbfall);
      END IF;
    END PROCESS;
  END ARCHITECTURE condition;
```

在例 6-42 中，D 触发器元件用 IF-GENERATE 语句来建立其模型，并用它来控制是否需要生成定时检查语句。当状态值为 on 时，生成语句将生成一个并发的赋值语句；当状态为 off 时，不生成赋值语句。这种功能可以仿真状态编译机，正如在某些编程语言(如 C 语言和 Pascal 语言)中所见到的那样。

在 93 版中，GENERATE 语句还可以包含端口说明部分。例如：

```
Lable: IF (n_mode2 = 1) GENERATE
          Imstance: COMPONENT_NAME PORT MAP(t1, t2);
END GENERATE;
```

习题与思考题

6.1　WAIT 语句有几种书写格式？哪一种格式可以进行逻辑综合？

6.2　试用 IF 语句设计一个四-十六译码器。

6.3　试用 CASE 语句设计一个四-十六译码器。

6.4　CASE 语句中，在什么情况下可以不要 WHEN OTHERS 语句？在什么情况下一定要 WHEN OTHERS 语句？

6.5　FOR-LOOP 语句应用于什么场合？循环变量怎样取值？是否需要事先在程序中定义？

6.6　进程语句和并发代入语句之间有什么关系？进程之间的通信是通过什么方法来实现的？

6.7　试用条件代入语句和选择信号代入语句来描述四-十六译码器。

6.8　试用'EVENT 属性描述一种用时钟 clk 上升沿触发的 D 触发器及一种用时钟 clk 下降沿触发的触发器。

6.9　用 GENERATE 语句构造一个串行的十六进制计数器(使用什么触发器读者自定)。

6.10　在 VHDL 中 TEXTIO 的作用是什么？其主要内容是什么？

第 7 章　数值系统的状态模型

在设计数值系统时，必须事先知道系统所规定的几种逻辑状态。在以往的数字电路的设计中，二态逻辑系统和三态逻辑系统已为一般的工程设计人员所熟知。但是，随着大规模集成电路技术的发展，在进行数值系统设计时往往需要用到混合技术，将 ECL、TTL、CMOS、MOS 等不同的器件连接起来。这些器件之间的逻辑电平是不一致的。为了描述这些器件的逻辑电平，前面已经提到的用二态和三态来描述数值系统的逻辑电平显然不够，这就需要增加某些状态。另外，建立双向开关电平及处理未知状态等也需要引入其他状态。

下面概略介绍随着硬件设计技术和仿真技术而发展起来的四十六态数值系统。

7.1　二态数值系统

在对数字系统进行初级仿真时，一般采用二态数值系统，逻辑“1”(或者“真”)和逻辑“0”(或者“假”)就是系统的两种状态。信号的状态只可能取二者之一。在 VHDL 中，通常用 BIT 数据类型来描述这两种状态。例如：

```
TYPE BIT IS('0', '1');
```

最简单的数值系统是一个信号源的系统，用二态数值系统就能很好地描述这样的系统。例如，由一个反相器构成的数值系统，当输入为“0”时，其输出为“1”；当输入为“1”时，其输出为“0”。系统的输入和输出在任何时候其值只能取这两种状态之一。

在数字电路和计算机原理的有关书籍中经常可以看到这样一个概念，即总线竞争(或者总线冲突)。在某一条总线上，如果有多个信号源以相同的强度值对它进行驱动，则会产生总线竞争，此时总线上的信号电平可能是一个不能具体确定的逻辑电平。对于这样的系统，如果要用二态数值系统来描述是不行的，因为二态中的“0”和“1”都无法正确地描述其输出。在图 7-1 中，如果某一条数据总线 D0 由一块反相器 U1 和一块与门 U2 所驱动，则 U1 的输出为“0”，而 U2 的输出为“1”。在一条总线上出现了两个不同的逻辑电平，这样 D0 数据线上到底是“1”还是“0”就很难确定了，也就是说出现了不确定的值“X”。这种状态是一种错误的状态。因此仅仅利用二态数值系统不能表示信号的输出错误状态。

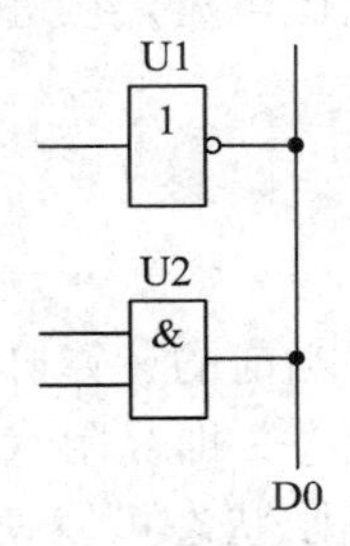

图 7-1　总线冲突电路实例

7.2　三态数值系统

为了避免在二态数值系统中所发生的问题，人们认识到，在二态数值系统的基础上需要再加一个新的状态，即未知值状态。这种状态在 VHDL 中通常用字符“X”来表示。未知状态可以取值为“1”，也可以取值为“0”，但是当前到底取值是“1”还是“0”是不确定的。对三态数值系统状态，可以用数据类型定义语句来描述：

TYPE threestate IS ('X'，'0'，'1');

未知状态值可以在不同情况下表示不同的行为。例如，用未知状态值可以表示 0～5 V 之间的电压值；另一种情况下，也可以表示“1”和“0”。在数值系统中，未知状态将表示“1”或者“0”，但是具体是何值却不能确定。

在系统设计的仿真中，引入“X”值有许多方便之处。首先，用“X”值可以表示信号的初始状态值，在系统启动时所有信号都被置为“X”值，此后这个值可以被电路元件的后继状态所改写。在系统开始仿真时，系统中的每一个信号均将赋以“X”值。在外部输入信号值加到电路的输入端以后，通过电路的信号传递，就会改写初始启动值“X”。

在仿真时产生“X”值的另一个原因是总线冲突(总线竞争)，也就是前面所述的有多种输出信号线连接在一起，且它们的逻辑值是相反的，如图 7-1 所示。此时，电路的输出值将为“X”。将两个输出信号连接在一起，这可能是有意的，但也可能是无意的设计错误。不管哪一种情况，仿真器必须预测出正确的输出值。在图 7-1 中，如果不给出两个信号的有关强度的信息，那么仿真器就不能确定输出值到底应该取值为“0”还是为“1”。此时，其输出值只能用“X”值来表示。有关输出信号值的强度问题，在后面将会作更详细的解释。这里，为便于读者理解“X”值的状态，先对信号值的强度作一概略介绍。在例 5-3 中介绍了一种判决函数表。在该表中定义了 9 种逻辑状态，其中：“0”表示强逻辑低电平；“1”表示强逻辑高电平；“L”表示弱逻辑低电平；“H”表示弱逻辑高电平。

当两个强度相同而逻辑不同的信号同时出现在一个输出端时，其输出端的值是不确定的。例如，“0”和“1”、“L”和“H”同时出现在信号的输出端时，输出端的取值应为“X”。当不同强度的信号出现在输出端时，输出端的最终取值应由强信号逻辑状态确定。例如，当“1”和“L”出现在输出端时，输出端取值为“1”；当“0”和“H”出现在输出端时，输出端取值为“0”，其他情况依此类推。

由此可见，在进行系统或电路仿真时，给出信号强度的信息是至关重要的。

7.3　四态数值系统

在当前的计算机系统中常常要用到双向数据总线，数据总线驱动器的输出需要一个特殊的状态，即高阻状态。这是无法用二态数值系统和三态数值系统进行正确描述的。利用这个高阻状态可以使总线被多个设备所共享，并且可以方便地实现数据总线的双向操作。高阻状态通常用集电极开路门来实现，为表示这种状态，需要引入另一种状态，通常称为“Z”状态。这样就形成了四态数值系统，在 VHDL 中常用如下数据类型来描述这 4

种状态：

```
TYPE fourstate IS('X', '0', '1', 'Z');
```

“Z”状态是三态驱动器的一种输出状态，与一般的门电路不同，它除了具有输入和输出端之外，还有一个允许端，如图 7-2 所示的 en 端。

当 en 端为“0”(低电平)时，无论输入端 a 的信号值是“0”还是“1”，其输出端 b 均呈现高阻状态；当 en 端为“1”(高电平)时，输出端 b 的信号值就随输入端 a 的信号值的变化而变化。当 a = 1 时，b = 0；当 a = 0 时，b = 1。

高阻状态“Z”的引入解决了多个信号源驱动一条信号线以及信号线的双向驱动等问题。图 7-3 是一个利用三态门实现总线双向操作的实例。

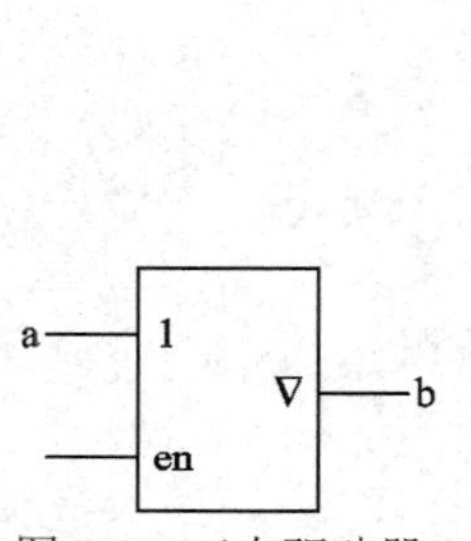

图 7-2　三态驱动器

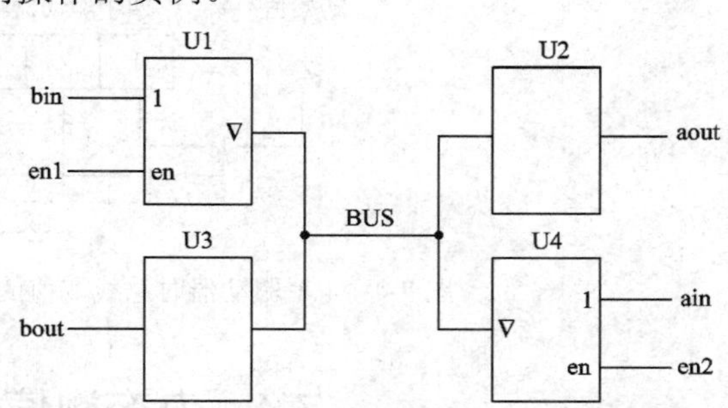

图 7-3　利用三态门实现总线双向操作实例

现假设 U1 的输入 bin = 1，U4 的输入 ain = 0。当 en1 = 1 时，U1 的输出值“1”将加到总线上。如果此时 en2 = 0，则 U4 的输出值“Z”也同时加到总线上，这样在总线上就存在两个逻辑值“1”和“Z”。由于“1”和“0”的强度都大于“Z”，因此总线上的最终状态值应为“1”。总线上数据的流向便为自左至右。

如果现在 en1 = 0，en2 = 1，那么 U4 就将输出“0”值加到总线上，而 U1 则将输出“Z”值加到总线上。这样总线上同样存在两个逻辑值“0”和“Z”。与上述理由相同，此时总线上的最终状态值为“0”。总线上的数据流向便为自右至左。

如果某一时刻 en1 和 en2 同时为“1”，即 U1 输出的“1”值和 U4 输出的“0”值将同时加到总线上，则由于这两个值的强度相同，因此最终总线上的状态应为“X”。在一般情况下，这种状态是不希望出现的。在系统正常工作时，通常要求驱动总线的三态门在某一时刻只允许有一个被选通。

表 7-1 给出了总线上施加两种不同的状态时其最终的取值结果。该表与例 5-3 中所述的判决函数是一致的。利用查表方法可以验证，上述所列举的 3 种情况其结果是完全一致的，即“1”和“Z”将取值“1”，“0”和“Z”将取值“0”，“1”和“0”将取值“X”。

表 7-1　总线状态值关系表

U1 输出值 / U2 输出值	0	1	X	Z
0	0	X	X	0
1	X	1	X	1
X	X	X	X	X
Z	0	1	X	Z

表 7-1 仅仅给出了两个三态驱动器驱动总线时总线的取值情况。当有多个三态驱动器驱动总线时，总线上的状态值又如何来确定呢？实际上也很简单，仍然使用该表，经查表得到两个驱动器驱动总线时的取值，然后由这个总线取值和下一个总线驱动器的输出值，经查表可得到下一个总线取值。如此循环查表，相当于一个迭代过程，最后即可得到由多个驱动器驱动时总线的最终取值。

例如，有 4 个驱动器同时驱动一条总线，总线的初始状态为“Z”，4 个驱动器的输出分别为“1”、“Z”、“1”、“0”，那么其总线的最终取值应为“X”，其具体的查表过程如图 7-4 所示。从图 7-4 中可以看出，在这种情况下总线上的取值应为“X”。

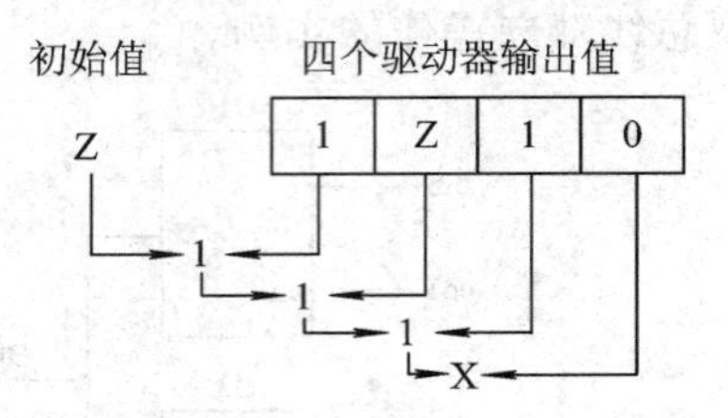

图 7-4　4 个驱动器时总线取值的查表过程示意图

7.4　九态数值系统

四态数值系统能较精确地描述 TTL 器件的工作过程。但是，随着 MOS 技术的不断发展，四态数值系统已不能正确地反映系统的实际工作过程了。在 MOS 电路中，“1”和“0”具有不同的强度。在 NMOS 电路中，“0”值的强度比“1”值强；在 PMOS 电路中，“1”值的强度又比“0”值强。另外，在 NMOS 和 PMOS 电路中，当某一个节点处于三态时，电荷将被储存，节点将维持原来的逻辑值(当然，这只是在某一工作周期中有效)。

为了表示数值系统的所有状态，人们开发了九态数值系统。该数值系统由 3 种强度和 3 种逻辑值组成。3 种强度分别为高阻“Z”、电阻“R”及强强度“F”。9 个状态值的对应关系如表 7-2 所示。

表 7-2　九态数值关系表

逻辑值 强度值	0	1	X
Z	Z0	Z1	ZX
R	R0	R1	RX
F	F0	F1	FX

在 VHDL 中常用如下数据类型来描述九态数值系统：

```
TYPE ninestate IS(Z0、Z1、ZX、R0、R1、RX、F0、F1、FX);
```

上述定义的状态将表示如下的系统状态：

Z0——高阻强度的逻辑“0”；

Z1——高阻强度的逻辑“1”；

ZX——高阻强度的逻辑“X”；

R0——电阻强度的逻辑“0”；

R1——电阻强度的逻辑“1”；

RX——电阻强度的逻辑“X”；

F0——强强度的逻辑“0”；

F1——强强度的逻辑“1”；

FX——强强度的逻辑“X”。

这里，强强度的 F0、F1、FX 很像三态数值系统中所讨论的“0”、“1”、“X”3 种状态，所不同的仅仅是现在加了一个强度值。在四态数值系统中所讨论的状态值“Z”现在被扩展成 3 种状态，“Z”作为强度值来进行表示。这样，Z0、Z1、ZX 分别表示电荷所存储的逻辑值。第三种电阻强度值用来处理 NMOS 的“1”值和 PMOS 的“0”值。

强强度在 3 种强度描述中表示最强的一个强度，它相当于供电电源提供的强度。例如，5 V 电源的电平可以用 F1 来表示，电源地可以用 F0 来表示。电阻强度其强度值低于强强度的值，它可以由强强度逻辑电平经过一个电阻后得到。如图 7-5 所示，若电阻的左端加一个强强度逻辑电平，那么在电阻的另一端即可得到电阻强度的逻辑电平。例如，5 V 电源是强强度逻辑电平 F1，如果在电路中加一个上拉电阻，那么在上拉电阻的另一端即可得到电阻强度的逻辑电平 R1。高阻强度是 3 种强度中最弱的一种强度。它所描述的是 NMOS、PMOS、CMOS 器件的门电路断开时在分布电容上所存储的电荷数量。例如，图 7-6 就是一个电荷存储电路的实例。图中 en = 0 时，门被断开，信号 b 失去了驱动源，存储于电容上的电荷就加在 U2 的输入端。这个存储电荷的逻辑值将一直保持，直到下一个时间周期再对信号 b 进行驱动为止。此时信号 b 就处于高阻态，至于是 Z0 还是 Z1，则取决于开关断开时的最后逻辑电平是“0”还是“1”。

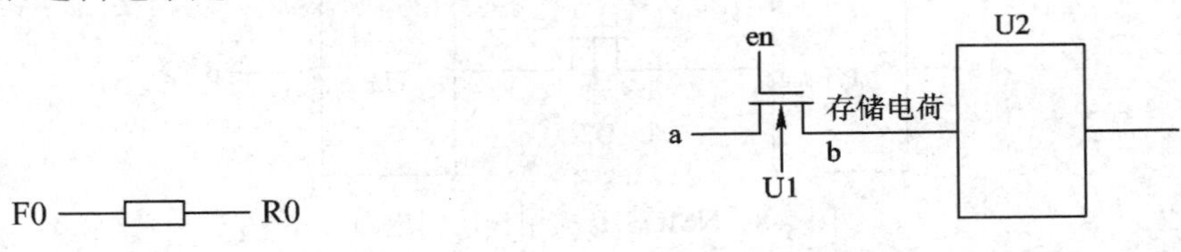

图 7-5　F0 和 R0 的关系

图 7-6　高阻态的电荷存储电路实例图

下面再来看一下用于构成 NMOS 和 PMOS 电路的电阻强度。图 7-7 所示是一个 NMOS 的反相器电路。它由两个晶体管器件组成，分别为 V1 和 V2。V2 是一个标准的增强型 NMOS 开关器件。V1 是一个耗尽型器件，它的作用像一个电阻，电压经过它将产生压降。

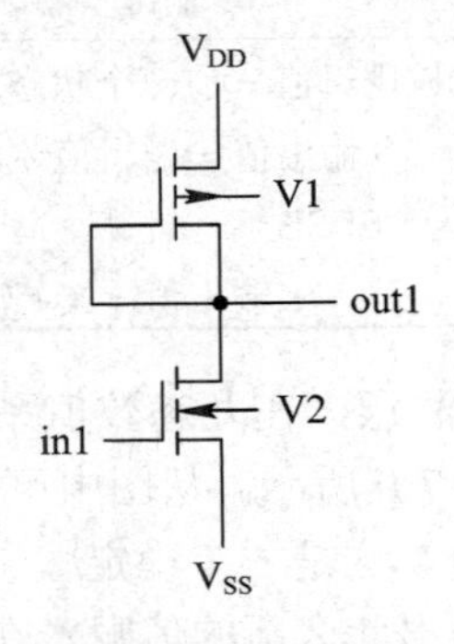

图 7-7　NMOS 的反相电路

当输入 in1 加“1”电平时，V2 将导通，信号 out1 将被拉至地电平(F0)。此时虽然 V1 也导通，但是呈现较高的阻抗。该反相器的输出将变成 F0。当输入 in1 加“0”电平时，V2 将不导通，并呈现很高的阻抗。此时，V1 呈现中等大小的阻抗，因此输出 out1 由 V1 驱动，使其呈现“1”电平，它的输出强度不是强强度，而是 R1 强度。这里 V1 可以看成是一个带有中等大小阻抗值的电阻。这样，该反相器的真值表就如表 7-3 所示。

表 7-3　反相器的真值表

输入 in1	输出 out1
0	R1
1	F0
X	FX

在表 7-3 中，为什么在输入 in1 为“X”时，输出 out1 被置为“FX”值呢？这可以从两方面来考虑：如果输入“X”值是“0”，则输出值为 R1；如果输入值为“1”，则输出值为“F0”。从最坏情况来考虑，输入为“X”值，输出也将是“X”值，而且从强度上来考虑，强强度也是一种最坏的情况。因此，在这里用“FX”来表示“R1”和“F0”的两种不确定状态。

现在再来看一下图 7-8 所示的 NMOS 开关用作闸门的电路。正如前面所讨论的那样，U2 的作用像一个开关。当 en 为“1”时，信号 b 的值通过开关加到信号 c 上；当 en 为“0”时，信号 c 将存储前一个逻辑的电荷。该电荷将存储在门的结及 U3 和信号 c 的线电容中。由该开关实现的真值表如表 7-4 所示。

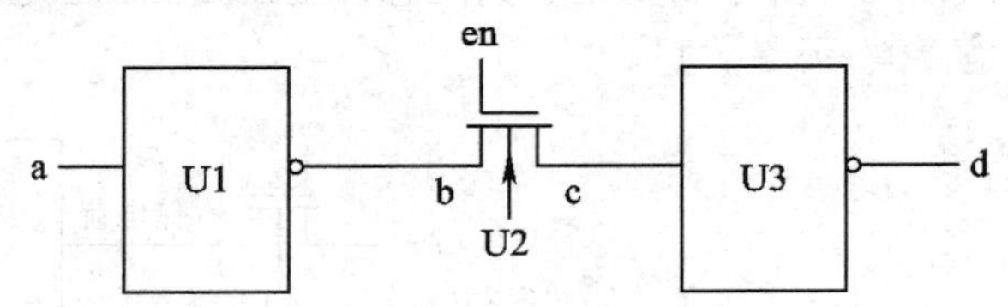

图 7-8　NMOS 开关用作闸门电路

表 7-4　开关的真值表

门控值	输　出　值
0	前一个状态值 + Z 强度
1	输出 = 输入

X	IF(逻辑值 = 前一个状态逻辑值) THEN
	输出值 = 逻辑值 + 输入强度
	ELSE
	输出值 = X + 输入强度

门控值为“X”的情况应特别注意，在九态数值系统中，没有更好的值来表示确切的输出状态，假设开关所处状态如图 7-9 所示。从图中可以看到，源极输入为 F0 值，漏极存储着“Z1”值，门控制为“R0”值。这是一个稳定状态，没有任何状态值发生变化。如果现在门控值变成“X”，那么门将输出什么新的值呢？在 U2 的控制端加一个“RX”值，那

么根据“RX”值实际上是“R0”还是“R1”，可能有两种输出值。

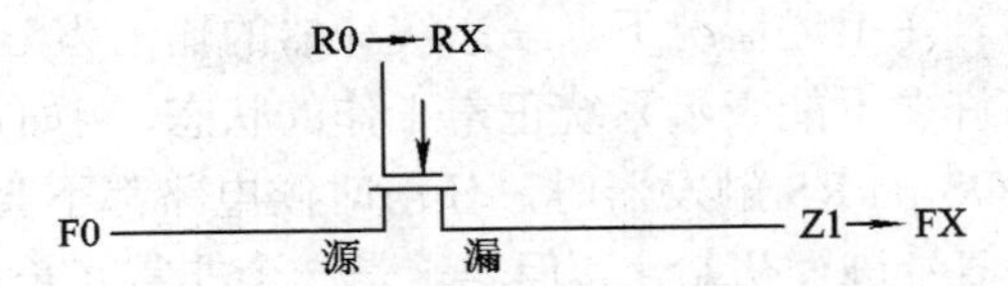

图 7-9 开关的一种状态实例

如果“RX”值是“R0”，U2 将继续输出“Z1”值；如果“RX”值是“R1”，那么 U2 将输出 F0。但是在一般情况下，当编程人员不可能预知是什么强度和什么逻辑值时，通常按最坏情况考虑，即按强强度和“X”逻辑值来处理。

7.5 十二态数值系统

输出“X”值时，存在着通过电路扩散或传递的问题，这会引起非常棘手的结果。但是，在大多数情况下，采取某些措施，这种结果是可以避免的。第一种办法是在数值系统中再另加强度种类，即加一个强度 U。这样，数值系统就变成十二态，如表 7-5 所示。

表 7-5 十二态数值状态表

强度值 \ 逻辑值	0	1	X
Z	Z0	Z1	ZX
R	R0	R1	RX
F	F0	F1	FX
U	U0	U1	UX

U 表示一个未知强度，它可以表示 R 或 Z，也可以表示 F 强度。正像“X”可以表示为“1”或“0”一样，U 通常用来表示开关门控值为“X”时的输出强度。

十二态数值系统的状态在 VHDL 中的数据类型的定义如下：

TYPE twelvestate IS (Z0, Z1, ZX, R0, R1, RX, F0, F1, FX, U0, U1, UX);

能产生 U 强度值的电路实例如图 7-10 所示。

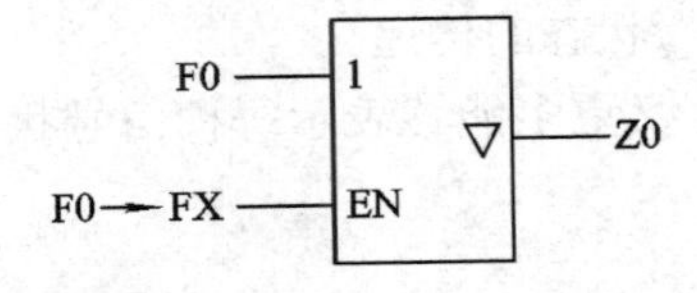

图 7-10 产生 U 强度的电路实例

图中，三态缓冲器输入端加 F0 值，输出端为 Z0。假设该三态缓冲器是用 TTL 工艺制造的器件，则在门控值为“1”(允许)时其输出强度为强强度 F。现在开关的门控值从 F0 向 FX 转换，输出如何变化呢？

如果开关的门控值为 F0，则其输出为 Z0；如果开关的门控值为 F1，则其输出为 F0。因此，当门控值为“X”时，其可能的输出值为{F0，Z0}。由此可见，该三态门的输出逻辑值始终为“0”，但是其输出强度值的取值可以是 F，也可以是 Z。为了表示这种状态，现重新定义一个强度值 U。在上述情况下，三态缓冲器的输出为 U0。

十二态数值系统仍有许多不能表示系统正常工作的状态，例如初始化状态和错误状态。在用“与非”门构成 CMOS 的 RS 触发器时，任何时候电路都不会进行初始化。为进行初始化，需在电路中对全局信号进行初始化，但是这是一个非常冗长的处理，因此很少采用。有一个非常棘手的实例如图 7-11 所示。

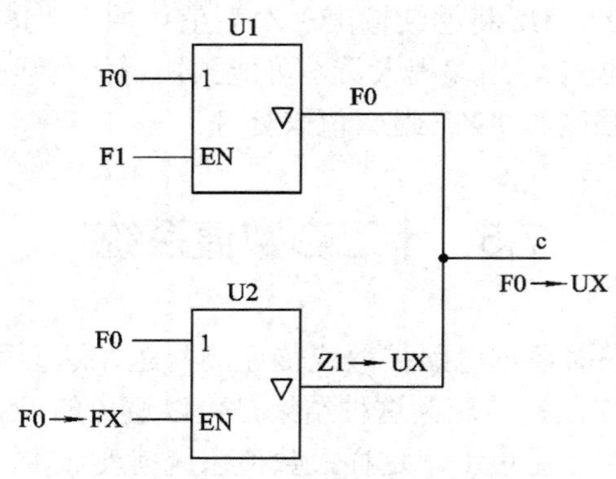

图 7-11　一个非常棘手的实例

在这个实例中，由两个三态缓冲器去驱动一个信号。在正常情况下，两个驱动器不会同时去驱动一个信号。但是，在初始状态期间有可能出现图中所示的情况。

开始时，由于 U1 所有的输入值是知道的，因此 U1 加给信号 c 的值将是 F0，而 U2 所有的输入值不是都知道的，故其输出值为 UX。

调用判决函数可以分析出信号 c 的值。如前所述，U1 加给信号 c 的值是 F0，而 U2 加给信号 c 的值为 UX。对这两个值进行判决，可得到信号 c 的最终值应为 FX。这当然不是一个所希望的结果，但是根据现在数值系统所携带的信息变量，这是可能做到的最好结果。

在电路中，FX 不是一个正确的值。当两个三态门各自的输入都是 F0 时，无论 U2 门控输入是“0”还是“1”，都无关紧要，信号 c 上的正确输出值应为 F0。

如果这种状态仅仅发生在系统初始化期间，那么为什么还要讨论它呢？这是因为，一个初始化期间不确定的信号可以导致其他信号的不确定，而其他信号的不确定又可以导致另一些相关信号的不确定，如此循环扩散，其最终结果是不能对系统进行相应的初始化。这就是在 5.2 节中所提到的“X”状态的传递。

为了解决上述问题，必须定义更多能够表示每种信号状态的信息，这就是 7.6 节要介绍的四十六态数值系统。

7.6　四十六态数值系统

在四十六态数值系统中，每个信号值将用“区间标识”的方法来表示，这样使得人们在解析时可以使用更多的当前和预估的信息。该方法用非常紧凑和简单的手段来表示信号取值的范围，而这些范围就是系统的值。例如，现在状态值为 F0 的信号能够用 F0 到 F0 来表示，其他常用的范围或区间从图 7-12 中可以查到。

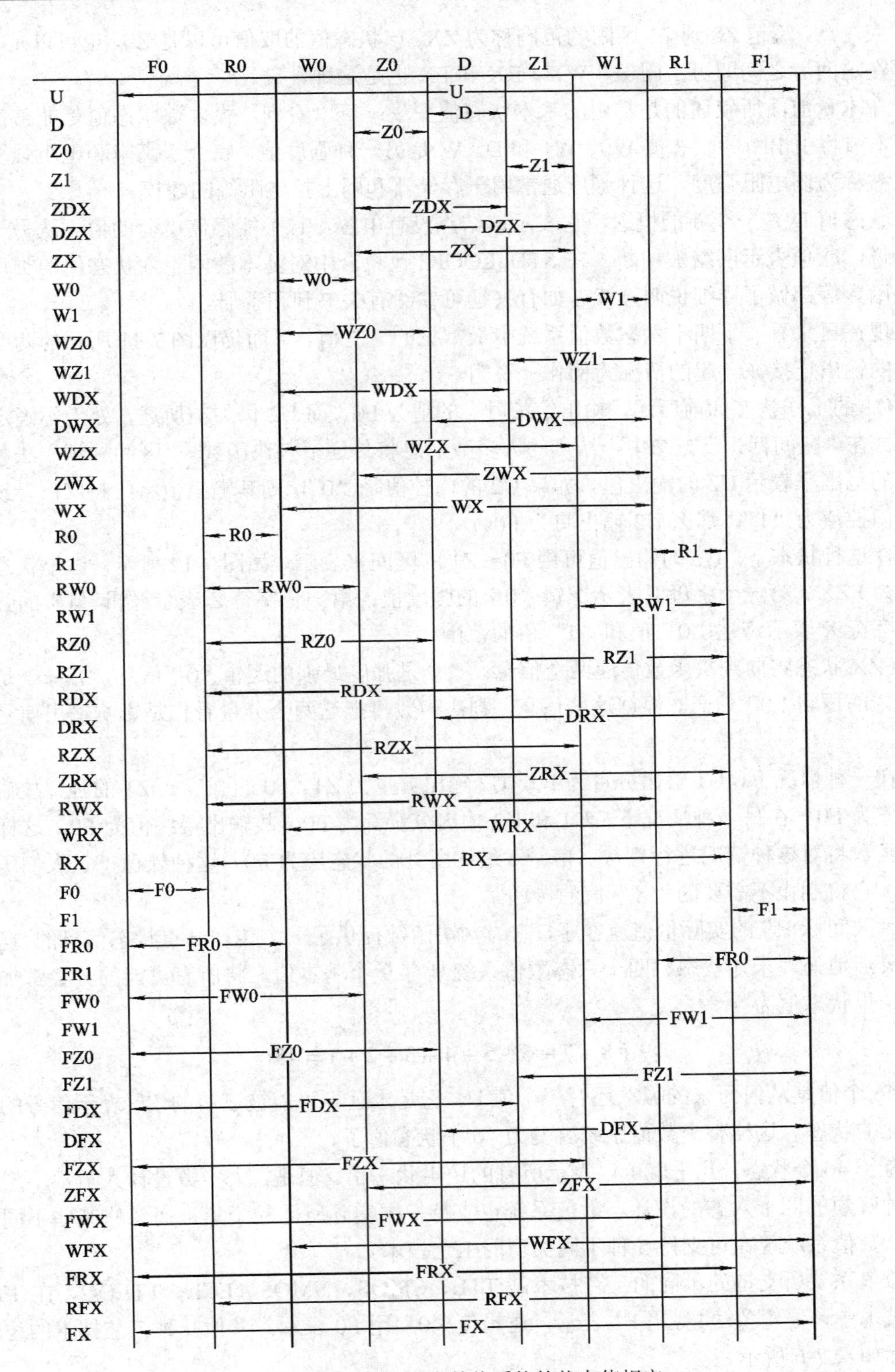

图 7-12 四十六态数值系统的状态值规定

应注意，跨越 Z0 到 Z1 区间的范围称为 ZX。该状态值的取值可以是 Z0，也可以是 Z1，只要在这两者之间即可。同理，WX、RX 和 FX 也是这种含义。

在本章前面所叙述的是常用的基本状态值变量。可以看到，大多数状态值是非常雷同的。本节将引出新的状态值 W0、W1 和 D。W 是另一种强度值，它介于高阻和电阻强度之间，被称为弱电阻强度。这种强度通常用于存储器和弱上拉电阻等的建模。

状态值 D 是一个新的概念，它表示该结点没有电容，且不能存储电荷的值。从另一方面来说，D 值表示网络被切断。在 STD_LOGIC 包集合中对基本的四十六状态值的类型、判决函数等都做了详细说明，读者如有兴趣可参阅有关书刊和手册。

现在再来看一下四十六态数值系统中最常见的一些值。下面仍以图 7-11 所示的两个三态门的输出连接在一起的情况为例作一说明。

U1 的工作状态如前所述，输出给信号 c 的值为 F0，而 U2 仍如前所述，处于不确定的状态。在“区间标识”方法中，结点的大多数信息将传递给判决函数。“区间标识”法可以用值的范围来表示 U2 的输出值。如果 U2 的门控值是“0”，则其输出值将维持 Z1。当然，如果门控值为“1”，那么 U2 输出将为 F0。

在这种状态下，U2 的输出值可用 F0～Z1 的区间来表示。如图 7-12 所示，这个状态的名称为 FZX。第一个字母 F 表示逻辑“0”的强度值；第二个字符 Z 表示逻辑“1”的强度值；字符 X 表示跨越“0”值和“1”值的范围。

FZX 状态将向判决函数传递两个信息：一个是强度最强的逻辑“0”信息，另一个是强度为 Z 的逻辑“0”信息。根据这些信息，判决函数将把这两个分量看作是影响输出信号的因素。

在一种情况下，U1 输出分量为 F0，U2 输出分量为 Z1。F0 的强度比 Z1 的强，故输出最终值为 F0。在另一种情况下，U1 和 U2 输出分量都为 F0，故输出最终值为 F0。这样，判决函数将对这种情况进行判决，信号 c 最终所处的状态应为 F0。这种处理正是人们所希望的，它将制止不需要的“X”值的传递。

“区间标识”的实际价值就在于，它为判决函数提供了一个传送结点状态信息的方法，并可灵活地处理未知状态。四十六态数值系统具有 9 个基本值，将所有可能的分量都加起来，结果状态值为

$$9+8+7+6+5+4+3+2+1=45$$

那么 46 个值是从何而来的呢？还有一个值 U，它是永远不可能被赋值的，只表示信号的未初始化的状态。这样整个数值系统就变为 46 个状态值了。

有了 46 个状态，几乎就可以表示所有的逻辑状态了。但是，大多数设计人员都不想使用这种麻烦的四十六态的设计。数值系统也支持根据实际所需的子集，而忽略某些不同的状态。数值系统现在可支持 5 种不同类型的工艺技术。

数值系统所支持的不同的工艺技术是 TTL、CMOS、NMOS、ECL、TTLOC。在 TTL 工艺技术中，逻辑值“1”用 F1 表示，逻辑值“0”用 F0 表示。其他几种工艺技术的逻辑值表示如表 7-6 所示。

表7-6 各工艺技术的逻辑值表示

工艺技术类 / 逻辑值	TTL	ECL	NMOS	CMOS	TTLOC
0	F0	R0	F0	F0	F0
1	F1	F1	R1	F1	ZX
X	FX	RFX	FRX	FX	FZX

在本章中，对数值系统、逻辑值和状态的强度等基本概念作了简要的介绍。在实际所使用的系统中，不同厂家对系统状态的定义及符号的使用都有所不同。这里以STD_LOGIC_1164中定义的逻辑状态系统为例加以说明。

在PACKAGE STD_LOGIC_1164中，逻辑状态是这样定义的：

```
TYPE STD_ULOGIC IS ('U'    --初始状态
                    'X'    --强强度不确定状态
                    '0'    --强强度 0
                    '1'    --强强度 1
                    'Z'    --高阻
                    'W'    --弱不确定
                    'L'    --弱强度 0
                    'H'    --弱强度 1
                    '—'    --任意项);
```

在上述9个状态中，除“—”外，其他状态的概念和前面所介绍的是完全一致的，只是所使用的符号略有差别而已。“—”状态是任意项，表示系统不可能出现的状态。

习题与思考题

7.1 各种多值系统是针对什么样的实际情况而提出来的？

7.2 在MOS电路中是否“0”值的强度都比“1”值的强度高？

第 8 章　基本逻辑电路设计

在前面几章中对 VHDL 的语句、语法及利用 VHDL 设计逻辑电路的基本方法作了详细介绍。为了使读者深入理解使用 VHDL 设计逻辑电路的具体步骤和方法，本章以常用的基本逻辑电路设计为例，再次对其进行详细介绍，以使读者初步掌握用 VHDL 描述基本逻辑电路的方法。

8.1　组合逻辑电路设计

本节所要叙述的组合逻辑电路有简单门电路、选择器、译码器、三态门等。

8.1.1　简单门电路

简单门电路包括 2 输入“与非”门、集电极开路的 2 输入“与非”门、2 输入“或非”门、反相器、集电极开路的反相器、3 输入“与”门、3 输入“与非”门、2 输入“或”门和 2 输入“异或”门等，它们是构成所有逻辑电路的基本电路。

1．2 输入“与非”门电路

2 输入“与非”门电路的逻辑表达式为

$$y = \neg (a \wedge b)$$

其逻辑电路图如图 8-1 所示。

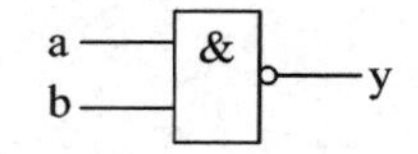

图 8-1　2 输入“与非”门电路

利用 VHDL 描述 2 输入“与非”门有多种形式，现举两个例子加以说明。

【例 8-1】 用 VHDL 描述 2 输入“与非”门电路示例一。

```
LIBRARY IEEE;
USE IEEE.STD_LOGIC_1164.ALL;
ENTITY nand2 IS
PORT(a, b: IN STD_LOGIC;
        y: OUT STD_LOGIC);
END ENTITY nand2;
ARCHITECTURE nand2_1 OF nand2 IS
BEGIN
    y <= a NAND b;
END ARCHITECTURE nand2_1;
```

【例 8-2】 用 VHDL 描述 2 输入“与非”门电路示例二。

```
LIBRARY IEEE;
USE IEEE.STD_LOGIC_1164.ALL;
ENTITY nand2 IS
PORT(a, b: IN STD_LOGIC;
      y: OUT STD_LOGIC);
END ENTITY nand2;
ARCHITECTURE nand2_2 OF nand2 IS
BEGIN
  t1:
  PROCESS(a, b) IS
  VARIABLE comb: STD_LOGIC_VECTOR (1 DOWNTO 0);
  BEGIN
    comb := a & b;
    CASE comb IS
        WHEN "00" => y <= '1';
        WHEN "01" => y <= '1';
        WHEN "10" => y <= '1';
        WHEN "11" => y <= '0';
        WHEN OTHERS => y <= 'X';
     END CASE;
  END PROCESS t1;
END ARCHITECTURE nand2_2;
```

从上面两个例子中可以看出，例 8-1 的描述更简洁，更接近于 2 输入“与非”门的行为描述，因此也更易于阅读；例 8-2 的描述是以 2 输入“与非”门的真值表为依据来编写的，罗列了 2 输入“与非”门的每种输入状态及其对应的输出结果。

集电极开路的 2 输入“与非”门和一般的 2 输入“与非”门在 VHDL 的描述上没有什么差异，所不同的只是从不同元件库中提取相应的电路而已。例如：

```
LIBRARY STD;
USE STD.STD_LOGIC.ALL;
USE STD.STD_TTL.ALL;
ENTITY nand2 IS
  ⋮
END ENTITY nand2;
```

又如：

```
LIBRARY STD;
USE STD.STD_LOGIC.ALL;
USE STD.STD_TTLOC.ALL;
ENTITY nand2 IS
  ⋮
END nand2;
```

在第一个例子中要生成的是一般 TTL 的 2 输入“与非”门，而在第二个例子中要生成的是 TTL 集电极开路的 2 输入“与非”门。这里所叙述的情况对其他门电路同样适用。因此，对不同类型门电路的集电极开路输出门，本节将不再赘述。

2．2 输入“或非”门电路

2 输入“或非”门电路的逻辑表达式为

$$y = \neg (a \vee b)$$

其逻辑电路图如图 8-2 所示。

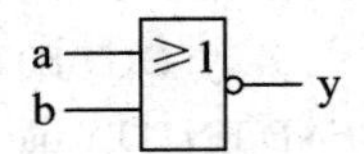

图 8-2　2 输入“或非”门电路

现举两个用 VHDL 描述 2 输入“或非”门电路的例子。

【例 8-3】 用 VHDL 描述 2 输入“或非”门电路示例一。

```
LIBRARY IEEE;
USE IEEE.STD_LOGIC_1164.ALL;
ENTITY nor2 IS
PORT(a, b: IN STD_LOGIC;
        y: OUT STD_LOGIC);
END ENTITY nor2;
ARCHITECTURE nor2_1 OF nor2 IS
BEGIN
   y <= a NOR b;
END ARCHITECTURE nor2_1;
```

【例 8-4】 用 VHDL 描述 2 输入“或非”门电路示例二。

```
LIBRARY IEEE;
USE IEEE.STD_LOGIC_1164.ALL;
ENTITY nor2 IS
PORT(a, b: IN STD_LOGIC;
        y: OUT STD_LOGIC);
END ENTITY nor2;
ARCHITECTURE nor2_2 OF nor2 IS
BEGIN
   t2:
   PROCESS(a, b) IS
   VARIABLE comb: STD_LOGIC_VECTOR (1 DOWNTO 0);
   BEGIN
      comb := a & b;
      CASE comb IS
         WHEN "00" => y <= '1';
         WHEN "01" => y <= '0';
         WHEN "10" => y <= '0';
         WHEN "11" => y <= '0';
         WHEN OTHERS => y <= 'X';
```

```
        END CASE;
    END PROCESS t2;
END ARCHITECTURE nor2_2;
```

3. 反相器

反相器电路的逻辑表达式为

$$y = \neg a$$

其逻辑电路图如图 8-3 所示。

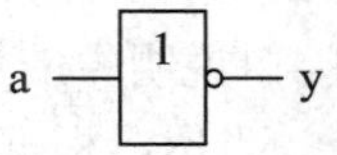

a —[1]o— y

图 8-3　反相器电路

VHDL 对反相器的描述如例 8-5 和例 8-6 所示。

【例 8-5】 VHDL 对反相器的描述一。

```
LIBRARY IEEE;
USE IEEE.STD_LOGIC_1164.ALL;
ENTITY inverter IS
PORT(a: IN STD_LOGIC;
        y: OUT STD_LOGIC);
END ENTITY inverter;
ARCHITECTURE inverter_1 OF inverter IS
BEGIN
    y <= NOT a;
END ARCHITECTURE inverter_1;
```

【例 8-6】 VHDL 对反相器的描述二。

```
LIBRARY IEEE;
USE IEEE.STD_LOGIC_1164.ALL;
ENTITY inverter IS
PORT(a: IN STD_LOGIC;
        y: OUT STD_LOGIC);
END ENTITY inverter;
ARCHITECTURE inverter_2 OF inverter IS
BEGIN
    t3:
    PROCESS(a) IS
        BEGIN
            IF (a = '1') THEN
                y <= '0';
            ELSE
                y <= '1';
            END IF;
    END PROCESS t3;
END ARCHITECTURE inverter_2;
```

4. 3 输入“与非”门电路

3 输入“与非”门电路的逻辑表达式为

$$y = \neg (a \wedge b \wedge c)$$

其逻辑电路如图 8-4 所示。

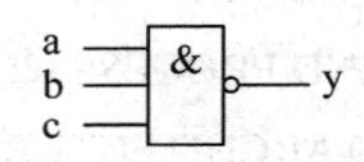

图 8-4 3 输入“与非”门电路

3 输入“与非”门和 2 输入“与非”门的差异仅在于多了一个输入引脚，在用 VHDL 编程时，在端口说明中应加一个输入端口。例如，原来的输入端口为 a、b 两个，现在应变为 a、b、c 三个。当然，根据逻辑表达式，该输入端口的信号 c 应与 a、b 一样，一起参与逻辑运算，以得到最后的输出 y。用 VHDL 描述 3 输入“与非”门电路示例如例 8-7 和例 8-8 所示。

【例 8-7】 用 VHDL 描述 3 输入“与非”门电路示例一。

```
LIBRARY IEEE;
USE IEEE.STD_LOGIC_1164.ALL;
ENTITY nand3 IS
PORT(a, b, c: IN STD_LOGIC;
        y: OUT STD_LOGIC);
END ENTITY nand3;
ARCHITECTURE nand3_1 OF nand3 IS
BEGIN
   y <= NOT (a AND b AND c);
END ARCHITECTURE nand3_1;
```

【例 8-8】 用 VHDL 描述 3 输入“与非”门电路示例二。

```
LIBRARY IEEE;
USE IEEE.STD_LOGIC_1164.ALL;
ENTITY nand3 IS
PORT(a, b, c: IN STD_LOGIC;
        y: OUT STD_LOGIC);
END ENTITY nand3;
ARCHITECTURE nand3_2 OF nand3 IS
BEGIN
  t4:
  PROCESS(a, b, c) IS
  VARIABLE comb: STD_LOGIC_VECTOR (2 DOWNTO 0);
  BEGIN
    comb := a & b & c;
    CASE comb IS
      WHEN "000" => y <= '1';
      WHEN "001" => y <= '1';
      WHEN "010" => y <= '1';
      WHEN "011" => y <= '1';
      WHEN "100" => y <= '1';
      WHEN "101" => y <= '1';
```

```
        WHEN "110" => y <= '1';
        WHEN "111" => y <= '0';
        WHEN OTHERS => y <= 'X';
      END CASE;
    END PROCESS t4;
  END ARCHITECTURE nand3_2;
```

5．2 输入“异或”门电路

2 输入“异或”门电路的逻辑表达式为

$$y = a \oplus b$$

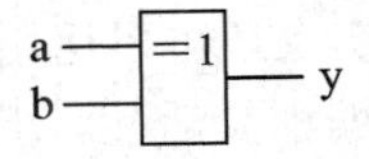

图 8-5　2 输入“异或”门电路

其逻辑电路如图 8-5 所示。

用 VHDL 描述 2 输入“异或”门电路示例如例 8-9 和例 8-10 所示。

【例 8-9】 用 VHDL 描述 2 输入“异或”门电路示例一。

```
LIBRARY IEEE;
USE IEEE.STD_LOGIC_1164.ALL;
ENTITY xor2 IS
PORT(a, b: IN STD_LOGIC;
      y: OUT STD_LOGIC);
END ENTITY xor2;
ARCHITECTURE xor2_1 OF xor2 IS
BEGIN
   y <= a XOR b;
END ARCHITECTURE xor2_1;
```

【例 8-10】 用 VHDL 描述 2 输入“异或”门电路示例二。

```
LIBRARY IEEE;
USE IEEE.STD_LOGIC_1164.ALL;
ENTITY xor2 IS
PORT(a, b: IN STD_LOGIC;
      y: OUT STD_LOGIC);
END ENTITY xor2;
ARCHITECTURE xor2_2 OF xor2 IS
BEGIN
   t5:
   PROCESS(a, b) IS
   VARIABLE comb: STD_LOGIC_VECTOR (1 DOWNTO 0);
   BEGIN
      comb := a & c;
      CASE comb IS
         WHEN "00" => y <= '0';
         WHEN "01" => y <= '1';
         WHEN "10" => y <= '1';
```

```
            WHEN "11" => y <= '0';
            WHEN OTHERS => y <= 'X';
        END CASE;
    END PROCESS t5;
END ARCHITECTURE xor2_2;
```

上述简单的门电路大多用两种不同形式的 VHDL 程序来描述，其行为和功能是完全一样的。事实上还可以运用 VHDL 中所给出的语句来描述这些门电路，这就给编程人员提供了较大的编程灵活性。但是，一般来说，无论是编程人员还是阅读这些程序的人员，都希望程序能一目了然，因此尽可能采用 VHDL 中所提供的语言和符号，用简洁的语句描述其行为，这总是首选的描述方式。

8.1.2　编、译码器与选择器

编、译码器和选择器是组合电路中较简单的 3 种通用电路。它们可以由简单的门电路组合连接构成。例如，图 8-6 所示是一个 3-8 译码器电路(74LS138)。由有关手册可知，该译码器由 8 个 3 输入“与非”门、4 个反相器和一个 3 输入“或非”门构成。如果事先不作说明，只给出电路，让读者来判读该电路的功能，那么毋庸置疑，要看懂该电路就要花较多的时间。如果采用 VHDL，从行为、功能来对 3-8 译码器进行描述，则不仅逻辑设计变得非常容易，而且阅读也会很方便。

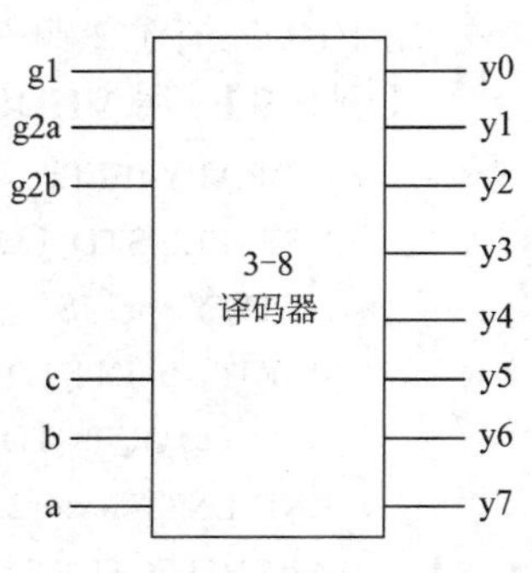

图 8-6　3-8 译码器电路

1. 3-8 译码器

3-8 译码器是最常用的一种小规模集成电路，它有 3 个二进制输入端 a、b、c 和 8 个译码输出端 y0～y7。对输入 a、b、c 的值进行译码，就可以确定输出端 y0～y7 的哪一个输出端变为有效(低电平)，从而达到译码的目的。3-8 译码器的真值表如表 8-1 所示。

表 8-1　3-8 译码器的真值表

选通输入			二进制输入端			译码输出端							
g1	g2a	g2b	c	b	a	y0	y1	y2	y3	y4	y5	y6	y7
X	1	X	X	X	X	1	1	1	1	1	1	1	1
X	X	1	X	X	X	1	1	1	1	1	1	1	1
0	X	X	X	X	X	1	1	1	1	1	1	1	1
1	0	0	0	0	0	0	1	1	1	1	1	1	1
1	0	0	0	0	1	1	0	1	1	1	1	1	1
1	0	0	0	1	0	1	1	0	1	1	1	1	1
1	0	0	0	1	1	1	1	1	0	1	1	1	1
1	0	0	1	0	0	1	1	1	1	0	1	1	1
1	0	0	1	0	1	1	1	1	1	1	0	1	1
1	0	0	1	1	0	1	1	1	1	1	1	0	1
1	0	0	1	1	1	1	1	1	1	1	1	1	0

3-8 译码器还有 3 个选通输入端 g1、g2a 和 g2b。只有在 g1 = 1，g2a = 0，g2b = 0 时，3-8 译码器才进行正常译码，否则 y0～y7 输出均为高电平。

【例 8-11】 3-8 译码器用 VHDL 描述如下：

```
LIBRARY IEEE;
USE IEEE.STD_LOGIC_1164.ALL;
ENTITY decoder_3_to_8 IS
PORT(a, b, c, g1, g2a, g2b: IN STD_LOGIC;
      y: OUT STD_LOGIC_VECTOR(7 DOWNTO 0));
END ENTITY decoder_3_to_8;
ARCHITECTURE rtl OF decoder_3_to_8 IS
SIGNAL indata: STD_LOGIC_VECTOR (2 DOWNTO 0);
BEGIN
   indata <= c & b & a;
   PROCESS(indata, g1, g2a, g2b) IS
   BEGIN
     IF (g1 = '1' AND g2a = '0' AND g2b = '0' ) THEN
       CASE indata IS
          WHEN "000" => y <= "11111110";
          WHEN "001" => y <= "11111101";
          WHEN "010" => y <= "11111011";
          WHEN "011" => y <= "11110111";
          WHEN "100" => y <= "11101111";
          WHEN "101" => y <= "11011111";
          WHEN "110" => y <= "10111111";
          WHEN "111" => y <= "01111111";
          WHEN OTHERS => y <= "XXXXXXXX";
       END CASE;
     ELSE
       y <= "11111111";
     END IF;
   END PROCESS;
END ARCHITECTURE rtl;
```

在例 8-11 中，y(0)对应真值表中的 y0，y(1)对应 y1，依次类推。

2. 优先级编码器

优先级编码器常用于中断的优先级控制。例如，74LS148 是一个 8 输入、3 位二进制码输出的优先级编码器。当其某一个输入有效时，就可以输出一个对应的 3 位二进制编码。另外，当同时有几个输入有效时，将输出优先级最高的那个输入所对应的二进制编码。

图 8-7 是优先级编码器的引脚图，它有 8 个输入 input(0)～input(7)和 3 位二进制码输出 y0～y2。

该优先级编码器的真值表如表 8-2 所示。表中，“X”表示任意项，它可以是“0”，也可以是“1”。input(0)的优先级最高，input(7)的优先级最低。

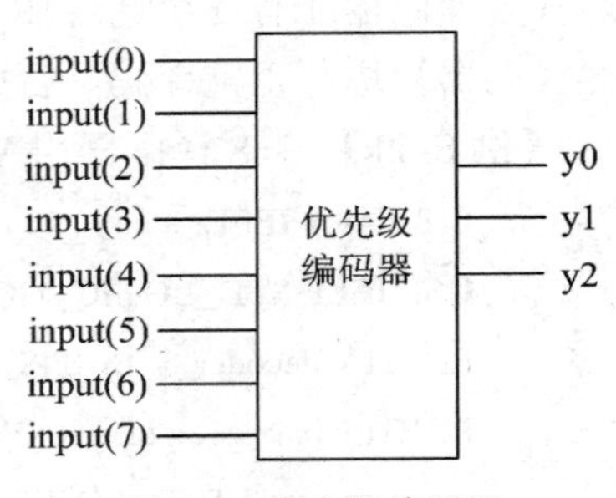

图 8-7　优先级编码器

表 8-2　优先级编码器的真值表

输　入								二进制编码输出		
input(7)	input(6)	input(5)	input(4)	input(3)	input(2)	input(1)	input(0)	y2	y1	y0
X	X	X	X	X	X	X	0	1	1	1
X	X	X	X	X	X	0	1	1	1	0
X	X	X	X	X	0	1	1	1	0	1
X	X	X	X	0	1	1	1	1	0	0
X	X	X	0	1	1	1	1	0	1	1
X	X	0	1	1	1	1	1	0	1	0
X	0	1	1	1	1	1	1	0	0	1
X	1	1	1	1	1	1	1	0	0	0

【例 8-12】 用 VHDL 描述优先级编码器的程序如下：

```
LIBRARY IEEE;
USE IEEE.STD_LOGIC_1164.ALL;
ENTITY priorityencoder IS
PORT(input: IN STD_LOGIC_VECTOR (7 DOWNTO 0);
        y: OUT STD_LOGIC_VECTOR (2 DOWNTO 0));
END ENTITY priorityencoder;
ARCHITECTURE rtl OF priorityencoder IS
BEGIN
  PROCESS(input) IS
  BEGIN
    IF (input(0) = '0') THEN
      y <= "111";
    ELSIF (input(1) = '0') THEN
      y <= "110";
    ELSIF (input(2) = '0') THEN
      y <= "101";
```

```
        ELSIF (input(3) = '0') THEN
          y <= "100";
        ELSIF (input(4) = '0') THEN
          y <= "011";
        ELSIF (input(5) = '0') THEN
          y <= "010";
        ELSIF (input(6) = '0') THEN
          y <= "001";
        ELSE
          y <= "000";
        END IF;
      END PROCESS;
    END ARCHITECTURE rtl;
```

因为 VHDL 中目前还不能描述任意项，所以不能用前面一贯采用的 CASE 语句来描述，而采用了 IF 语句。

3．四选一选择器

选择器常用于信号的切换。四选一选择器可以用于 4 路信号的切换。四选一选择器有 4 个信号输入端 input(0)～input(3)、2 个信号选择端 a 和 b 及一个信号输出端 y。当 a、b 输入不同的选择信号时，就可以使 input(0)～input(3)中某个相应的输入信号与输出 y 端接通。例如，当 a = b = "0" 时，input(0)就与 y 接通。其逻辑电路如图 8-8 所示。

四选一电路的真值表如表 8-3 所示。

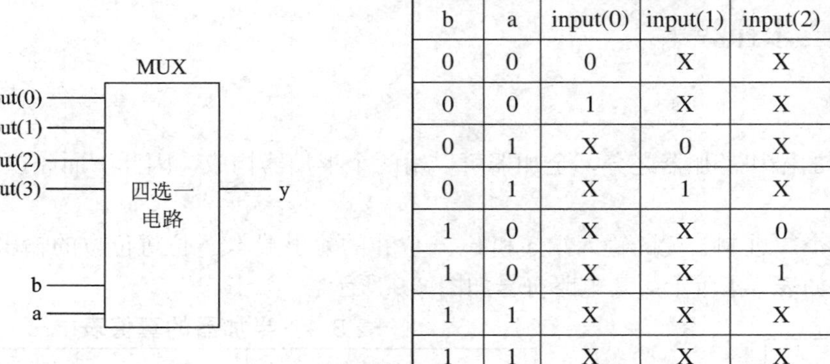

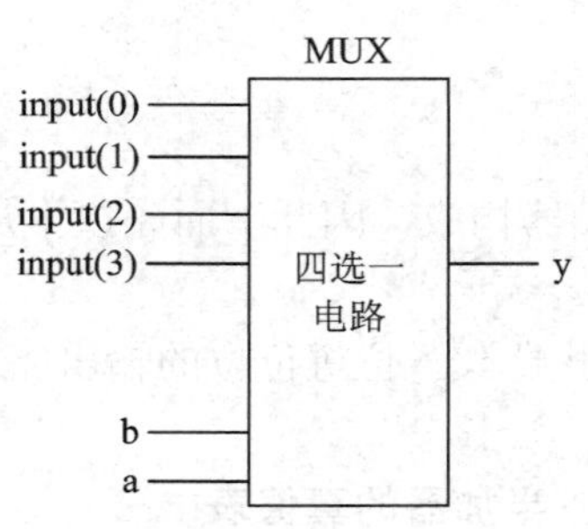

图 8-8　四选一电路

表 8-3　四选一电路的真值表

选择输入		数据输入				数据输出
b	a	input(0)	input(1)	input(2)	input(3)	y
0	0	0	X	X	X	0
0	0	1	X	X	X	1
0	1	X	0	X	X	0
0	1	X	1	X	X	1
1	0	X	X	0	X	0
1	0	X	X	1	X	1
1	1	X	X	X	0	0
1	1	X	X	X	1	1

【例 8-13】 用 VHDL 对四选一电路进行描述的程序如下：

```
    LIBRARY IEEE;
    USE IEEE.STD_LOGIC_1164.ALL;
    ENTITY mux4 IS
    PORT(input:IN STD_LOGIC_VECTOR (3 DOWNTO 0);
```

```
        a, b: IN STD_LOGIC;
        y: OUT STD_LOGIC);
END ENTITY mux4;
ARCHITECTURE rtl OF mux4 IS
SIGNAL sel: STD_LOGIC_VECTOR (1 DOWNTO 0);
BEGIN
    sel <= b & a;
    PROCESS(input, sel) IS
    BEGIN
        IF (sel = "00") THEN
            y <= input(0);
        ELSIF (sel = "01") THEN
            y <= input(1);
        ELSIF (sel = "10") THEN
            y <= input(2);
        ELSE
            y <= input(3);
        END IF;
    END PROCESS;
END ARCHITECTURE rtl;
```

例 8-13 中的四选一选择器是用 IF 语句描述的，程序中的 ELSE 项作为余下的条件，将选择 input(3)从 y 端输出，这种描述比较安全。当然，不用 ELSE 项也可以，这时必须列出 sel 所有可能出现的情况，加以一一确认。

8.1.3　加法器与求补器

1．加法器

加法器有全加器和半加器之分，全加器可以用两个半加器构成，因此下面先以半加器为例加以说明。

半加器有两个二进制一位的输入端 a 和 b、一位和的输出端 s、一位进位位的输出端 co。半加器的真值表如表 8-4 所示，其电路符号如图 8-9 所示。

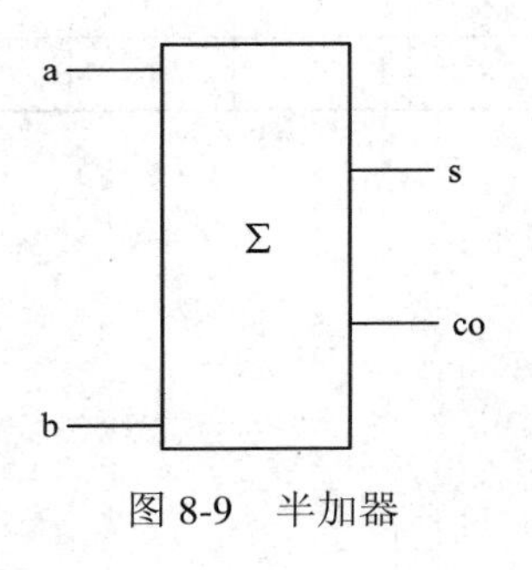

图 8-9　半加器

表 8-4　半加器的真值表

二进制输入		和输出	进位输出
b	a	s	co
0	0	0	0
0	1	1	0
1	0	1	0
1	1	0	1

【例 8-14】 用 VHDL 描述半加器的程序如下：

```
LIBRARY IEEE;
USE IEEE.STD_LOGIC_1164.ALL;
ENTITY half_adder IS
PORT(a, b: IN STD_LOGIC;
        s, co: OUT STD_LOGIC);
END ENTITY half_adder;
ARCHITECTURE half1 OF half_adder IS
SIGNAL c, d: STD_LOGIC;
BEGIN
    c <= a OR b;
  d <= a NAND b;
  co <= NOT d;
  s <= c AND d;
END ARCHITECTURE half1;
```

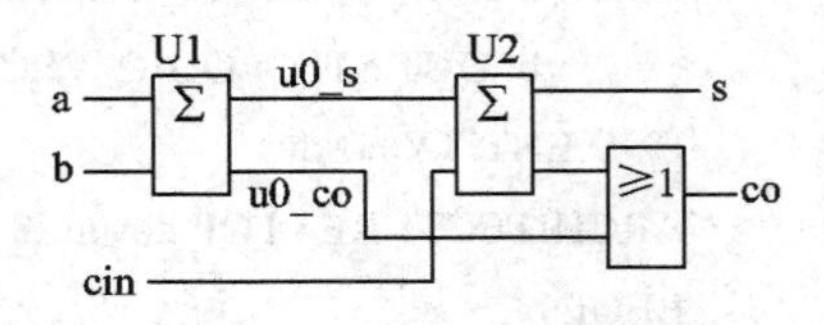

图 8-10　用两个半加器构成的全加器

用两个半加器可以构成一个全加器。全加器的电路如图 8-10 所示。

基于半加器的描述，采用 COMPONENT 语句和 PORT MAP 语句容易编写出描述全加器的程序。

【例 8-15】 采用 COMPONENT 语句和 PORT MAP 语句描述全加器。

```
LIBRARY IEEE;
USE IEEE.STD_LOGIC_1164.ALL;
ENTITY full_adder IS
PORT(a, b, cin: IN STD_LOGIC;
       s, co: OUT STD_LOGIC);
END ENTITY full_adder;
ARCHITECTURE full1 OF full_adder IS
  COMPONENT half_adder IS
  PORT(a,  b: IN STD_LOGIC;
         s, co: OUT STD_LOGIC);
  END COMPONENT;
SIGNAL u0_co, u0_s, u1_co: STD_LOGIC;
BEGIN
   u0: half_adder PORT MAP (a, b, u0_s, u0_co);
   u1: half_adder PORT MAP (u0_s, cin, s, u1_co);
   co <= u0_co OR u1_co;
END ARCHITECTURE full1;
```

2．求补器

二进制运算经常要用到求补操作。8 位二进制数的求补电路符号如图 8-11 所示。

求补电路的输入为 a(0)～a(7)，补码输出为 b(0)～b(7)，其中 a(7)和 b(7)为符号位。该电路较复杂，如果像半加器那样对每个门进行描述和连接是可以做到的，但是那样做太繁琐。这里采用 RTL 描述更加简洁、清楚。

a(0) a(1) a(2) a(3) a(4) a(5) a(6) a(7)　8位求补电路　b(0) b(1) b(2) b(3) b(4) b(5) b(6) b(7)

图 8-11　8 位二进制数的求补电路符号

【例 8-16】 用 RTL 描述求补器。

```
LIBRARY IEEE;
USE IEEE.STD_LOGIC_1164.ALL;
USE IEEE.STD_LOGIC_UNSIGNED.ALL;
ENTITY hosuu IS
PORT(a: IN STD_LOGIC_VECTOR (7 DOWNTO 0);
        b: OUT STD_LOGIC_VECTOR (7 DOWNTO 0));
END ENTITY hosuu;
ARCHITECTURE rtl OF hosuu IS
BEGIN
    b <= NOT a+'1';
END ARCHITECTURE rtl;
```

8.1.4　三态门与总线缓冲器

三态门与双向总线缓冲器是接口电路和总线驱动电路经常用到的器件。它们虽然不属于组合电路，为简化章节，也列于此处进行介绍。

1．三态门电路

三态门电路如图 8-12 所示。它具有一个数据输入端 din、一个数据输出端 dout 和一个控制端 en。当 en = '1' 时，dout = din；当 en = '0' 时，dout = 'Z'(高阻)。三态门的真值表如表 8-5 所示。

表 8-5　三态门的真值表

数据输入	控制输入	数据输出
din	en	dout
X	0	Z
0	1	0
1	1	1

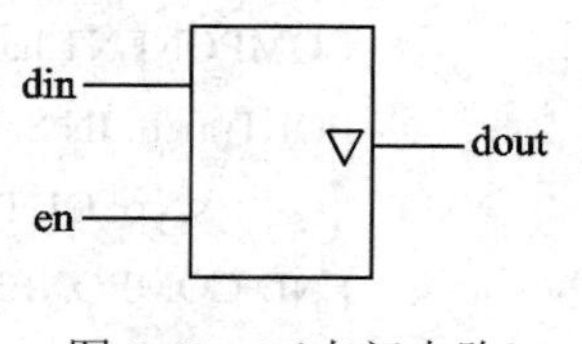

图 8-12　三态门电路

【例 8-17】 用 VHDL 描述三态门的程序如下：

```
LIBRARY IEEE;
USE IEEE.STD_LOGIC_1164.ALL;
ENTITY tri_gate IS
PORT(din, en: IN STD_LOGIC;
```

```
        dout: OUT STD_LOGIC);
END ENTITY tri_gate;
ARCHITECTURE zas OF tri_gate IS
BEGIN
   tri_gate1: PROCESS(din, en) IS
      BEGIN
         IF (en = '1') THEN
            dout <= din;
         ELSE
            dout <= 'Z';
         END IF;
     END PROCESS;
END ARCHITECTURE zas;
```

在第 3 章中读者已经知道，一个实体可以对应多种构造体。例 8-18 和例 8-19 就是用不同的 VHDL 描述的三态门的结构。

【例 8-18】 用 VHDL 描述三态门的结构示例一。

```
ARCHITECTURE blk OF tri_gate IS
BEGIN
   tri_gate2: BLOCK (en = '1')
      BEGIN
           dout <= GUARDED din;
      END BLOCK;
END ARCHITECTURE blk;
```

该例中采用卫式块语句结构来表示三态门。卫式块语句结构的特点是：只有块语句的条件满足时，块中所含的语句才会被执行。在这里只有 en = '1' 的条件满足时，dout <= GUARDED din 语句才会被执行。

【例 8-19】 用 VHDL 描述三态门的结构示例二。

```
ARCHITECTURE nas OF tri_gate IS
BEGIN
   tri_gate3: PROCESS(din, en) IS
      BEGIN
         CASE en IS
            WHEN '1' => dout <= din;
            WHEN OTHERS => dout <= 'Z';
         END CASE;
      END PROCESS;
END ARCHITECTURE nas;
```

在该例中，当 en = '1' 时，dout 和 din 的信号保持一致，否则将“Z”波形赋予 dout。也就是说，dout 不受 din 的影响。

2. 单向总线缓冲器

在微型计算机的总线驱动中经常要用单向总线缓冲器，它通常由多个三态门组成，用来驱动地址总线和控制总线。

一个 8 位的单向总线缓冲器如图 8-13 所示。8 位的单向总线缓冲器由 8 个三态门组成，具有 8 个输入和 8 个输出端。所有三态门的控制端连在一起，由一个控制输入端 en 控制。

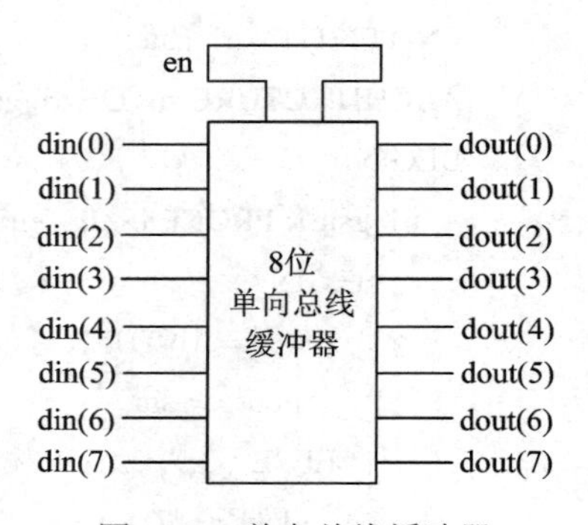

图 8-13　单向总线缓冲器

用 VHDL 描述的 8 位单向总线缓冲器的程序实例如例 8-20、例 8-21 和例 8-22 所示。

【例 8-20】用 VHDL 描述的 8 位单向总线缓冲器的程序实例一。

```
LIBRARY IEEE;
USE IEEE.STD_LOGIC_1164.ALL;
ENTITY tri_buf8 IS
PORT(din: IN STD_LOGIC_VECTOR (7 DOWNTO 0) ;
        dout: OUT STD_LOGIC_VECTOR (7 DOWNTO 0) BUS;
        en: IN STD_LOGIC);
END ENTITY tri_buf8;
ARCHITECTURE zas OF tri_buf8 IS
BEGIN
  tri_buff: PROCESS(en, din) IS
     BEGIN
        IF (en = '1') THEN
           dout <= din;
        ELSE
           dout <= "ZZZZZZZZ";
        END IF
     END PROCESS;
END ARCHITECTURE zas;
```

【例 8-21】 用 VHDL 描述的 8 位单向总线缓冲器的程序实例二。

```
ARCHITECTURE blk OF tri_buf8 IS
BEGIN
  tri_buff: BLOCK (en = '1')
     BEGIN
        dout <= GUARDED STD_LOGIC_VECTOR (din);
     END BLOCK;
END ARCHITECTURE blk;
```

【例 8-22】 用 VHDL 描述的 8 位单向总线缓冲器的程序实例三。

```
ARCHITECTURE nas OF tri_buf8 IS
BEGIN
  tri_buff: PROCESS(en, din) IS
     BEGIN
        CASE en IS
          WHEN '1' => dout <= din;
          WHEN OTHERS => dout <= "ZZZZZZZZ";
        END CASE;
     END PROCESS;
END ARCHITECTURE nas;
```

在编写上述程序时应注意，不能将“Z”值赋予变量，否则就不能进行逻辑综合。另外，对信号赋值时“Z”和“0”或“1”不能混合使用，例如：

```
dout <= "Z001ZZZZ";
```

这样的语句是不允许出现的。但是变换赋值表达式时，分开赋值是可以的。例如：

```
dout(7) <= "Z";
dout(6 DOWNTO 4) <= "001";
dout(3 DOWNTO 0) <= "ZZZZ";
```

3. 双向总线缓冲器

双向总线缓冲器用于对数据总线进行驱动和缓冲。典型的双向总线缓冲器的电路图如图 8-14 所示。图中，双向缓冲器有两个数据输入输出端 a 和 b、一个方向控制端 dr 和一个选通端 en。当 en = 1 时，双向总线缓冲器未被选通，a 和 b 都呈现高阻；当 en = 0 时，双向总线缓冲器被选通，如果 dr = 0，那么 a = b，如果 dr = 1，那么 b = a。双向总线缓冲器的真值表如表 8-6 所示。

表 8-6　双向总线缓冲器的真值表

en	dr	功能
0	0	a = b
0	1	b = a
1	X	三态

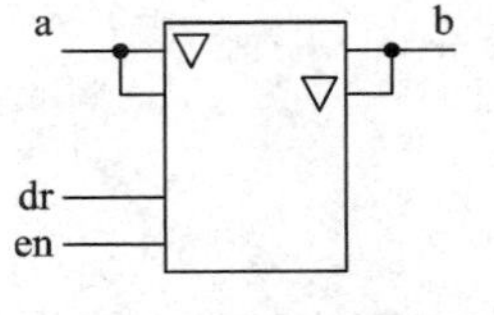

图 8-14　双向总线缓冲器

【例 8-23】 用 VHDL 描述双向总线缓冲器实例。

```
LIBRARY IEEE;
USE IEEE.STD_LOGIC_1164.ALL;
ENTITY tri_bigate IS
PORT(a, b: INOUT STD_LOGIC_VECTOR (7 DOWNTO 0);
       en: IN STD_LOGIC;
       dr: IN STD_LOGIC);
END ENTITY tri_bigate;
```

```
ARCHITECTURE rtl OF tri_bigate
SIGNAL aout, bout: STD_LOGIC_VECTOR (7 DOWNTO 0);
BEGIN
  PROCESS(a, dr, en) IS
  BEGIN
      IF ((en = '0') AND (dr = '1')) THEN
        bout <= a;
      ELSE
        bout <= "ZZZZZZZZ";
      END IF;
      b <= bout;
    END PROCESS;
    PROCESS(b, dr, en)IS
    BEGIN
      IF ((en = '0') AND (dr = '0')) THEN
        aout <= b;
      ELSE
        aout <= "ZZZZZZZZ";
      END IF;
      a <= aout;
  END PROCESS;
END ARCHITECTURE rtl;
```

从例 8-23 中可以看出，双向总线缓冲器由两组三态门组成，利用信号 aout 和 bout 将两组三态门连接起来。由于在实际工作过程中 a 和 b 都不可能同时出现“0”和“1”，因此在这里没有使用判决函数。

8.2　时序电路设计

在本节的时序电路设计中主要介绍触发器、寄存器和计数器。在介绍这些电路以前，先说明一下时钟信号和复位信号的描述。

8.2.1　时钟信号和复位信号

1．时钟信号的描述

众所周知，任何时序电路都以时钟信号为驱动信号，时序电路只是在时钟信号的边沿到来时，其状态才发生改变。因此，时钟信号通常描述时序电路程序的执行条件。另外，时序电路也总是以时钟进程的形式来进行描述的，其描述方式一般有两种。

(1) 进程的敏感信号是时钟信号。在这种情况下，时钟信号应作为敏感信号，显式地出现在 PROCESS 语句后跟的括号中，例如 PROCESS(clock_signal)。时钟信号边沿的到来将作为时序电路语句执行的条件。

【例 8-24】　进程的敏感信号是时钟信号实例。

```
PROCESS(clock_signal) IS
BEGIN
  IF (clock_edge_condition) THEN
    signal_out <= signal_in;
    ⋮
  其他时序语句
    ⋮
  END IF;
END PROCESS;
```

例 8-24 中的程序说明，该进程在时钟信号 clock_signal 发生变化时被启动，而在时钟边沿的条件得到满足后才真正执行时序电路所对应的语句。

(2) 用进程中的 WAIT ON 语句等待时钟。在这种情况下，描述时序电路的进程将没有敏感信号，而是用 WAIT ON 语句来控制进程的执行。也就是说，进程通常停留在 WAIT ON 语句上，只有在时钟信号到来且满足边沿条件时，其余的语句才能执行。

【例 8-25】 用进程中的 WAIT ON 语句等待时钟实例。

```
PROCESS
BEGIN
   WAIT ON (clock_signal) UNTIL (clock_edge_condition);
              signal_out <= signal_in;
                ⋮
              其他时序语句
                ⋮
END PROCESS;
```

在编写上述程序时应注意：

· 无论 IF 语句还是 WAIT ON 语句，在对时钟边沿进行说明时，一定要注明是上升沿还是下降沿(前沿还是后沿)，只说明是边沿是不行的。

· 当时钟信号作为进程的敏感信号时，在敏感信号的表中不能出现一个以上的时钟信号，除时钟信号以外，复位信号等是可以和时钟信号一起出现在敏感表中的。

· WAIT ON 语句只能放在进程的最前面或者最后面。

(3) 时钟边沿的描述。为了描述时钟边沿，一定要指定是上升沿还是下降沿，这一点可以使用时钟信号的属性描述来进行。也就是说，要指定时钟信号的值是从“0”到“1”变化，还是从“1”到“0”变化，由此可以得知是时钟脉冲信号的上升沿还是下降沿。

① 时钟脉冲上升沿的描述。时钟脉冲上升沿波形与时钟信号属性的描述关系如图 8-15 所示。从图 8-15 中可以看到，时钟信号的起始值为“0”，故其属性值 clk'LAST_VALUE = '0'; 上升沿的到来表示发生了一个事件，故用 clk 'EVENT 表示；上升沿以后，时钟信号的值为

"1"，故其当前值为 clk = '1'。这样，表示上升沿到来的条件可写为

```
IF clk = '1' AND clk'LAST_VAULE = '0' AND clk'EVENT
```

② 时钟脉冲下降沿的描述。时钟脉冲下降沿波形与时钟信号属性的描述关系如图 8-16 所示。其关系与图 8-15 类同，此时 clk'LAST_VALUE = '1'；时钟信号当前值为 clk='0'；下降沿到来的事件为 clk'EVENT。这样表示下降沿到来的条件可写为

```
IF clk = '0' AND clk'LAST_VALUE = '1' AND clk 'EVENT
```

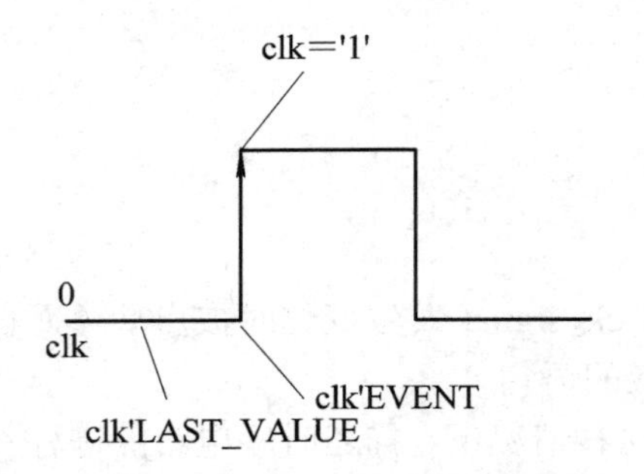

图 8-15　时钟脉冲上升沿波形和时钟信号属性的描述关系

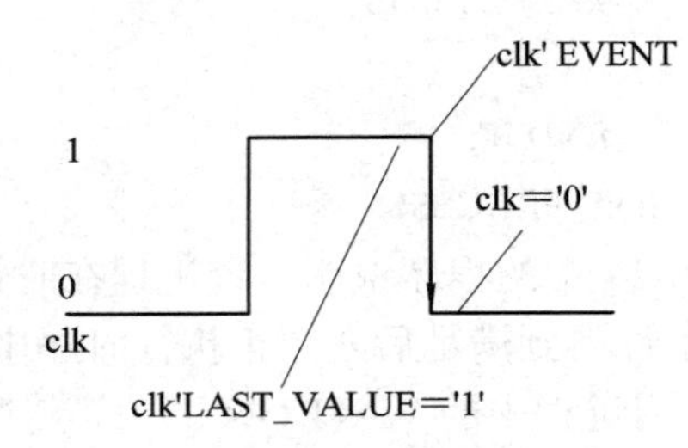

图 8-16　时钟脉冲下降沿波形和时钟信号属性的描述关系

根据上面关于上升沿和下降沿的描述，时钟信号边沿检出条件可以统一描述如下：

```
IF clock_signal = current_value AND clock_signal'LAST_VALUE AND clock_signal'EVENT
```

在某些书刊中边沿检出条件也可简写为

```
IF clock_signal = clock_signal'EVENT AND current_value
```

③ 由于在 STD_LOGIC 的数据类型中，其值除"0"和"1"以外，还可以取"2"、"X"等 9 种状态值。这样在综合时有可能出现问题。为避免类似情况发生，建议尽可能用 IEEE 中的现成边沿描述函数。例如：

上升沿可描述为

```
IF vising_edge(cp) THEN
```

下降沿可描述为

```
IF falling_edge(cp) THEN
```

2. 触发器的同步和非同步复位

触发器的初始状态应由复位信号来设置。复位信号对触发器复位的操作不同，使其可以分为同步复位和非同步复位两种。所谓同步复位，就是复位信号有效且在给定的时钟边沿到来时，触发器才被复位；非同步复位则是指一旦复位信号有效，触发器就被复位。

1) 同步复位

在用 VHDL 描述时，同步复位一定要在以时钟为敏感信号的进程中定义，且用 IF 语句来描述必要的复位条件。下面两个例子就是同步复位方式的描述实例。

【例 8-26】 同步复位方式的描述实例一。

```
PROCESS(clock_signal) IS
BEGIN
  IF (clock_edge_condition) THEN
```

```
        IF (reset_condition) THEN
          signal_out <= reset_value;
        ELSE
          signal_out <= signal_in;
            ⋮
          其他时序语句
            ⋮
        END IF;
      END IF;
    END PROCESS;
```

【例 8-27】 同步复位方式的描述实例二。

```
    PROCESS
    BEGIN
      WAIT ON (clock_signal) UNTIL (clock_edge_condition)
        IF (reset_condition) THEN
          signal_out <= reset_value;
        ELSE
          signal_out <= signal_in;
            ⋮
          其他时序语句
            ⋮
        END IF;
    END PROCESS;
```

2) 非同步复位

非同步复位又称异步复位，在描述时与同步方式不同：首先在进程的敏感信号中除时钟信号以外，还应加上复位信号；其次是用 IF 语句描述复位条件；最后在 ELSIF 段描述时钟信号边沿的条件，并加上 EVENT 属性。非同步复位描述方式如例 8-28 所示。

【例 8-28】 非同步复位方式的描述实例。

```
    PROCESS(reset_signal, clock_signal) IS
    BEGIN
      IF (reset_condition) THEN
         signal_out <= reset_value;
      ELSIF (clock_event AND clock_edge_condition) THEN
         signal_out <= signal_in;
           ⋮
         其他时序语句
           ⋮
      END IF;
    END PROCESS;
```

从例 8-28 中可以看到，非同步复位的信号和变量的代入与赋值必须在时钟信号边沿有效的范围内进行，如例 8-28 中 ELSIF 后进行的那样。

另外，添加 clock_event 是为了防止没有时钟事件发生时的误操作。譬如，现在时钟事件没有发生而是发生了复位事件，这样该进程就得到了启动。在此情况下，若复位条件没有满足，而时钟边沿条件却是满足的，那么与时钟信号有关的那一段程序(ELSIF 段)就会得到执行，从而造成错误操作。

8.2.2 触发器

触发器的种类很多，这里仅举常用的几种加以说明。

1. 锁存器

根据触发边沿、复位和预置的方式以及输出端不同可以将锁存器分为多种不同形式。

1)　D 锁存器

正沿触发的 D 锁存器的电路符号如图 8-17 所示。它是一个正沿(上升沿)触发的 D 触发器，有一个数据输入端 d、一个时钟输入端 clk 和一个数据输出端 q。D 锁存器的真值表如表 8-7 所示。从表中可以看到，D 锁存器的输出端只有在正沿脉冲过后，输入端 d 的数据才传递到输出端 q。用 VHDL 描述 D 锁存器的程序实例如例 8-29 和例 8-30 所示。

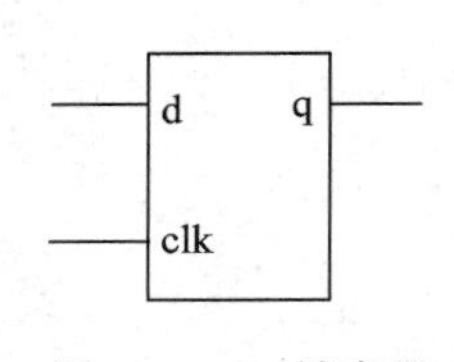

图 8-17　D 锁存器

表 8-7　D 锁存器的真值表

数据输入	时钟输入端	数据输出端
d	clk	q^{n+1}
X	0	不变
X	1	不变
0	↑	0
1	↑	1

【例 8-29】 用 VHDL 描述 D 锁存器的程序实例一。

```
LIBRARY IEEE;
USE IEEE.STD_LOGIC_1164.ALL;
ENTITY dff1 IS
PORT(clk, d: IN STD_LOGIC;
        q: OUT STD_LOGIC);
END ENTITY dff1;
ARCHITECTURE rtl OF dff1 IS
BEGIN
   PROCESS(clk) IS
   BEGIN
      IF (clk 'EVENT AND clk = '1') THEN
         q <= d;
```

```
        END IF;
    END PROCESS;
END ARCHITECTURE rtl;
```

【例 8-30】 用 VHDL 描述 D 锁存器的程序实例二。

```
LIBRARY IEEE;
USE IEEE.STD_LOGIC_1164.ALL;
ENTITY dff1 IS
PORT(clk, d: IN STD_LOGIC;
     q: OUT STD_LOGIC);
END ENTITY dff1;
ARCHITECTURE rtl OF dff1 IS
BEGIN
    PROCESS
    BEGIN
        WAIT UNTIL clk 'EVENT AND clk = '1';
        q <= d;
    END PROCESS;
END ARCHITECTURE rtl;
```

例 8-29 和例 8-30 是对时钟信号边沿利用前述不同方法描述时所得到的两个不同的程序。程序中描述的是上升沿触发，如果要改成下降沿触发，则只对条件作如下改动即可：

```
IF (clk 'EVENT AND clk = '0')
```

2) 非同步复位的 D 锁存器

非同步复位的 D 锁存器的电路符号如图 8-18 所示。它和一般的 D 锁存器的区别是多了一个复位输入端 clr。当 clr = '0' 时，其 q 端输出被强迫置为"0"。clr 又称清零输入端。

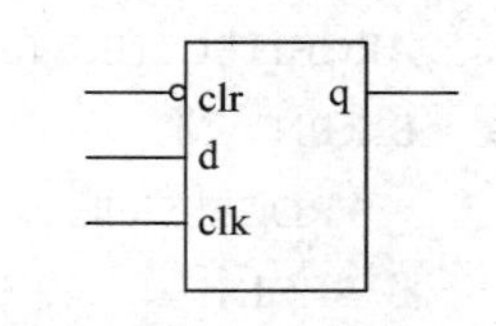

图 8-18　非同步复位的 D 锁存器

【例 8-31】 用 VHDL 描述的非同步复位的 D 锁存器的程序实例如下：

```
LIBRARY IEEE;
USE IEEE.STD_LOGIC_1164.ALL;
ENTITY dff2 IS
PORT(clk, d, clr: IN STD_LOGIC;
     q: OUT STD_LOGIC);
END ENTITY dff2;
ARCHITECTURE rtl OF dff2 IS
BEGIN
    PROCESS(clk, clr) IS
    BEGIN
        IF (clr = '0') THEN
            q <= '0';
```

```
        ELSIF (clk 'EVENT AND clk = '1') THEN
            q <= d;
        END IF;
    END PROCESS;
END ARCHITECTURE rtl;
```

3) 非同步复位/置位 D 锁存器

非同步复位/置位 D 锁存器的电路符号如图 8-19 所示。除了前述的 d、clk 和 q 端外，还有 clr 和 pset 的复位、置位端。当 clr = '0' 时复位，使 q = '0'；当 pset = '0' 时置位，使 q = '1'。

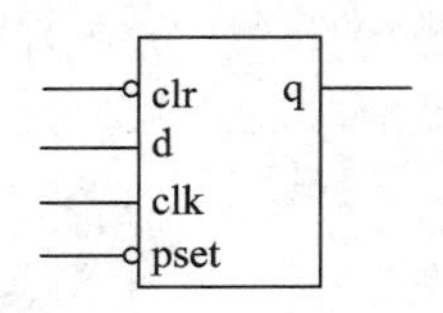

图 8-19 非同步复位/置位 D 锁存器

【例 8-32】 用 VHDL 描述的非同步复位/置位锁存器的程序实例如下：

```
LIBRARY IEEE;
USE IEEE.STD_LOGIC_1164.ALL;
ENTITY dff3 IS
PORT(clk, d, clr, pset: IN STD_LOGIC;
        q: OUT STD_LOGIC);
END ENTITY dff3;
ARCHITECTURE rtl OF dff3 IS
BEGIN
    PROCESS(clk, pset, clr) IS
    BEGIN
        IF (pset = '0') THEN
            q <= '1';
        ELSIF (clr = '0') THEN
            q <= '0';
        ELSIF (clk 'EVENT AND clk = '1') THEN
            q <= d;
        END IF;
    END PROCESS;
END ARCHITECTURE rtl;
```

从例 8-32 中可以看到，事件的优先级置位最高，复位次之，而时钟最低。

这样，当 pset = 0 时，无论 clr 和 clk 是什么状态，q 一定被置为“1”。

4) 同步复位的 D 锁存器

同步复位的 D 锁存器的电路如图 8-20 所示。与非同步方式不同的是，当复位信号 clr 有效(clr = '1')以后，只是在有效时钟边沿到来时才能进行复位操作。图中 clr='1' 以后，在

clk 的上升沿到来时，q 输出才变为“0”。

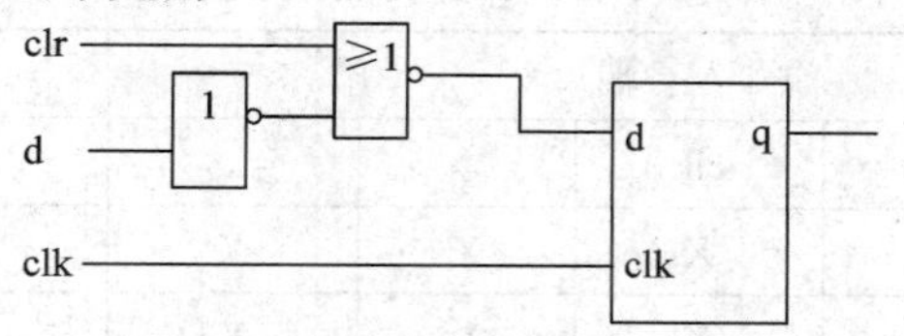

图 8-20　同步复位的 D 锁存器

另外，从图中还可以看出，复位信号的优先级比 d 端数据输入的优先级高。也就是说，当 clr='1' 时，无论 d 端输入什么信号，在 clk 的上升沿到来时，q 输出总为“0”。

【例 8-33】 用 VHDL 描述的同步复位 D 锁存器的程序实例如下：

```
LIBRARY IEEE;
USE IEEE.STD_LOGIC_1164.ALL;
ENTITY dff4 IS
PORT(clk, clr, d: IN STD_LOGIC;
      q: OUT STD_LOGIC);
END ENTITY dff4;
ARCHITECTURE rtl OF dff4 IS
BEGIN
   PROCESS(clk) IS
   BEGIN
     IF (clk 'EVENT AND clk = '1') THEN
       IF (clr = '1') THEN
         q <= '0';
       ELSE
         q <= d;
       END IF;
     END IF;
   END PROCESS;
END ARCHITECTURE rtl;
```

2．JK 触发器

带有复位/置位功能的 JK 触发器的电路符号如图 8-21 所示。JK 触发器的输入端有置位输入 pset、复位输入 clr、控制输入 j 和 k、时钟信号输入 clk，输出端有正向输出端 q 和反向输出端 qb。JK 触发器的真值表如表 8-8 所示。表中，q0 表示原状态不变，翻转表示改变原来的状态，如原来为“0”则变成“1”，原来为“1”则变成“0”。

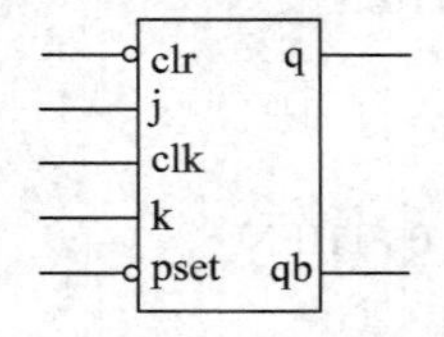

图 8-21　JK 触发器

表 8-8　JK 触发器的真值表

输　入　端					输 出 端	
pset	clr	clk	j	k	q	qb
0	1	X	X	X	1	0
1	0	X	X	X	0	1
0	0	X	X	X	X	X
1	1	↑	0	1	0	1
1	1	↑	1	1	翻转	翻转
1	1	↑	0	0	q0	NOT q0
1	1	↑	1	0	1	0
1	1	0	X	X	q0	NOT q0

【例 8-34】　用 VHDL 描述 JK 触发器的程序实例如下：

```
LIBRARY IEEE;
USE IEEE.STD_LOGIC_1164.ALL;
ENTITY jkdff IS
PORT(pset, clr, clk, j, k: IN STD_LOGIC;
      q, qb: OUT STD_LOGIC);
END ENTITY jkdff;
ARCHITECTURE rtl OF jkdff IS
SIGNAL q_s, qb_s: STD_LOGIC;
BEGIN
   PROCESS(pset, clr, clk, j, k) IS
   BEGIN
      IF (pset = '0') THEN
         q_s <= '1';
         qb_s <= '0';
      ELSIF (clr = '0') THEN
         q_s <= '0';
         qb_s <= '1';
      ELSIF (clk 'EVENT AND clk = '1') THEN
         IF (j = '0') AND (k = '1') THEN
            q_s <= '0';
            qb_s <= '1';
         ELSIF (j = '1') AND (k = '0') THEN
            q_s <= '1';
            qb_s <= '0';
```

```
        ELSIF (j = '1') AND (k = '1') THEN
            q_s <= NOT q_s;
            qb_s <= NOT qb_s;
        END IF;
      END IF;
      q <= q_s;
      qb <= qb_s;
    END PROCESS;
END ARCHITECTURE rtl;
```

例 8-34 中的复位和置位显然也是非同步的，且 pset 的优先级比 clr 高。也就是说，当 pset = '0' 且 clr = '0' 时，q 将输出“1”，qb 输出“0”。这种结果和表 8-8 所示的真值表是不一致的。为了避免这种情况，程序可以改写成例 8-35 所示。

【例 8-35】 例 8-34 改写以后的程序。

```
ARCHITECTURE rtl OF jkdff IS
SIGNAL q_s, qb_s: STD_LOGIC;
BEGIN
   PROCESS(pset, clr, clk, j, k) IS
   BEGIN
     IF (pset = '0') AND (clr = '1') THEN
        q_s <= '1';
        qb_s <= '0';
     ELSIF (pset = '1') AND (clr = '0') THEN
        q_s <= '0';
        qb_s <= '1';
     ELSIF (clk 'EVENT AND clk = '1') THEN
       IF (j = '0') AND (k = '1') THEN
         q_s <= '0';
         qb_s <= '1';
       ELSIF (j = '1') AND (k = '0') THEN
         q_s <= '1';
         qb_s <= '0';
         ELSIF (j = '1') AND (k = '1') THEN
         q_s <= NOT q_s;
         qb_s <= NOT qb_s;
       END IF;
     END IF;
     q <= q_s;
     qb <= qb_s;
   END PROCESS;
```

```
END ARCHITECTURE rtl;
```

在例 8-35 中，pset = '0'，clr = '0' 这种情况未加以考虑，那么在逻辑综合时，其输出是未知的。

8.2.3 寄存器

寄存器一般由多位触发器连接而成，通常有锁存寄存器和移位寄存器等。下面主要介绍移位寄存器。

1．串行输入、串行输出移位寄存器

串行输入、串行输出移位寄存器的电原理图如图 8-22 所示。它具有两个输入端(数据输入端 a 和时钟输入端 clk)与一个数据输出端 b。图中所示为 8 位的串行移位寄存器，在时钟信号的作用下，前级的数据向后级移动。该 8 位移位寄存器由 8 个 D 触发器构成。

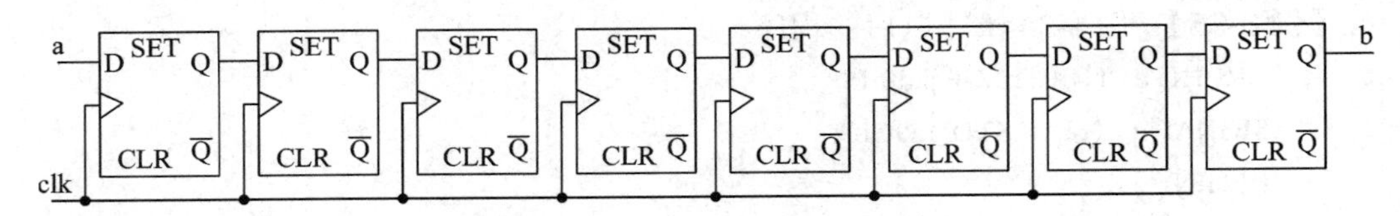

图 8-22　串行输入、串行输出的 8 位移位寄存器

【例 8-36】利用 GENERATE 语句和 D 触发器的描述写出的 8 位移位寄存器的 VHDL 程序如下：

```
LIBRARY IEEE;
USE IEEE.STD_LOGIC_1164.ALL;
ENTITY shift8 IS
PORT(a, clk: IN STD_LOGIC;
        b: OUT STD_LOGIC);
END ENTITY shift8;
ARCHITECTURE sample OF shift8 IS
   COMPONENT dff IS
   PORT(d, clk: IN STD_LOGIC;
           q: OUT STD_LOGIC);
   END COMPONENT;
   SIGNAL z: STD_LOGIC_VECTOR (0 TO 8);
BEGIN
   z(0) <= a;
   g1: FOR i IN 0 TO 7 GENERATE
   dffx:dff PORT MAP (z(i), clk, z(i+1));
   END GENERATE;
    b <= z(8);
END ARCHITECTURE sample;
```

例 8-36 中把 dff 看作已经生成的元件，然后利用 GENERATE 来循环生成串行连接的 8 个 D 触发器。

【例 8-37】 8 位移位寄存器直接利用信号来连接的描述如下：

```
LIBRARY IEEE;
USE IEEE.STD_LOGIC_1164.ALL;
ENTITY shift8 IS
PORT(a, clk: IN STD_LOGIC;
        b: OUT STD_LOGIC);
END ENTITY shift8;
ARCHITECTURE rtl OF shift8 IS
SIGNAL dfo_1, dfo_2, dfo_3, dfo_4, dfo_5, dfo_6, dfo_7, dfo_8:STD_LOGIC;
BEGIN
  PROCESS(clk)IS
  BEGIN
     IF (clk 'EVENT AND clk = '1') THEN
        dfo_1 <= a;
        dfo_2 <= dfo_1;
        dfo_3 <= dfo_2;
        dfo_4 <= dfo_3;
        dfo_5 <= dfo_4;
        dfo_6 <= dfo_5;
        dfo_7 <= dfo_6;
        dfo_8 <= dfo_7;
        b <= dfo_8;
      END IF;
   END PROCESS;
END ARCHITECTURE rtl;
```

在第 4 章中已经提到了变量赋值和信号代入的区别，其中特别强调：即使执行了信号代入语句，被代入的信号量的值在当时并没有发生改变，直到进程结束，代入过程才同时发生。因此，例 8-37 这样描述是正确的。如果将例 8-37 中的信号量改成变量，代入符“<=”改成赋值符“:=”，那么该程序所描述的是否仍为一个 8 位移位寄存器？这一点请读者根据已学知识进行思考。

2．循环移位寄存器

在计算机的运算操作中经常用到循环移位，它可以用硬件电路来实现。一个 8 位循环左移的寄存器的电路符号如图 8-23 所示。该电路有 8 个数据输入端 din(0)～din(7)、移位和数据输出控制端 enb、时钟信号输入端 clk、移位位数控制输入端 s(0)～s(2)、8 位数据输出端 dout(0)～dout(7)。循环左移操作的示意图如图 8-24 所示。

当 enb = 1 时，根据 s(0)～s(2)输入的数，确定在时钟脉冲作用下，循环左移几位。图

8-24 所示是循环左移了 3 位。当 enb = 0 时，din 直接输出至 dout。

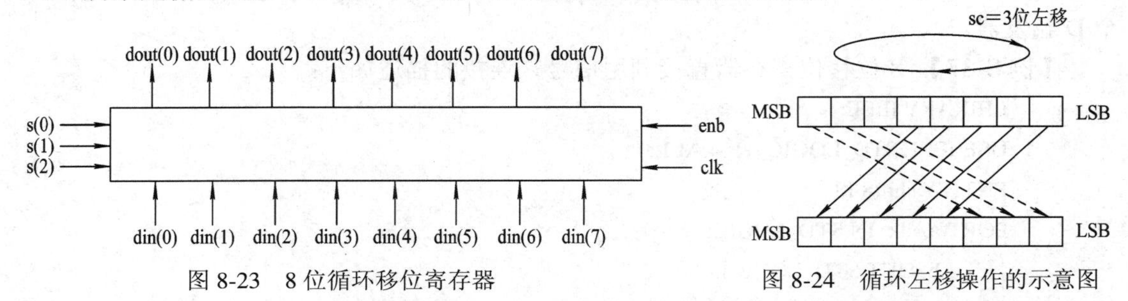

图 8-23　8 位循环移位寄存器　　图 8-24　循环左移操作的示意图

为了生成 8 位循环左移的寄存器，在对其进行描述时要调用包集合 CPAC 中的循环左移函数。

【例 8-38】 在 CPAC 中循环左移函数的描述如下：

```
LIBRARY IEEE;
USE IEEE.STD_LOGIC_1164.ALL;
USE IEEE.STD_LOGIC_ARITH.ALL;
USE IEEE.STD_LOGIC_UNSIGNED.ALL;
PACKAGE CPAC IS
FUNCTION shift(din: STD_LOGIC_VECTOR(7 DOWNTO 0);
               enb: STD_LOGIC;
               s: STD_LOGIC_VECTOR(2 DOWNTO 0))
                 RETURN STD_LOGIC_VECTOR;
END PACKAGE CPAC;
PACKAGE BODY CPAC IS
FUNCTION shift(din: STD_LOGIC_VECTOR(7 DOWNTO 0);
               enb: STD_LOGIC;
               s: STD_LOGIC_VECTOR(2 DOWNTO 0))
               RETURN STD_LOGIC_VECTOR IS
          VARIABLE dout_v: STD_LOGIC_VECTOR(7 DOWNTO 0);
          VARIABLE sc: INTEGER RANGE 0 TO 7;
          VARIABLE s1, s_s: STD_LOGIC_VECTOR(2 DOWNTO 0);

         BEGIN
           s1 := enb&enb&enb;
           s_s := s AND s1;
           sc := CONV_INTEGER(s_s);
            CASE sc IS
               WHEN 0 =>
                dout_v := din;
               WHEN 1 => dout_v(7 DOWNTO 1) := din(6 DOWNTO 0);
```

```
                    dout_v(0) := din(7);
              WHEN 2 => dout_v(7 DOWNTO 2) := din(5 DOWNTO 0);
                    dout_v(1 DOWNTO 0) := din(6 TO 7);
              WHEN 3 => dout_v(7 DOWNTO 3) := din(4 DOWNTO 0);
                    dout_v(2 DOWNTO 0) := din(5 TO 7);
              WHEN 4 => dout_v(7 DOWNTO 4) := din(3 DOWNTO 0);
                    dout_v(3 DOWNTO 0) := din(4 TO 7);
              WHEN 5 => dout_v(7 DOWNTO 5) := din(2 DOWNTO 0);
                    dout_v(4 DOWNTO 0) := din(3 TO 7);
              WHEN 6 => dout_v(7 DOWNTO 6) := din(1 DOWNTO 0);
                    dout_v(5 DOWNTO 0) := din(2 TO 7);
              WHEN 7 => dout_v(7) := din(0);
                    dout_v(6 DOWNTO 0) := din(1 TO 6);
              WHEN OTHERS => NULL;
             END CASE;
        RETURN dout_v;
    END FUNCTION shift;
  END PACKAGE BODY CPAC;
```

【例 8-39】 利用 CPAC 中循环左移函数描述 8 位循环左移寄存器的程序如下：

```
LIBRARY IEEE;
USE IEEE.STD_LOGIC_1164.ALL;
USE IEEE.STD_LOGIC_ARITH.ALL;
USE WORK.CPAC.ALL;
ENTITY bsr IS
PORT(din: IN STD_LOGIC_VECTOR (7 DOWNTO 0);
     s: IN STD_LOGIC_VECTOR (2 DOWNTO 0);
     clk, enb:IN STD_LOGIC;
     dout: OUT STD_LOGIC_VECTOR (7 DOWNTO 0));
END ENTITY bsr;
ARCHITECTURE rtl OF bsr IS
SIGNAL dout_s: STD_LOGIC_VECTOR (7 DOWNTO 0);
BEGIN
   PROCESS(clk) IS
   BEGIN
       IF rising_edge(clk) THEN
         dout <= shift(din,enb,s);
       END IF;
   END PROCESS;
END ARCHITECTURE rtl;
```

3．带清零端的 8 位并行装载移位寄存器

该移位寄存器就是 TTL 手册中的 74166，其引脚图如图 8-25 所示。

图中各引脚的名称及功能如下：

a～h——8 位并行数据输入端；

se——串行数据输入端；

q——串行数据输出端；

clk——时钟信号输入端；

fe——时钟信号禁止端；

s/l——移位/装载控制端；

clr——清零端。

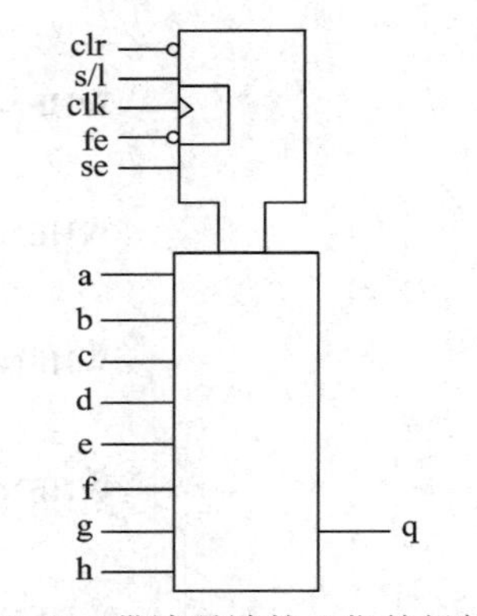

图 8-25　带清零端的 8 位并行装载移位寄存器

其真值表如表 8-9 所示。

表 8-9　带清零端的 8 位并行装载移位寄存器的真值表

输　入						内部输出		输出
clr	s/l	fe	clk	a～h	se	qa	qb～qh	Qh = q
0	X	X	X	X	X	0	0	0
1	X	0	0	X	X	不改变		不改变
1	X	1	X	X	X	不改变		不改变
1	0	0	↑		X	a～h 装入 qa～qh		
1	1	0	↑	X		se	右移一位	

从表 8-9 中可以看到，当清零输入端 clr 为“0”时，8 位寄存器的输出均为“0”，从而使 q 输出也为“0”。fe 是时钟禁止端，当它为“1”时将禁止时钟，即不管时钟信号如何变化，移位寄存器的状态不发生改变。另外，时钟信号只在上升沿时才有效，此时 fe = 0。如果时钟信号的上升沿未到来，则移位寄存器的状态仍不会发生变化。s/l 是移位/装载控制信号。当 s/l = 1 时是移位状态，在时钟信号上升沿的控制下，向右移一位，串行输入端 se 的信号将移入 qa 位，而 q 的输出将是移位前的内部 qg 输出；当 s/l = 0 时是装载状态，在时钟脉冲上升沿的作用下，数据输入端 a～h 的信号就装载到移位寄存器的 qa～qh。

【例 8-40】 用 VHDL 编写的描述 74166 功能的程序如下：

```
LIBRARY IEEE;
USE IEEE.STD_LOGIC_1164.ALL;
ENTITY sreg8parlwclr IS
PORT(clr, sl, fe, clk, se, a, b, c, d, e, f, g, h: IN STD_LOGIC;
     q: OUT STD_LOGIC);
END ENTITY sreg8parlwclr;
ARCHITECTURE behav OF sreg8parlwclr IS
SIGNAL tmpreg8: STD_LOGIC_VECTOR (7 DOWNTO 0);
BEGIN
```

```
PROCESS(clr, sl, fe, clk) IS
   IF (clr = '0') THEN
      tmpreg8 <= "00000000";
      q <= tmpreg8(7);
   ELSE (clk 'EVENT) AND (clk = '1') AND (fe = '0') THEN
     IF (sl = '0') THEN
        tmpreg8(0) <= a; tmpreg8(1) <= b; tmpreg8(2) <= c;
        tmpreg8(3) <= d; tmpreg8(4) <= e; tmpreg8(5) <= f;
        tmpreg8(6) <= g; tmpreg8(7) <= h;
        q <= tmpreg8(7);
     ELSIF (sl = '1') THEN
        FOR i IN tmpreg8'HIGH DOWNTO tmpreg8'LOW+1 LOOP
           tmpreg8(i) <= tmpreg8(i-1);
        END LOOP;
        tmpreg8(tmpreg8'LOW) <= se;
        q <= tmpreg8(7);
     END IF;
   END IF;
 END PROCESS;
END ARCHITECTURE behav;
```

8.2.4　计数器

计数器分为同步计数器和异步计数器两种。计数器是一个典型的时序电路，分析计数器就能更好地了解时序电路的特性。

1．同步计数器

所谓同步计数器，就是在时钟脉冲(计数脉冲)的控制下，构成计数器的各触发器状态同时发生变化。

1) 带允许端的十二进制计数器

该计数器由 4 个触发器构成，clr 输入端用于清零，en 端用于控制计数器工作，clk 为时钟脉冲(计数脉冲)输入端，qa、qb、qc、qd 为计数器的 4 位二进制计数值输出端。该计数器的真值表如表 8-10 所示。

表 8-10　带允许端的十二进制计数器的真值表

输入端			输出端			
clr	en	clk	qd	qc	qb	qa
1	X	X	0	0	0	0
0	0	X	不变	不变	不变	不变
0	1	↑	计数值加 1			

【例 8-41】 带允许端的十二进制计数器用 VHDL 描述的程序如下：

```
LIBRARY IEEE;
USE IEEE.STD_LOGIC_1164.ALL;
USE IEEE.STD_LOGIC_UNSIGNED.ALL;
ENTITY count12en IS
PORT(clk, clr, en: IN STD_LOGIC;
       qa, qb, qc, qd: OUT STD_LOGIC);
END ENTITY count12en;
ARCHITECTURE rtl OF count12en IS
SIGNAL count_4:STD_LOGIC_VECTOR (3 DOWNTO 0);
BEGIN
  qa <= count_4(0);
  qb <= count_4(1);
  qc <= count_4(2);
  qd <= count_4(3);
  PROCESS(clk, clr) IS
  BEGIN
    IF (clr = '1') THEN
      count_4 <= "0000";
    ELSIF (clk 'EVENT AND clk = '1') THEN
      IF (en = '1') THEN
        IF (count_4 = "1011" ) THEN
           count_4 <= "0000";
           ELSE
           count_4 <= count_4+'1';
        END IF;
      END IF;
    END IF;
  END PROCESS;
END ARCHITECTURE rtl;
```

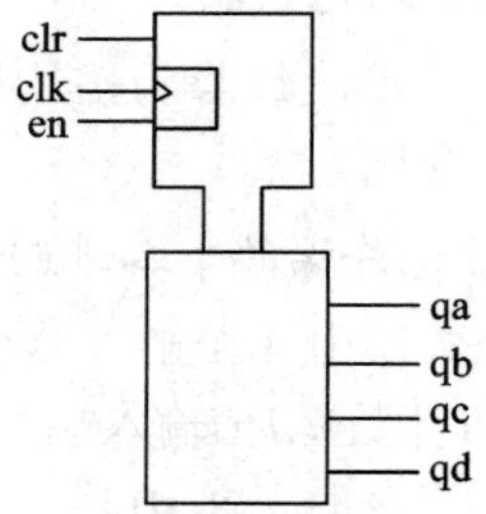

图 8-26 带允许端的十二进制计数器电路

该程序对应电路的引脚图如图 8-26 所示。

2) 可逆计数器

所谓可逆计数器，就是根据计数控制信号的不同，在时钟脉冲作用下，计数器可以进行加 1 操作或者减 1 操作。

可逆计数器有一个特殊的控制端，即 updn 端。当 updn = '1' 时，计数器进行加 1 操作；当 updn = '0' 时，计数器进行减 1 操作。一种 6 位二进制可逆计数器的真值表如表 8-11 所示。

表 8-11 6 位二进制可逆计数器的真值表

输入端			输出端					
clr	updn	clk	qf	qe	qd	qc	qb	qa
1	X	X	0	0	0	0	0	0
0	1	↑	计数器加 1 操作					
0	0	↑	计数器减 1 操作					

【例 8-42】 用 VHDL 所描述的 6 位二进制可逆计数器的程序如下：

```
LIBRARY IEEE;
USE IEEE.STD_LOGIC_1164.ALL;
USE IEEE.STD_LOGIC_UNSIGNED.ALL;
ENTITY updncount64 IS
PORT(clk, clr, updn: STD_LOGIC;
      qa, qb, qc, qd, qe, qf: OUT STD_LOGIC);
END ENTITY updncount64;
ARCHITECTURE rtl OF updncount64 IS
SIGNAL count_6:STD_LOGIC_VECTOR (5 DOWNTO 0);
BEGIN
   qa <= count_6(0);
   qb <= count_6(1);
   qc <= count_6(2);
   qd <= count_6(3);
   qe <= count_6(4);
   qf <= count_6(5);
  PROCESS(clr, clk) IS
  BEGIN
    IF (clr = '1') THEN
        count_6 <= (OTHERS => '0');
    ELSIF (clk'EVENT AND clk = '1') THEN
      IF (updn = '1') THEN
        count_6 <= count_6+'1';
      ELSE
        count_6 <= count_6-'1';
      END IF;
    END IF;
  END PROCESS;
END ARCHITECTURE rtl;
```

该程序对应电路的引脚图如图 8-27 所示。

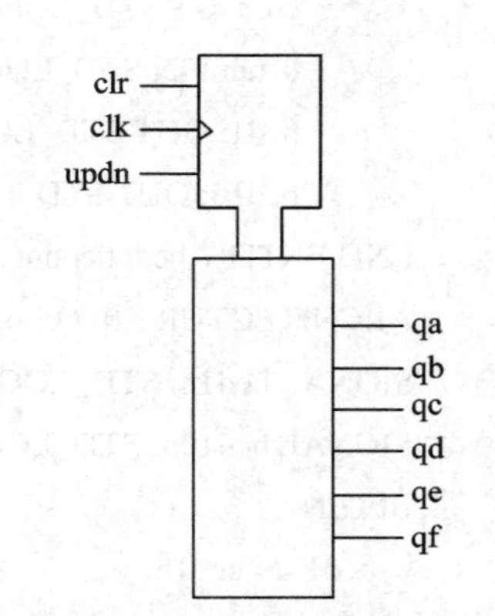

图 8-27 6 位二进制可逆计数器电路

3) 六十进制计数器

众所周知，用一个4位二进制计数器可以构成1位十进制计数器，即可以构成1位BCD计数器，而2位十进制计数器连接起来可以构成一个六十进制计数器。六十进制计数器常用于时钟计数。

一个六十进制计数器的电路引脚图如图8-28所示。

六十进制计数器的输入和输出端的名称及功能说明如下：

clk——时钟输入端；

bcd1wr——个位写控制端；

bcd10wr——十位写控制端；

cin——进位输入端；

co——进位输出端；

datain——数据输入端，共有4条输入线datain(0)～datain(3)；

bcd1——计数值个位输出，共有4条输出线bcd1(0)～bcd1(3)；

bcd10——计数值十位输出，共有3条输出线bcd10(0)～bcd10(2)。

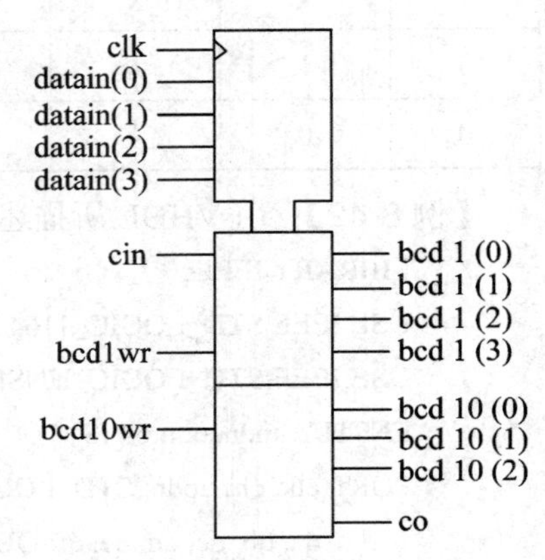

图8-28　六十进制计数器电路

在该六十进制计数器的电路中，bcd1wr和bcd10wr与datain配合，以实现对六十进制计数器的个位和十位的装载操作，即可以实现对个位和十位值的预置操作。应注意，在对个位和十位进行预置操作时，datain 输入端是公用的，因而个位和十位的预置操作必定要串行进行。

【例8-43】 利用VHDL描述六十进制计数器的程序如下：

```
LIBRARY IEEE;
USE IEEE.STD_LOGIC_1164.ALL;
USE IEEE.STD_LOGIC_UNSIGNED.ALL;
ENTITY bcd60count IS
PORT(clk, bcd1wr, bcd10wr, cin: STD_LOGIC;
        co: OUT STD_LOGIC;
        datain: IN STD_LOGIC_VECTOR (3 DOWNTO 0);
        bcd1: OUT STD_LOGIC_VECTOR (3 DOWNTO 0);
        bcd10: OUT STD_LOGIC_VECTOR (2 DOWNTO 0));
END ENTITY bcd60count;
ARCHITECTURE rtl OF bcd60count IS
SIGNAL bcd1n: STD_LOGIC_VECTOR (3 DOWNTO 0);
SIGNAL bcd10n: STD_LOGIC_VECTOR (2 DOWNTO 0);
BEGIN
  bcd1 <= bcd1n;
  bcd10 <= bcd10n;
  PROCESS(clk, bcd1wr) IS
```

```
  BEGIN
    IF (bedlwr = '1') THEN
      bcdln <= datain;
    ELSIF (clk 'EVENT AND clk = '1') THEN
      IF (cin = '1') THEN
        IF (bcdln = 9) THEN
          bcdln <= "0000";
        ELSE
          bcdln <= bcdln+1;
        END IF;
      END IF;
    END IF;
  END PROCESS;
  PROCESS(clk, bcd10wr) IS
  BEGIN
    IF (bcd10wr = '1') THEN
      bcd10n <= datain (2 DOWNTO 0);
    ELSIF (clk 'EVENT AND clk = '1') THEN
      IF (cin = '1' AND bcdln = 9) THEN
        IF (bcd10n = 5) THEN
          bcd10n <= "000";
        ELSE
          bcd10n <= bcd10n+1;
        END IF;
      END IF;
    END IF;
  END PROCESS;
  PROCESS(bcd10n, bcd1n, cin) IS
  BEGIN
    IF (cin = '1' AND bcd1n = 9 AND bcd10n = 5) THEN
      co <= '1';
    ELSE
      co <= '0';
    END IF;
  END PROCESS;
END ARCHITECTURE rtl;
```

在例 8-43 中，第一个进程处理个位计数，第二个进程处理十位计数，第三个进程处理进位输出 co 的输出值。应注意，个位和十位的计数条件是不一样的。

2. 异步计数器

异步计数器又称行波计数器，它的下一位计数器的输出作为上一位计数器的时钟信号，这样一级一级串行连接起来就构成了一个异步计数器。

异步计数器与同步计数器的不同之处就在于时钟脉冲的提供方式，异步计数器同样可以构成各种各样的计数器。但是，由于异步计数器采用行波计数，因而使计数延迟增加，在要求延迟小的领域受到了很大限制。尽管如此，由于它的电路简单，故仍有广泛的应用。

用 VHDL 描述异步计数器与上述同步计数器的不同之处主要表现在对各级时钟脉冲的描述上，这一点请读者在阅读例程时多加注意。

【例 8-44】 一个由 8 个触发器构成的行波计数器的程序如下：

```
LIBRARY IEEE;
USE IEEE.STD_LOGIC_1164.ALL;
ENTITY dffr IS
PORT(clk, clr, d: IN STD_LOGIC;
        q, qb: OUT STD_LOGIC);
END ENTITY dffr;
ARCHITECTURE rtl OF dffr IS
SIGNAL q_in: STD_LOGIC;
BEGIN
  qb <= NOT q_in;
  q <= q_in;
  PROCESS(clk, clr) IS
  BEGIN
    IF (clr = '1') THEN
        q_in <= '0';
    ELSIF (clk'EVENT AND clk = '1') THEN
       q_in <= d;
    END IF;
  END PROCESS;
END ARCHITECTURE rtl;
LIBRARY IEEE;
USE IEEE.STD_LOGIC_1164.ALL;
ENTITY rplcont IS
PORT(clk, clr: IN STD_LOGIC;
        count: OUT STD_LOGIC_VECTOR (7 DOWNTO 0));
END ENTITY rplcont;
ARCHITECTURE rtl OF rplcont IS
SIGNAL count_in_bar: STD_LOGIC_VECTOR (8 DOWNTO 0);
COMPONENT dffr IS
PORT(clk, clr, d: IN STD_LOGIC;
```

```
        q, qb: OUT STD_LOGIC);
  END COMPONENT;
  BEGIN
    count_in_bar(0) <= clk;
    gen1: FOR i IN 0 TO 7 GENERATE
    U: dffr PORT MAP (clk => count_in_bar(i),
       clr => clr, d => count_in_bar(i+1),
       q => count(i), qb => count_in_bar(i+1));
    END GENERATE;
  END ARCHITECTURE rtl;
```

8 位行波计数器的电原理图如图 8-29 所示。

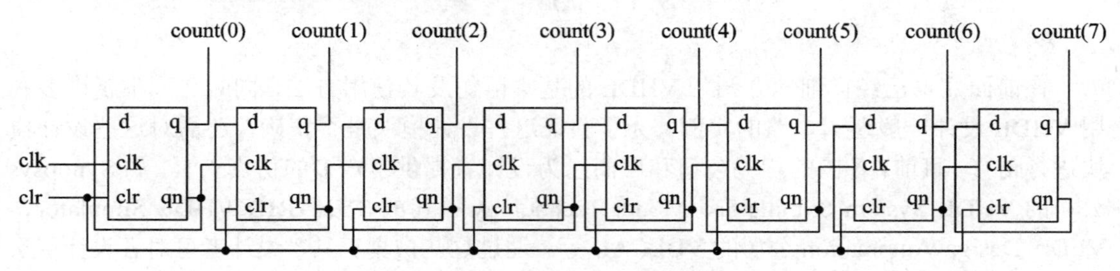

图 8-29　8 位行波计数器的电原理图

习题与思考题

8.1　试设计一个 2 位二进制的加法器。

8.2　试设计一个 2 位的 BCD 计数器。

8.3　同步计数器和异步计数器在设计时有哪些区别？试用一个六进制计数器和一个十进制计数器构成一个六十进制同步计数器。

8.4　某一输入/输出接口电路的引脚如图 8-30 所示。

当 $\overline{WR}=0$，CS=0 时，将 D0～D7 的 8 位数据写入输出锁存器锁存，P0～P7 输出 D0～D7 的数据。当 $\overline{RD}=0$，$\overline{CS}=0$ 时，P0～P7 的 8 位数据经缓冲器从 D0～D7 输入，输入数据不被锁存。试用 VHDL 设计该接口电路。

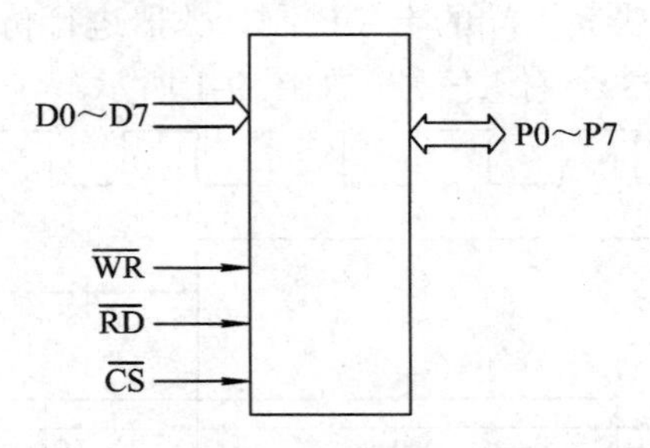

图 8-30　某一输入/输出接口电路的引脚图

第 9 章　仿真与逻辑综合

本章对利用 VHDL 设计硬件系统的两个重要步骤(仿真和逻辑综合)进行了详细介绍。

9.1　仿　　真

在前面几章已经详细地介绍了 VHDL 的基本语句及其使用方法，同时还列举了许多利用 VHDL 设计一般逻辑电路的实例。为了验证这些设计模块是否正确，还需对这些设计模块进行仿真。目前，各国的相关公司和厂商已为设计者提供了众多的仿真工具，如 Synopsys 公司的 VHDL System Symulator、Model Technology 公司的 SYNARIO VHDL Simulator、VEDA Design Automation 公司的 VULCAL 等。通过这些仿真工具，设计者可对各设计层次的设计模块进行仿真，以确定这些设计模块的功能、逻辑关系及定时关系是否满足设计要求。所以，仿真是利用 VHDL 进行硬件设计的一个必不可少的步骤，它贯穿设计的整个过程。

如第 1 章所述，在硬件系统设计过程中一般要进行 3 次仿真：行为级仿真、RTL 级仿真和门级仿真。各级所要达到的仿真目的是不一样的，同时对 VHDL 的描述要求也有所不同。下面就仿真中的几个主要问题作一介绍。

9.1.1　仿真输入信息的产生

硬件系统通常是通过输入信号来驱动的，在不同输入信号的情况下其行为表现是产生不同的输出结果。因此仿真输入信息的产生是对系统进行仿真的重要前提，也是必须进行的步骤。仿真信息的产生通常有三种方法：程序直接产生法、读 TEXIO 文件产生法和仿真波形输入法。

1. 程序直接产生法

所谓程序直接产生法，就是由设计者设计一段 VHDL 程序，由该程序直接产生仿真的输入信息。例如要对例 8-41 带允许端的十二进制计数器进行仿真。该计数器有 3 个输入端，仿真时要产生 clr、en 和 clk 3 个输入信号，如图 9-1 所示。

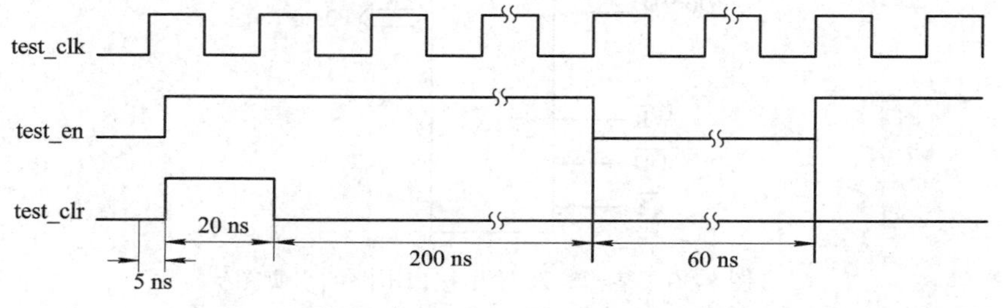

图 9-1　带允许端的十二进制计数器的仿真输入信号

3 个输入信号之间有严格的定时关系。这些定时波形可以用进程来产生。例如：

```
        ⋮
CONSTANT clk_cycle:TIME := 20 ns;
        ⋮
PROCESS
BEGIN
    test_clk <= '1';
    WAIT FOR clk_cycle/2;
    test_clk <= '0';
    WAIT FOR clk_cycle/2;
END PROCESS;
```

（以上进程：产生周期为 20 ns 的时钟信号）

```
PROCESS
BEGIN
    test_clr <= '0';
    test_en <= '1';
    WAIT FOR clk_cycle/4;
    test_clr <= '1';
    WAIT FOR clk_cycle;
    test_clr <= '0';
    WAIT FOR clk_cycle*10;
    test_en <= '0';
    WAIT FOR clk_cycle*3;
    test_en <= '1';
    WAIT;
END PROCESS;
```

（以上进程：产生复位和允许信号）

上例中的第一个进程产生周期为 20 ns 的时钟脉冲 test_clk。开始，test_clk = '1'，保持 10 ns。然后，test_clk = '0'，再保持 10 ns，得到一个时钟周期。该进程没有指定敏感量，因此当进程执行到最后一条语句后又返回到最前面，开始执行进程的第一条语句。如此循环往复，就能产生出一串周期为 20 ns 的时钟脉冲。

上例中的第二个进程用来产生初始的复位(清除)信号和计数允许信号。该进程可产生宽 20 ns 的复位信号，复位 260 ns 后再使 test_en 有效(置为“1”)，从而使计数器进入正常的计数状态。该进程的最后一条语句是 WAIT 语句，它表明该进程只执行一次，进程在 WAIT 语句上处于无限制的等待状态。

【例 9-1】 利用程序直接产生输入信号。

```
LIBRARY IEEE;
USE IEEE.STD_LOGIC_1164.ALL;
USE IEEE.STD_LOGIC_UNSIGNED.ALL;
ENTITY test_count12en IS
END ENTITY test_count12en;
ARCHITECTURE siml OF test_count12en IS
```

```
COMPONENT count12en  IS
PORT(clk, clr, en: IN STD_LOGIC;
      qa, qb, qc, qd: OUT STD_LOGIC);
END COMPONENT count12en;
CONSTANT clk_cycle: TIME := 20 ns;
SIGNAL test_clk, test_clr,test_en: STD_LOGIC;
SIGNAL t_qa, t_qb, t_qc, t_qd: STD_LOGIC;
BEGIN
  U0: count12en PORT MAP (clk => test_clk, clr => test_clr, en => test_en, qa => t_qa,
                          qb => t_qb, qc => t_qc, qd => t_qd);
PROCESS
BEGIN
  test_clk <= '1';
  WAIT FOR clk_cycle/2;
  test_clk <= '0';
  WAIT FOR clk_cycle/2;
END PROCESS;
PROCESS
BEGIN
  test_clr <= '0';
  test_en <= '1';
  WAIT FOR clk_cycle/4;
  test_clr <= '1';
  WAIT FOR clk_cycle;
  test_clr <= '0';
  WAIT FOR clk_cycle*10;
  test_en <= '0';
  WAIT FOR clk_cycle*3;
  test_en <= '1';
  WAIT;
END PROCESS;
END ARCHITECTURE sim1;
```

根据例 9-1 的仿真程序可以得到仿真波形如图 9-2 所示。

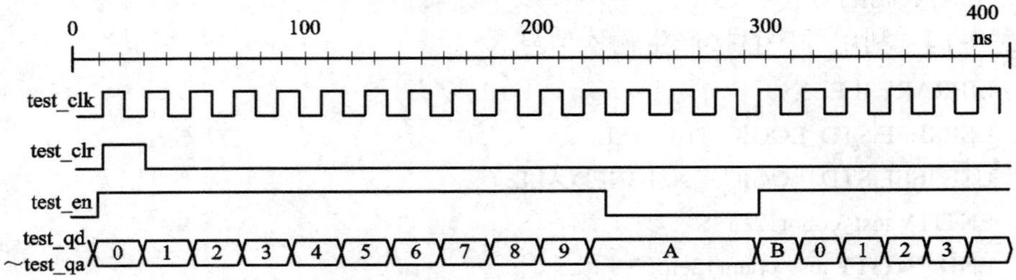

图 9-2　带允许端的十二进制计数器的仿真波形

2. 读 TEXTIO 文件产生法

在程序直接产生法中，仿真模块的编程人员必须了解输入信号的详细状态和它们与时间的关系，这对编程人员提出了太高的要求。为此，人们设计了一种用数据文件输入仿真的办法，即仿真输入数据按定时要求按行存于一个文件(即 TEXTIO 文件)中。在仿真时，根据定时要求按行读出，并赋予相应的输入信号。图 9-3(a)就是根据例 9-1 的仿真输入信号要求所设计的 TEXTIO 文件 bar.in。

```
0 0          仿真时刻   8 ns    0    计数器 count
1 0                    18 ns   0    输出值
0 0                    28 ns   0
1 1                    38 ns   1
0 1                    48 ns   1
1 1                    58 ns   2
0 1                    68 ns   2
1 1                    78 ns   3
0 1                    88 ns   3
1 1                    98 ns   4
0 1                   108 ns   4
1 1                   118 ns   5
0 1                   128 ns   5
1 1                   138 ns   6
                      148 ns   6
 ⋮                    158 ns   7
                      168 ns   7
1 1                   178 ns   0
0 1                     ⋮      ⋮
1 1
0 1                   488 ns   7
1 1                   498 ns   0

(a)                     (b)
```

图 9-3　TEXTIO 文件 bar.in 的文件格式

(a) 输入文件 bar.in；(b) 输出文件 bar.out

在 bar.in 文件中每行包含 2 位数据，第 1 位为 clk，第 2 位为 reset，。每行数据之间的定时间隔为 10 ns。如果在程序中每隔 10 ns 读入一行数据，并将读入值赋予对应的 clk、reset，那么就产生了仿真输入信号。这一点利用 TEXTIO 中的 READLINE 和 READ 语句很容易实现。例如：

```
        ⋮
    FILE inv: TEXT IS IN "bar.in";
    FILE outv: TEXT IS OUT "bar.out";
    CONSTANT clk_cycle: TIME := 10 ns;
    CONSTANT stb: TIME := 2 ns;
        ⋮
BEGIN
        --测试示例
        uut: cn8 PORT MAP ( clk => clkin,
                            reset => resetin,
                            count => count );
PROCESS
```

```
VARIABLE li, lo: LINE;
VARIABLE clk, reset: STD_LOGIC;
VARIABLE count_wr : STD_LOGIC_VECTOR(3 DOWNTO 0);
BEGIN
    READLINE(inv, li);
    READ (li, clk);
    READ (li, reset);
    clkin <= clk;
    resetin <= reset;
        ⋮
```

该例描述了每隔 10 ns 从 bar.in 文件中读入一行数据，并将其对应值赋予 clk.in、reset.in 的情况。该进程除非碰到了 bar.in 文件的末尾标志，否则该进程中的语句将循环执行。这样就产生了所需的八进制计数器仿真输入信号。

利用仿真输入信号的具体仿真模块的实例如例 9-2 所示。仿真结果从输出文件 bar.out 中得到，如图 9-3(b)所示。

【例 9-2】 利用仿真输入信号的具体仿真模块的实例。

```
LIBRARY IEEE;
LIBRARY STD;
USE IEEE.STD_LOGIC_1164.ALL;
USE IEEE.STD_LOGIC_UNSIGNED.ALL;
USE IEEE.NUMERIC_STD.ALL;
USE IEEE.STD_LOGIC_TEXTIO.ALL;
USE STD.TEXTIO.ALL;
ENTITY simtop_vhd1 IS
END ENTITY simtop_vhd1;
ARCHITECTURE behavior OF simtop_vhd1 IS
    -- 测试元件说明
    COMPONENT cn8
    PORT( clk : IN STD_LOGIC;
            RESET : IN STD_LOGIC;
            count: OUT STD_LOGIC_VECTOR(2 DOWNTO 0));
    END COMPONENT;
    --输入
    SIGNAL clkin: STD_LOGIC := '0';
    SIGNAL resetin: STD_LOGIC := '0';
    --输出
    SIGNAL count : STD_LOGIC_VECTOR (2 DOWNTO 0);
    FILE inv: TEXT IS IN "bar.in";
    FILE outv: TEXT IS OUT "bar.out";
```

```
        CONSTANT clk_cycle: TIME := 10 ns;
        CONSTANT stb: TIME := 2 ns;
    BEGIN
        --测试示例
        uut: cn8 PORT MAP(clk => clkin, reset => resetin, count => count);
        PROCESS
        VARIABLE li, lo: LINE;
        VARIABLE clk, reset: STD_LOGIC;
        VARIABLE count_wr: STD_LOGIC_VECTOR (3 DOWNTO 0);
        BEGIN
            READLINE(inv,li);
            READ (li,clk);
            READ (li,reset);
            clkin <= clk;
            resetin <= reset;
            WAIT FOR clk_cycle-stb;
            WRITE (lo,now,left,8);
                count_wr := '0'&count;
            HWRITE (lo,count_wr,right,4);
            WRITELINE (outv,lo);
            WAIT FOR stb;
            IF (ENDFILE(inv)) THEN
                WAIT;
            END IF;
        END PROCESS;
    END ARCHITECTURE behavior;
```

产生输入仿真信号时还应注意的一点是：输入控制信号和时钟信号最好不要在同一仿真时刻发生变化，应与时钟变化沿错开一定时间。这样做的好处是：防止仿真中因判别二者变化的先后不同而出现相反的结果，使仿真结果具有唯一性。这里再次提醒，目前有些EDA 工具仍只支持 87 版的 TEXTIO，本实例也只在 ISE 中进行了验证。

3．仿真波形输入法

这种方法是利用波形编辑工具，编制出整个仿真期间系统每个输入端的定时波形，作为系统仿真的输入信号。这些输入波形以文件形式存于工作库中，例如 MAX+Plus II 就以 .scf 文件格式存于仿真库中。系统在仿真时按不同仿真时刻，顺序提取各输入波形当前的输入值，作为各输入端的仿真输入。

9.1.2　仿真 Δ

仿真 Δ(即仿真中的 Δ 延时)对仿真来说是至关重要的。它能使那些零延时事件得到适当的排序，以便在仿真过程中得到一致的结果。众所周知，用 VHDL 程序来描述系统的硬件时，它所描述的仅仅是系统的行为和构造，最终表现为门电路之间的连接关系。因此，在处理中对某些部分先处理，对另外一些部分后处理，并不要求有非常严格的顺序。例如，某一个组合逻辑电路，其输入为 a 和 b，输出为 q，它由一个反相器、一个与非门和一个与门构成，其连接关系如图 9-4 所示。用 VHDL 描述的对应程序模块如例 9-3 所示。

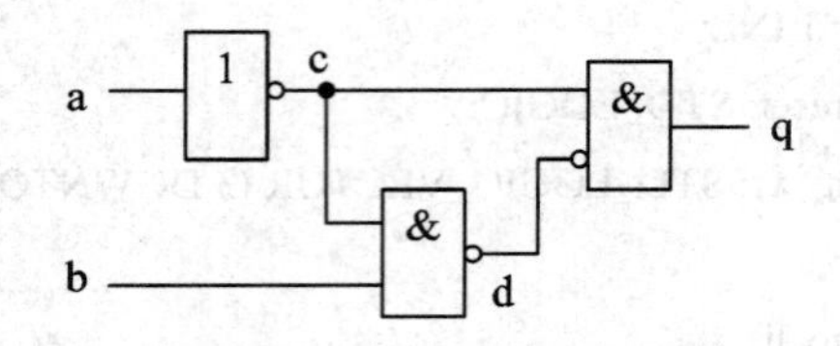

图 9-4　一个组合逻辑电路示例

【例 9-3】 用 VHDL 描述的图 9-4 的对应程序模块。

```
LIBRARY IEEE;
  USE IEEE.STD_LOGIC_1164.ALL;
  ENTITY sample IS
  PORT(a, b: IN STD_LOGIC;
          q: OUT STD_LOGIC);
  END ENTITY sample;
  ARCHITECTURE behav OF sample IS
  SIGNAL c, d: STD_LOGIC;
  BEGIN
      c <= NOT (a);
      d <= NOT (b AND c);
      q <= c AND d;
  END ARCHITECTURE behav;
```

在该模块的构造体中，3 条语句都是信号代入语句，因此它们都是并发语句，只要其敏感量有变化，该语句就被启动执行一次。现在假设信号 b 为“1”，端口 a 的信号有一个变化，即从“1”变成“0”。第一条信号代入语句的敏感量是 a，因此，该语句启动执行一次，使信号量 c 由“0”变为“1”。第二、第三条语句都含有敏感量 c，因此，这两条语句都将启动执行一次。在仿真中第二、第三条语句是并发语句，按理谁先执行，谁后执行，其结果是一样的，但是事实并非如此。下面分析两种不同的情况。

若第三条语句先执行，则由于 d = 1，c = 1，因此，q = 1；接着执行第二条语句，由于 b = 1，c = 1，因此 d = 0。d 由“1”到“0”将再次启动第三条语句执行，此时 d = 0，c = 1，故 q = 0。这样，输出端口 q 就有由“0”变“1”，又由“1”变“0”的一个正跳变化。

若第二条语句先执行，则由于 b = 1，c = 1，因此 d = 0。由于 d 和 c 的变化使第三条语句执行，此时 d = 0，c = 1，因此 q = 0。即使 a 值发生由“1”变“0”的变化，q 值将始终维持为“0”。两种不同情况的 q 输出波形如图 9-5 所示。

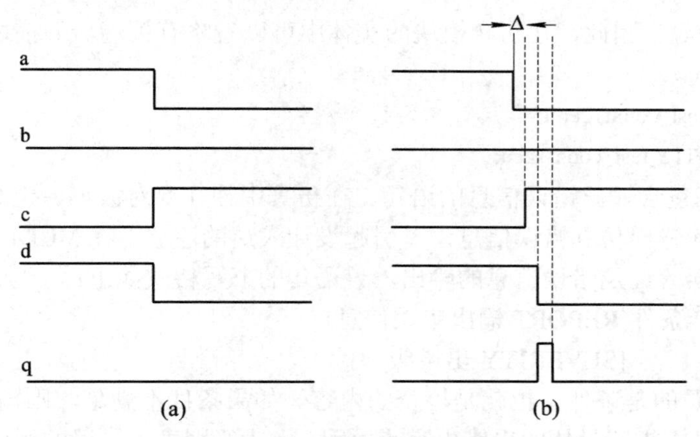

图 9-5　两种不同情况的 q 输出波形

由上面的分析可知，在仿真过程中，仿真次序不一致就会产生不同的仿真结果，这当然是不允许的。为了取得与硬件动作一致的仿真结果，必须引入一个适当的仿真同步机制，使仿真结果和处理次序先后无关。这种仿真同步机制就是 Δ 延时同步机制，也称仿真 Δ 机制。

所谓 Δ 延时同步机制，就是对那些零延时的事件，在仿真中加一个无限小的时间量，例如在 VHDL 中时间量的最小单位为 1 fs(10^{-15} s)，那么 Δ 延时就不能超过这个值。也就是说，即使加有限个 Δ 延时的时间值，也绝不会使其超过仿真时间的最小分辨率。下面以例 9-3 采用 Δ 延时为例作一说明，其仿真过程如图 9-6 所示。

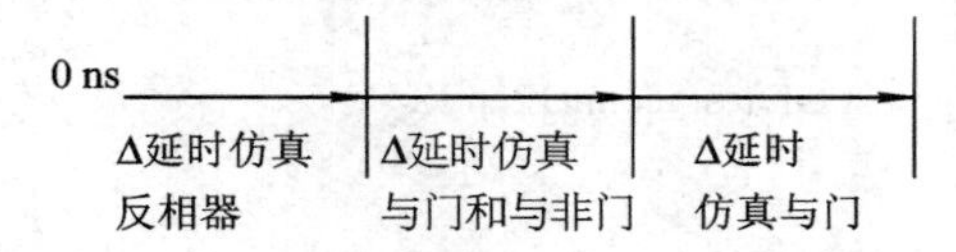

图 9-6　采用 Δ 延时的仿真过程

如图 9-6 所示，对于输入端 a 的一个信号变化，在输出端要出现新的值需要有 3 个仿真 Δ 延时时间。如果 a 信号变化时刻为 0 ns，那么 q 输出端出现新的值的时刻为 0 ns + 3Δ。前面假设 Δ 是一个无限小量，即从仿真角度来看，有限个 Δ 的延时是可以忽略的，相当于 a 有一个自“1”至“0”的跳变，立即使信号 c 产生一个自“0”到“1”的跳变，使信号 d 产生一个自“1”到“0”的跳变，而输出 q 维持原值不变。注意，这些跳变被认为发生在同一仿真时刻 0 ns 处。引入 Δ 延时仅仅是为了便于排出仿真计算的次序，在仿真波形中是不反映计算过程的，而只反映最终的计算结果。这样处理以后，就使得仿真结果和硬件动作完全一致了。

总而言之，在那些零延时的语句中，如例 9-3 中的 3 条代入语句，在仿真时都将加上 Δ 的延时，这样就解决了仿真时由于计算顺序不同所带来的不一致性。

9.1.3　仿真程序模块的书写

为了进行正确的仿真，对仿真程序的书写也有一定的要求。

(1) 可简化实体描述。例 9-1 是一个带允许端的十二进制计数器的仿真模块，在仿真过程中要输出的是仿真信号。这些仿真信号通常在仿真模块中定义，如例 9-1 中的 test_clk、

test_clr 和 test_en 等。因此，在仿真模块的实体中可以省略有关端口的描述。例如，例 9-1 中的实体描述为

```
ENTITY test_count12en IS
END ENTITY test_count12en;
```

(2) 程序中应包含输出错误信息的语句。在仿真中往往要对波形、定时关系进行检查，如不满足要求，应输出仿真错误信息，以引起设计人员的注意。在 VHDL 中，ASSERT 语句就专门用于错误验证及错误信息的输出。该语句的书写格式如下：

```
ASSERT 条件[REPORT 输出错误信息]
                [SEVERITY 出错级别]
```

ASSERT 后跟的是条件，也就是检查的内容。如果条件不满足，则输出错误信息和出错级别。出错信息将指明具体的出错内容或原因。出错级别表示错误的程序。在 VHDL 中，出错级别分为 NOTE、WARNING、ERROR 和 FAILURE 共 4 个级别，这些都将由编程人员在程序中指定。

(3) 用配置语句选择不同的仿真构造体。在 3.3 节中已详细介绍了 CONFIGURATION 这一配置语句的功能和使用实例。在编写仿真程序模块时，为了方便，也经常要使用该语句。设计者为了获得较佳的系统性能，总要采用不同方法，设计不同结构的系统进行对比仿真，以寻求最佳的系统结构。在这种情况下，系统的实体只有一个，而对应构造体可以有多个。仿真时可以用 CONFIGRATION 语句进行选配。例如，用该语句可以选配例 9-1 的 sim1 构造体：

```
CONFIGRATION cfg_test OF test_count12en IS
   FOR sim1
   END FOR;
END CONFIGRATION cfg_test;
```

同样，仿真时也可以选配其他构造体，如选配例 9-2 的 sim2 构造体：

```
CONFIGRATION cfg_test OF test_count12en IS
   FOR sim2
   END FOR;
END CONFIGRATION cfg_test;
```

由此可知，在仿真程序模块中使用配置语句会给仿真带来极大的便利。

(4) 不同级别或层次的仿真有不同要求。正如前面所述，系统仿真通常由 3 个阶段组成：行为级仿真、RTL 级仿真和门级仿真。它们的仿真目的和仿真程序模块的书写要求都各不相同。对此，设计者必须充分注意。

① 行为级仿真。行为级仿真的目的是验证系统的数学模型和行为是否正确，因而对系统的抽象程度较高。由于有这个前提，因此对行为级仿真程序模块的书写没有太多限制，凡是 VHDL 中的语句和数据类型都可在程序中使用。在书写时应尽可能使用抽象程度高的描述语句，以使程序更简洁明了。

另外，除了某些系统规定的定时关系以外，一般的电路延时及传输延时在行为级仿真中都不予以考虑。

② RTL 级仿真。通过行为级仿真以后，下一步就是要将行为级描述的程序模块改写为 RTL 描述的程序模块。RTL 级仿真是为了使仿真模块符合逻辑工具的要求，使其能生成门级逻辑电路。

如前所述，根据目前逻辑综合工具的情况，有些 VHDL 中所规定的语句是不能使用的，如 ATTRIBUTE、带有卫式(GUARDED)的语句等(具体请参见附录 A)。另外，在程序中绝对不能使用浮点数，尽可能少用整数，最好使用 STD_LOGIC 和 STD_LOGIC_VECTOR 这两种类型来表示数据(不同逻辑工具有不同要求)。在 RTL 仿真中尽管不考虑门电路的延时，但是像传输延时等附加延时还应该加以考虑，并用 TRANSPORT 和 AFTER 语句在程序中体现出来。

③ 门级仿真。RTL 程序模块经逻辑综合以后就生成了门级电路。既然 RTL 程序模块已经通过仿真，为何还要对门级电路进行仿真呢？这主要有以下几个原因。

第一，在 RTL 仿真中一般不考虑门的延时，也就是进行零延时仿真。在这种情况下系统的工作速度不能得到正确的验证。不仅如此，门延时的存在还会对系统内部工作过程及输入/输出带来意想不到的影响。

第二，正如在 5.2 节所述的那样，在 RTL 描述中像“Z”和“X”那样的状态在描述中是可以屏蔽的，但是利用逻辑综合工具，根据不同的约束条件，对电路进行相应变动时，这种状态就有可能发生传播。在门级电路仿真中出现这种状态是不允许的。

RTL 描述经逻辑综合生成门电路的过程中，需对数据类型进行转换。一般情况下，输入/输出端口只限定使用 STD_LOGIC 和 STD_LOGIC_VECTOR 数据类型。

9.2　逻 辑 综 合

所谓逻辑综合，就是将较高抽象层次的描述自动地转换到较低抽象层次的描述的一种方法。

就现有的逻辑综合工具而言，所谓逻辑综合，就是将 RTL 级的描述转换成门级网表的过程。当前适用于 VHDL 的逻辑综合工具主要有：Cadence Design Systems 公司的 Synergy、Synopsys 公司的 Design Compiler Family、Mentor Graphics 公司的 AutologicⅡ等十几种。设计人员只要正确地使用这些工具就可以得到系统的门级网络表。应该说，对于系统的硬件设计人员，他们并不需要详细地了解逻辑综合的细节，只要知道逻辑综合工具的使用方法和大概情况即可。下面简单介绍逻辑综合的一般概念和有关的基本知识。

一般逻辑综合的过程如图 9-7 所示。逻辑综合过程要求的输入为 RTL 描述的程序模块、约束条件(如面积、速度、功耗、可测性)、支持它的工艺库(如 TTL 工艺库、MOS 工艺库、CMOS 工艺库等)，输出为门级网表。RTL 描述的程序模块在前面已作过详细介绍，下面仅就约束条件、工艺库、门级网表的基本知识作一介绍。

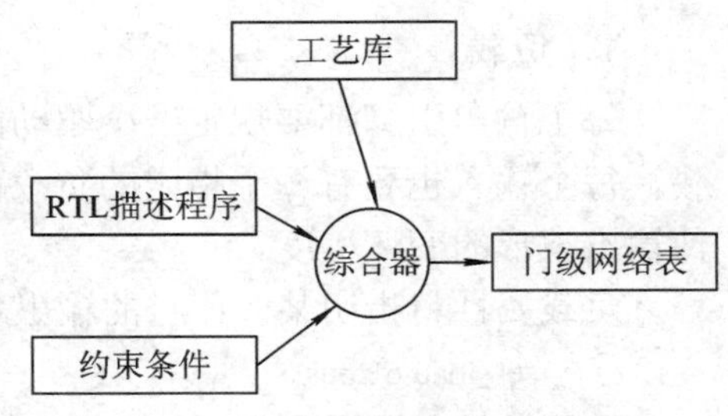

图 9-7　逻辑综合过程示意图

9.2.1 约束条件

在逻辑综合过程中，出于优化输出和工艺映射的需要，一定要有相应的约束条件，以实现对所设计结构的控制。也就是说，采用不同的约束条件如面积、延时、功耗和可测性等，对于同样的一个系统，其实现的系统结构是不一样的。

1．面积约束条件

在将设计转换成门级电路时通常要加面积的约束条件。这是一个设计目标，也是逻辑综合过程中进行优化的依据之一。多数逻辑综合工具允许设计者按工艺库中门级宏单元所用的单位来指定面积的约束条件。例如，如果用等效门作为测量单位，那么面积约束条件即可以用门的个数来描述。例如：

```
max_area 1200
```

一旦确定了面积约束条件，在逻辑综合时就将该条件通知逻辑综合工具。逻辑综合工具利用各种可能的规则和算法，尽可能地减少该设计的面积。优化过程将反复进行，直到最终所设计的面积小于或等于 1200 个门单位为止。

2．时间延时约束条件

时间延时约束条件最常用的描述方法是指定输入/输出的最大延时时间。用延时约束条件来引导优化和映射，对设计电路来说是一个相当困难的任务。在某些条件下，无论逻辑综合工具采用什么样的优化手段，最终达不到预期目标的情况时有发生。一种典型的时间延时约束条件的描述如下：

```
max_delay 1.7 data_out
```

这种描述规定信号 data_out 的最大延时应小于或等于 1.7 个库单位时间。

有时为了对所设计的每个节点进行延时计算，还应进行静态分析。也就是说，根据网表中每个连接元件的延时模型，对节点进行定时分析，给出最好和最坏的延时情况；然后检查电路，看所有的延时限制条件是否满足，如果满足则进行优化和工艺映射，否则就要更换优化方案。

9.2.2 属性描述

属性描述可用来界定设计的环境，例如由属性来规定所设计电路的负载数、驱动能力和输入信号定时等。

1．负载

每个输出引脚都要规定一个驱动能力，由它确定在一个特定的时间范围内驱动多少负载，每个输入也要有一个指定的负载值。通过负载的计算就可以推算出，因负载的轻重而使输出波形的变坏程度。

负载属性将指明某一信号的输出负载能力，在工艺库中按库单位计算。例如：

```
set_load 6 xbus
```

该属性规定输出信号 xbus 可带动 6 个库单位负载信号。

2．驱动

驱动属性规定驱动器电阻的大小，即控制驱动电流的大小。它同样也按工艺库的单位来指定。例如：

```
set_drive 2 ybus
```

该属性规定输出信号 ybus 有 2 个库单位的驱动能力。

3．到达时间

逻辑综合工具通常用静态时间分析器来检查正在综合的逻辑是否满足用户规定的延时限制条件。在特定的节点设置到达时间，以便进行指定的定时分析，这一点有时是非常重要的。例如，某逻辑电路的所有输入信号中有一路信号比其他信号要迟到达，而逻辑电路的输出又要满足所给定的延时限制的要求。这就给逻辑综合提出了严格的要求。也就是说，该路信号的迟到时间加上在该电路中的延时时间不应该超过用户对该电路的延时限制。这种要求表明，逻辑综合结果要求该路迟到信号在本逻辑模块中的延迟要比其他路信号更小，即要尽可能减少该信号从输入到输出通路上的门的级数。

9.2.3 工艺库

在根据约束条件进行逻辑综合时，工艺库将持有综合工具所必要的全部信息，即工艺库不仅仅含有 ASIC 单元的逻辑功能，还包含该单元的面积、输入到输出的定时关系、输出的扇出限制和对单元所需的定时检查。例如，一个 2 输入与门的工艺库描述如下：

```
LIBRARY(xyz) {
CELL (and2) {
   area: 5
   pin (a1, a2) {
      direction: input;
      capacitance: 1;
   }
   pin (o1) {
      direction: output;
      function: "a1*a2";
      timing () {
         intrinsic_rise: 0.37;
         intrinsic_fall: 0.56;
         rise_resistance: 0.1234;
         fall_resistance: 0.4567;
         related_pin: "a1, a2";
      }
   }
  }
}
```

该例描述了一个名称为 xyz 的工艺库中的一个单元，库单元名为 and2，它有 2 个输入 a1 和 a2，一个输出 o1。该 and2 单元的面积为 5 个库单位，要用一个库单位的负载电容能力的信号才能驱动它的一个输入引脚。输出引脚 o1 的固有上升和下降延时规定为不带负载时的输出延时。器件输出 o1 是输入 a1 和 a2 的函数，在计算延时时应有从 a1、a2 输入到 o1 输出这样一个通道的延时。

多数逻辑综合工具都有一个完整而复杂的模型，该模型能计算通过一个 ASIC 单元的延时。这类模型不仅包括固有的上升和下降时间，而且还包括输出负载、输入级波形的斜度延时和估计的引线延时。这样，某一电路的总延时就可写为

总延时 = 固有延时 + 负载延时 + 引线延时 + 输入级波形斜度延时

其中：

固有延时(惯性延时)——不带任何负载的门延时；

负载延时——驱动输出时因负载电容所产生的附加延时；

引线延时——信号在引线上传送的延时，它和单元的物理特征有关；

输入级波形斜度延时——由于输入波形不够陡所引起的延时。

工艺库还包括如何用有关的工艺参数和工作条件换算延时信息的数据，其中工作条件是指器件工作温度和加在器件上的供电电压。

9.2.4　逻辑综合的基本步骤

应用逻辑综合工具将 RTL 描述转换至门级描述一般应分为 3 步。

(1) 将 RTL 描述转换成非优化的门级布尔描述(如与门、或门、触发器、锁存器等)；

(2) 执行优化算法，产生优化的布尔描述；

(3) 按照目的工艺要求，采用相应工艺库把优化的布尔描述映射成实际的逻辑门。

上述 3 个步骤的执行过程如图 9-8 所示。

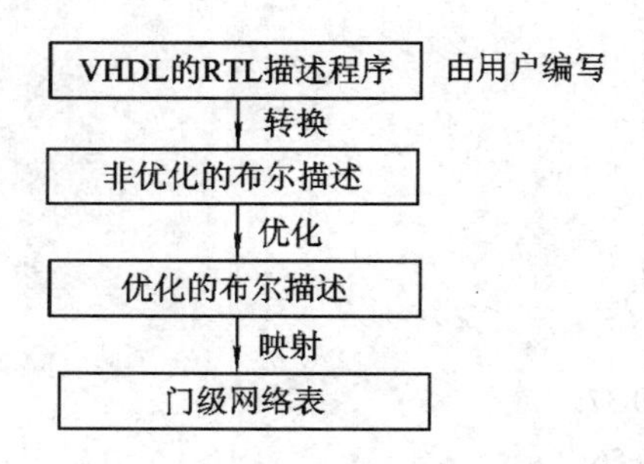

图 9-8　逻辑综合的主要步骤示意图

1. RTL 描述至非优化的布尔描述的转换

从 RTL 描述转换到布尔描述是由逻辑综合工具来实现的，该过程不受用户控制。其最终的转换结果是一种中间结果，格式随不同逻辑综合工具而异，且对用户是不透明的。

按照转换的规则和算法，将 RTL 描述中的 IF、CASE、LOOP 语句以及条件信号代入和选择信号代入等语句转换成中间的布尔表达式，要么装配组成，要么由推论形成触发器和锁存器。

2. 布尔优化描述

布尔优化过程是将一个非优化的布尔描述转化成一个优化的布尔描述的过程。它是逻辑综合过程中的一项重要工作，它采用了大量的算法和规则。优化的一种方法是：先将非优化的布尔描述转换到最低级描述(pla 格式)，然后优化这种描述(用 pla 优化技术)，最后用共享公共项(包括引入中间变量)去简化逻辑，减少门的个数。

将非优化的布尔描述转换成一种 pla 格式的过程称为展平设计，它将所有的逻辑关系都转换成简单的 AND(与)和 OR(或)的表达式。这种转换的目的是使非优化的布尔描述格式转换成能执行优化算法的布尔描述格式。例如，非优化的布尔描述如下：

```
a = b AND c;
b = x OR (y AND z);
c = q OR w;
```

输出 a 用 3 个功能方程式描述，其中 b 和 c 为中间变量。展平的功能是将中间变量 b 和 c 置换掉，完全用不带中间变量的布尔式来表示。展平过程实际上是一个消元过程：

```
a = (x OR (y AND z)) AND (q OR w)
  = x AND (q OR w) OR (y AND z) AND (q OR w)
  = (x AND q) OR (x AND w) OR (y AND z AND q) OR (w AND y AND z)
```

这样 a 的布尔描述就消去了中间节点或中间变量，其结构是一种二级逻辑门。

这种逻辑设计方法非常快，也非常容易。从表面来看，这种逻辑结构的速度一定比较高，因为它含的级数较少。但是，实际上这种逻辑结构可能比有更多级的逻辑结构的速度更慢。其原因是：某个输入信号要与多个逻辑门的输入端相连接，这样就大大增加了该信号的扇出负载，从而使延时增加；其面积非常大，因为它没有共享项，所以每项必须对应独立的门电路；存在大量很难展平的电路，这是因为产生的项数非常之多，一个只含 AND 函数的方程只产生一个积项，而一个含有大型异或功能的函数能产生成百上千个积项。2 输入异或门就有(a AND $\bar{b}$) OR ($\bar{a}$ AND b)个积项，一个 N 输入异或将包含 2^{N-1} 个积项。例如，16 个输入的异或含有 32 768 个项，而 32 位输入的异或会超过 20 亿个项。很显然，对这类功能的布尔描述是很难展平的。

尽管如此，展平毕竟可以使设计去除隐含结构。设计者如想减少工作量，最好用一小块随机控制逻辑去做展平工作，以便与提取公因数部分连接，从而产生一种小型的逻辑描述。

提取公因数是把附加的中间项加到结构描述中的一种过程，它与展平过程恰好是一个相反的运算过程。如前所述，展平设计通常会使设计变得非常大，并且展平过程可能比提公因数过程在速度上慢得多。

提公因数的设计将使输入到输出之间的逻辑级数增加，从而使延时增加，但净结果的设计面积会更小，是一个速度较慢的设计。

通常，设计者想得到一个接近展平设计那样速度快的设计只需要用驱动能力大的驱动器，但面积却不能像提公因子的设计那样小。理想的情况是：就速度而言，在设计中对延时小的通道应采用展平设计；对延时要求不那么高的地方应采用提公因数设计，以减小设计面积。

3．门级映射

门级映射过程是指取出经优化后的布尔描述，并利用从工艺库中得到的逻辑和定时上的信息去做网表。网表是对用户所提出的面积和速度目标的一种体现。工艺库中存有大量网表，它们在功能上相同，但在速度和面积上却有一个很宽的选择范围。某些网表速度快，但实现起来要花费更多的库单元；另一些花费库的单元少，但速度要慢一些。

映射过程根据优化的布尔描述、工艺库和用户提出的约束条件，将输出一个优化的网表。该网表的结构是以工艺库单元为基础而建成的。

习题与思考题

9.1　产生仿真输入信息有哪几种方法？当前许多 EDA 工具所携带的波形编辑器也能产生仿真的输入信息，那么它属于哪一类？

9.2　对照习题 8.2，试编写出一个仿真程序(参数自定)。

9.3　为什么要引入仿真 Δ？对照例 8-3 写出每个仿真 Δ 时刻的 c、d、q 值。

9.4　在仿真计数器时，时钟 clk 的周期应怎样选择？是否可以比实际的周期小？周期大小受哪些条件限制？

9.5　行为仿真、RTL 仿真和门级仿真这 3 个不同层次仿真的目的和内容有哪些区别？

9.6　什么是逻辑综合？逻辑综合的主要步骤有哪些？

第 10 章　数字系统的实际设计技巧

10.1　数字系统优化的基本方法

在数字系统设计初期，人们根据系统功能总会画出一些满足系统要求的电路框图，在这些电路框图中往往存在一些不合理或冗余的部分需要进行进一步优化，以提高系统的整体性能。这种冗余的部分在生成门级电路以后是很难去除的。因此，必须在电路框图阶段进行优化。

10.1.1　相同电路的处理

在系统设计的前期，设计人员不一定预先知道有多处存在着相同的运算电路，只有在画出电路框图后才会发现它们的存在。例如在图 10-1(a)中，2 个状态都需进行 B+1 运算，要正确实现其功能需要 3 个 B+1 的运算电路。但是，进行优化以后实际上只要用 1 个 B+1 的运算电路就可以实现正确的逻辑功能，如图 10-1(b)所示。

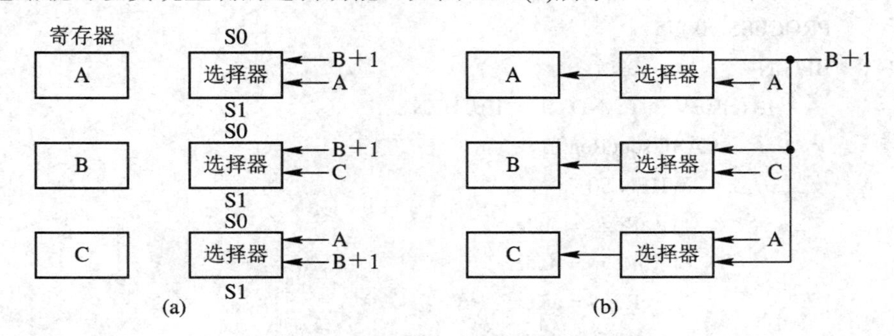

图 10-1　多个相同运算电路优化实例

(a) 有多个相同运算的电路；(b) 优化后采用一个运算电路

如图 10-1(a)所示，未优化的 VHDL 程序清单如下：

```
ARCHITECTURE rtl OF test IS
SIGNAL aReg, bReg, cReg: INTEGER RANGE 0 TO 1023;
      ⋮
BEGIN
    PROCESS(clk) IS
    BEGIN
        IF (clk' EVENT AND clk = '1') THEN
```

```
            CASE stateReg IS
                WHEN S0 =>
                        aReg <= bReg+1;
                        bReg <= bReg+1;
                        cReg <= aReg;
                        stateReg <= S1;
                WHEN S1 =>
                        aReg <= aReg;
                        bReg <= cReg;
                        cReg <= bReg+1;
                        stateReg <= S0;
              END CASE;
            END IF;
      END PROCESS;
END   ARCHITECTURE rtl
```

如图 10-1(b)所示，优化后的 VHDL 程序清单如下：

```
ARCHITECTURE rtl OF test IS
      ⋮
SIGNAL node: INTEGER RANGE 0 TO 1023;
      ⋮
BEGIN
      node <= bReg+1;
      PROCESS(clk) IS
      BEGIN
            IF (clk'EVENT AND clk = '1') THEN
                  CASE stateReg IS
                     WHEN S0 =>
                          aReg <= node;
                          bReg <= node;
                          cReg <= aReg;
                          stateReg <= S1;
                     WHEN
                          aReg <= aReg;
                          bReg <= cReg;
                          cReg <= node;
                          stateReg <= S0;
                  END CASE;
            END IF;
      END PROCESS;
END ARCHITECTURE rtl;
```

10.1.2　运算顺序的改变

在设计电路时适当地改变运算顺序就可以达到优化电路的目的。如图 10-2(a)所示，为了进行 node ⇐ (b×a) + (b×c)的运算，按常规的运算顺序画出的数据流图如图 10-2(a)中的左图所示。为实现该运算，需要 2 个乘法器和 1 个加法器。现在用因式分解的方法来改变原式的运算顺序，即先作加法后再进行乘法运算，即 node ⇐ b×(a+c)，其数据流图如图 10-2(a)中的右图所示。修改运算顺序后，实现该运算只需 1 个乘法器和 1 个加法器。显然，这样就减少了电路的规模。

图 10-2(b)示出了另一种改变计算顺序的方法。原式 node ⇐ (((a+b)+c)+d)经改变后变为 node ⇐ ((a+b)+(c+d))，这样做可使运算电路的级数减少，(a+b)和(c+d)可以进行并行运算，从而提高了电路的运算速度。

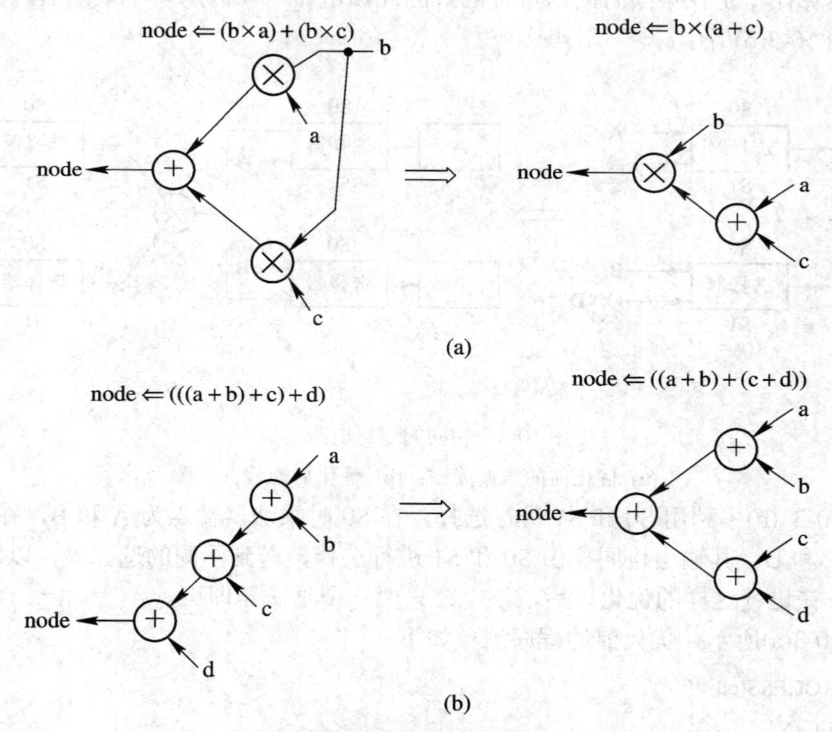

图 10-2　改变运算顺序优化电路

(a) 缩小了电路规模；(b) 提高了运算速度

在用 VHDL 编程时，可以在源程序中加括号来改变运算顺序，也可以将中间运算结果视为节点来控制运算顺序。这样做可使源程序在编译或综合时就能达到优化电路的目的。

10.1.3　常数运算的运用

在前面已经提到，计算机工作时状态有 Fetch、Decode 等，在形成门级电路时通常将这些状态名赋以常数值，如 Fetch 赋以 0，Decode 赋以 1 等。在运算式中使用布尔代数性质对常数进行操作可简化运算电路。例如：

```
x AND '1' = 'x'
x AND '0' = '0'
x OR '1' = '1'
x OR '0' = 'x'
```

这种情况下，EDA 软件在编译时都能进行自动化处理，其原因也就在于此。

10.1.4　相同运算电路的使用

在设计电路时，即使参与运算的数据不同，只要不是进行同时运算，两个不同的运算就可以由一个运算电路来实现。例如，图 10-3(a)是一个未经优化的数据流图，图中需要使用 2 个乘法电路。考虑到 A×B 在 S0 状态下进行运算，C×D 在 S1 状态下进行运算，这 2 个乘法器运算操作是在不同时间内进行的，因此该电路可以同用一个乘法器，优化后的数据流图如图 10-3(b)所示。

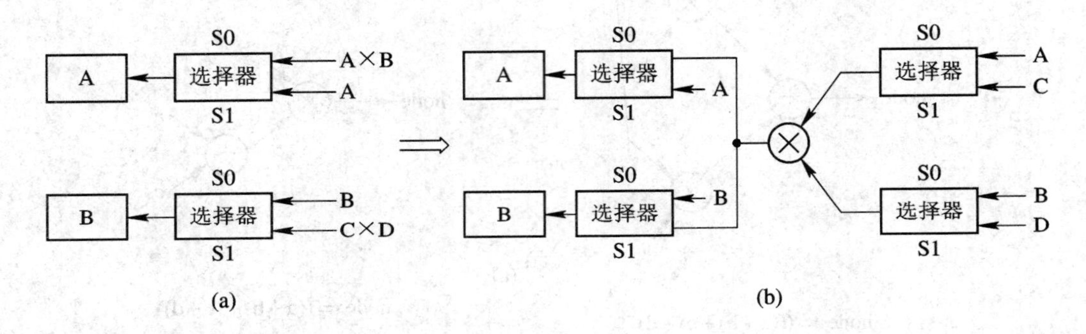

图 10-3　相同的运算电路实例

(a) 优化前的数据流图；(b) 优化后的数据流图

在图 10-3 (b)中利用 S0 和 S1 进行选择，在 S0 时乘法器输入为 A 和 B，在 S1 时乘法器输入为 C 和 D；其输出也同样由 S0 和 S1 进行选择，送到不同的选择器，以实现正确的算术运算。在进行这样的优化以后，该电路只要一个乘法器即可。

如图 10-3(a)所示，优化前的程序清单如下：

```
PROCESS(clk) IS
BEGIN
    IF (clk'EVENT AND clk = '1') THEN
        CASE stateReg IS
          WHEN S0 =>
              aReg <= aReg*bReg;
              bReg <= bReg;
              cReg <= cReg;
              stateReg <= S1;
          WHEN S1 =>
              aReg <= aReg;
```

```
                bReg <= cReg*dReg;
                cReg <= cReg;
                stateReg <= S0;
            END CASE;
        END IF;
    END PROCESS;
```

如图 10-3(b)所示，优化后的 VHDL 程序清单如下：

```
SIGNAL multin1：INTEGER RANGE 0 TO 1023;
SIGNAL multin2：INTEGER RANGE 0 TO 1023;
SIGNAL multout：INTEGER RANGE 0 TO 1023;
    ⋮
multin1 <=   aReg WHEN stateReg = S0 ELSE cReg;
multin2 <= bReg WHEN stateReg = S0 ELSE dReg;
multout <= multin1*multin2;
PROCESS(clk) IS
BEGIN
    IF (clk'EVENT AND clk = '1') THEN
        CASE stateReg IS
          WHEN S0 =>
              aReg <= multout;
              bReg <= bReg;
              cReg <= cReg;
              dReg <= dReg;
              stateReg <= S1;
          WHEN S1 =>
              aReg <= aReg;
              bReg <= multout;
              cReg <= cReg;
              dReg <= dReg;
              stateReg <= S0;
        END CASE;
    END IF;
END PROCESS;
```

上面讨论的是多个运算相同的操作采用同一个运算电路的情况。其实，有时候不同的运算操作也可以用一个运算电路来实现。图 10-4(a)中有一个加法器和一个减法器，如果减法操作用 $A+(-1\times B)$来代替，那么就可以将减法器变为加法器，不过操作数 B 在加法前应先乘以 -1。当然，这样做的前提是：如图 10-4(b)所示，增加的选择器和乘以 -1 所需要的电路其规模应比加法器小才合理。

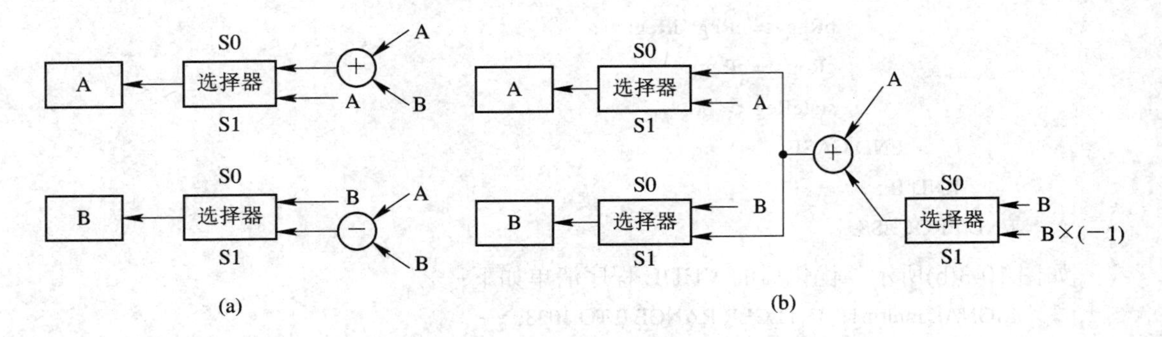

图 10-4 不同运算操作用同一个运算电路的实例
(a) 优化前的数据流图；(b) 优化后的数据流图

如图 10-4(a)所示，优化前的 VHDL 程序清单如下：

```
SIGNAL aReg: INTEGER RANGE -512 TO 511;
SIGNAL bReg: INTEGER RANGE -512 TO 511;
    ⋮
PROCESS(clk) IS
BEGIN
    IF(clk'EVENT AND clk = '1') THEN
        CASE stateReg IS
            WHEN S0 =>
                aReg <= aReg+bReg;
                bReg <= bReg;
                stateReg <= S1;
            WHEN
                aReg <= aReg;
                bReg <= aReg-bReg;
                stateReg <= S0;
        END CASE;
    END IF;
END PROCESS;
```

如图 10-4(b)所示，优化后的 VHDL 程序清单如下：

```
SIGNAL addin1：INTEGER RANGE -512 TO 511;
SIGNAL addin2：INTEGER RANGE -512 TO 511;
SIGNAL addin3：INTEGER RANGE -512 TO 511;
    ⋮
addin1 <= aReg;
addin2 <= bReg WHEN stateReg = S0 ELSE -(bReg;)
addout <= addin1+addin2;
PROCESS(clk) IS
```

```
BEGIN
    IF (clk'EVENT AND clk = '1') THEN
        CASE stateReg IS
          WHEN S0 =>
              aReg <= addout;
              bReg <= bReg;
              stateReg <= S1;
          WHEN S1 =>
              aReg <= aReg;
              bReg <= addout;
              stateReg <= S0;
        END CASE;
    END IF;
END PROCESS;
```

10.1.5 优化的必要性及其工程实际意义

10.1.1～10.1.4 节中所述的 4 种优化方法可以剔除设计中的冗余电路，虽然其方法简单，但在实际设计中却有较好的实用价值。当前随着半导体及集成电路技术的发展，几十万至几百万门的单片电路已非常普遍，那么设计人员是否还有必要像以前那样关注电路的冗余问题呢？答案是肯定的。首先，尽管 ASIC 和 FPGA 芯片的价格不只由门的数目来确定，但是门数多了必定会增加芯片的价格。另外，冗余的电路会使电源消耗增加，电路工作速度降低，同样也会增加布线困难。其次，无论使用什么样的 EDA 软件工具，总希望综合得到性能良好的电路。不同的 EDA 软件综合所得到的电路会有一些差别。但是，只要使用上述方法进行优化，去除整体部分的冗余电路，最后得到的优化结果就不会相差太远。最后，根据实践表明，电路规模愈大，其存在的冗余也会愈大。例如，在对数据进行处理时，要对几十至几百行的 C 语言程序进行硬化，这对于程序来说可能是小规模的，但是对于硬件来说其规模就不小了。假设该程序有几十个数组，含有 100 个 32 位的整数变量。这些变量用硬件寄存器来实现，那么需要的门数量为

$$32\text{ 位} \times 100 \times 6\text{ 门/位} = 19\,200\text{ 门}$$

这里，每位寄存器用 6 个门进行计算。

如果每个寄存器都需要配备选择器，现假设所有选择器都是 2 输入选择器，每位选择器用 3 个门进行计算：

$$32\text{ 位} \times 100 \times 3\text{ 门/位} = 9600\text{ 门}$$

则总数需要近 30 000 个门电路，如果再加上加法和乘法电路，则其总数就会接近 10 万门。

在对位数长的数据进行运算时，去除少量的冗余就会节约大量的门电路。另外，在设计时用多个运算电路进行并发运算是允许的，但是如果其个数达到了几十个，那么就应该考虑冗余问题。因为此时存在的冗余可能会对电路性能产生不利影响。

剔除冗余是设计人员为提高电路性能所必须要做的事情，一般应尽可能在电路或系统

的框图设计阶段去除冗余，这样可以达到事半功倍的效果，而门级的电路化简或优化可以留给 EDA 软件去实现。

10.2　数字系统设计中的工程实际问题

10.2.1　提高系统工作速度的方法

本节介绍如何在 RTL 级别上改进设计，以提高系统工作速度。

1. 影响系统工作速度的主要因素

所谓系统的工作速度，是指系统以何种时钟频率工作。系统的处理时间可以表示为

处理时间 = 时钟周期 × 处理所需的时钟周期数

显然，时钟周期愈短(时钟频率愈高)，处理时间也会愈短。当然，处理时间还和处理所需的时钟周期数有关。减少处理的时钟周期数，同样也可以减少处理时间，这里仅从如何减小时钟周期以提高处理速度方面来进行考虑。

1) 临界路径长度

在数字系统中，临界路径长度(Critical Path)决定了系统的工作速度。所谓临界路径，是指从系统输入到系统输出的各条路径中信号通过时间最长的那一条路径。该路径长度将决定系统的最高工作速度。某一系统的 VHDL 程序描述如例 10-1 所示。

【例 10-1】 系统临界路径确定实例。

```
  ⋮
SIGNAL aReg：INTEGER RANGE 0 TO (2**31-1);
SIGNAL bReg：INTEGER RANGE 0 TO (2**31-1);
SIGNAL cReg：INTEGER RANGE 0 TO (2**31-1);
TYPE STATENAME IS (S0, S1, S2);
SIGNAL stateReg：STATENAME;
BEGIN
    PROCESS(clk) IS
    BEGIN
        IF (clk'EVENT AND clk = '1') THEN
            CASE stateReg IS
              WHEN S0 =>
                aReg <= in0;
                bReg <= in1;
                cReg <= in2;
                stateReg <= S1;
              WHEN S1 =>
                aReg <= aReg* (bReg*cReg);          --临界路径
```

```
                bReg <= bReg;
                cReg <= cReg;
                stateReg <= S2;
            WHEN S2 =>
                aReg <= aReg*2;
                bReg <= bReg;
                cReg <= cReg;
                stateReg <= S0;
        END CASE;
    END IF;
END PROCESS;
      ⋮
```

从程序中可以看出，aReg <= aReg*(bReg*cReg) 的路径最长，因此，该系统的工作速度由该路径中信号传送的时间所确定。

假设每个乘法器的运算时间需要 100 ns，每个选择器的时间延时需要 1 ns，那么只考虑 2 个乘法器所需的运算处理时间就不能小于 200 ns。由此推断，时钟频率一定不能高于 5 MHz。

2) 门电路之间延时时间的计算

数字系统的延时也包含门电路之间的延时。门电路之间的延时由两部分组成：门电路本身所产生的延时和连线所产生的传输延时。门电路之间的延时时间如图 10-5 所示。

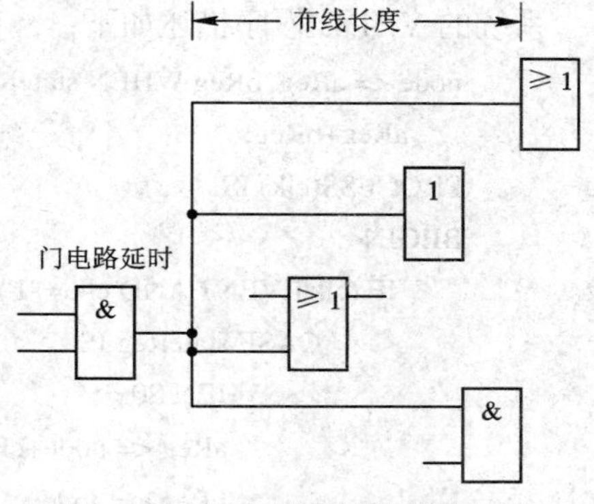

图 10-5　门电路之间的延时时间

一般来说，连线长度和门的扇出数成正比，当然也就和连线的延时时间成正比。如果某系统都是由门电路组成的，那么其系统总的延时时间应为

$$\text{系统总的延时时间}=\frac{\text{门电路个数(在临界路径上)}\times\text{门电路延时时间}+\text{连线长度}\times\text{延时时间}}{\text{单位长度}}$$

使用逻辑单元和宏单元的 FPGA 和 CPLD 器件的延时，同样可以用下面公式去估算：

$$\text{延时}=\frac{\text{单元的段数}\times\text{单元的延时时间}+\text{连线长度}\times\text{延时时间}}{\text{单位长度}}$$

在 ASIC 芯片中，标准单元和门阵列的每个门延时约为 0.1～0.5 ns；FPGA 芯片中 1 个单元的延时约为几个 ns；LSTTL 芯片每个门延时约为 10 ns；ASIC 芯片如果按 1 ns 延时计算，则时钟频率可达 1 GHz。由此可知，这就是 ASIC 芯片的工作速度比一般电路高得多的原因。

3) 系统延时时间的评估

在用 EDA 软件工具对系统进行综合时，软件会自动寻找系统的临界路径，并为设计者指出系统所能工作的最高频率。由于没有考虑系统的动态工作特性，只以电路图或网表为依据来寻找临界路径，因此把这种分析称为静态定时分析。例如，下面的 VHDL 程序清单中，EDA 软件把经过 2 个乘法器的路径认定为该系统的临界路径，但是实际的信号传输路径是经过一个加法器和一个乘法器(见图 10-6)。

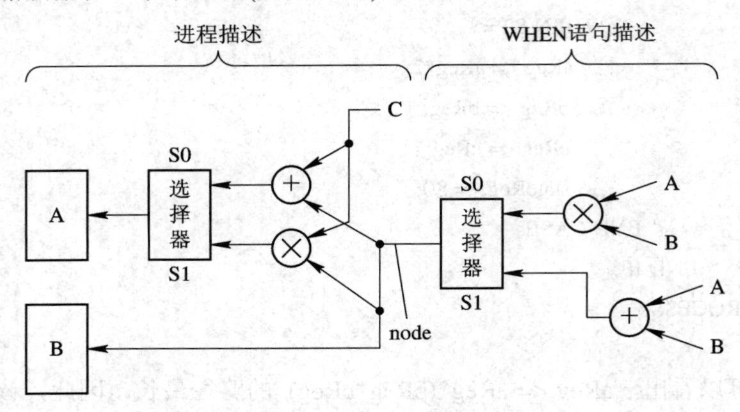

图 10-6　实际信号传输路径示意图

系统的 VHDL 程序描述如下：

```
node <= aReg*bReg WHEN stateReg = S0 ELSE
    aReg+bReg;
PROCESS(clk) IS
BEGIN
    IF (clk'EVENT AND clk = '1') THEN
        CASE stateReg IS
            WHEN S0 =>
                aReg <= node+cReg;
                bReg <= node;
                cReg <= cReg;
                stateReg <= S1;
            WHEN S1 =>
                aReg <= node*cReg;
                bReg <= node;
                cReg <= cReg;
                stateReg <= S0;
        END CASE;
    END IF;
END PROCESS;
```

这就表明系统的实际工作速度比 EDA 软件的仿真速度快。这样，EDA 软件寻找的临界路径就没有实际意义，这种情况就称为出现了错误的临界路径。

2. 在 RTL 级上提高工作速度的方法

在 RTL 级上改变处理的内容、各部件的连接方法并适当地调整数据流图或状态图就可以使系统在构建基本结构时达到数据路径最短。这一点在门级是很难达到的。在一般设计中，由 VHDL 程序生成门级网表，这一步骤是由 EDA 软件来完成的，设计人员一般不进行人工干预。除非综合结果有问题时，设计人员才在门级对电路进行适当的人工调整。因此，RTL 级设计对提高系统的速度至关重要。

1) 缩短临界路径长度

(1) 减少临界路径上的处理内容。减少临界路径上的处理内容是指把可以在别的通路上进行处理的内容移走，使各通路的处理时间尽可能均衡。

在设计时为了确定哪条路径是临界路径，最好用数据流图来描述系统的工作过程，这样比较直观，也易识别临界路径。

在例 10-1 中，状态 S1 要进行 2 次乘法运算 aReg*bReg*cReg，它是系统的临界路径。从例 10-2 所示的程序中可以看到，系统从 S0→S1→S2，最终的 aReg 值应为

$$aReg = 2 \times in0 \times in1 \times in2$$

3 个状态分别进行不同的运算。如果要保证最后的 aReg 值不变，只需把运算操作的内容进行适当调整，如将 S1 状态中 cReg 的运算放在 S2 状态中进行，那么此时的 VHDL 程序描述就应修改为例 10-2 所示。

【例 10-2】 减少临界路径长度实例。

```
    PROCESS(clk) IS
    BEGIN
    IF (clk'EVENT AND clk = '1') THEN
        CASE stateReg IS
          WHEN S0 =>
              aReg <= in0;
              bReg <= in1;
              cReg <= in2;
              stateReg <= S1;
          WHEN S1>
              aReg <= aReg*bReg;
              bReg <= bReg;
              cReg <= cReg;
              stateReg <= S2;
          WHEN S2
              aReg <= aReg*(cReg*2);
              bReg <= bReg;
              cReg <= cReg;
              stateReg <= S0;
        END CASE;
    END IF;
END PROCESS;
```

经修改后，临界路径变为 aReg <= aReg*(cReg*2)。显然，乘 2 操作可以用左移 1 位来实现，电路比较简单，延时比一般乘法小，故减少了系统的临界路径长度，达到了提高系

统工作速度的目的。表 10-1 示出了 EDA 软件对例 10-1 和例 10-2 进行分析比较的结果。表中的信号用 16 位二进制表示。从表 10-1 中可以看到，例 10-1 中的程序经修改后，使工作速度和电路规模都有了较大的变化。

表 10-1　减小临界路径的效果

器　件	修改前的时钟频率	修改后的最高时钟频率
XC4000XL	35 MHz，487 个单元	39 MHz，259 个单元
FLEX10K	16.7 MHz，592 个单元	27.3 MHz，315 个单元

(2) 增加状态数或寄存器数。除了上述减少临界路径上的处理内容外，在必要时增加处理的时钟周期(状态数)个数和寄存器数也可以达到缩短临界路径长度的目的。图 10-7 是增加状态、缩短临界路径长度的实例。图 10-7(a)是某一系统的状态图。不难发现，该系统的临界路径是 A = A × B × C。现在在 S0 和 S1 状态之间增加一个状态 S0'，并且将某些运算内容分摊给该 S0'状态来完成，如图 10-7(b)所示。这样处理以后临界路径长度就缩短了。应该说，增加状态会使整个处理时间拉长，但是由于临界路径长度缩短，时钟频率增加，使得每个状态的处理时间缩短，在大多数情况下，系统整体的工作速度将得到提高。

图 10-8 是增加寄存器、缩短系统临界路径的实例。图 10-8(a)是系统原来的状态图。图 10-8(b)是修改后的状态图。在该图的 S0 状态中增加了一个 C'寄存器，并将 S0 状态中的　×C 操作放到 S1 状态中进行。这样修改以后使系统的临界路径由 A = A × B × C 变为 A = A × C' × 2。显然，后者的临界路径长度要比前者短，即提高了系统的工作速度。

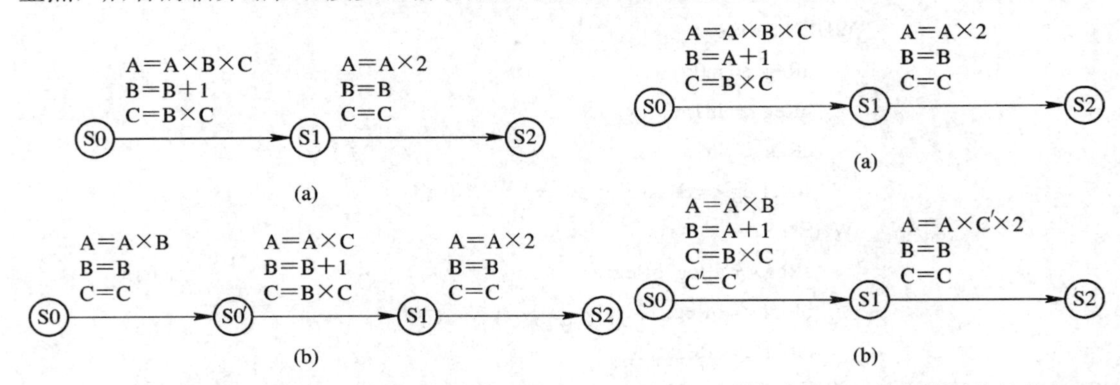

图 10-7　增加状态、缩短临界路径长度的实例
(a) 系统原状态图；(b) 添加状态后的状态图

图 10-8　增加寄存器、缩短临界路径的实例
(a) 系统原状态图；(b) 增加寄存器后的状态图

2) 改变临界路径上的处理顺序

在计算中，加法和乘法运算所需要的时间是不一样的，为了提高系统的速度，通常把运算速度慢的计算放在运算树的短枝上，以充分发挥并发运算所带来的好处。如图 10-9 是改变临界路径上的处理顺序以提高系统速度的实例。图 10-9(a)是乘法运算比加法运算慢的(a+b) × c × d × e 运算数据流程图；图 10-9(b)是加法比乘法运算慢的(a + b) × c × d × e 运算数据流图。

值得注意的是，由于电路复杂程度不同，其速度和规模一般很难估计，因此，改变顺序也不是一件简单的事情。另外，由于计算顺序改变，舍入误差和溢出条件等也会有所不同，因而有可能产生不同的结果。

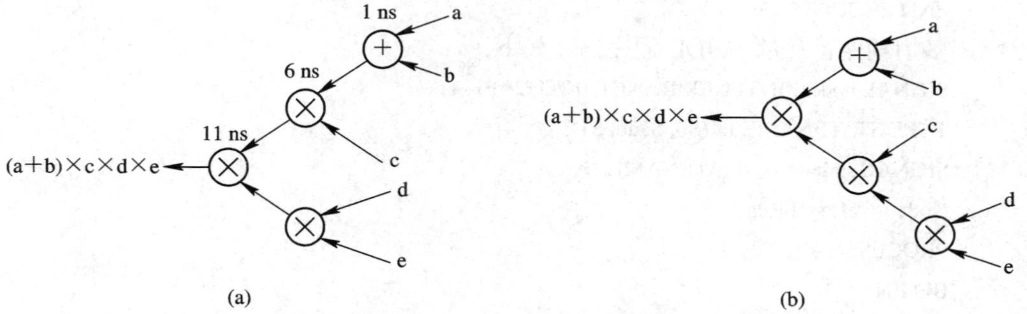

图 10-9　改变临界路径上的处理顺序以提高系统速度的实例
(a) 加法运算 1 ns，乘法运算 5 ns 情况下的数据流图；
(b) 加法运算 5 ns，乘法运算 1 ns 情况下的数据流图

3) 提高各个运算器的速度

前面所提到的方法都假设在各运算器工作速度一定的情况下，对运算内容、次序进行适当调度和安排来达到提高系统速度的目的。如果提高各运算器本身的速度，那么无论在任何情况下，都可以达到提高系统速度的目的。这个工作必须在门级设计时进行。

4) 利用多周期路径提高系统的工作速度

当运算操作在一个时钟周期内不能完成时，就用 2 个时钟周期来完成，其中间结果通过寄存器来取得。下面就是利用多周期路径来提高系统工作速度的实例。

【例 10-3】 利用多周期路径来提高系统工作速度的实例。

未修改前 VHDL 程序描述如下：

```
SIGNAL aReg: INTEGER RANGE 0 TO (2*16-1);
SIGNAL bReg: INTEGER RANGE 0 TO (2*16-1);
TYPE STATENAME IS (S0, S1);
SIGNAL stateReg: STATENAME;
PROCESS(clk) IS
BEGIN
    IF (clk'EVENT AND clk = '1') THEN
        CASE stateReg IS
          WHEN S0 =>
              aReg <= aReg*bReg;
              bReg <= bReg-1;
              stateReg <= S1;
          WHEN S1 =>
              aReg <= aReg+1;
              bReg <= bReg+2;
              stateReg <= S0;
        END CASE;
```

```
        END IF;
    END PROCESS;
```

利用多周期路径后的 VHDL 程序描述如下：

```
    SIGNAL node：INTEGER RANGE 0 TO (2*16-1);
    TYPE STATENAME IS (S0, Sadd, S1);
    SIGNAL stateReg：STATENAME;
    Node <= aReg*bReg;
    PROCESS(clk) IS
    BEGIN
        IF (clk'EVENT AND clk = '1') THEN
            CASE stateReg IS
                WHEN S0 =>
                    aReg <= aReg;
                    bReg <= bReg;
                    stateReg <= Sadd;
                WHEN Sadd =>
                    aReg <= node;
                    bReg <= bReg-1;
                    stateReg <= S1;
                WHEN S1 =>
                    aReg <= aReg+1;
                    bReg <= bReg+2;
                    stateReg <= S0;
            END CASE;
        END IF;
    END PROCESS;
```

在例 10-3 修改前的 S0 状态中，aReg*bReg 在 1 个时钟周期中是无法完成的，因此，在 S0 和 S1 状态之间插入一个中间状态 Sadd。 aReg*bReg 在 S0 状态开始时就进行运算，到 Sadd 状态结束，aReg*bReg 的中间值 node 形成，在 S1 状态开始时 node 值被赋予 aReg，然后完成最后的运算。由 VHDL 语法知道，node <= aReg*bReg 语句和 PROCESS 语句是并发执行的，引入的 Sadd 状态是为了拉长乘法时间，并使 node <= aReg*bReg 运算与 PROCESS 同步。假设 aReg*bReg 需要 2 个时钟周期，那么这种修改是有效的。这样就缩短了临界路径长度，提高了系统的整体工作速度。

5) 减少临界路径上部件的扇出数

众所周知，一个部件的扇出数愈多，负载愈重，该部件对信号所产生的延时也就愈大。因此，减少临界路径上部件的扇出数无疑会提高系统的工作速度。图 10-10 是减少临界路径上部件的扇出数来提高系统工作速度的实例。图 10-10(a)中，系统临界路径上部件的扇出数为 3。将 2 个乘法器合并后，如图 10-10(b)所示，部件的扇出数变为 2。

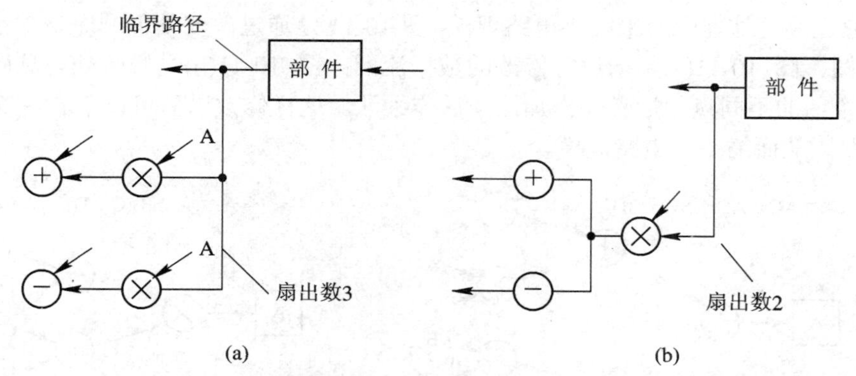

图 10-10 减少临界路径上部件的扇出数来提高系统工作速度的实例
(a) 系统原部件连接情况；(b) 利用共享乘法器减少扇出数情况

利用计算系统的临界路径长度来评估系统的工作速度，在大多数情况下是可行的，但是也有例外。例如，当组合电路跨模块进行连接时，有可能使优化效果变差。也就是说，多个组合电路模块合并成一个模块进行优化，其临界路径肯定会更短。另外，多模块连接后的实际路径长度有可能比各模块临界路径长度之和要长。

10.2.2 缩小电路规模和降低功耗的方法

1. 缩小电路规模的方法

缩小电路规模的最基本方法是在设计时尽可能共享资源。

1) 共享组合电路的部件

使用EDA软件达到理想的资源(部件)共享效果，这种情况大多是存在的。例如，在计算 $A+(B\times C)$和$(B\times C)\times 2$时，$(B\times C)$是相同的，可以用一个电路来实现。

2) 共享寄存器

在用VHDL语言设计电路时，要尽可能减少变量和信号量的设置，能共享的尽可能共享，因为冗余的寄存器将会增大电路规模和功耗，特别是位数较长的寄存器更是如此。假如现有100个32位的冗余寄存器，那么就需要3200个触发器。这样大的规模在当前条件下是不能忽视的。

3) 共享连线

连线也是一种资源。利用三态门使多个输出共享一条总线，这是共享总线的一种形式。当然，在CMOS电路中为了防止总线浮动，通常在输出端要接上拉电阻或者下拉电阻。为了降低功耗有时也不采用三态总线。

4) 展开处理时间实现资源共享

如果在一个状态中有几次相同种类的运算或译码，那么将几个相同运算依次分散到几个状态中进行处理，此时可以利用共享部件的方法使多个相同运算的电路用一个电路进行分时处理。

5) 展开处理空间实现资源共享

对数据流图的处理顺序进行适当调整就可以缩小数据流图的规模。

(1) 通过改变处理顺序来缩小电路规模。图 10-11 是通过改变处理顺序来缩小电路规模的数据流图。图 10-11(a)是未进行修改的数据流图；图 10-11(b)是修改处理顺序后的数据流图。两个图的不同点是后者先作加法，后作乘法。这样修改以后可以节省 3 个乘法器和 1 个加法器，从而缩小了电路规模。

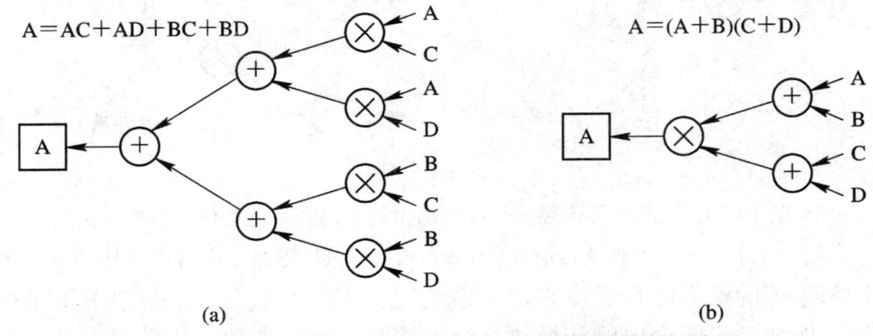

图 10-11　通过改变处理顺序来缩小电路规模的数据流图

(a) 未进行修改的数据流图；(b) 修改处理顺序后的数据流图

(2) 通过串行处理来缩小电路规模。图 10-12 是通过串行处理来缩小电路规模的数据流图。图 10-12(a)是未进行修改前的数据流图，图 10-12(b)是进行串行处理后的数据流图。

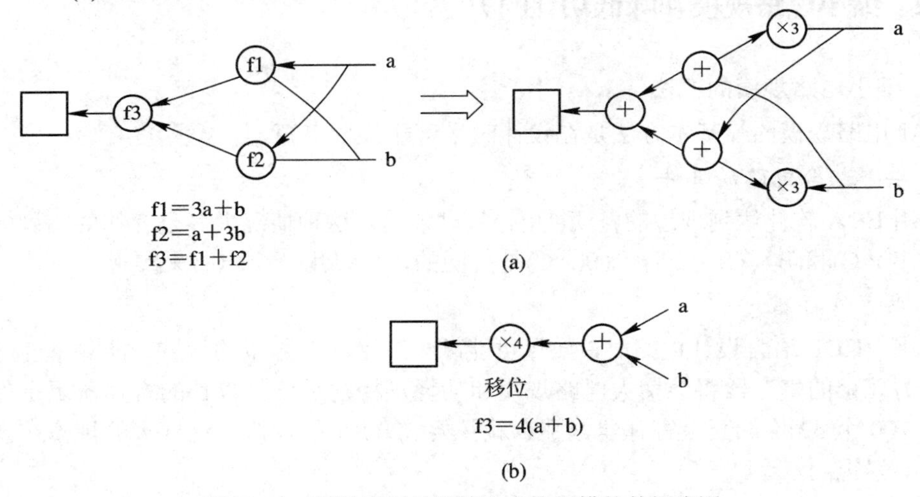

图 10-12　通过串行处理缩小电路规模的数据流图

(a) 未修改前的数据流图；(b) 进行串行处理后的数据流图

图 10-12(a)的运算公式为

$$f1 = 3a + b,\quad f2 = a + 3b,\quad f3 = f1 + f2$$

完成此运算需要 2 个乘法器和 3 个加法器。如果直接对 f3 进行运算：

$$f3 = 3a + b + a + 3b = 4a + 4b = 4(a + b)$$

那么完成 4(a+b)运算只要 1 个加法器和进行 2 次移位操作即可，如图 10-12(b)所示。这样就大大缩小了电路的规模。

(3) 复杂运算化简成简单运算。复杂的运算通过适当改变顺序可以变成简单的运算。例如，(((a+1)+b)+2)可以用((a+b)+3)来替代。这样就可以省掉 1 个加法器。

(4) 利用数据流图中的已有结果。在数据流图中某些分支可能会得到相同的结果，此时可省掉 1 个分支，利用 1 个分支已得到的结果参与下一级运算，从而减少重复的运算电路。

2. 在 RTL 级上降低系统功耗的方法

功耗是单片系统的一个很重要的指标，功耗愈低，系统的寿命、可靠性和体积也愈低。

1) 缩小电路的规模

电路规模愈小，功耗也就愈小。前述的缩小电路规模的方法对降低功耗都有实际意义。

2) 停止不必要的运算处理

下面是某系统的 VHDL 程序描述清单，它由 S0～S3 四个状态组成。

```
S0 <= '1' WHEN stateReg = "00" ELSE '0';
S1 <= '1' WHEN stateReg = "01" ELSE '0';
S2 <= '1' WHEN stateReg = "10" ELSE '0';
S3 <= '1' WHEN stateReg = "11" ELSE '0';
plus <= aReg+bReg;
minus <= aReg-bReg;
mult <= aReg*bReg;
nextA <= plus     WHEN S0 = '1' ELSE
         minus    WHEN S1 = '1' ELSE
         mult     WHEN S2 = '1' ELSE
         bReg;
 PROCESS(clk) IS
 BEGIN
     IF (clk'EVENT and clk = '1') THEN
         IF (reset = '1') THEN
             aReg <= 127;
             bReg <= 2;
             stateReg <= "00";
     ELSE
         aReg <= nextA;
         bReg <= bReg+1;
             CASE stateReg IS
                 WHEN "00" => stateReg <= "01";
                 WHEN "01" => stateReg <= "10";
                 WHEN "10" => stateReg <= "11";
                 WHEN OTHERS => stateReg <= "00";
             END CASE
         END IF;
    END IF;
END PROCESS;
```

上述程序中，S0 进行加法运算，S1 进行减法运算，S2 进行乘法运算。经编译综合后，其电路的基本结构如图 10-13 所示。这样结构的电路无论在何种状态下，所有运算电路都要进行工作。但是实际上 S0 状态下只要加法运算器工作，S1 状态下乘法器就没有必要进行工作。这些运算器没有选择的无用工作会增加电路的功耗。采用下面方法可以停止不必要的运算处理。

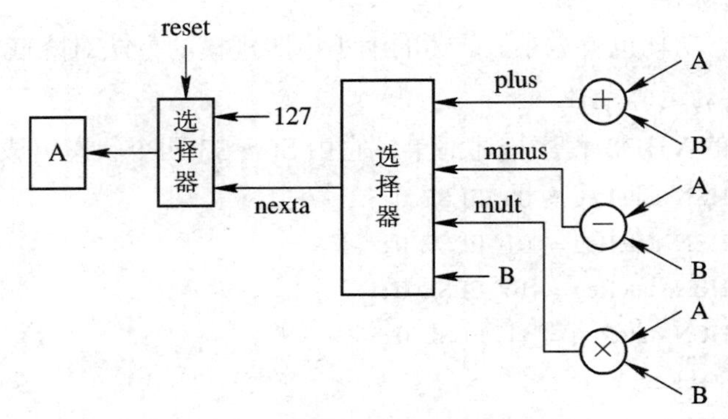

图 10-13　某系统的基本电路结构

(1) 只允许必要的运算电路工作。为了降低电路的功耗，只选择必要的运算电路进行工作，对图 10-13 进行修改后电路结构如图 10-14 所示。图 10-14 中，在各个运算器的输入端插入一个“与门”，在没有工作必要时使该电路输出为“0”。由此可知，S0 状态下乘法运算器和减法运算器不工作，S1 状态下乘法器不工作。

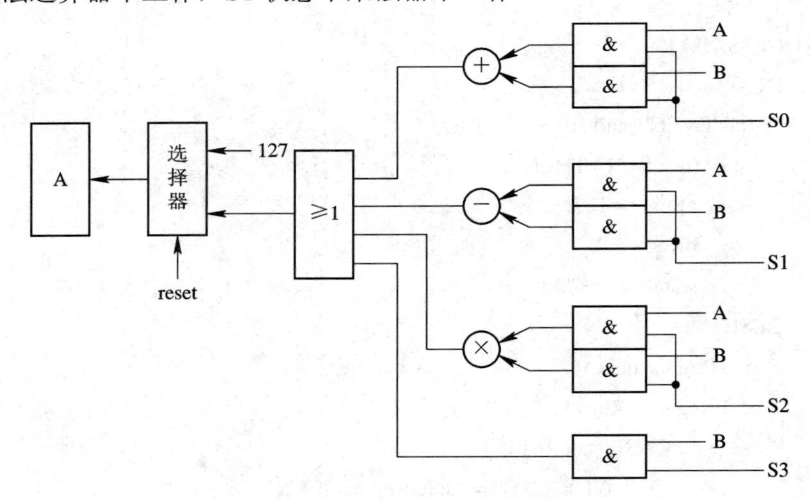

图 10-14　图 10-13 修改后的电路结构

图 10-14 对应的 VHDL 程序清单如下：

```
LIBRARY IEEE;
USE IEEE.STD_LOGIC_1164.ALL;
USE IEEE.STD_LOGIC_ARITH.ALL;
ENTITY hazard3 IS
PORT(reset: IN STD_LOGIC;
```

```
        clk: IN STD_LOGIC;
          ⋮
        plusOut: OUT INTEGER RANGE 0 TO (2**8-1);
        s3out: OUT STD_LOGIC;
      );
END ENTITY hazard3;
ARCHITECTURE rtl OF hazard3 IS
FUNCTION INTAND(val:INTEGER; cond: STD_LOGIC)
                        RETURN INTEGER IS
BEGIN
      vec := CONV_STD_LOGIC_VECTOR(val, 8);
      FOR i IN 0 TO 7 LOOP
            vec ( i ) := vec( i ) AND cond;
      END LOOP;
      RETURN CONV_INTEGER(UNSIGNED(vec));
END FONCTION INTAND;
FUNCTION INTOR4(val1, val2, val3, val4: INTEGER)
                        RETURN INTEGER IS
VARIABLE vec1, vec2, vec3, vec4: STD_LOGIC_VECTOR(7 DOWNTO 0);
BEGIN
      vec1 := CONV_STD_LOGIC_VECTOR(val1, 8);
      vec2 := CONV_STD_LOGIC_VECTOR(val2, 8);
      vec3 := CONV_STD_LOGIC_VECTOR(val3, 8);
      vec4 := CONV_STD_LOGIC_VECTOR(val4, 8);
      RETURN CONV_INTEGER(UNSIGNED(vec1 or vec2 or vec3 or vec4));
END FONCTION INTOR4;
SIGNAL aReg: INTEGER RANGE 0 TO (2**8-1)
      ⋮
SIGNAL S3: STD_LOGIC;
BEGIN
      S0 <= '1' WHEN stateReg = "00" ELSE '0';
      S1 <='1' WHEN stateReg = "01" ELSE '0';
      S2 <='1' WHEN stateReg = "11" ELSE '0';
      S3 <='1' WHEN stateReg = "10" ELSE '0';
      aRegSt0 <= INTAND (aReg , S0);
      aRegSt1 <= INTAND (aReg , S1);
      aRegSt2 <= INTAND (aReg , S2);
      aRegSt3 <= INTAND (bReg , S3);
      bRegSt0 <= INTAND (bReg , S0);
      bRegSt1 <= INTAND (bReg , S1);
      bRegSt2 <= INTAND (bReg , S2);
```

```
        plus <= aRegSt0 + bRegSt0;
        minus <= aRegSt1 - bRegSt1;
        mult <= aRegSt2 *bRegSt2;
        nextA <= INTOR4 (plus, minus, mult, aRegSt3);
    PROCESS(clk) IS
        ⋮
    END PROCESS;
    plusOut <= plus;
        ⋮
    s3out <= S3;
END ARCHITECTURE rtl;
```

(2) 尽可能在数据流的前部分屏蔽数据流。数据流图中的一个管道增加的控制“与门”像一个阀门，不需要进行运算的数据流应尽可能早地在数据流的前部分屏蔽，这样可以降低功耗。在进行流水线操作时，在没有有效数据的情况下管道的输入侧如果屏蔽数据，则会停止后阶段的操作。如果控制数据流入的信号(如“与门”的输入)与数据信号相比滞后，则会出现竞争冒险现象，从而降低减小功耗的效果。因此，必须消除这种竞争冒险现象。有关细节将在 10.2.3 节详述。

(3) 寄存器的值没有必要改变时不要改变。若每个时钟到来时寄存器的输出值都要变化，那么它后面连接的组合电路也会随之工作。另外，像移位寄存器等那样的电路，即使没有和组合电路相连接，只要数据被移位，就会增加功耗。

在运算器输入端设置专用的寄存器是一种降低功耗的方法。例如在图 10-14 中，各运算器在一个时钟周期内有 2 次动作：第一次是当数据输入时，第二次是当状态切换时。要使运算器在一个时钟周期只进行一次动作，就必须在运算器输入端设置专用寄存器。只有当需要进行运算时，才将其数据写入该寄存器。这样动作减少了，当然功耗也就降低了。

3) 减少竞争冒险的总量

由于组合电路的信号在多条路径中的传输延时不同，因而就会产生竞争冒险现象。譬如，冒险在信号流图的前部分发生，就会向后面部分传播，数量也会增加。特别地，多个处理串行连接时问题就会更大。图 10-15 是多个加法器串行连接的电路。图中，加法器产生的冒险现象从前面向后面传播，最后一个输出 node6out 比第一级加法器输出 node1out 的冒险量增加了 11 倍。由此可见，这种串行工作的电路其最后一级输出的冒险量与串联的级数成正比。事实上，要完全消除冒险现象是困难的，但是使其减少却是完全可以做到的。图 10-15 对应的串接加法器的 VHDL 描述清单如下：

```
node1 <= aReg + bReg;
node2 <= cReg + node1;
node3 <= dReg + node2;
node4 <= eReg + node3;
node11 <= fReg + node4;
nextA <= gReg + node11;
```

通常减少串接电路数目就可以减少冒险总量。将图 10-15 所示的串接加法器的结构改为树型，结果使其级数从 6 级减少为 3 级，那么冒险总量就会减少一半。树型加法器连接的冒险现象如图 10-16 所示。

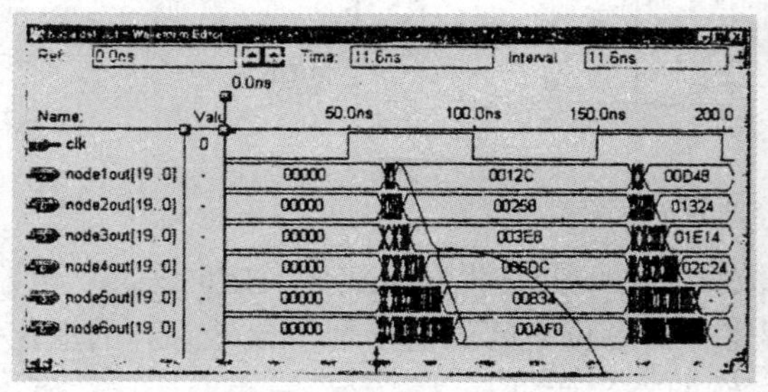

图 10-15　多个加法器串行连接的电路

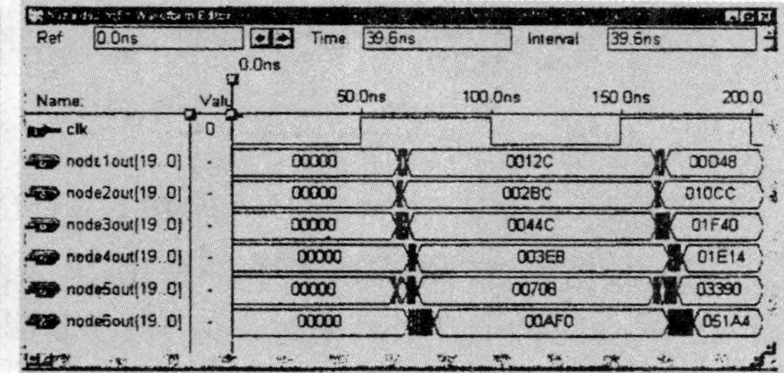

图 10-16　树型加法器连接的冒险现象

此外，还可以采取一些其他措施：减少参加运算输入信号到来的时间量；缩短频繁变化信号的传输路径；减少多位长度的运算；构筑防止冒险传播的防传输墙等。详细内容将在 10.2.3 节中讨论。

图 10-16 对应的树型加法器连接的 VHDL 程序清单如下：

```
node1 <= aReg+bReg;
node2 <= cReg+dReg;
node3 <= eReg+fReg;
node4 <= node1+node2;
node11 <= node3+gReg;
nextA <= node4+node11;
```

4) 控制时钟

通过降低时钟频率，用“与门”控制某些工作单元，使其在不工作期间不提供时钟等措施，同样也可以降低系统的功耗。

10.2.3　系统误操作的成因及其消除方法

系统在工作过程中有可能出现误操作，其产生原因是多方面的。由于设计不当或存在的缺陷诱发的误操作大致有以下几种：

(1) 冒险现象。冒险现象通常在信号发生变化时产生，其产生原因主要是输入信号经不同路径传输而出现不同的延时所引起的。冒险的传播将危及后续的电路，特别是时序电路的正确工作。

(2) 不遵守既定的定时关系。在用边沿触发器作为数据寄存器时，触发器的数据输入端和时钟触发边沿应保持严格的定时关系。图 10-17 示出了寄存器的定时关系，在时钟上升沿到来之前，触发器的数据输入端(D 端)所加的信号必须有一段稳定的时间，这段时间称为建立时间。在时钟上升沿到来以后，D 端的输入信号仍需稳定地保持一段时间，该段时间称为保持时间。建立时间和保持时间对不同的触发器和不同工艺的电路都有明确不同的要求。如果在设计电路时破坏了这种定时关系，如建立时间不够或保持时间不够，则可能导致寄存器输出值不稳定，即“0”或“1”无法确定，从而使系统出现误操作。

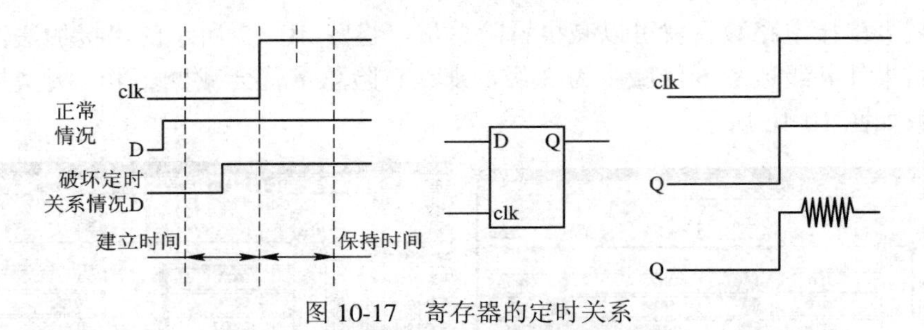

图 10-17　寄存器的定时关系

(3) 数据和时钟的临界竞争。图 10-18 是数据和时钟的临界竞争实例及定时关系。电路输入信号在时钟上升沿到来时，多个寄存器或寄存器各位之间的值出现了参差不齐的变化，从而使输出出现不稳定，这种现象称为数据时钟的临界竞争，也称为竞争。

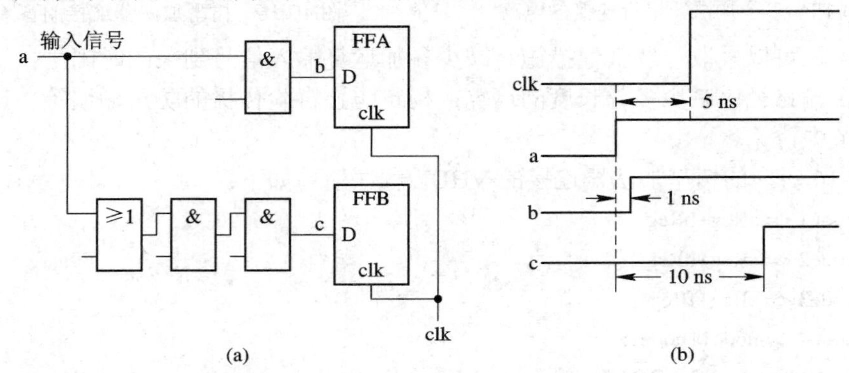

图 10-18　数据和时钟的临界竞争实例及定时关系

(a) 临界竞争电路实例；(b) 定时关系

上述三个原因有可能导致系统或电路的误操作。

1. 设计时应重点注意的地方

上述导致误操作的因素并不是在所有场合都会起作用，例如，对于冒险现象来说，在寄存器与寄存器连接的同步电路中就可以不予考虑。下面列举一些应重点注意的场合。

1) 必须消除冒险现象的地方

在与非同步电路的连接线上必须消除冒险现象。

(1) 控制存储器和触发器的控制信号。对于存储器或触发器，无论是边沿控制还是电平控制，如 DRAM 的 RAS、CAS、WE 及触发器的置位/复位端和锁存控制端，都不能有冒险信号出现，否则就会破坏存储器和触发器的正常数据。另外，边沿触发的触发器时钟端和 CPU 边沿触发的中断输入信号同样也不应混入冒险信号。

(2) 应保持数个时钟周期的信号。当 CPU 和存储器等设备连接时，对建立/保持时间都有严格规定。如果系统的时钟频率比较高，则建立/保持时间要跨越几个时钟周期。此时如果信号中混有冒险信号，那么有可能破坏这种定时关系。例如，所设计芯片与 110 ns 建立时间的存储器相连，芯片时钟为 100 MHz(周期为 10 ns)，如果数据总线混入了周期为 10 ns 的冒险信号，那么就会使存储器产生读/写错误。

2) 必须消除亚稳定和竞争的地方

需要接收来自非同步系统信号的地方必须考虑消除亚稳定和竞争。这里所说的非同步系统是指同一芯片内时钟不同的模块或芯片外连接的电路，而不是非同步电路。即使同一个时钟驱动的电路，如果位于其他芯片或端口上，也应看作非同步系统。这是因为芯片的输入和输出驱动等会使时钟和数据的相位产生延时。

2．消除冒险现象的方法

消除冒险现象的方法很多，这里只举几个常用的方法。

(1) 利用专用寄存器输出信号。电路的输出信号不由组合电路输出，而是通过专用寄存器直接输出。图 10-19 是未使用专用寄存器出现冒险现象的实例。该实例的电路由一个八进制计数器和 1 个 3-8 译码器组成。当八进制计数器工作时，在其译码器输出端 y(0)～y(7)就会轮流出现 1 个时钟周期的低电平。

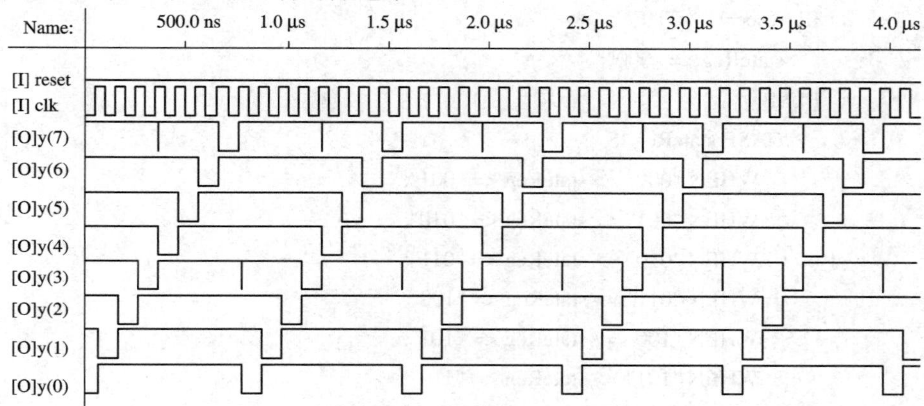

图 10-19　未使用专用寄存器出现冒险现象的实例

从图 10-19 的仿真图中可以发现，在译码器的输出端出现了不应有的负向尖脉冲，也就是说出现了冒险现象。这些负向尖峰脉冲可能会对后接电路产生不利影响。为了消除这种冒险现象，在其各输出端加一个锁存寄存器，使它们通过寄存器输出，以消除冒险现象。

图 10-19 对应的 VHDL 程序清单如下：

```
LIBRARY IEEE;
USE IEEE.STD_LOGIC_1164.ALL;
USE IEEE.STD_LOGIC_ARITH.ALL;
ENTITY state_8 IS
PORT(reset: IN STD_LOGIC;
     clk: IN STD_LOGIC;
     y: OUT STD_LOGIC_VECTOR(7 DOWNTO 0));
END ENTITY state_8;
ARCHITECTURE rtl OF state_8 IS
SIGNAL S0, S1, S2, S3: STD_LOGIC;
SIGNAL stateReg: STD_LOGIC_VECTOR(2 DOWNTO 0);
BEGIN
  y(0) <= '0' WHEN stateReg = "000" ELSE '1';
  y(1) <= '0' WHEN stateReg = "001" ELSE '1';
```

```
y(2) <= '0' WHEN stateReg = "010" ELSE '1';
y(3) <= '0' WHEN stateReg = "011" ELSE '1';
y(4) <= '0' WHEN stateReg = "100" ELSE '1';
y(11) <= '0' WHEN stateReg = "101" ELSE '1';
y(6) <= '0' WHEN stateReg = "110" ELSE '1';
y(7) <= '0' WHEN stateReg = "111" ELSE '1';
PROCESS(clk) IS
BEGIN
  IF (clk'EVENT AND clk = '1') THEN
    IF (reset = '1') THEN
      stateReg <= "000";
    ELSE
      CASE stateReg IS
        WHEN "000" => stateReg <= "001";
        WHEN "001" => stateReg <= "010";
        WHEN "010" => stateReg <= "011";
        WHEN "011" => stateReg <= "100";
        WHEN "100" => stateReg <= "101";
        WHEN "101" => stateReg <= "110";
        WHEN "110" => stateReg <= "111";
        WHEN OTHERS => stateReg <= "000";
      END CASE;
    END IF;
  END IF;
END PROCESS;
END ARCHITECTURE rtl;
```

下面是经过修改的 VHDL 程序。该程序和图 10-19 对应程序的区别就是进程受 clk 时钟上升沿控制。也就是说，只有在时钟上升沿到来时，译码器的输出才会发生变化。这种描述经 EDA 软件综合后，会在组合译码电路输出端插入 1 个寄存器，从而屏蔽了冒险现象的向后传播。

输出端插入专用寄存器的 VHDL 描述如下：

```
LIBRARY IEEE;
USE IEEE.STD_LOGIC_1164.ALL;
USE IEEE.STD_LOGIC_ARITH.ALL;
ENTITY state_8_1 IS
PORT(reset: IN STD_LOGIC;
     clk: IN STD_LOGIC;
     y: OUT STD_LOGIC_VECTOR(7 DOWNTO 0));
END ENTITY state_8_1;
```

```
ARCHITECTURE rtl OF state_8_1 IS
SIGNAL S0, S1, S2, S3: STD_LOGIC;
SIGNAL stateReg: STD_LOGIC_VECTOR(2 DOWNTO 0);
BEGIN
  PROCESS(clk) IS
  BEGIN
    IF (clk'EVENT AND clk = '1') THEN
        CASE stateReg IS
          WHEN "000" => y <= "11111110";
          WHEN "001" => y <= "11111101";
          WHEN "010" => y <= "11111011";
          WHEN "011" => y <= "11110111";
          WHEN "100" => y <= "11101111";
          WHEN "101" => y <= "11011111";
          WHEN "110" => y <= "10111111";
          WHEN "111" => y <= "01111111";
          WHEN OTHERS => y <= "11111111";
        END CASE;
     END IF;
  END PROCESS;
  PROCESS(clk) IS
  BEGIN
    IF (clk'EVENT AND clk = '1') THEN
       IF (reset = '1') THEN
          stateReg <= "000";
       ELSE
          CASE stateReg IS
             WHEN "000" => stateReg <= "001";
             WHEN "001" => stateReg <= "010";
             WHEN "010" => stateReg <= "011";
             WHEN "011" => stateReg <= "100";
             WHEN "100" => stateReg <= "101";
             WHEN "101" => stateReg <= "110";
             WHEN "110" => stateReg <= "111";
             WHEN OTHERS => stateReg <= "000";
          END CASE;
       END IF;
    END IF;
  END PROCESS;
END ARCHITECTURE rtl;
```

图 10-20 是输出端插入专用寄存器清除冒险现象的实例。从图 10-20 中可以看出，在图 10-19 中所出现的冒险现象被专用寄存器屏蔽掉了。寄存器之所以能屏蔽冒险现象，是因为寄存器的输出值只在时钟上升沿到来时采样，在该时刻寄存器的数据输入端处于稳定的数据状态，从而避开了数据动态的变化过程。

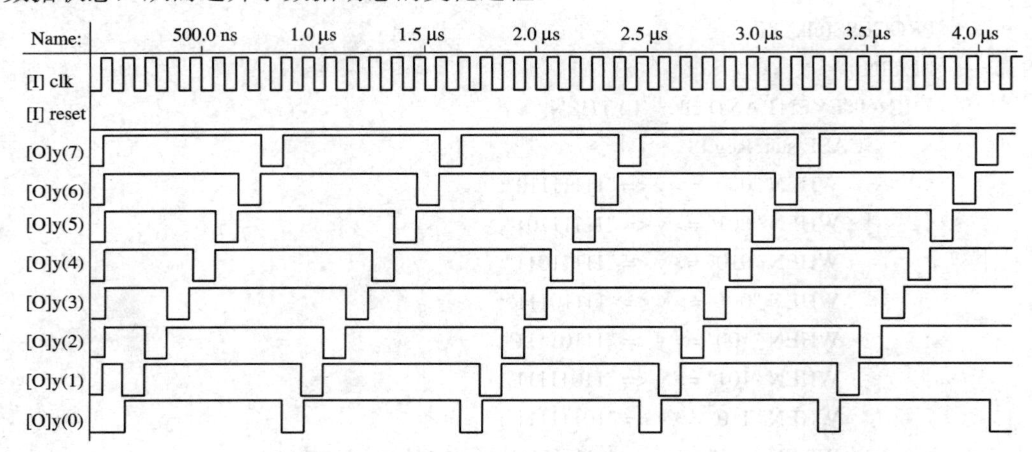

图 10-20　输出端插入专用寄存器消除冒险现象的实例

(2) 输入至输出只经过一条传输路径。冒险现象是由于变化信号经过不同的路径，产生不同延时而引起的。因此，在组合电路设计时使变化信号只通过一条路径就可以消除冒险现象。图 10-21(a)是输入至输出只经过一条传输路径消除冒险现象的实例。图 10-21(a)中，输入信号 b 到达输出端有 2 条路径，这必定会发生冒险现象。现在假设只有输入信号 b 发生变化或 a、b、c 3 个信号只有一个信号发生变化，经调整后的逻辑电路如图 10-21(b)所示，此时输入信号 b 从输入到输出只有一条传输路径，因此该电路就不会发生冒险现象。当然，如果 c 和 a(或 b)同时发生变化，则在输出端仍有可能发生冒险现象。

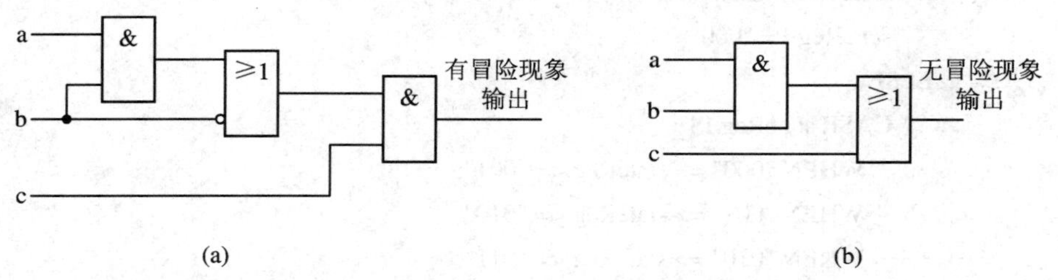

图 10-21　输入至输出只经过一条传输路径消除冒险现象的实例

(a) 原电路图；(b) 修改后的电路图

(3) 组合电路输入信号同时只变化 1 位。如上所述，如果组合电路的多个输入信号只有 1 位同时发生变化，那么在逻辑设计时就容易做到无冒险现象出现。

例如，数字系统中的状态机有多个状态，许多控制信号是对状态机不同的状态进行译码产生的。图 10-22 是 8 个状态的状态机编码实例。图 10-22(a)是一般编码情况，从 000～111；图 10-22(b)则是汉明距离为 1 的编码情况。前者在一个状态向另一个状态转移时有可能同时使编码值发生 1 位以上的变化，例如，111→000 就发生了 3 位变化；后者编码按 0000→0001→0011…1100→1000→0000 的规律进行改变，状态在转移时状态编码只发生 1 位变化。当然，这种方法并不能完全消除冒险现象，通常要对状态译码电路进行分析，看在什么情况出现冒险。得到确定出现冒险现象的条件后，对逻辑电路进行适当修改，使其信号变化的输入只有一条传输路径，即可消除冒险现象。

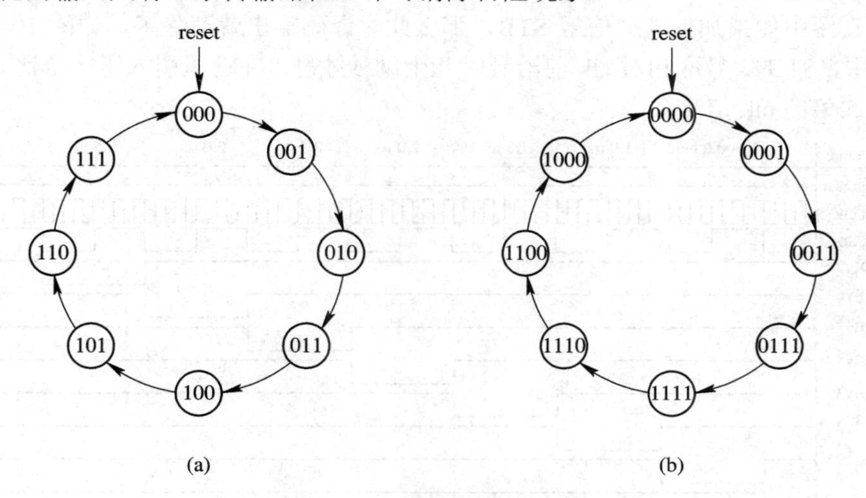

图 10-22　8 个状态的状态机编码实例

(a) 通常的编码；(b) 汉明距离为 1 的编码

在某些情况下，状态编码不能保证只有 1 位发生变化(即汉明距离超过 1)时，有 2 种编码方法保证状态图编码仍维持 1 位变化，如图 10-23 所示。第一种方法是一个状态分配多个编码，如图 10-23(b)所示。原 001 状态再分配 1 个 010 编码，这样可以保证汉明距离为 1。例如，原 110 状态转移至 001 状态，状态编码发生了 3 位变化。现在加了 010 编码，那么该状态编码为 001 和 010。110 与该状态的 010 编码对照，只改变 1 位编码。其余依次类推，也可得到相似的结果。第二种方法是在状态译码时采用分组译码，如图 10-23(c)所示。1011 转移至 0001 时只对低 2 位译码，这样就保证了只有 1 位发生变化。

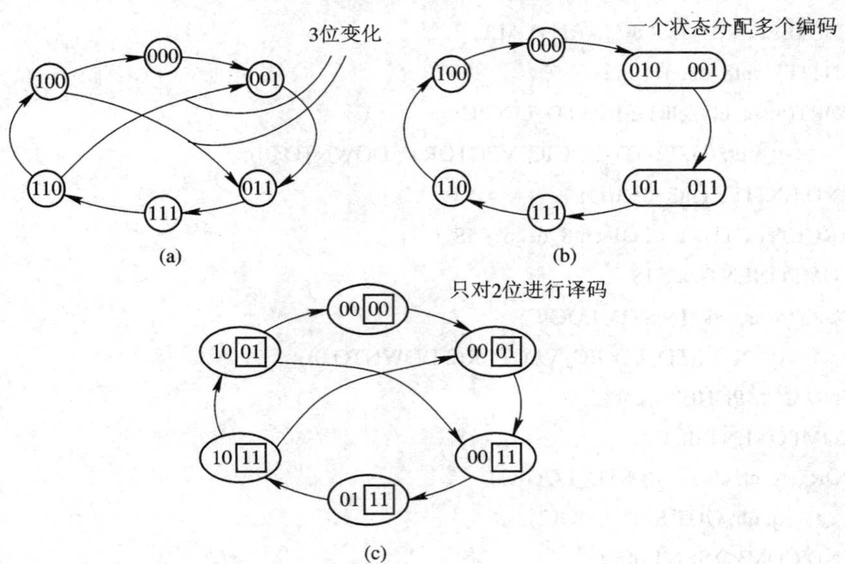

图 10-23　状态编码汉明距离超过 1 时的处理方法

(a) 汉明距离超过 1 的状态图；(b) 多编码状态图；(c) 分组译码状态图

(4) 在译码输出端加选通电路。冒险现象通常发生在译码电路输入发生变化的时刻。如果待输入信号稳定以后，再输出译码信号，那么就可以屏蔽冒险现象。例如，在图 10-19 所示的仿真图中如果加上选通信号 STB，那么此时译码输出就消除了，如图 10-24 所示。图 10-24 中，STB 信号应相对 clk 前沿延时几十纳秒才行。在这里引入了一个比 clk 时钟信号频率高 5 倍的 clk 信号。

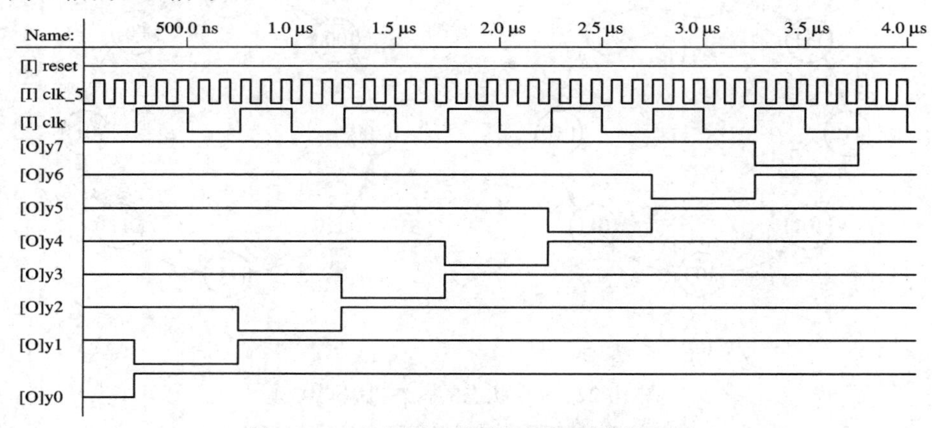

图 10-24　加选通信号消除冒险现象的实例

2 个 D 触发器 U1、U2 连接产生一个周期为 clk/5 的选通脉冲 STB。该 STB 在 clk 上升沿时变高，在经历一个 clk/5 的周期之后变低。将该信号与译码输出信号相“或”，即可屏蔽掉在 clk 上升沿之后出现的“1”冒险现象。同理，如果译码输出是“1”有效，那么可以将 NOT STB 与译码输出信号相“与”，从而消除“0”冒险现象。

图 10-24 对应的加选通信号 STB 的 VHDL 程序清单如下：

```
LIBRARY IEEE;
USE IEEE.STD_LOGIC_1164.ALL;
USE IEEE.STD_LOGIC_ARITH.ALL;
ENTITY cnt8_deco11 IS
PORT(reset, clk, clk11: IN STD_LOGIC;
        y_out: OUT STD_LOGIC_VECTOR (7 DOWNTO 0));
END ENTITY cnt8_deco11;
ARCHITECTURE rtl OF cnt8_deco11 IS
COMPONENT cnt8 IS
PORT(reset, clk: IN STD_LOGIC;
        q: OUT STD_LOGIC_VECTOR(2 DOWNTO 0));
END COMPONENT cnt8;
COMPONENT dff1 IS
PORT(reset, clk, d: IN STD_LOGIC;
        q, qb: OUT STD_LOGIC);
END COMPONENT dff1;
SIGNAL reset_s, reset1, clk_s, clk111, q1, q1b, q2, q2b, stb, vcc:STD_LOGIC;
SIGNAL q_s: STD_LOGIC_VECTOR(2 DOWNTO 0);
```

```
SIGNAL y_s, y: STD_LOGIC_VECTOR(7 DOWNTO 0);
BEGIN
  reset_s <= reset;
  clk_s <= clk;
  y_out(0) <= y(0) OR stb;
  y_out(1) <= y(1) OR stb;
  y_out(2) <= y(2) OR stb;
  y_out(3) <= y(3) OR stb;
  y_out(4) <= y(4) OR stb;
  y_out(11) <= y(11) OR stb;
  y_out(6) <= y(6) OR stb;
  y_out(7) <= y(7) OR stb;
   PROCESS(clk_s) IS
   BEGIN
      CASE(q_s) IS
        WHEN "000" => y <= "11111110";
        WHEN "001" => y <= "11111101";
        WHEN "010" => y <= "11111011";
        WHEN "011" => y <= "11110111";
        WHEN "100" => y <= "11101111";
        WHEN "101" => y <= "11011111";
        WHEN "110" => y <= "10111111";
        WHEN "111" => y <= "01111111";
        WHEN OTHERS => y <= "11111111";
      END CASE;
   END PROCESS;
   stb <= q1;
   vcc <= '1';
   reset1 <= reset_s AND (q1 NAND q2);
   u0: cnt8 PORT MAP (reset_s, clk_s, q_s);
   u1: dff1 PORT MAP (reset1, clk_s, vcc, q1, q1b);
   u2: dff1 PORT MAP (reset1, clk11, q1, q2, q2b);
 END ARCHITECTURE rtl;
```

(5) 在译码逻辑中增加冗余项。

若单个译码输入发生变化，则可以在译码逻辑电路中增加冗余项，从而达到消除冒险现象的目的。图 10-25 是增加冗余项消除“1”冒险现象的实例，其表达式为 $F = AB+AC$。这是因为，当 $B = C =$“1”时，$F = A+\bar{A}$。若电路在某些输入组合情况下出现 $F = A \cdot \bar{A}$，那么该电路会产生“0”冒险现象。图 10-25 所示电路的逻辑表达式中如增加冗余项 BC，则为 $F = AB + AC + BC$。当 $B = C = 1$ 时，$F = 1$，从而消除了“1”冒险现象(产生负向干扰脉冲)。

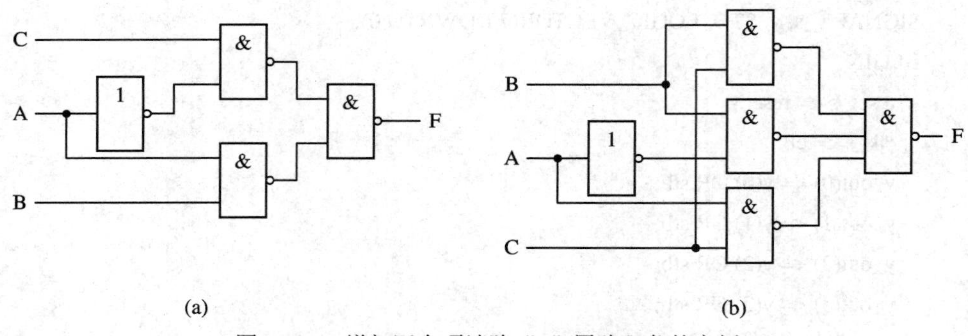

图 10-25　增加冗余项消除“1”冒险现象的实例

(a) 产生“1”冒险的电路；(b) 增加冗余项消除“1”冒险的电路

10.2.4　非同步信号的控制方法

数字系统的外部输入和内部不同时钟模块之间连接的信号都属于非同步信号，系统只有采用适当的非同步信号控制方法才能保证可靠的工作。

1. 将非同步信号变为同步信号的方法

将非同步信号变为同步信号的最简单办法是用 D 触发器锁存非同步信号，如图 10-26 所示。

图 10-26 中，非同步输入信号与 D 触发器的 D 端相连，时钟端 clk 与系统时钟相连。这样，在时钟脉冲上升沿到来时就将非同步输入信号锁存于 D 触发器的 Q 输出端。在用 VHDL 描述时，表示锁存的代入语句应位于 IF (clk'EVENT AND clk = '1')语句的内侧。例如：

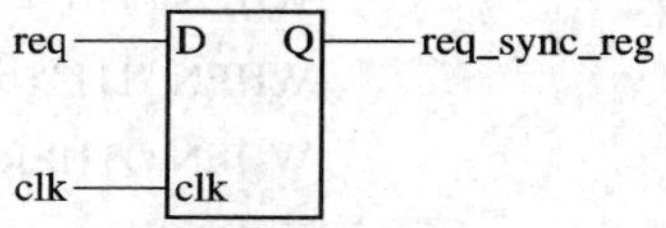

```
SIGNAL req_sync_reg: STD_LOGIC;
   ⋮
PROCESS(clk, reset_n) IS
BEGIN
   IF (reset_n = '0') THEN
      State_req <= WAIT_ACCESS;
   ELSIF (clk'EVENT AND clk = '1') THEN
      req_sync_reg <= req;          --非同步信号锁存
      CASE state_req IS
         WHEN WAIT_ACCESS=>
            IF (req_sync_reg = '1') THEN
               State_req <= ENABLE_RAS;
            END IF;
            ⋮
         WHEN RAS_PRECHARGE =>
            IF ( req_sync_reg = '0') THEN
               State_reg <= WAIT_ACCESS;
            END IF;
            ⋮
```

req — D　Q — req_sync_reg
clk — clk

图 10-26　非同步信号同步的实例

```
        END CASE;
    END IF;
END PROCESS;
```

该例中，非同步输入信号是 req，经触发器同步后的信号为 req_sync_reg。在后面的程序中凡是要用 req 作为条件进行判别的地方都用 req_sync_reg 来替代，这样就实现了非同步信号的同步。

2．同步时的亚稳定现象及其影响

如图 10-26 所示，为了正确地锁存非同步信号，非同步信号在 clk 上升沿到来之前的一段时间(称为建立时间)和到来后的一段时间(称为保持时间)必须保持稳定。如果在这两段时间内非同步信号有变化，则会使锁存输出发生振荡现象，使信号出现高或低电平无法确定的状态，这种状态称为亚稳定现象。一般亚稳定状态大约要维持 11 ns。如果这种亚稳定状态向后续电路传播，则会使系统产生误操作。

如果时钟频率过高，则会由于亚稳定现象传播而发生误操作。图 10-27 是电路产生亚稳定现象传播的实例。图中，clk 的频率为 100 MHz，其周期为 10 ns。非周期信号在建立时间之内发生了从“0”到“1”的变化，这就导致同步 D 触发器输出信号 a 发生亚稳定现象，其持续时间为 11 ns。

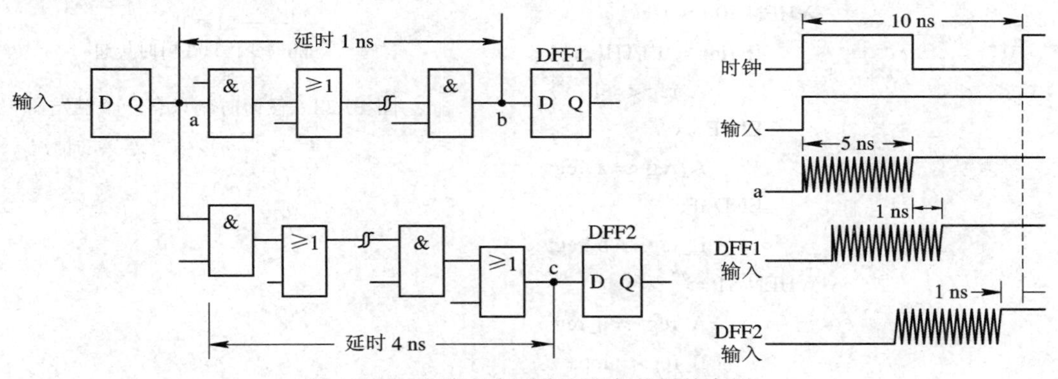

图 10-27　电路产生亚稳定现象传播的实例

a 点信号经电路 1 ns 的延时(b 点)作为 D 触发器 DFF1 的输入。另一路经 4 ns 延时(c 点)作为 D 触发器 DFF2 的输入。从波形图中可以看出，a 点波形亚稳定引起的振荡信号对 DFF1 不会产生什么影响，因为在 10 ns 以后，b 点波形有 3 ns 的稳定时间，为下一个时钟前沿到来做好了准备；c 点波形由于电路延时较长，在下一个时钟前沿到来前只有 1 ns 的稳定时间，这就违反了必须有 2 ns 建立时间的定时关系，因而导致了 DFF2 的误操作。因此，为了防止亚稳定现象的传播，在电路设计时必须满足：

亚稳定持续时间 + 组合电路延时时间 + 触发器的建立时间 < 时钟周期

如果同步触发器后面所接的组合电路其延时时间较长，那么可以在同步触发器后再插入一个 D 触发器。这样做可以切断亚稳定现象的向下传播。当然，这种接法会使非同步输入信号延时 2 个时钟周期。

3．省略同步装置的场合

亚稳定现象是由于用同步装置对非同步信号进行同步所引起的。在某种情况下，如果没有同步装置，电路仍能正常工作，那么就可以不要同步装置。例如：

(1) 同步装置后续电路只接一个触发器。当后续电路只接一个触发器时，加同步触发器就没有什么意义，可以不插入同步触发器。

(2) 任何时刻只有一个触发器连接非同步信号。即使后续电路中连接有多个触发器，但是在任何时刻只有一个触发器与非同步信号相连接，则也可以省去同步触发器，如图10-28所示。

图 10-28 中，inp 是非同步信号，在 S0 状态时，选通触发器 DFFA 的输入值；在 S1 状态时，与触发器 DFFB 连接。该电路用 VHDL 程序描述如下：

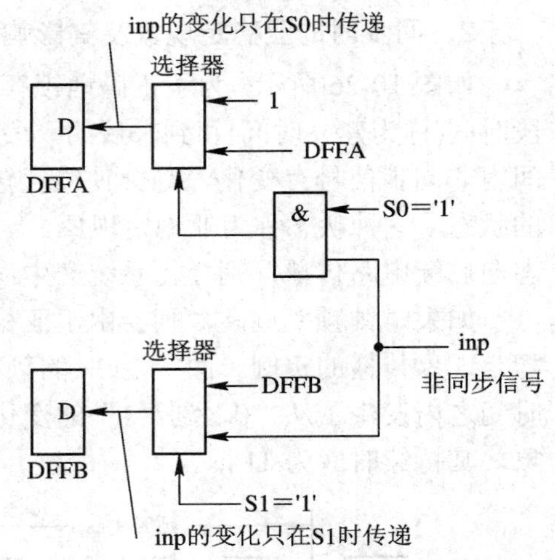

图 10-28　任何时刻只有一个触发器与非同步信号连接的情况

```
SIGNAL a_reg：STD_LOGIC;
SIGNAL b_reg：STD_LOGIC;
                    ⋮
PROCESS(clk) IS
BEGIN
    IF (clk' EVENT AND clk = '1' ) THEN
        CASE state_reg IS
            WHEN S0 =>
                IF (inp = '1') THEN
                    A_reg <= '1'
                ELSE
                    A_reg <= a_reg;
                END IF;
                    B_reg <= b_reg;
            WHEN S1 =>
                    A_reg <= a_reg;
                    B_reg <= inp;
                ⋮                       --其他状态 inp 不用
        END CASE;
    END IF;
END PROCESS;
```

这种情况可以等效为后续电路只与一个触发器连接的情况。因此，在这种电路中同步触发器也可以省略。

(3) 非同步信号是一个稳定的信号。如果从非同步系统传送过来的信号在有效使用期间其值是稳定的，那么对这种非同步信号可以不使用同步装置进行同步。例如，复位信号一般只在系统上电时使用，平常总是无效状态，对这种信号，一般不需要进行同步。

4．对非同步信号控制时应注意的问题

对非同步信号控制时应注意以下几个问题：

(1) 多个输入信号之间的相位差。从非同步系统输入的数据总线信号是一组非同步的并行信号，有时由于路径长度不同，相互之间可能存在相位差。如果处理不当，则有可能

采样不到正确的值，此时必须采用“握手”的数据传送协议，在确认数据值稳定后，再将其读入寄存器。

(2) 芯片的 I/O 端的建立时间和保持时间的计算。芯片的 I/O 端的建立时间和保持时间与单独的触发器的建立时间和保持时间是一样的，如图 10-29 所示。

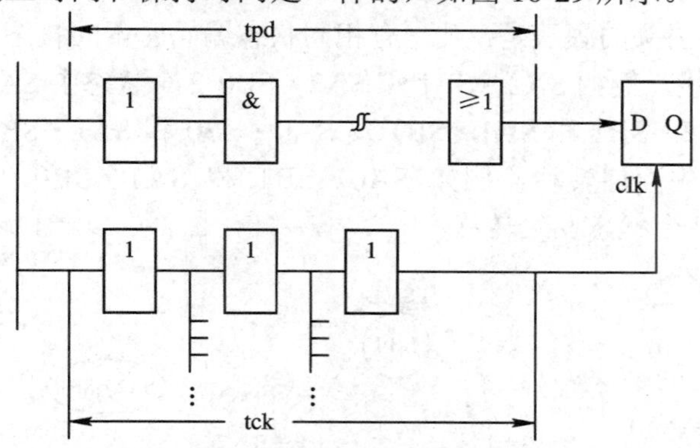

图 10-29　芯片的建立时间和保持时间

若芯片数据输入引脚到 D 触发器的 D 端有 tpd 的延时时间，芯片时钟输入引脚到 D 触发器的时钟端(clk)有 tck 的延时时间，那么从芯片外部来看，该芯片的建立时间和保持时间应为

芯片的建立时间 = 触发器的建立时间 + tpdmax – tckmin

芯片的保持时间 = 触发器的保持时间 + tckmax – tpdmin

由此可知，芯片的建立时间和保持时间比单独的触发器的建立时间和保持时间都长，在芯片设计时应充分考虑这种实际情况。

(3) 节省同步触发器与消除冒险现象矛盾。在状态机中可以不经同步装置，而使用直接输入的非同步信号。此时，状态寄存器中那些以非同步信号作为输入的触发器的输出端就有可能出现亚稳定现象。若芯片译码器输入部分以这些触发器输出为译码输入信号，那么在其译码输出端就可能产生冒险现象。

(4) 尽可能减少与非同步信号的连接端口。在进行数字系统设计时，应尽可能减少与非同步信号连接的端口，因为这种连接是引起系统误操作的原因之一。为此，设计时应对系统模块的结构及通信协议作一些详细的研究，做到尽可能少的非同步信号端口连接；在必须与非同步信号进行连接时，应制定合理、可靠的通信协议，使其在最恶劣的环境下仍能满足要求的定时关系。

10.2.5　典型状态机状态编码的选择

状态机的状态编码情况对综合后的状态机电路的操作性能会产生很大影响。例如在前面提到的，当前一个状态向后一个状态转移时，状态编码只改变 1 位比编码改变多位的情况要好，因为前者出现冒险现象的可能性要小得多，所以选择好的状态编码也是一种减少系统误操作及改善系统性能的重要方法之一。

1. 系统状态机的状态分解和合并

一个数字系统内部可能有多个模块和多个状态机，在对系统进行状态分配选择前应先对这些状态机和状态进行分解或合并。一般处理原则是：一个状态机的状态数应尽可能少，如果不这样做，则状态分配时的难度就会增加。图 10-30 是状态机状态合并的实例。图中，FSMA 和 FSMB 在同一个时钟驱动下并发工作，它们是相互独立的。如果将 2 个状态机合并，用一个状态图来描述，则结果如图 10-30(c)所示。图 10-30(c)所示是一个 2 状态数的状态机 FSMAB，状态分别为 SA0 · SB0、SA0 · SB1、SA1 · SB0、SA1 · SB1、SA2 · SB0、SA2 · SB1。状态转移箭头的画法是：凡是有相同状态编码元素的状态，相互之间不会发生转移，故没有箭头连接。例如 SA2 · SB1 和 SA2 · SB0 2 个状态中 SA2 是相同的，故没有箭头连接。另外，SA2 · SB1 和 SA1 · SB1 及 SA0 · SB0 和 SA1 · SB0 等都如此。状态中双箭头线表明可能发生双向转移，例如 SA0 · SB1 和 SA1 · SB0，因为 SA0→SA1 或 SB1→SB0 都会使这 2 个状态发生转移。

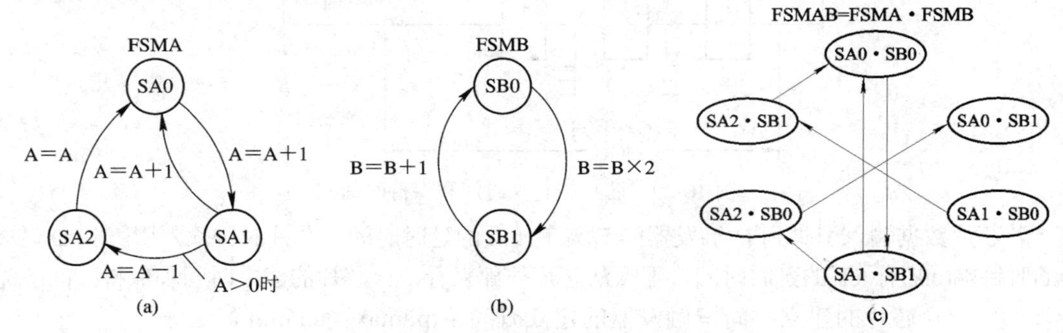

图 10-30　状态机状态合并的实例

(a) 3 个状态的 FSMA；(b) 2 个状态的 FSMB；(c) 6 个状态的 FSMAB

图 10-30(c)所示的状态机图较复杂，因此综合后的电路也会复杂得多。图 10-30(a)和(b)分别综合得到的电路比较简单。当然，为了解决独立性差或共享部件的问题，也可以采用状态机合并的方法。

2. 典型的状态编码

典型的状态编码方式及其优缺点如表 10-2 所示。

表 10-2　典型的状态编码方式及其优缺点

编 码 类 型	二进制码	格 雷 码	约翰逊计数码	单“1”编码
N 个状态的二进制位数	lbN	lbN	N/2	N
组合电路大小	转移愈复杂愈大	大	小	小
速度	转移愈复杂愈大	慢	快	快
输出冒险现象	通常都有	对 1 位变化支路进行检查	没有输出，不进行检查	通常都有
输出译码延时	延时长	延时长	一般	一般
省略同步装置	难	有可能	有可能	难
EDA 软件支持	一般可以	一般没有	没有	一般可以
构成复杂状态转移	难	难	不简单	可以

设计者可以根据实际需要选择编码。最佳的编码是不存在的，只能是各种条件的折中。对应表 10-2 中各状态编码的电路示意图如图 10-31(a)、(b)、(c)、(d)所示。

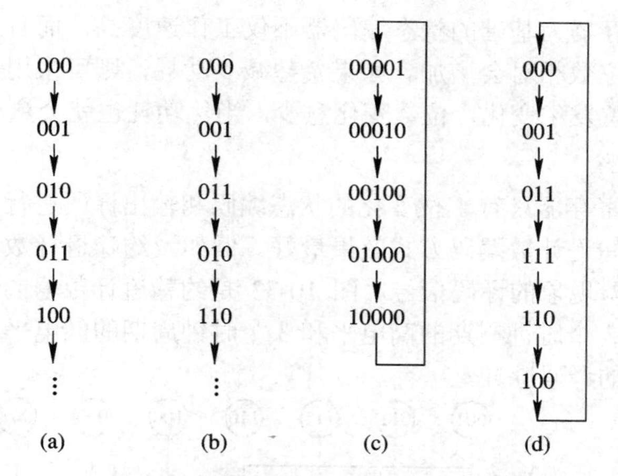

图 10-31　典型的状态编码的电路示意图

(a) 二进制码；(b) 格雷码；(c) 单“1”编码；(d) 约翰逊计数码

3. 选择状态编码时要考虑的问题

1) 电路的速度和规模

为了提高电路速度，状态寄存器的各位值应尽可能由少数位的值来确定。图 10-32 表明状态电路采用移位寄存器可以提高状态转移的速度。图 10-32(a)和图 10-32(d)相比，前者状态寄存器每位的值由 4 位确定，后者仅由 1 位确定。显然，后者的速度比前者快。

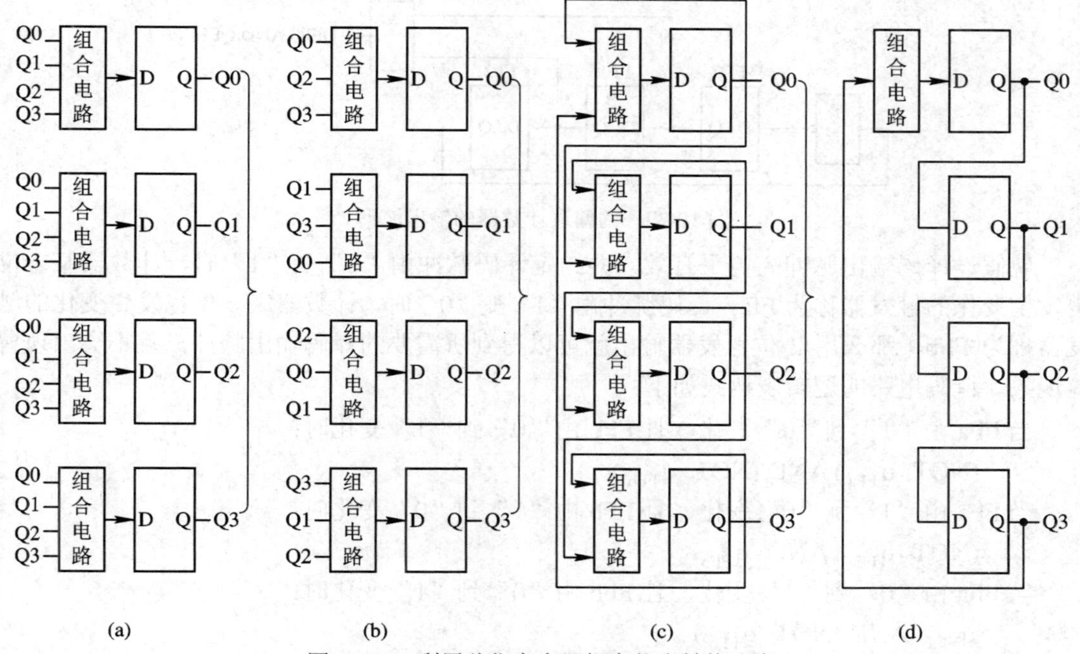

图 10-32　利用移位寄存器提高状态转换速度

(a) 4 位译码；(b) 3 位译码；(c) 2 位译码；(d) 1 位译码

电路规模与状态转移的复杂度有较大的关系。当状态转移较复杂时，最好采用单“1”编码；如果比较简单，则可以采用状态位较少的编码方式。

通常，以移位寄存器为基础的状态编码器不仅工作速度高，而且组合电路的规模也相对小一些，但寄存器位数相对会增加。如果希望减少功耗，则可采用格雷码等编码，因为在状态转移时只有1位发生变化，位数变化愈少，当然功耗也就会愈小。

2) 冒险现象的消除

在10.2.4节中对寄存器只有1位变化的状态编码和输出译码进行了详细讨论。对于消除冒险现象来说，约翰逊计数编码方式效果最好。例如，约翰逊计数器对其输出进行译码可以很容易生成无冒险现象的译码信号。图10-33是约翰逊计数器的输出波形。从波形图中可以看出，每位有3个时钟周期的高电平和3个时钟周期的低电平，它们可以生成1个或2个时钟周期长度的译码脉冲。

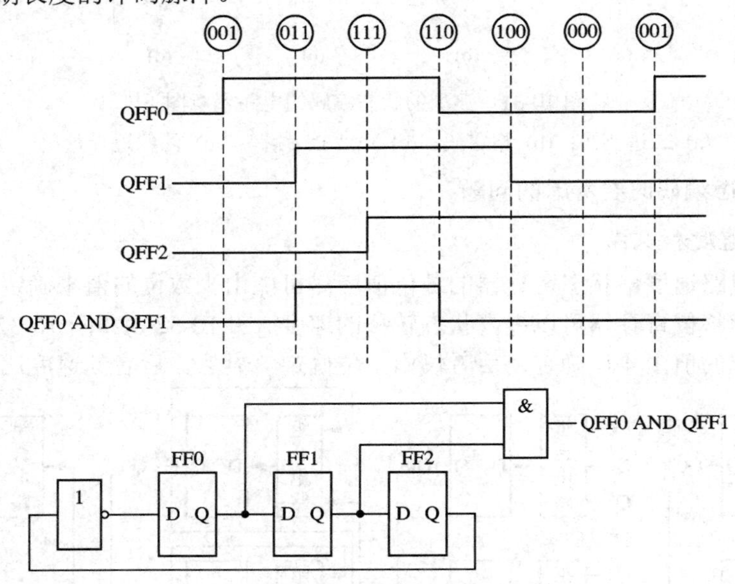

图10-33 约翰逊计数器的输出波形

现假设译码输出脉冲高电平有效，并约定译码脉冲由“0”变“1”时，计数器某一位也发生变化的触发器称为Ffa，译码脉冲由“1”变“0”时，计数器某一位也发生变化的触发器称为FFb，那么用2位触发器输出就可以得到所需要的译码输出脉冲，且不会出现冒险现象。译码电路的逻辑表达式如下：

当FFa由“1”到“0”变化，且FFb由“0”到“1”变化时：

$(\text{NOT } q_{FFa})$ AND $(\text{NOT } q_{FFb})$

当FFa由“1”到“0”变化，且FFb由“1”到“0”变化时：

$(\text{NOT } q_{FFa})$ AND q_{FFb}

当FFa由“0”到“1”变化，且FFb由“0”到“1”变化时：

q_{FFa} AND $(\text{NOT } q_{FFb})$

当FFa由“0”到“1”变化，且FFb由“1”到“0”变化时：

q_{FFa} AND q_{FFb}

例如，在011～111状态出现正向译码脉冲时，可以用q_{FF0}和q_{FF1}作为译码器输入，此时，q_{FFa}为q_{FF0}，q_{FFb}为q_{FF1}，所以译码表达式可写为

q_{FF0} AND q_{FF1}

利用真值表和对 3 个触发器输出进行译码也可以得到相应的译码输出，但是译码电路没有那么简单，也有可能出现冒险现象。

3) 输出延时的处理

状态寄存器输出值与状态寄存器位数依赖愈少，输出延时就愈小。如果仅由寄存器的 1 位所决定，那么延时就最小，当然工作速度也就最高。

4) 自动回归

如果状态寄存器有 n 位，那么其状态数应为 2^n 个。在工作时如果只使用其一部分状态，那么在接通电源或干扰发生时有可能使状态寄存器处于未定义的状态。为保证系统正常工作，状态寄存器必须带有自动回归的控制电路。当多个状态机并发工作时，自动回归就不那么简单了，通常采用复位方法来实现自动回归，但是这将丢失外部的数据。

自动回归控制方法大致可以采用以下几种手段。

(1) 在 CASE 语句中用 WHEN OTHERS 语句。在 CASE 语句中用 WHEN OTHERS 语句可以使状态寄存器从所有的未定义状态中脱离出来进入正常状态。例如：

```
PROCESS(clk) IS
BEGIN
    IF (clk'EVENT AND clk = '1') THEN
        CASE state_reg IS
            ⋮
          WHEN OTHERS =>
                state_reg <= "00000000";
        END CASE;
    END IF;
END PROCESS;
```

在上例中，当状态寄存器进入未定义状态时，在下一个时钟到来以后就进入起始复位状态。从未定义状态脱出的时间为 1 个时钟周期，也可以记为 CWS(Critical Wash_out Sequence)长为 1 个时钟。

(2) 加陷阱自动回归。在描述状态寄存器时，加陷阱可使其回归正常。例如，带有陷阱自动回归的约翰逊计数器的 VHDL 描述如下：

```
SIGNAL state_reg：STD_LOGIC_VECTOR (2 DOWNTO 0);
POROCESS(clk) IS
BEGIN
    IF (clk'EVENT AND clk = '1') THEN
        CASE state_reg IS
          WHEN "000" => state_reg <= "001";
            ⋮
          WHEN "001" => state_reg <= "011";
            ⋮
```

```
                    WHEN "011" => state_reg <= "111";
                      ⋮
                    WHEN "111" => state_reg <= "110";
                      ⋮
                    WHEN "110" => state_reg <= "100";
                      ⋮
                    WHEN "100" => state_reg <= "000";
                      ⋮
                    --局部环和陷阱
                    WHEN "010" => state_reg <= "101";
                    WHEN "101" => state_reg <= "100";
                    WHEN OTHERS => state_reg <= "XXX";
                END CASE;
            END IF;
        END PROCESS;
```

在上述 CASE 语句中列举了 3 位寄存器可能出现的值，其中，“010”和“101”是未定义的值。当由于某种原因出现这 2 个未定义的值时，局部环中的陷阱将使其返回正常定义的值。

另一种带有陷阱自动回归的 N 位约翰逊计数器的 VHDL 描述如下：

```
    SIGNAL state_reg: STD_LOGIC_VECTOR (4 DOWNTO 0);
    POROCESS(clk ) IS
    BEGIN
        IF (clk'EVENT AND clk = '1') THEN
            CASE state_reg IS
              WHEN "00000" => …
              WHEN "00001" => …
              WHEN "00011" => …
                ⋮
              WHEN "10000" => …
              WHEN OTHERS => …
            END CASE;
        --加陷阱，(CWS = N–2 = 3)
            state_reg (4 DOWNTO 1) <= state_reg ( 3 DOWNTO 0 );
            state_reg (0) <= (state_reg (0)) AND
                        (NOT state_reg (1)) OR
                        (NOT state_reg (2)) OR
                        (NOT state_reg (3)) OR
                        (NOT state_reg (4)) OR
                OR ((NOT state_reg (1)) AND
```

```
                    (NOT state_reg (2)) AND
                    (NOT state_reg (3)) AND
                    (NOT state_reg (4)));
        END IF;
    END PROCESS;
```

注解后面的语句描述了所有未定义的状态。该程序表明，至多经过 3 个时钟(CWS = 3)，约翰逊计数器将自动回归至正常状态。

对于其他编码(如单“1”编码)，也有一些 EDA 工具支持这种回归的控制。

习题与思考题

10.1　为什么数字系统要进行优化？系统级优化和门级电路优化有什么不同？

10.2　数字系统优化的基本方法有哪些？

10.3　数字系统的速度是怎样评估的？影响系统速度的主要因素有哪些？

10.4　临界路径长度是怎样定义的？在图 10-34 所示的状态图中请指出哪一条是临界路径。

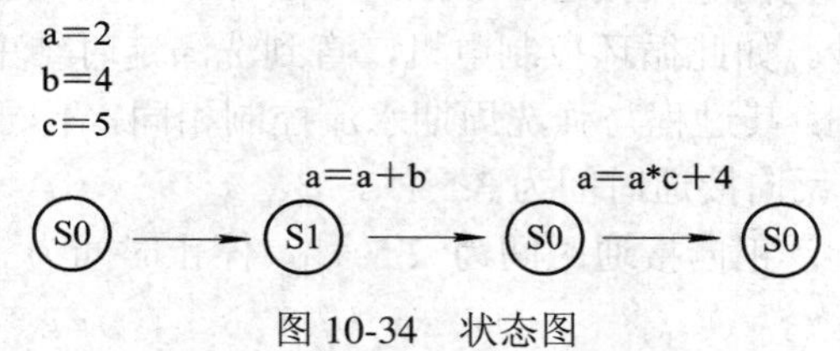

图 10-34　状态图

10.5　系统电路的总延时是怎样计算的？为什么 FPGA 芯片和 ASIC 芯片的系统延时比分立元件构成的系统延时要小得多？

10.6　在 RTL 级上提高系统速度有哪几种方法？

10.7　减小数字系统电路规模和降低功耗的主要方法有哪些？

第 11 章　洗衣机洗涤控制电路设计实例

AISC 芯片具有价格低、体积小、可靠性高等优点，目前在家电产品中已有广泛的应用。本节将以简化的洗衣机洗涤控制电路设计为例，为读者设计类似电路提供一个可供参考的实例。

11.1　洗衣机洗涤控制电路的性能要求

1．强洗、标准、轻柔三种洗涤模式

强洗周期水流控制：正向电机接通 5 秒后，停 2 秒；再反向电机接通 5 秒，停 2 秒；然后又正向电机接通 5 秒。如此循环控制电机，直到洗涤定时结束。

标准洗周期水流控制：其过程与强洗周期水流控制相同，不同的是正向接通时间为 3.5 秒，停止时间为 1.5 秒，反向接通时间为 3.5 秒。

轻柔洗周期水流控制：正向接通时间为 2.5 秒，停止时间为 1.5 秒，反向接通时间为 2.5 秒。

2．三种洗涤定时

洗衣机洗涤定时有三种选择：5 分钟、10 分钟、15 分钟。

3．上电复位后的初始设定

初始设定为标准模式，定时时间为 15 分钟。如需修改，可按模式选择按键和定时选择按键。每按一次按键转换一次，可多次进行循环选择。当某一次洗涤过程结束后，自动返回初始状态，等待下一次洗涤过程开始。

4．启/停控制

洗涤过程由启/停键控制。每按一次启/停键，状态转换一次。

5．洗涤定时精度

洗涤定时误差要求不大于 0.1 秒。

为简化洗衣机洗涤控制电路设计，只要求输出正向和反向的电机控制信号。

11.2　洗衣机洗涤控制电路的结构

根据上述对洗衣机洗涤控制电路的性能要求，可以画出如图 11-1 所示的结构框图。该控制器由四大部分组成：主分频器、主控制器、洗涤定时器和水流控制器。

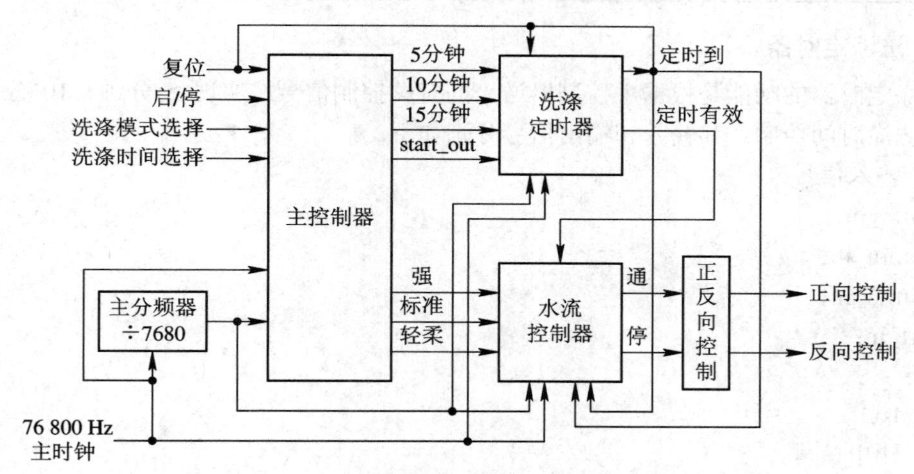

图 11-1 洗衣机洗涤控制电路的结构框图

1. 主分频器

主分频器用来产生 0.1 秒的时钟供主控制器使用。本方案使用民用的石英晶体，其振荡频率为 76.8 kHz。这样，主分频器的分频系数为 7680。现采用 3 个分频器构成主分频器的分频电路，分别是 256 分频器、10 分频器和 3 分频器。主分频器的结构如图 11-2 所示。

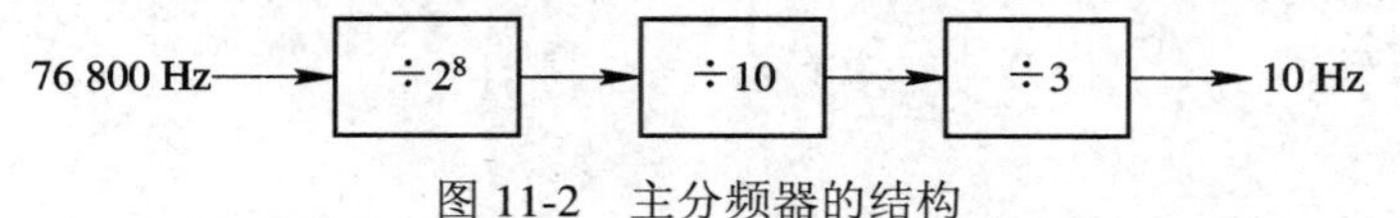

图 11-2 主分频器的结构

2. 主控制器

主控制器的输入信号和输出信号如图 11-1 所示，分别叙述如下：

(1) 输入信号：

reset：上电复位；

start_stop：启/停按键输入；

mode_sel：洗涤模式选择按键输入；

系统时钟输入(sysclk)：76 800 Hz 主时钟；

timer_sel：洗涤时间选择按键输入；

timer_down：定时到输入。

(2) 输出信号：

5min_out：5 分钟定时控制；

10min_out：10 分钟定时控制；

15min_out：15 分钟定时控制；

start_out：启/停控制；

j_out：强水流控制；

b_out：标准水流控制；

z_out：轻柔水流控制。

主控制器的功能是根据各输入按键的状态，输出对应的控制状态信号，控制洗涤定时器和水流控制器的工作。

3．洗涤定时器

洗涤定时器的功能是根据主控制器送来的有关控制信号，实现 5 分钟、10 分钟和 15 分钟的洗涤时间控制。其输入和输出信号分别如下：

(1) 输入信号：

s5min_in；

s10min_in；

s15min_in；

start_in；

reset；

sysclk。

(2) 输出信号：

timer_on_out：定时有效；

timer_down_out：定时到。

4．水流控制器

水流控制器的功能是根据主控制器输出的强、标准、轻柔控制信号产生不同的水流控制周期，控制洗衣机电机的工作，其输入和输出信号分别如下：

(1) 输入信号：

j_in；

b_in；

z_in；

sysclk；

clk_01；

timer_down；

reset；

timer_on。

(2) 输出信号：

off_out：电机断开控制信号输出；

on_out：电机接通控制信号输出。

11.3　洗衣机洗涤控制电路的算法状态机图描述

如图 11-1 所示，洗衣机洗涤控制电路主要是控制电路和计数电路，因此直接用算法状态机图描述比较方便。

1．主控制器的算法状态机图描述

根据主控制器的工作要求，洗衣机洗涤时的工作状态共有以下 9 种：

标准——15 分钟；

标准——10 分钟；

标准——5 分钟；

轻柔——15 分钟；
轻柔——10 分钟；
轻柔——5 分钟；
强洗——15 分钟；
强洗——10 分钟；
强洗——5 分钟。

如果该主控制器用 9 个状态的算法状态机图来描述，则其状态转换将会变得复杂而难以处理。考虑到模式和定时选择是相对独立的，没有很强的关联性，因此，可以用 3 个算法状态机图来描述。

1) 模式选择控制状态机图

模式选择控制状态机图如图 11-3(a)所示。

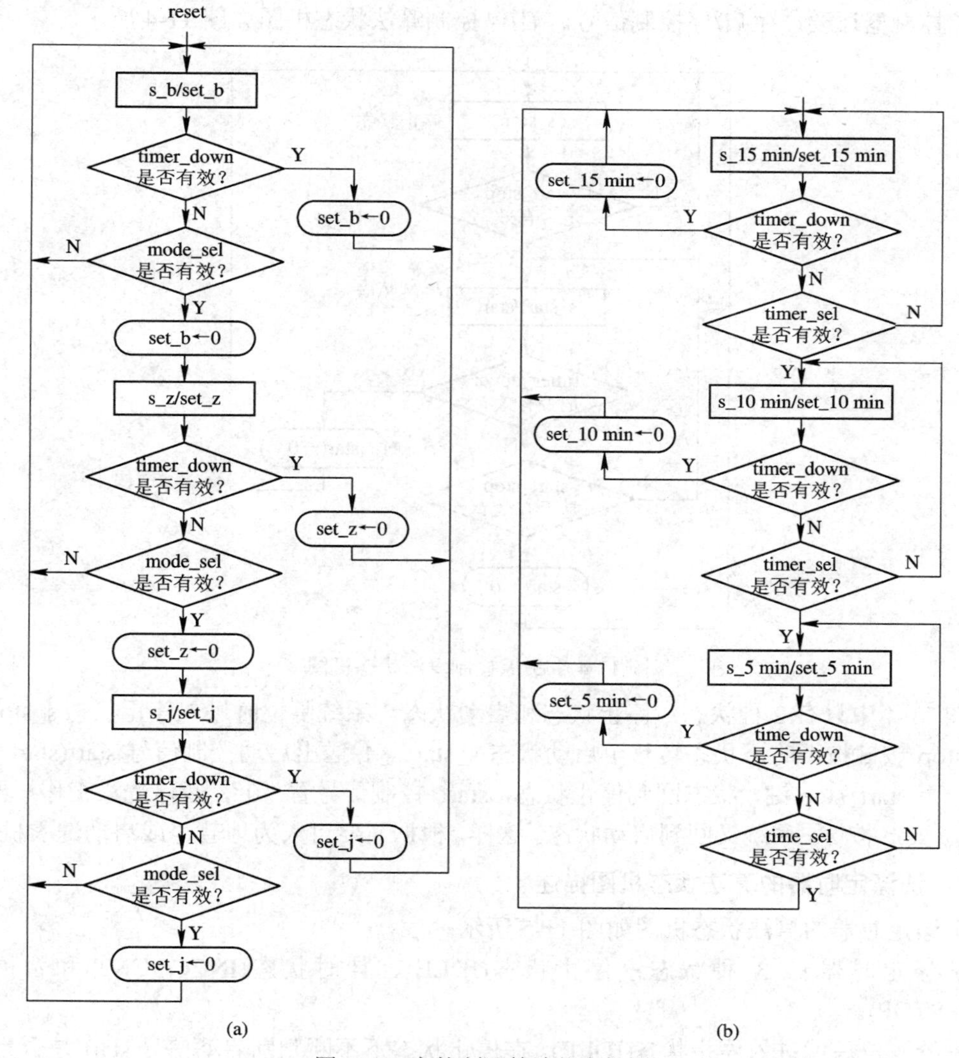

图 11-3 主控制器算法状态机图
(a) 模式选择控制状态机图；(b) 定时选择控制状态机图

复位后进入标准洗涤模式，并输出 set_b 标准模式状态信号。接着判断定时结束 timer_down 是否有效。如果有效，则表明洗涤结束，set_b 置“0”回到标准模式状态；如果无效，则判别模式选择按键是否按下。如果未按下，则仍处于标准状态；如果已按下，则进入轻柔状态。通过类似的操作和判别，该状态机图可在标准、轻柔、强洗三种模式下循环选择和工作，并送出相应的状态信号。

2) 定时选择控制状态机图

定时选择控制状态机图如图 11-3(b)所示。其结构与模式选择控制状态机图一致，所不同的仅仅是状态名、状态输出信号及引起状态转换的按键信号。图中，3 个状态分别为 s_5 min、s_10 min、s_15 min；3 个状态输出信号分别为 set_5 min、set_10 min、set_15 min；按键输入信号为 timer_sel。

3) 启/停控制算法状态机图描述

主控制器还要产生启/停控制信号。启/停控制算法状态机图如图 11-4 所示。

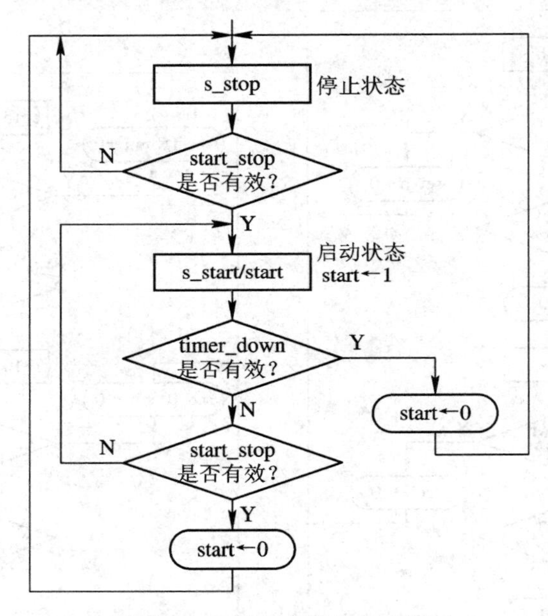

图 11-4　启/停控制算法状态机图

图 11-4 中只有 2 种状态：停止状态和启动状态。系统复位时进入停止状态 s_stop，当 start_stop 按键按下时，状态转移至启动状态 s_start，并送出启动控制信号 start(start = 1)。再按一下 start_stop 键，状态回到停止状态，start 控制信号置“0”，暂停洗涤工作。再按一次 start_stop 按键，系统又回到启动状态。这样，根据需要可人为地暂停或启动洗衣机工作。

2．洗涤定时器的算法状态机图描述

洗涤定时器的算法状态机图如图 11-5 所示。

洗涤定时器有 3 种状态：停止状态(IDLE)、计时状态(INCCOUNT)和暂停状态(TMP_STOP)。

系统复位后就进入停止状态(IDLE)。在停止状态下不断判别启动信号 start 是否为“1”。如果为“1”，则表明启动键已按下，定时器开始工作，timer_on 标志置“1”，转移的下一个状态为计数状态；否则仍留在停止状态。

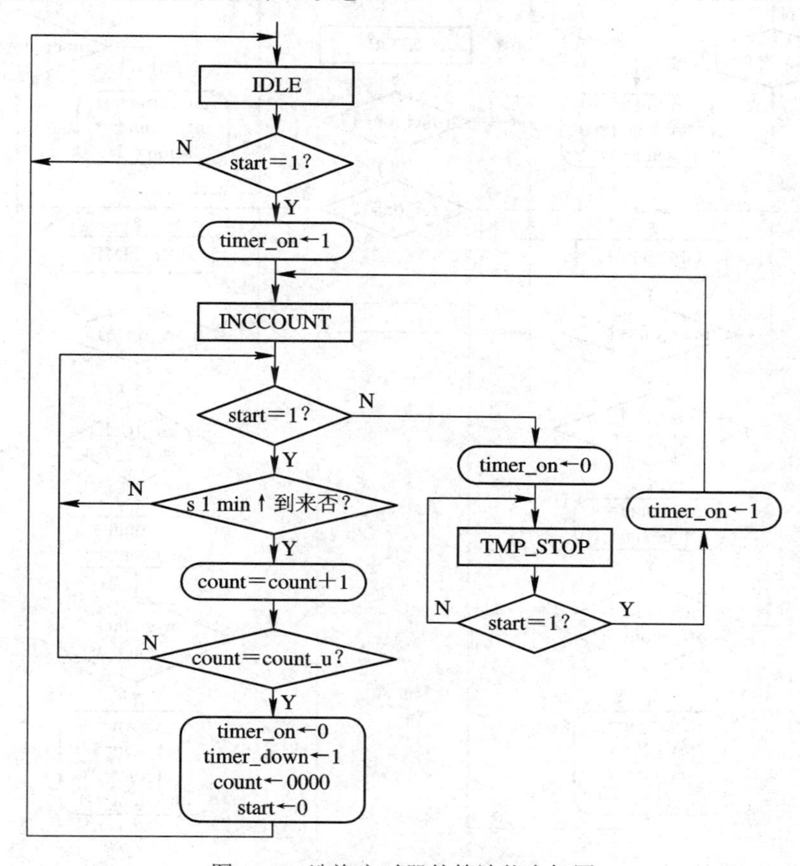

图 11-5　洗涤定时器的算法状态机图

在计时状态(INCCOUNT)下，先要判别启动信号是否仍为“1”。前面已经提到，启/停按键是一个乒乓按键，按一次启/停按键使 start 输出状态转换一次。如果复位后按一下启/停按键，使 start = 1，则定时器开始进行定时计数。如果再按一次启/停按键，使 start=0，则定时器处于暂时停止状态，定时计数值将被保留。如果再按一次启/停键，则洗涤定时器继续启动，在原有计时值上进行计时。如果在计时状态下发现 start = 0，则定时器进入暂停状态(TEMP_STOP)，同时 timer_on 置“0”，定时器停止计数。

在暂停状态下，继续判别 start 信号。如果 start = 0，则仍留在暂停状态；如果 start = 1，则表明定时器再启动，timer_on = 1，状态将转移至计时状态。

在计时状态下，如果 start = 1，接着判别分时钟 s1min 上升沿是否到来。如果未到来，则仍停留在计时状态；若分时钟的上升沿已到来，则分计数器就进行加 1 操作。接着判断是否到了指定的定时计时值(定时计数值只有 3 种：5 分钟、10 分钟和 15 分钟)。如果未到计时值，则仍停留在计时状态；如果到了计时值，则停止计时，timer_on = 0，timer_down = 1，count = 0000，start = 0，状态转移至停止状态。

3．水流控制器的算法状态机图描述

水流控制器的算法状态机图如图 11-6 所示。

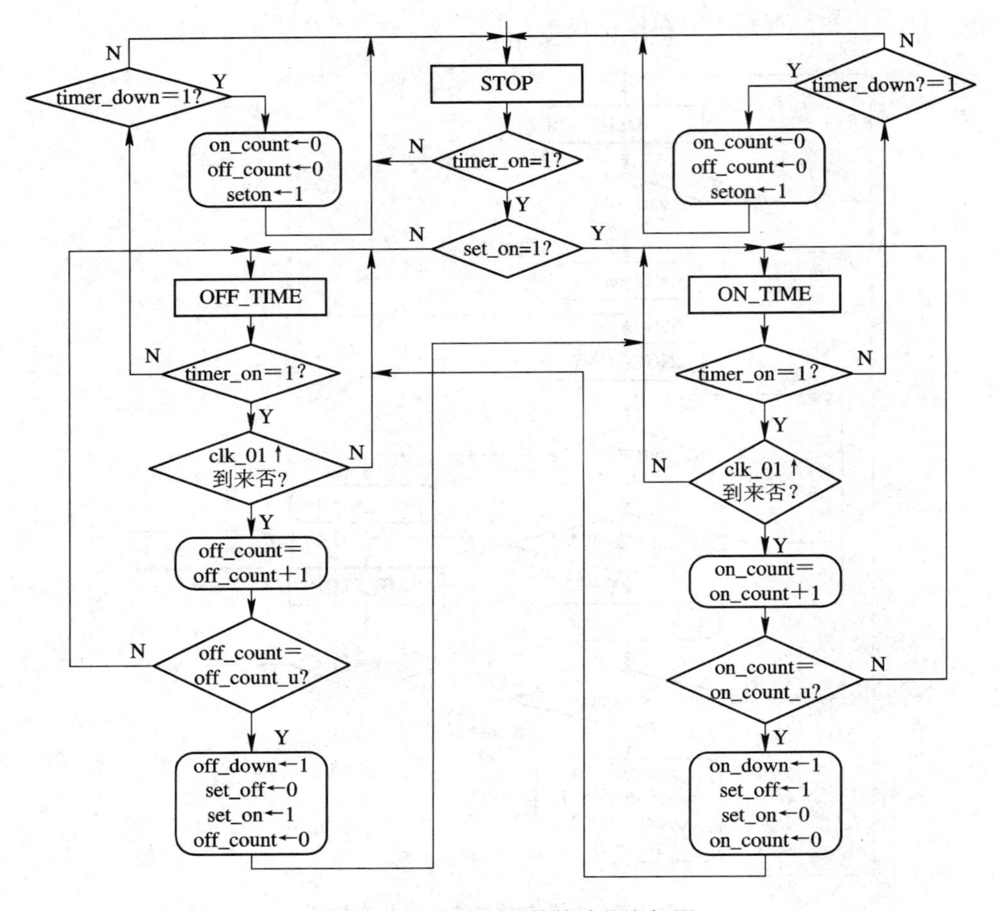

图 11-6　水流控制器的算法状态机图

该状态机图有 3 种状态：停止状态(STOP)、电机接通定时计数状态(ON_TIME)和电机断开定时计数状态(OFF_TIME)。

系统复位后进入停止状态，接着判断洗涤定时器是否启动(timer_on = 1)。如果未启动，则仍停留在停止状态；如果已启动，则判别当前电机是处在接通定时计数状态，还是处在断开定时计数状态。根据设置不同，转入相应的状态：ON_TIME 或 OFF_TIME。

在 ON_TIME 状态下，判别 timer_on 是否继续为“1”(因为洗涤过程有可能暂停)。如果为“1”，再判别 0.1 秒时钟 clk_01 的上升沿是否到来。如果未到来，则停留在 ON_TIME 状态；如果已到来，则电机接通定时计数器加 1(on_count = on_count+1)。下面判别定时计数值是否到规定时间值：

强洗：on_count_u = 5 秒

标准洗：on_count_u = 3.5 秒

轻柔洗：on_count_u = 2.5 秒

在未到规定计数值时，返回 ON_TIME 状态继续进行定时计数；当计数到规定的定时值时，就使 cnton_inc、clron 、cntoff_inc、set_off 置“1”，接着状态转移至电机断开定时计数状态 OFF_TIME。

在 ON_TIME 状态下，如果发现 timer_on 为“0”，表明洗涤定时过程结束，对水流控制器进行初始化，然后进入停止状态。

电机断开的定时计数状态的工作过程与电机接通的定时计数状态的工作过程类同，请读者自行分析。

下面对标志量的含义作一说明：

set_on = '1'　→　on_out = '1';

clron = '1'　→　on_out = '0';

set_off = '1'　→　off_out = '1';

cnton_inc = '1'　→　count_on+1;

cntoff_inc = '1'　→　count_off+1;

如果上述这些标志量是“1”，就会发生后面所示的操作。设置标志量的目的是为了编程方便，使控制操作集中在一个进程中，以避免 VHDL 中的“多源”描述的出现，这一点在后面程序中就可以看到。

11.4　洗衣机洗涤控制电路的 VHDL 描述

洗衣机洗涤控制电路由 5 个模块组成：主分频器 timectr_clkdiv、定时器 timer_count、定时器控制 timer_ctr、水流周期控制 timeronoff_ctr 及洗涤定时控制电路 timer_sum 模块。下面对各模块的清单作一简要说明。

1．主分频器 timectr_clkdiv 模块

主分频器的功能是将 76 800 Hz 的主频分频为 10 Hz 的时钟。该模块由 3 个进程组成，其 VHDL 描述的程序清单如下：

```
LIBRARY IEEE;
USE IEEE.STD_LOGIC_1164.ALL;
USE IEEE.STD_LOGIC_UNSIGNED.ALL;
ENTITY timectr_clkdiv IS
PORT( sysclk: IN STD_LOGIC;
      clk_01: OUT STD_LOGIC);
END ENTITY timectr_clkdiv;
ARCHITECTURE rtl OF timectr_clkdiv IS
SIGNAL div1: STD_LOGIC_VECTOR(3 DOWNTO 0) := "0000";
-- 256 次分频
SIGNAL div2: STD_LOGIC_VECTOR(7 DOWNTO 0) := "00000000";
-- 10 次分频
SIGNAL div3: STD_LOGIC_VECTOR(1 DOWNTO 0) := "00";
-- 3 次分频
SIGNAL clk1, clk2: STD_LOGIC;
BEGIN
```

```
    div_10: PROCESS(clk1) IS
    BEGIN
      IF (clk1'EVENT AND clk1 = '1') THEN
        IF (div1 = "1001") THEN div1 <= "0000";
        ELSE div1 <= div1+1;
        END IF;
      END IF;
    END PROCESS;
    clk2 <= div1(3);
    div_256: PROCESS(sysclk) IS
    BEGIN
      IF (sysclk'EVENT AND sysclk = '1') THEN
          div2 <= div2+1;
      END IF;
    END PROCESS;
    clk1 <= div2(7);              --波特率选择
    div_3: PROCESS(clk2) IS
    BEGIN
      IF (clk2'EVENT AND clk2 = '1') THEN
          IF (div3 = "10") THEN div3 <= "00";
          ELSE div3 <= div3+1;
          END IF;
      END IF;
    END PROCESS;
    clk_01 <= div3(1);
  END ARCHITECTURE rtl;
```

div_10 进程为 10 分频进程，div_256 进程为 256 分频进程，div_3 进程为 3 分频进程。76 800 Hz 主频经该 3 个进程串行分频就得到 10 Hz 的时钟 clk_01。

2. 定时器控制 timer_ctr 模块

如前所述，定时器控制 timer_ctr 模块的功能是根据启/停按键(start_stop)、模式选择按键(mode_sel)和定时选择按键(timer_sel)的不同输入状态，产生对应的控制信号输出，其 VHDL 描述的程序清单如下：

```
  LIBRARY IEEE;
  USE IEEE.STD_LOGIC_1164.ALL;
  USE IEEE.STD_LOGIC_ARITH.ALL;
  ENTITY timer_ctr IS

  PORT(reset, sysclk, start_stop, mode_sel, timer_sel, timer_down: IN STD_LOGIC;
```

```
        s5min_out, s10min_out, s15min_out, start_out: OUT STD_LOGIC;
        b_out, j_out, z_out: OUT STD_LOGIC);
END ENTITY timer_ctr;
ARCHITECTURE rtl OF timer_ctr IS
TYPE state1TYPE IS (s_b, s_z, s_j);
TYPE state2TYPE IS (s_15min, s_10min, s_5min);
TYPE state3TYPE IS (s_start, s_stop);
SIGNAL state1, nextstate1: state1TYPE;
SIGNAL state2, nextstate2: state2TYPE;
SIGNAL state3, nextstate3: state3TYPE;
SIGNAL start_stop_rising, start_stop_dlayed, setstart, clrstart: STD_LOGIC;
SIGNAL mode_sel_dlayed, modesel_rising, timer_sel_dlayed, timersel_rising,
         timer_down_rising: STD_LOGIC;
SIGNAL set_5min, set_10min, set_15min, start, set_b, set_j, set_z,
         timer_down_dlayed: STD_LOGIC;
BEGIN
  modesel_rising <= mode_sel AND (NOT mode_sel_dlayed);
  timersel_rising <= timer_sel AND (NOT timer_sel_dlayed);
  start_stop_rising <= start_stop AND (NOT start_stop_dlayed);
  mode_ctr: PROCESS(modesel_rising, state1, timer_down) IS
  BEGIN
     set_b <= '0'; set_j <= '0'; set_z <= '0';
     CASE state1 IS
       WHEN s_b => set_b <= '1';
            IF (timer_down = '1') THEN set_b <= '0'; nextstate1 <= s_b;
            ELSIF (modesel_rising = '0') THEN nextstate1 <= s_b;
            ELSE
              set_b <= '0'; nextstate1 <= s_z;
            END IF;
       WHEN s_z => set_z <= '1';
            IF (timer_down = '1') THEN set_z <= '0'; nextstate1 <= s_b;
            ELSIF (modesel_rising = '0') THEN nextstate1 <= s_z;
            ELSE
              set_z <= '0'; nextstate1 <= s_j;
            END IF;
       WHEN s_j => set_j <= '1';
            IF (timer_down = '1') THEN set_j <= '0'; nextstate1 <= s_b;
            ELSIF (modesel_rising = '0') THEN nextstate1 <= s_j;
```

```
            ELSE
              set_j <= '0'; nextstate1 <= s_b;
            END IF;
    END CASE;
  END PROCESS;
  time_ctr: PROCESS(timersel_rising, state2, timer_down) IS
  BEGIN
    set_15min <= '0'; set_10min <= '0'; set_5min <= '0';
    CASE state2 IS
        WHEN s_15min => set_15min <= '1';
            IF (timer_down = '1') THEN set_15min <= '0'; nextstate2 <= s_15min;
            ELSIF (timersel_rising = '0') THEN nextstate2 <= s_15min;
            ELSE
              nextstate2 <= s_10min;
            END IF;
        WHEN s_10min => set_10min <= '1';
            IF (timer_down = '1') THEN set_10min <= '0'; nextstate2 <= s_15min;
            ELSIF (timersel_rising = '0') THEN nextstate2 <= s_10min;
            ELSE
              nextstate2 <= s_5min;
            END IF;
        WHEN s_5min => set_5min <= '1';
            IF (timer_down = '1') THEN set_5min <= '0'; nextstate2 <= s_15min;
            ELSIF (timersel_rising = '0') THEN nextstate2 <= s_5min;
            ELSE
              nextstate2 <= s_15min;
            END IF;
    END CASE;
  END PROCESS;
  timer_down_rising <= timer_down AND (NOT timer_down_dlayed);
  start_ctr: PROCESS(start_stop_rising, state3, timer_down) IS
  BEGIN
    setstart <= '0'; clrstart <= '0';
    CASE state3 IS
        WHEN s_stop =>
            IF (start_stop_rising = '1') THEN nextstate3 <= s_start; setstart <= '1';
            ELSE
              nextstate3 <= s_stop; clrstart <= '1';
```

```
            END IF;
      WHEN s_start =>
            IF (timer_down_rising = '1') THEN clrstart <= '1'; nextstate3 <= s_stop;
            ELSIF (start_stop_rising = '1') THEN nextstate3 <= s_stop; clrstart <= '1';
            ELSE
              nextstate3 <= s_start;
            END IF;
    END CASE;
  END PROCESS;
  time_ctr_update: PROCESS(reset, sysclk, timer_down_rising) IS
  BEGIN
      IF (reset = '0') THEN
            state1 <= s_b; state2 <= s_15min; state3 <= s_stop; start_stop_dlayed <= '0';
      ELSIF (sysclk'EVENT AND sysclk = '1') THEN
            state1 <= nextstate1; state2 <= nextstate2; state3 <= nextstate3;
        IF (set_b = '1') THEN b_out <= '1'; ELSE b_out <= '0'; END IF;
        IF (set_z = '1') THEN z_out <= '1'; ELSE z_out <= '0'; END IF;
        IF (set_j = '1') THEN j_out <= '1'; ELSE j_out <= '0'; END IF;
        IF (set_15min = '1') THEN s15min_out <= '1'; ELSE s15min_out <= '0'; END IF;
        IF (set_10min = '1') THEN s10min_out <= '1'; ELSE s10min_out <= '0'; END IF;
        IF (set_5min = '1') THEN s5min_out <= '1'; ELSE s5min_out <= '0'; END IF;
        IF (timer_down_rising = '1') THEN start_out <= '0';
        ELSIF (clrstart = '1') THEN start_out <= '0';
        ELSIF (setstart = '1') THEN start_out <= '1';
        END IF;
      mode_sel_dlayed <= mode_sel;
      timer_sel_dlayed <= timer_sel;
      start_stop_dlayed <= start_stop;
      timer_down_dlayed <= timer_down;
      END IF;
   END PROCESS;
END ARCHITECTURE rtl;
```

该模块由 4 个进程组成。mode_ctr 进程是模式选择控制进程，对应图 11-3(a)所示的模式选择控制状态机图；timer_ctr 进程是定时选择控制进程，对应图 11-3(b)所示的定时选择控制状态机图；start_ctr 进程是启/停控制进程，对应图 11-4 所示的启/停控制算法状态机图；最后一个进程是 timer_ctr_update 进程，它的功能是根据上述 3 个进程中不同的控制标志输出，在该进程中对输出控制信号进行刷新，其刷新频率为系统主时钟频率(76 800 Hz)，这样就可确保控制的精度。

3. 定时器 timer_count 模块

定时器 timer_count 模块的功能是根据定时控制输出，对洗衣机的洗涤时间进行定时控制。它由 3 个进程构成，其 VHDL 描述的程序清单如下：

```
LIBRARY IEEE;
USE IEEE.STD_LOGIC_1164.ALL;
USE IEEE.STD_LOGIC_UNSIGNED.ALL;
ENTITY timer_count IS
PORT(reset, sysclk, clk_01, timer_sel: IN STD_LOGIC;
     s5min_in, s10min_in, s15min_in, start_in: IN STD_LOGIC;
     timer_down_out, timer_on_out:OUT STD_LOGIC);
END ENTITY timer_count;
ARCHITECTURE rtl OF timer_count IS
COMPONENT cnt10a1 IS
PORT(reset, clk: IN STD_LOGIC;
     carry: OUT STD_LOGIC);
END COMPONENT cnt10a1;
COMPONENT cnt60a IS
PORT(reset, clk: IN STD_LOGIC;
     ca60: OUT STD_LOGIC);
END COMPONENT cnt60a;
TYPE stateTYPE IS (IDLE, INCOUNT, TMP_STOP);
SIGNAL state, nextstate: stateTYPE;
SIGNAL set_timer_on, set_timer_down, ca10, s1min, s1min_dlayed, s1min_rising, count_inc,
       count_clr:STD_LOGIC;
SIGNAL timer_sel_dlayed, timer_sel_rising, setdown, clrdown, seton, clron, timer_on, timer_down,
       timer_down_dlayed, timer_down_rising, start1, reset1, clk_01_s: STD_LOGIC;
SIGNAL count, count_u: STD_LOGIC_VECTOR(3 DOWNTO 0);
BEGIN
  s1min_rising <= s1min AND (NOT s1min_dlayed);
  timer_sel_rising <= timer_sel AND (NOT timer_sel_dlayed);
  timer_down_rising <= timer_down AND (NOT timer_down_dlayed);
  count_ctr: PROCESS(s1min_rising, state, start_in, count) IS
  BEGIN
     setdown <= '0'; clrdown <= '0'; seton <= '0'; clron <= '0'; count_inc <= '0'; count_clr <= '0';
     CASE state IS
     WHEN IDLE => clrdown <= '1';
                 IF (start_in = '1' AND timer_down = '0') THEN
                    seton <= '1'; nextstate <= INCOUNT;
                 ELSE
```

```
                    clron <= '1'; nextstate <= IDLE;
                  END IF;
      WHEN INCOUNT => IF (start_in = '0') THEN clron <= '1'; nextstate <= TMP_STOP;
                      ELSE
                      IF (s1min_rising = '1') THEN
                        IF (count/ = count_u) THEN
                          count_inc <= '1'; nextstate <= INCOUNT;
                        ELSE
                          clron <= '1';
                          setdown <= '1';
                          count_clr <= '1';
                          nextstate <= IDLE;
                        END IF;
                      END IF;
                  END IF;
      WHEN TMP_STOP => IF (start_in = '1') THEN nextstate <= INCOUNT; seton <= '1';
                       ELSE nextstate <= TMP_STOP;
                       END IF;
    END CASE;
  END PROCESS;
  update: PROCESS(reset, sysclk) IS
      BEGIN
        IF (reset = '0' AND (NOT timer_down) = '0') THEN
          state <= IDLE; s1min_dlayed <= '0'; timer_sel_dlayed <= '0';
          count <= "0000";
        ELSIF (sysclk'EVENT AND sysclk = '1') THEN
         state <= nextstate;
         IF(seton = '1') THEN timer_on <= '1'; ELSIF(clron = '1') THEN timer_on <= '0'; END IF;
         IF (clrdown = '1') THEN timer_down <= '0'; ELSIF (setdown = '1') THEN
             timer_down <= '1'; END IF;
          IF (count_inc = '1') THEN
             count <= count+1;
          ELSIF (count_clr = '1') THEN count <= "0000";
          END IF;
          s1min_dlayed <= s1min;
          timer_sel_dlayed <= timer_sel;
          timer_down_dlayed <= timer_down;
         END IF;
     timer_down_out <= timer_down; timer_on_out <= timer_on;
```

```
        END PROCESS;
    INIT: PROCESS(reset, timer_sel_rising, timer_down_rising) IS
    BEGIN
            IF (reset = '0' or timer_down_rising = '1') THEN
             count_u <= "1110";
            ELSIF (timer_sel_rising'EVENT AND timer_sel_rising = '1') THEN
             IF (s15min_in = '1') THEN count_u <= "1001";
             ELSIF (s10min_in = '1') THEN count_u <= "0100";
             ELSIF (s5min_in = '1') THEN count_u <= "1110";
             END IF;
            END IF;
    END PROCESS;
    clk_01_s <= clk_01 AND start_in;
    reset1 <= reset AND (NOT timer_down);
    u0: cnt10a1 PORT MAP (reset1, clk_01_s, ca10);
    u1: cnt60a   PORT MAP (reset1, ca10, s1min);
    END ARCHITECTURE rtl;
```

count_ctr 进程是定时计时进程，根据定时选择所确定的定时时间进行计时控制，它对应图 11-5 所示的洗涤定时器的算法状态机图。update 进程是一个刷新进程，它根据 count_ctr 进程的输出控制标志，对输出控制信号进行刷新。INIT 进程是对本次定时器赋初值的进程。定时器根据所赋初值的时间，实现洗涤时间的控制。

在 timer_count 清单中还含有 10 分频器和 60 分频器元件，这主要是为了在本模块中得到分时钟 s1min。

4. 水流周期控制 timeronoff_ctr 模块

水流周期控制 timeronoff_ctr 模块的功能是控制洗涤电机的通断时间，不同的洗涤模式有不同的通断时间要求。timeronoff_ctr 模块由 3 个进程组成，其 VHDL 描述的程序清单如下：

```
LIBRARY IEEE;
USE IEEE.STD_LOGIC_1164.ALL;
USE IEEE.STD_LOGIC_UNSIGNED.ALL;
ENTITY timeronoff_ctr IS
PORT(reset, sysclk, clk_01, j_in, b_in, z_in, timer_on, timer_down: IN STD_LOGIC;
      off_out, on_out: OUT STD_LOGIC);
END ENTITY timeronoff_ctr;
ARCHITECTURE rtl OF timeronoff_ctr IS
COMPONENT cnt5a IS
PORT(reset, clk: IN STD_LOGIC;
      carry: OUT STD_LOGIC);
```

```
END COMPONENT cnt5a;

TYPE stateTYPE IS (on_time, off_time, STOP);
SIGNAL state, nextstate: stateTYPE;
SIGNAL seton, clron, setoff, clroff, s05, s05_dlayed, s05_rising, reset1,
        cnton_inc, cnton_clr, cntoff_inc, cntoff_clr: STD_LOGIC;
SIGNAL count_on, count_off, counton_u, countoff_u: STD_LOGIC_VECTOR(3 DOWNTO 0);
BEGIN
  s05_rising <= s05 AND (NOT s05_dlayed);
  onoffcnt_ctr: PROCESS(s05_rising, state, timer_on, count_on, count_off) IS
  BEGIN
     seton <= '0'; clron <= '0'; setoff <= '0'; clroff <= '0';
     cnton_inc <= '0'; cnton_clr <= '0'; cntoff_inc <= '0'; cntoff_clr <= '0';
     CASE state IS
       WHEN stop => IF (timer_on = '1') THEN
                          IF (cntoff_inc = '1') THEN nextstate <= off_time; setoff <= '1';
                          ELSE nextstate <= on_time; seton <= '1'; END IF;
                      ELSE
                          nextstate <= stop;
                      END IF;
       WHEN on_time => IF (timer_on = '0') THEN cnton_clr <= '1'; nextstate <= STOP;
                          ELSE
                            IF (s05_rising = '1') THEN
                              IF (count_on /= counton_u) THEN
                                  nextstate <= on_time; cnton_inc <= '1';
                              ELSE
                                cnton_clr <= '1';
                                clron <= '1';
                                cntoff_inc <= '1';
                                setoff <= '1';
                                nextstate <= off_time;
                              END IF;
                            ELSE
                              nextstate <= on_time;
                            END IF;
                          END IF;
       WHEN off_time => IF (timer_on = '0') THEN nextstate <= stop; clron <= '1'; clroff <= '1';
                            ELSE
                              IF (s05_rising = '1') THEN
```

```
                        IF (count_off /= countoff_u) THEN
                            nextstate <= off_time; cntoff_inc <= '1';
                        ELSE
                            cntoff_clr <= '1';
                            clroff <= '1';
                            seton <= '1';
                            cnton_inc <= '1';
                            nextstate <= on_time;
                        END IF;
                    ELSE nextstate <= off_time;
                    END IF;
                END IF;
        END CASE;
    END PROCESS;
INIT: PROCESS(j_in, b_in, z_in) IS
BEGIN
        IF (j_in = '1') THEN counton_u <= "1010"; countoff_u <= "0100";
        ELSIF (b_in = '1') THEN counton_u <= "0111"; countoff_u <= "0011";
        ELSIF (z_in = '1') THEN counton_u <= "0101"; countoff_u <= "0100";
        END IF;
END PROCESS;
update: PROCESS(reset1, sysclk) IS
BEGIN
        IF (reset1 = '0') THEN state <= stop; s05_dlayed <= '0'; count_on <= "0000";
                    count_off <= "0000";
        ELSIF (sysclk'EVENT AND sysclk = '1') THEN
        state <= nextstate;
          IF (seton = '1') THEN on_out <= '1'; ELSIF(clron = '1') THEN on_out <= '0'; END IF;
          IF (setoff = '1') THEN off_out <= '1'; ELSIF (clroff = '1') THEN off_out <= '0'; END IF;
          IF (cnton_inc = '1') THEN
              count_on <= count_on+1;
          ELSIF (cnton_clr = '1') THEN count_on <= "0000";
          END IF;
          IF (cntoff_inc = '1') THEN
              count_off <= count_off+1;
          ELSIF (cntoff_clr = '1') THEN count_off <= "0000";
          END IF;
          s05_dlayed <= s05;
        END IF;
```

```
        END PROCESS;
    reset1 <= reset AND (NOT timer_down);
    u0: cnt5a PORT MAP (reset1, clk_01, s05);
    END ARCHITECTURE rtl;
```

onoffcnt_ctr 进程根据洗涤模式要求，对输出通断进行定时控制，其对应的状态机图如图 11-6 所示。INIT 进程根据不同洗涤模式对通断进行初始化，以实现通断的定时控制。初始化的定时值以 0.5 秒为 1 个单位进行设置。最后一个进程为刷新进程 update，它根据 onoffcnt_ctr 进程控制标志的输出，对控制输出信号进行刷新操作。

在该模块中还有一个 5 分频元件，它对 0.1 秒时钟 clk_01 进行分频，得到 0.5 秒的时钟 s05，作为通断定时器的计时定时脉冲。

5. 洗涤定时控制电路 timer_sum 模块

洗涤定时控制电路 timer_sum 模块是将上述 4 个模块按结构化形式连接起来的整体系统模块，它实现了 11.1 节所提出的洗涤控制电路的功能，其 VHDL 描述的程序清单如下：

```
LIBRARY IEEE;
USE IEEE.STD_LOGIC_1164.ALL;
USE IEEE.STD_LOGIC_UNSIGNED.ALL;
ENTITY timer_sum IS
PORT(reset, clk, start_stop, mode_sel, timer_sel: IN STD_LOGIC;
        p_out, m_out, on_out, off_out, start_out, timer_down_out, j_out, b_out, z_out: OUT STD_LOGIC);
END ENTITY timer_sum;
ARCHITECTURE rtl OF timer_sum IS
COMPONENT dff3 IS
PORT(reset, set, clk, d: IN STD_LOGIC;
        q, qb: OUT STD_LOGIC);
END COMPONENT dff3;
COMPONENT timeronoff_ctr IS
PORT(reset, sysclk, clk_01, j_in, b_in, z_in, timer_on, timer_down: IN STD_LOGIC;
        off_out, on_out: OUT STD_LOGIC);
END COMPONENT timeronoff_ctr ;
COMPONENT timerctr_clkdiv IS
PORT(sysclk: IN STD_LOGIC;
        clk_01: OUT STD_LOGIC);
END COMPONENT timerctr_clkdiv ;
COMPONENT timer_count IS
PORT(reset, sysclk, clk_01, timer_sel: IN STD_LOGIC;
        s5min_in, s10min_in, s15min_in, start_in: IN STD_LOGIC;
        timer_down_out, timer_on_out: OUT STD_LOGIC);
END COMPONENT timer_count;
```

```
COMPONENT timer_ctr IS
PORT(reset, sysclk, start_stop, mode_sel, timer_sel, timer_down: IN STD_LOGIC;
        s5min_out, s10min_out, s15min_out, start_out: OUT STD_LOGIC;
        b_out, j_out, z_out: OUT STD_LOGIC);
END COMPONENT timer_count ;
SIGNAL timer_down, s5min_s, s10min_s, s15min_s, start_s, b_s, j_s, z_s, reset1,
        timer_on, off_s, on_s, q_s, q_b, d, set, clk_01: STD_LOGIC;

BEGIN
  set <= '1';
  on_out <= on_s;
  off_out <= off_s;
  p_out <= q_s AND on_s AND timer_on;
  m_out <= q_b AND on_s AND timer_on;
  start_out <= start_s;
  timer_down_out <=   timer_down;
  j_out <= j_s;
  b_out <= b_s;
  z_out <= z_s;
  u0: timer_ctr PORT MAP (reset, clk, start_stop, mode_sel, timer_sel, timer_down,
                          s5min_s, s10min_s, s15min_s, start_s, b_s, j_s, z_s);
  u1: timerctr_clkdiv PORT MAP(clk, clk_01);
  u2: timer_count PORT MAP (reset, clk, clk_01, time_sel, s5min_s, s10min_s, s15min_s, start_s,
                          timer_down, timer_on);
  u3: timeronoff_ctr PORT MAP(reset, clk, clk_01, j_s, b_s, z_s, timer_on, timer_down, off_s, on_s);
  u4: dff3 PORT MAP(reset, set, on_s, q_b, q_s, q_b);
END ARCHITECTURE rtl;
```

上述清单中，元件 u4 是一个 T 触发器，它可实现电机正转、反转的输出控制。

本节的洗衣机洗涤控制电路设计实例只为读者提供了设计的核心部分，在实际洗衣机洗涤控制电路中还应包含去键抖动电路、状态显示电路、报警电路等。读者如有需要，参考本例设计，添加相应电路即可。

习题与思考题

11.1　洗衣机洗涤定时精度为多少？设计时是如何满足该要求的？

11.2　在洗涤定时控制中，为什么采用几个分频器进行串行连接分频？如果采用一个分频器可以吗？为什么？

第 12 章　微处理器接口芯片设计实例

为了便于读者进一步掌握用 VHDL 设计实际数字电路的方法，本章列举了 3 个较简单的微处理器接口芯片的设计实例。

12.1　可编程并行接口芯片设计实例

凡是学习过微型计算机原理的读者都知道，8255 是典型的可编程并行接口芯片，它广泛地应用于各种接口电路中。为使设计的程序不过于复杂，这里所设计的芯片仅适用于 8255 的“0”型工作方式，即基本的输入/输出方式。

12.1.1　8255 的引脚与内部结构

1. 外部引脚

8255 的引脚如图 12-1 所示。它共有 40 条引脚，其中：

D0～D7——双向数据总线，用来传送数据和控制字。

$\overline{RD}$——读信号线，与其他信号线一起实现对 8255 接口的读操作。

$\overline{WR}$——写信号线，与其他信号线一起实现对 8255 接口的写操作。

$\overline{CS}$——片选信号线，当它为低电平(有效)时，才能选中该 8255 芯片，也才能对 8255 进行操作。

A0～A1——端口地址选择信号线。8255 有 4 个端口：其中 3 个为输入/输出口，1 个为控制寄存器端口。具体规定如下：

A1A0	选择端口
00	A 口
01	B 口
10	C 口
11	控制寄存器

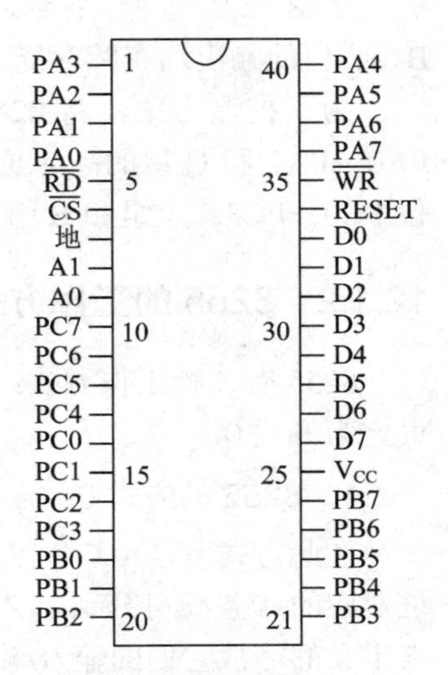

图 12-1　8255 的引脚图

通常 A0、A1 与 CPU 的地址总线 A0 和 A1 相连接。

RESET——复位信号输入，高电平有效。复位后，8255 的 A 口、B 口、C 口均被定义为输入。

PA0～PA7、PB0～PB7、PC0～PC7——3 个输入/输出端口的引脚，其输入/输出方向由软件来设定。

2．内部结构

8255 的内部结构框图如图 12-2 所示。

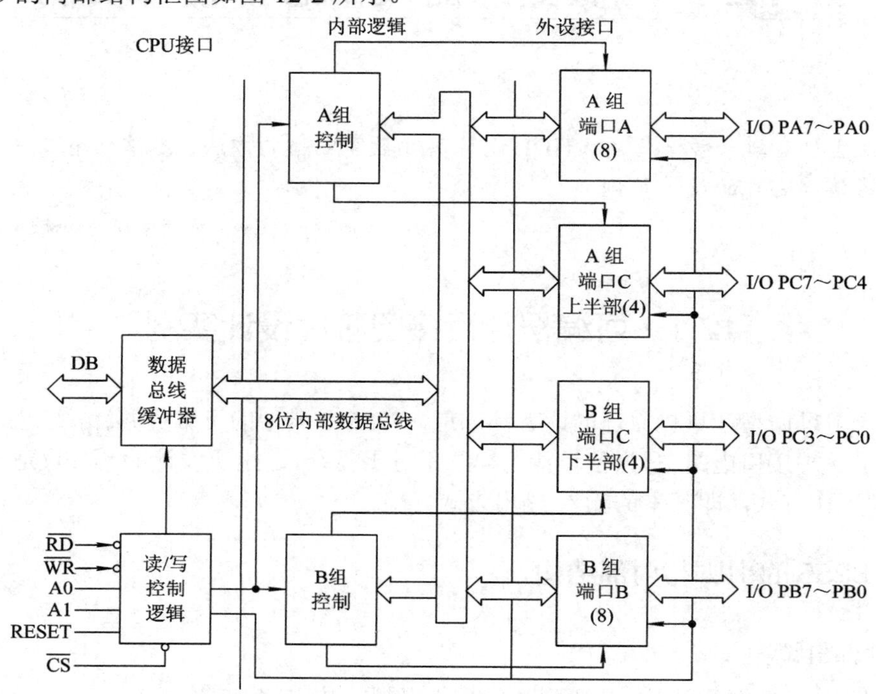

图 12-2　8255 的内部结构框图

从图 12-2 中可以看到，左边的信号与 CPU 总线相连，而右边的信号则与外设相连。A、B、C 口的输出均有锁存能力，而输入都没有锁存能力(这一点与原 8255 芯片略有区别)。

为了控制方便，将 8255 的 3 个口分成 A、B 两组。其中，A 组包括 A 口的 8 条线 PA0～PA7 和 C 口的高 4 位 PC4～PC7；B 组包括 B 口的 8 条线 PB0～PB7 和 C 口的低 4 位 PC0～PC3。A 组和 B 组都分别由软件编程来加以控制。

12.1.2　8255 的工作方式及其控制字

8255 有 3 种工作方式：方式 0、方式 1 和方式 2。前面已经提到，为简化设计这里只设定为方式 0。

1．8255 的方式 0

在此方式下，A 口的 8 条线、B 口的 8 条线、C 口的高 4 位对应的 4 条线和 C 口低 4 位对应的 4 条线可分别定义为输入或输出。因为上述 4 部分的输入或输出是可以互相独立来定义的，故它们的输入/输出组合有 16 种。另外，在方式 0 的情况下，C 口还具有按位置位和复位的能力，这一点将在后述的控制字中详述。

2．控制字

8255 具有很强大的功能，其不同功能的实现是通过对控制器写不同控制字来实现的。

8255 有两种控制字：方式控制字和 C 口位操作控制字。

1) 方式控制字

8255 的方式控制字的格式如图 12-3 所示。方式控制字的标志是控制字的最高位为“1”，即图中的 b7 位为“1”。

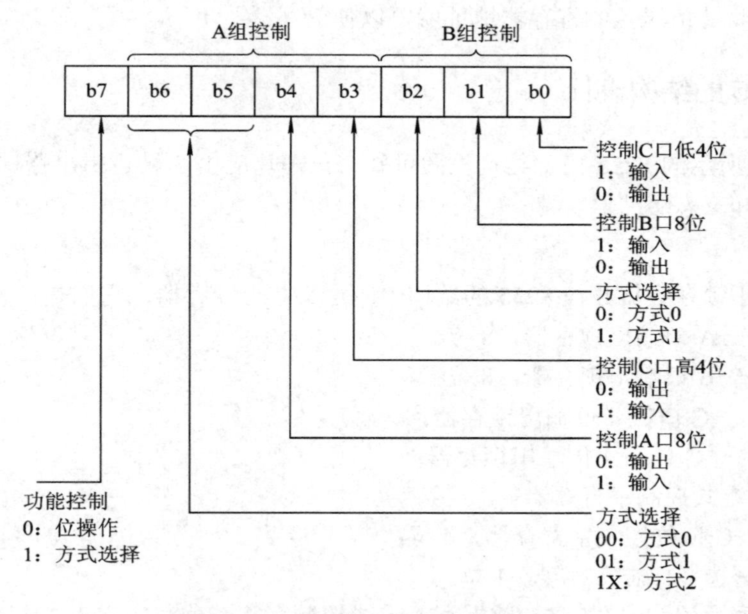

图 12-3　8255 的方式控制字的格式

如果现在设定 A 口为输入口，B 口为输出口，C 口的低 4 位为输入，C 口的高 4 位为输出，那么控制字的格式应为

1	0	0	1	0	0	0	1	控制字
b7	b6	b5	b4	b3	b2	b1	b0	

控制字的值为 91H，那么将该控制字写向控制寄存器，就会使 8255 处于所设定的工作方式。

2) C 口位操作控制字

C 口位操作控制字的格式如图 12-4 所示。

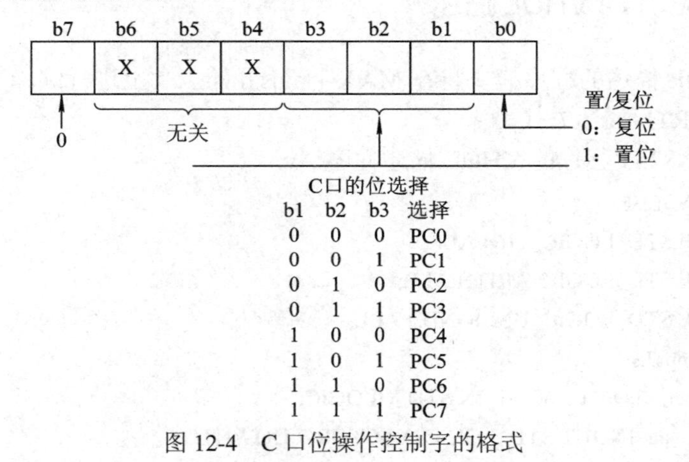

图 12-4　C 口位操作控制字的格式

该控制字和方式控制字的区别在于：控制字的最高位(b7 位)为“0”，用此位作为软开关可将控制字写入不同的控制寄存器。例如，当 PC 口作为输出口时，用如下控制字：

0	X	X	X	1	1	0	1

其值为 0DH。将此值送控制寄存器地址就可以使 PC6 置“1”。

12.1.3 8255 的结构设计

由图 12-2 所示的 8255 内部结构框图可知，该芯片应由 3 种逻辑电路构成：锁存器、组合逻辑电路和三态缓冲器。

1. 锁存器

锁存器用于锁存数据。在 8255 的结构中应定义 7 个锁存器，它们是：

pa_latch——A 口输出锁存器，8 位；

pb_latch——B 口输出锁存器，8 位；

pcl_latch——C 口低 4 位输出锁存器；

pch_latch——C 口高 4 位输出锁存器；

ctrreg——方式控制字寄存器；

bctrreg——C 口位控制字寄存器，4 位；

ctrregF——选择标志寄存器，1 位。

当该标志寄存器为“1”时，数据存入方式控制字寄存器；当它为“0”时，数据的低 4 位存入 C 口控制字寄存器。

2. 三态缓冲器

在 8255 芯片中数据线 D0～D7 和端口 PA、PB、PC 都可以是双向的。因此，在设计该部分逻辑与外部接口时，必须是三态的，即这些引脚都应为三态双向引脚。

3. 组合逻辑电路

除上述两类电路外，余下的基本上是选择电路或译码电路。

12.1.4 8255 芯片的 VHDL 描述

由于该 VHDL 描述的程序模块将在 MAX + plus Ⅱ 的工具上进行编译、综合和仿真，因此程序中应采用 RTL 描述方式。

【例 12-1】 8255 芯片的 VHDL 描述程序。

```
LIBRARY IEEE;
USE IEEE.STD_LOGIC_1164.ALL;
USE IEEE.STD_LOGIC_ARITH.ALL;
USE IEEE.STD_LOGIC_UNSIGNED.ALL;
ENTITY ppi IS
PORT(reset, rd, wr, cs, a0, a1: IN STD_ULOGIC;
          pa: INOUT STD_LOGIC_VECTOR(7 DOWNTO 0);
```

```
        pb: INOUT STD_LOGIC_VECTOR (7 DOWNTO 0);
        pcl: INOUT STD_LOGIC_VECTOR (3 DOWNTO 0);
        pch: INOUT STD_LOGIC_VECTOR (3 DOWNTO 0);
        d: INOUT STD_LOGIC_VECTOR (7 DOWNTO 0));
END ENTITY ppi;
ARCHITECTURE rtl OF ppi IS
SIGNAL internal_bus_out: STD_LOGIC_VECTOR (7 DOWNTO 0);
SIGNAL internal_bus_in: STD_LOGIC_VECTOR (7 DOWNTO 0);
SIGNAL st, ad, flag: STD_LOGIC_VECTOR (1 DOWNTO 0);
SIGNAL ctrreg: STD_LOGIC_VECTOR (7 DOWNTO 0);
SIGNAL pa_latch, pb_latch, pc_latch: STD_LOGIC_VECTOR (7 DOWNTO 0);
BEGIN
    PROCESS(rd, cs) IS
    BEGIN
        st <= ctrreg(3) & ctrreg(0);
        IF (cs = '0' AND rd = '0')     THEN
            IF (a0 = '0' AND a1 = '0' AND ctrreg(4) = '1') THEN
                internal_bus_in <= pa;
            ELSIF (a0 = '1' AND a1 = '0' AND ctrreg(1) = '1') THEN
                internal_bus_in <= pb;
            ELSIF (a0 = '0' AND a1 = '1' AND st = "01") THEN
                internal_bus_in(3 DOWNTO 0) <= pcl (3 DOWNTO 0);
            ELSIF (a0 = '0' AND a1 = '1' AND st = "10") THEN
                internal_bus_in (7 DOWNTO 4) <= pch (3 DOWNTO 0);
            ELSIF (a0 = '0' AND a1 = '1' AND st = "11" AND ctrreg(7) = '1') THEN
                internal_bus_in (3 DOWNTO 0) <= pcl (3 DOWNTO 0);
                internal_bus_in (7 DOWNTO 4) <= pch (3 DOWNTO 0);
            END IF;
        ELSE
            internal_bus_in <= "ZZZZZZZZ";
        END IF;
        d <= internal_bus_in;
    END PROCESS;
    PROCESS(cs, wr, reset) IS
        VARIABLE ctrregF: STD_LOGIC;
        VARIABLE bctrreg_v: STD_LOGIC_VECTOR(3 DOWNTO 0);
        BEGIN
            IF (cs = '0' AND wr = '0') THEN
                ad <= a1 & a0;
                ctrregF := d(7);
```

```
            internal_bus_out <= d;
        END IF;
        IF ( reset = '1') THEN
            pa_latch <= "00000000";
            pb_latch <= "00000000";
            pc_latch <= "00000000";
            ctrreg <= "10011011";
            bctrreg_v := "0000";
            ctrregF := '1';
        ELSIF (wr'EVENT AND wr = '1' ) THEN
            IF (ctrregF = '1' AND ad = "11" AND cs = '0') THEN
                ctrreg <= internal_bus_out;
            ELSIF (ctrreg(7) = '1' AND ad = "00" AND cs = '0') THEN
                pa_latch <= internal_bus_out;
            ELSIF (ctrreg(7) = '1' AND ad = "01" AND cs = '0') THEN
                pb_latch <= internal_bus_out;
            ELSIF (ctrreg(7) = '1' AND ad = "10" AND cs = '0') THEN
                pc_latch <= internal_bus_out;
            ELSIF (ctrregF = '0' AND ad = "11" AND cs = '0') THEN
                bctrreg_v := internal_bus_out(3 DOWNTO 0);
                CASE bctrreg_v IS
                    WHEN "0000" => pc_latch(0) <= '0';
                    WHEN "0010" => pc_latch(1) <= '0';
                    WHEN "0100" => pc_latch(2) <= '0';
                    WHEN "0110" => pc_latch(3) <= '0';
                    WHEN "1000" => pc_latch(4) <= '0';
                    WHEN "1010" => pc_latch(5) <= '0';
                    WHEN "1100" => pc_latch(6) <= '0';
                    WHEN "1110" => pc_latch(7) <= '0';
                    WHEN "0001" => pc_latch(0) <= '1';
                    WHEN "0011" => pc_latch(1) <= '1';
                    WHEN "0101" => pc_latch(2) <= '1';
                    WHEN "0111" => pc_latch(3) <= '1';
                    WHEN "1001" => pc_latch(4) <= '1';
                    WHEN "1011" => pc_latch(5) <= '1';
                    WHEN "1101" => pc_latch(6) <= '1';
                    WHEN "1111" => pc_latch(7) <= '1';
                    WHEN OTHERS => flag <= "11";
                END CASE;
            END IF;
```

```
                END IF;
        END PROCESS;
        PROCESS(pa_latch) IS
          BEGIN
                IF (ctrreg(4) = '0') THEN
                    pa <= pa_latch;
                ELSE
                    pa <= "ZZZZZZZZ";
                END IF;
        END PROCESS;
        PROCESS(pb_latch) IS
          BEGIN
              IF (ctrreg(1) = '0') THEN
                    pb <= pb_latch;
              ELSE
                    pb <= "ZZZZZZZZ";
              END IF;
        END PROCESS;
        PROCESS(pc_latch) IS
        BEGIN
              IF (ctrreg(0) = '0') THEN
                    pcl <= pc_latch(3 DOWNTO 0);
              ELSE
                    pcl <= "ZZZZ";
              END IF;
    END PROCESS;
    PROCESS(pc_latch) IS
    BEGIN
          IF (ctrreg(3) = '0') THEN
                pch <= pc_latch(7 DOWNTO 4);
          ELSE
                pch <= "ZZZZ";
          END IF;
        END PROCESS;
    END ARCHITECTURE rtl;
```

本程序清单的前 4 条说明语句用于所引用的 IEEE 库。接着 8 行是 8255 的实体描述，其中输入/输出引脚与 8255 定义相同。在这里只是将 PC 口的 8 条线分成高 4 位和低 4 位而已。由于 pa、pb、pc 和 d 都是双向的，因此在这里也定义成双向。

8255 的构造体由 5 个进程构成，它们是读进程、写进程和形成 pa、pb、pc 三态输出的三个进程。下面对构造体中的有关问题作一说明。

1．构造体中各信号的定义和说明

1) 内部总线

在构造体中定义了两条内部总线 internal_bus_in 和 internal_bus_out，所有 8 位数据的输入或输出在 8255 芯片内部都是通过这两条总线实现的。

2) 锁存器和寄存器输出

构造体中信号 pa_latch、pb_latch 及 pc_latch 是 8255 芯片中 A 口、B 口及 C 口锁存器的输出。信号 ctrreg 是方式控制寄存器的输出。

其他信号是为了内部连接而引入的，请读者自行理解。

2．写进程

8255 在方式 0 下写进程的流程图如图 12-5 所示。

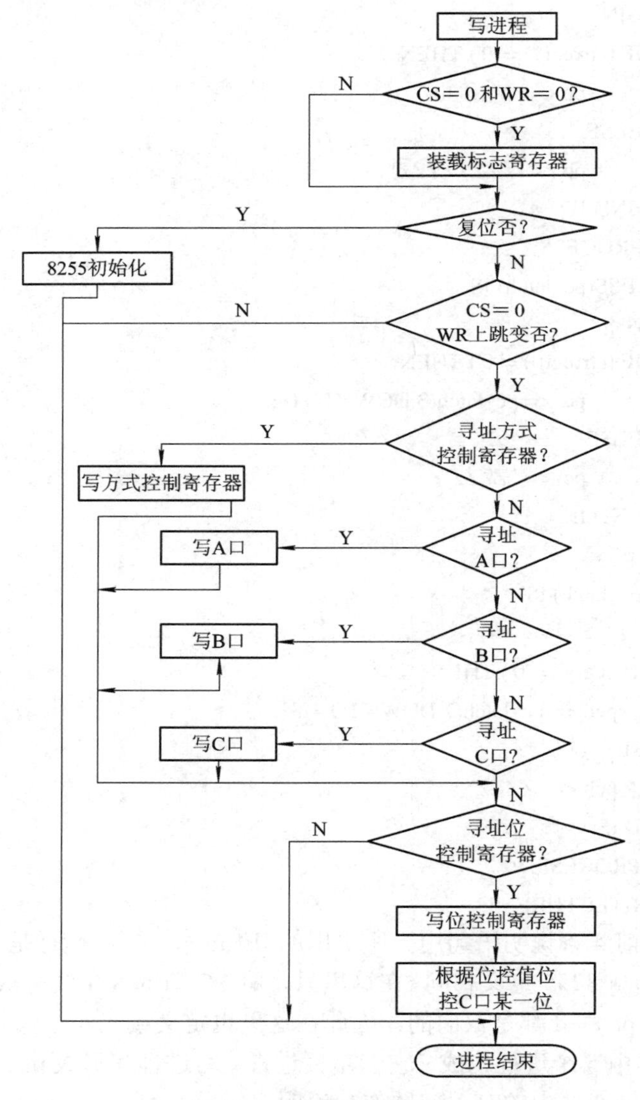

图 12-5　写进程的流程图

在写进程最前面是将写 8255 时的最高数据位送标志寄存器保存，以便以后在判别是方式控制字还是位控制字时使用。这里的标志寄存器采用的是变量 ctrregF，而没有采用信号量。

当复位信号有效(reset = 1)时，对 8255 芯片进行初始化。前面提到 8255 芯片复位后所有端口都处于输入方式，故方式控制寄存器初始化值应为 9BH，其他均设置为“0”。

如果是写状态，则根据数据线 D0～D7 送来的不同数据及地址线 A0～A1 的不同状态，将数据写入控制寄存器或 pa、pb、pc 各输出锁存器。程序中的 CASE 语句用来实现 C 口的位控功能。当写控制寄存器的控制字为位控字(b7 = 0)时，b3～b0 的值就写入位控寄存器。位控寄存器的输出经译码使 C 口的某一位置位或复位。

这里的位控寄存器 bctrreg_v 定义成一个变量。将其定义成信号量是否可以？会出现什么结果呢？请读者自行思考。

3. 读进程

读进程的程序如例 12-1 所示。其工作过程是当选片信号有效(CS = 0)和读信号有效(RD=0)时，从 A 口、B 口或 C 口读入外部设备提供的数据。注意，在本设计中所有端口输入都是不锁存的。

由于读进程程序比较简单，因此这里不再用流程图说明。要注意的是，该读进程还描述了最终送数据总线 D0～D7 的数据是通过三态缓冲器来实现的。

12.1.5　8255 芯片 VHDL 描述模块的仿真

前面详细解释了 8255 芯片的 VHDL 描述程序的各组成部分。为了证明该程序模块的正确性，我们用 MAX+puls Ⅱ的仿真器进行了实际仿真，其仿真波形如图 12-6 所示。

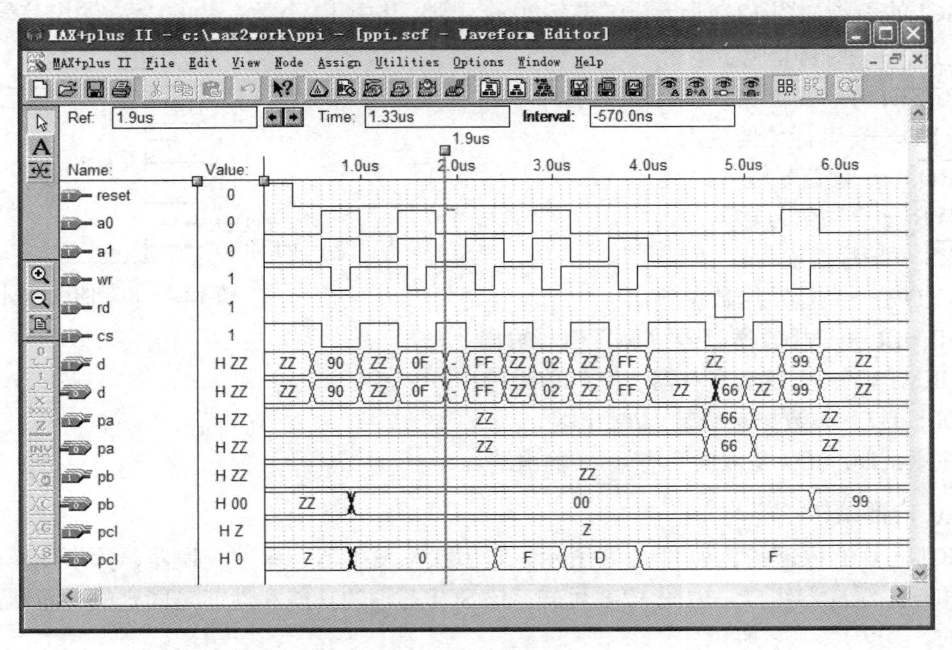

图 12-6　8255 芯片 VHDL 模块的仿真波形

图 12-6 中，开始 reset 施加高电平(“1”)，使 8255 芯片复位，所有端口都处于输入方式。接着向方式控制寄存器写控制字 90H，使得 A 口变为输入口，B 口、C 口变为输出口。然后向控制寄存器写 0FH 数据，从仿真波形中可以看到，写完后 pch 输出变为 8H。0FH 是位控控制字，它使 C 口的最高位置“1”。将数据总线 D0～D7 的值改为 FFH，再将该数据写入 C 口，在写操作完成后 C 口变为 FFH。下面再向控制寄存器写位控控制字 02H。该字表明要将 pc1 位清零。在写操作完成后，pc1 变为 DH，表明 pc1 位已清零。再改变 A 口的输入数据值，使其成为 66H，读 A 口就从 A 口得到 66H 值并从 D0～D7 输出。改变 D0～D7 数据上的值，使其成为 99H，并将该值写向 B 口，那么在该写操作完成后，在 B 口输出端即得到 99H 输出值。

由上述分析可知，该 8255 芯片的 VHDL 描述模块的仿真结果是正确的，完全符合 8255 方式 0 的输入/输出功能。

12.2　SCI 串行接口芯片设计实例

目前最常见的串行接口芯片有 8251 和 8250，同样为了简化设计，这里只举一个固定信号格式的串行接口芯片 SCI 的设计。

12.2.1　SCI 的引脚与内部结构

1. 外部引脚

SCI 的引脚如图 12-7 所示，它共有 20 个引脚，其中 17 个是有效的输入/输出信号引脚。

CLK——时钟信号；

RESET——复位输入；

RXD——串行数据输入；

$\overline{RD}$——读信号输入；

$\overline{WR}$——写信号输入；

$\overline{CS}$——片选输入；

TXD——串行发送数据输出；

rdFULL——接收寄存器“满”信号输出；

tdEMPTY——发送寄存器“空”信号输出；

D0～D7——数据总线输入/输出端。

注意：D0～D7 是双向三态输入/输出端。

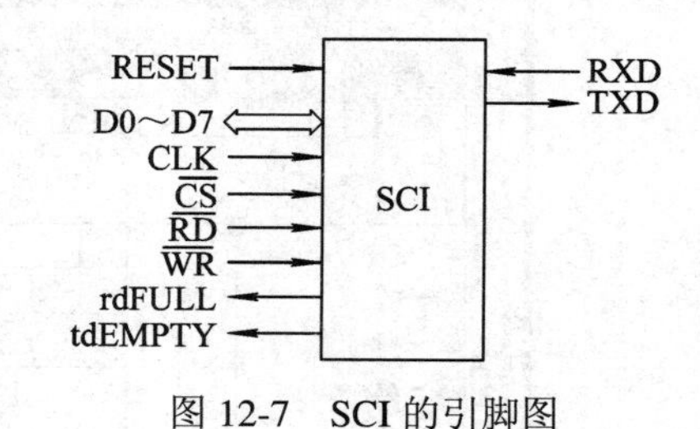

图 12-7　SCI 的引脚图

2. 内部结构

SCI 芯片的内部结构如图 12-8 所示。它由状态发生器、串并变换器、并串变换器、锁存器和三态缓冲器组成。由图 12-8 可知，该 SCI 芯片的功能和性能是固定的，而不是程序可编的。

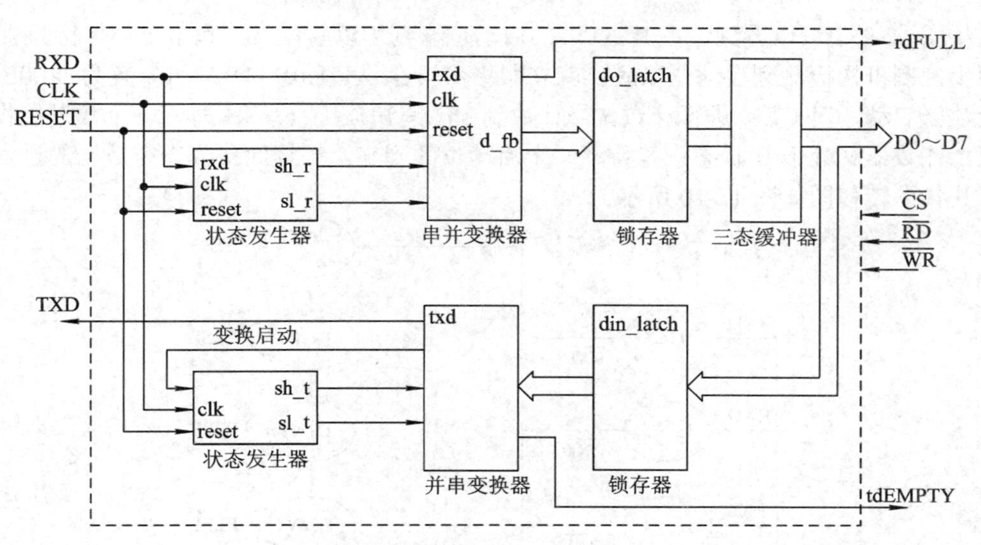

图 12-8　SCI 芯片的内部结构框图

12.2.2　串行数据传送的格式与同步控制机构

1．串行数据传送的格式

SCI 芯片以固定的串行数据传送格式来传送数据。传送一个数据或一个字符共需 10 位，即 1 位启动位、8 位数据位或 1 个字符、1 个校验位、1 个停止位。为了能对位进行正确的操作，选取的每位数据位应包含 4 个时钟(CLK)周期。为了得到串行数据传送的波特率(例如 9600 b/s)，外部时钟应选取为 38.4 kHz。

2．串行数据传送的控制机构

在异步串行数据传送时，由于没有专门提供同步信号，因此只能从所传送的信号中提取同步信息，例如数据的启动位就为 SCI 的串并变换提供启动信号。

1) 串行数据接收的同步控制

在串行数据接收的同步控制器中设置了一个 6 位的计数器，高 4 位为 sh_r，低 2 位为 sl_r。利用该计数器的计数状态可实现串行数据接收的同步控制。计数器的状态与串行数据接收、发送过程的波形关系如图 12-9 所示。

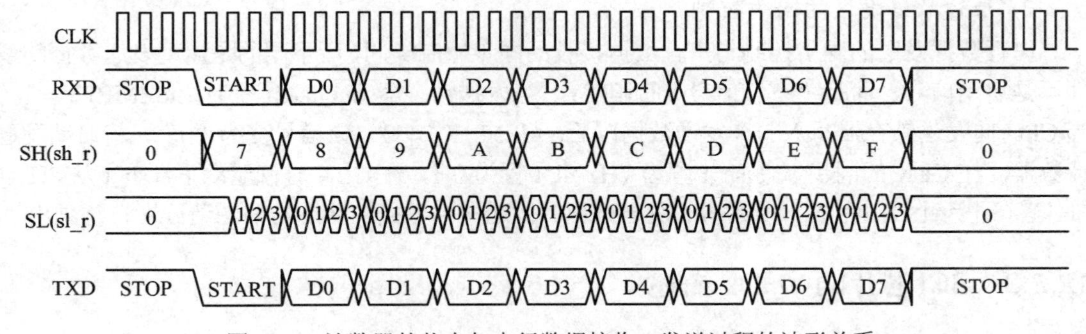

图 12-9　计数器的状态与串行数据接收、发送过程的波形关系

从图 12-9 中可以看到，在 RXD 端的启动位未到达以前，sh_r 和 sl_r 都保持为“0”。当同步控制机构检测到启动位以后，就立即将 sh_r 置为 7H(0111B)，sl_r 置为 0(00B)。此后计数器启动，对 CLK 进行计数。当计数到 sh_r = FH，sl_r = 3H 时，一个数据接收过程结束，计数器又处于 0 状态，等待下一个启动位的到来。根据此接收一个数据的过程即可画出其状态转移图如图 12-10 所示。

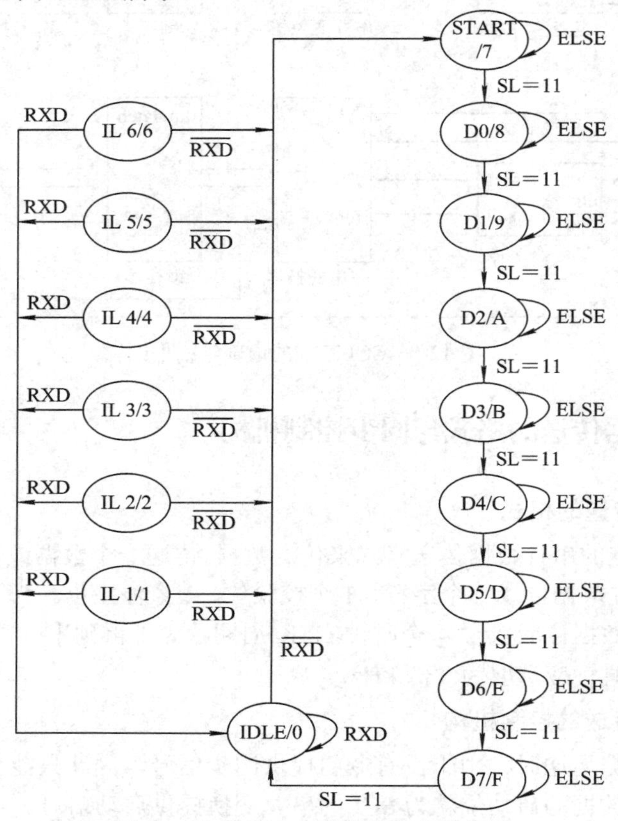

图 12-10　接收一个数据的状态转移图

从图 12-10 中可以看到，sh_r 从 0H 到 6H 的值都处于空闲状态，只有出现启动位后 sh_r 才跳到 7H 状态，此后每 4 个时钟周期转移一个状态(即接收 1 位数据)，直到 sh_r 为 FH，8 位数据结束为止。

2) 串行数据发送的同步控制

串行数据发送的同步控制与串行数据接收的同步控制类同，所不同的是启动发送数据的条件不是启动信号，而是“空”信号 tdEMPTY。当发送锁存器 din_latch 空时，tdEMPTY = 1；当 CPU 向发送锁存器写入一个发送数据以后，tdEMPTY = '0'。该信号变为“0”，将启动发送计数器，在 CLK 的同步下使 sh_t 置为 7H，sl_t 置为 0H。在 CLK 时钟驱动下，sh_t 从 7H 到 FH 逐个进行计数，完成一个数据的发送过程。发送一个数据的状态转移图请读者自行画出。

12.2.3　SCI 芯片的 VHDL 描述

【例 12-2】 SCI 芯片的 VHDL 描述程序。

```
LIBRARY IEEE;
USE IEEE.STD_LOGIC_1164.ALL;
USE IEEE.STD_LOGIC_ARITH.ALL;
USE IEEE.STD_LOGIC_UNSIGNED.ALL;
ENTITY sci IS
PORT(clk, reset, rxd, rd, wr, cs: IN STD_LOGIC;
        txd, rdFULL, tdEMPTY: OUT STD_LOGIC;
        data: INOUT STD_LOGIC_VECTOR(7 DOWNTO 0));
END ENTITY sci;
ARCHITECTURE rtl OF sci IS
SIGNAL scir: STD_LOGIC_VECTOR(5 DOWNTO 0);
SIGNAL scit: STD_LOGIC_VECTOR(5 DOWNTO 0);
SIGNAL sh_r: STD_LOGIC_VECTOR(3 DOWNTO 0);
SIGNAL sl_r: STD_LOGIC_VECTOR(1 DOWNTO 0);
SIGNAL sh_t: STD_LOGIC_VECTOR(3 DOWNTO 0);
SIGNAL sl_t: STD_LOGIC_VECTOR(1 DOWNTO 0);
SIGNAL d_fb: STD_LOGIC_VECTOR(7 DOWNTO 0);
SIGNAL din_latch: STD_LOGIC_VECTOR(7 DOWNTO 0);
SIGNAL do_latch: STD_LOGIC_VECTOR(7 DOWNTO 0);
SIGNAL txdF, rxdF: STD_LOGIC;
SIGNAL tdEMPTY_s: STD_LOGIC := '1';
SIGNAL rdFULL_s: STD_LOGIC := '0';
BEGIN
  sh_r <= scir (5 DOWNTO 2);
  sl_r <= scir (1 DOWNTO 0);
  sh_t <= scit (5 DOWNTO 2);
  sl_t <= scit (1 DOWNTO 0);
  tdEMPTY <= tdEMPTY_s;
  rdFULL <= rdFULL_s;
  PROCESS(clk, rd, cs) IS
  BEGIN
        IF (rd = '0'AND cs = '0') THEN
            rdFULL_s <= '0';
        ELSIF (clk'EVENT AND clk = '1') THEN
            IF ((rxdF = '1') AND (sh_r = "1111") AND (sl_r = "11")) THEN
                do_latch <= d_fb;
                rdFULL_s <= '1';
            END IF;
        END IF;
```

```
END PROCESS;
PROCESS(wr, cs) IS
VARIABLE data_v: STD_LOGIC_VECTOR(7 DOWNTO 0);
BEGIN
  IF (wr'EVENT AND wr = '1') THEN
        IF (cs = '0') THEN
           data_v := data;
           din_latch <= data_v;
        END IF;
     END IF;
END PROCESS;
PROCESS(clk) IS
BEGIN
  IF (clk'EVENT AND clk = '1') THEN
        IF (rxd = '0') THEN
           rxdF <= '1';
        ELSIF ((rxdF = '1') AND (sh_r = "1111") AND (sl_r = "11")) THEN
           rxdF <= '0';
        END IF;
      END IF;
END PROCESS;
PROCESS(wr, clk) IS
BEGIN
  IF (wr = '0' AND cs = '0') THEN
     txdF <= '0';
     tdEMPTY_s <= '0';
  ELSIF (clk'EVENT AND clk = '1') THEN
     IF (((txdF = '0') AND (sh_t = "1111") AND (sl_t = "11")) OR reset = '0') THEN
         tdEMPTY_s <= '1';
         txdF <= '1';
     END IF;
  END IF;
END PROCESS;
PROCESS(rd, cs) IS
VARIABLE do_latch_v: STD_LOGIC_VECTOR(7 DOWNTO 0);
BEGIN
    do_latch_v := do_latch;
    IF (rd = '0' AND cs = '0') THEN
      data <= do_latch_v;
```

```
        ELSE
            data <= "ZZZZZZZZ";
        END IF;
END PROCESS;
PROCESS(clk, reset) IS
VARIABLE scir_v: INTEGER RANGE 0 TO 63;
VARIABLE scir_s: STD_LOGIC_VECTOR(5 DOWNTO 0);
BEGIN
    IF (reset = '0') THEN
        scir_v := 0;                                    --"000000"
    ELSIF (clk'EVENT AND clk = '1') THEN
        IF ((scir_v <= 27) AND (rxd = '0')) THEN            --sci_v = "011011"
            scir_v := 28;                                   --sci_v = "011100"
        ELSIF ((scir_v <= 27) AND (rxd = '1')) THEN
            scir_v := 0;
        ELSE
            scir_v := scir_v+1;
        END IF;
    END IF;
    scir_s := CONV_STD_LOGIC_VECTOR(scir_v, 6);
    scir <= scir_s;
END PROCESS;
PROCESS(clk, reset) IS
VARIABLE scit_v: INTEGER RANGE 0 TO 63;
VARIABLE scit_s: STD_LOGIC_VECTOR(5 DOWNTO 0);
BEGIN
    IF (reset = '0') THEN
        scit_v := 0;                                    --"000000"
    ELSIF (clk'EVENT AND clk = '1') THEN
            IF (scit_v <= 27) THEN                      --sci_v = "011011"
                IF (tdEMPTY_s = '0' AND wr = '1') THEN
                    scit_v := 28;                       --sci_v = "011100"
                ELSE
                    scit_v := 0;
                END IF;
            ELSE
                scit_v := scit_v+1;
            END IF;
        END IF;
```

```
        scit_s := CONV_STD_LOGIC_VECTOR(scit_v, 6);
        scit <= scit_s;
    END PROCESS;
    PROCESS(clk, reset) IS
    BEGIN
        IF (reset = '0') THEN
          d_fb <= "00000000";
        ELSIF (clk'EVENT AND clk = '0') THEN
          IF ((sh_r >= "1000") AND (sh_r <= "1111") AND (sl_r = "01")) THEN
               d_fb(7) <= rxd;
               FOR i IN 0 TO 6 LOOP
                  d_fb(i) <= d_fb(i+1);
               END LOOP;
          END IF;
        END IF;
    END PROCESS;
    PROCESS(sh_t) IS
    BEGIN
        CASE sh_t IS
         WHEN "0111" => txd <= '0';
         WHEN "1000" => txd <= din_latch(0);
         WHEN "1001" => txd <= din_latch(1);
         WHEN "1010" => txd <= din_latch(2);
         WHEN "1011" => txd <= din_latch(3);
         WHEN "1100" => txd <= din_latch(4);
         WHEN "1101" => txd <= din_latch(5);
         WHEN "1110" => txd <= din_latch(6);
         WHEN "1111" => txd <= din_latch(7);
         WHEN OTHERS => txd <= '1';
        END CASE;
    END PROCESS;
END rtl;
```

程序清单的前 4 条语句用于所引用的 IEEE 库，后续的 5 行语句是对 SCI 的实体进行描述，对输入/输出引脚的定义与图 12-7 所示的相同。需要指出的是，D0～D7 是三态双向数据总线。

1．构造体上各信号的定义与说明

1) 计数器输出

在 SCI 芯片描述程序中定义了两个计数器输出。其中一个是发送计数器输出 scit，另一个是接收计数器输出 scir。另外，还将 scit 输出分为高 4 位输出 sh_t 和低 2 位输出 sl_t。同理，scir 输出分为 sh_r 和 sl_r 两个输出。

2) 移位寄存器输出

接收串行数据的移位寄存器输出定义为 d_fb。在一个数据接收结束后，它输出的就是一个完整的 8 位数据值。

3) 锁存器输出

SCI 芯片有两个锁存器 do_latch 和 din_latch。其中，do_latch 锁存移位寄存器输出的数据，而 din_latch 则锁存要发送的数据。

4) 标志寄存器输出

为了实现与计算机的读/写同步，这里设置了两条状态线 rdFULL_s 和 tdEMPTY_s。当接收数据装入 do_latch 时，rdFULL_s 变为“1”；当计算机读走该数据时，则置“0”。当计算机写入一个发送数据至 din_latch 时，tdEMPTY_s 变为“0”；当一个数据发送完毕时，则置“1”。txdF 和 rxdF 是发送和接收过程的中间标志。

2. 内部各进程的描述

第 1 个进程是对 rdFULL 标志进行置“0”、置“1”操作和在串行数据接收结束时将接收数据送给 do_latch 锁存器输出的进程。当接收结束时，移位寄存器 d_fb 将数据送入 do_latch，同时将标志信号 rdFULL_s 置“1”，向计算机表示数据已准备好，可以来读取。当 rd = 0 且 cs = 0 时，表示计算机读接收数据，此时使 rdFULL_s 变为“0”，表明数据已读走，为下一次读作准备。

第 2 个进程是写数据进程，计算机将数据总线上的一个数据写入发送寄存器 din_latch。

第 3 个进程是对标志 rxdF 进行操作的进程。当 rxd = '0'，表明启动位到来时，rxdF 置“1”；当一个数据接收完毕时，将其置“0”。

第 4 个进程是对 txdF 和 tdEMPTY_s 进行置“0”、置“1”操作的进程。当写发送寄存器时 txdF 和 tdEMPTY_s 置“0”，而一个数据发送结束时，它们都被置“1”。

第 5 个进程是读进程，当 rd = 0 和 cs = 0 时，变换好的数据从接收锁存器 do_latch 输出到数据总线 data 上。

第 6 个进程是数据接收控制进程，当数据接收端 rxd 出现低电平，一个数据启动位到来时，接收控制计数器 scir 将其置为“011100”(28)，即 sh_r = 0111(7)，一个接收计数周期开始。当计数到 63 时(sh_r = 1111，sl_r = 11)，scir 清零并等待下一个启动位的到来。

第 7 个进程是数据发送控制进程，其原理同数据接收进程。所不同的是，当 CPU 写一个数据到发送寄存器 din_latch 时，其控制计数器 scit 开始一个发送的计数周期；当一个数据发送结束，即 scit 计数到 63 后，就清“0”，等待下一个发送数据到来。

第 8 个进程是接收数据移位控制进程，进行数据的串并变换。

第 9 个进程是发送数据的并串变换进程。

12.2.4　SCI 芯片 VHDL 描述模块的仿真

SCI 芯片 VHDL 描述模块的仿真波形如图 12-11 所示。它也是用 MAX+plusⅡ的仿真器进行仿真的结果。

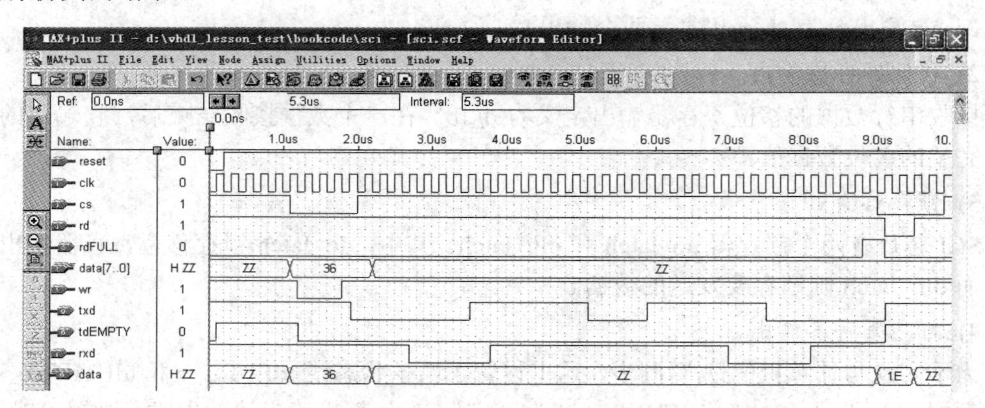

图 12-11　SCI 芯片 VHDL 描述模块的仿真波形

如图 12-7 所示，SCI 复位以后，发送数据控制计数器 scit 和接收数据控制计数器 scir 都被清“0”，tdEMPTY 为“1”，rdFULL 为“0”，SCI 芯片进入初始状态。为了仿真接收和发送过程，在 rxd 信号线上设置一串数据“0011110001”，表示一个 8 位的值为 1EH 的数据。在数据总线上放一个值为 36H 的数据。在 data 的值为 36H 时，cs 和 wr 出现一个为“0”的负向选通和写入脉冲。在串行数据的停止位之后，在 cs 和 rd 上设置一个负向选通脉冲和读信号，然后启动仿真器。这样在 txd 上就可以看到一串“0011011001”的发送脉冲，在 data 的数据线上与读脉冲对应的位置即得到 1EH 的接收数据值。该仿真结果表明，SCI 芯片的工作过程是正确的。

习题与思考题

12.1　在 8255 芯片设计中内部总线为什么要分成输入(internal_bus_in)和输出(internal_bus_out)两种？能否采用一条总线？为什么？

12.2　如果 A 口的输入也要进行锁存，试问在“0”型方式下能否实现？为什么？

12.3　为什么本章例题中要分成读进程和写进程？能否按端口划分进程来编写程序？为什么？

12.4　为什么在写进程中要设置一个 ctrregF 变量？能否将它设置成信号量？

12.5　串行数据的接收和发送是怎样进行控制的？接收寄存器和发送寄存器的“空”和“满”是怎样实现同步的？

12.6　如果 SCI 芯片在接收时要进行奇偶校验，试问该功能应怎样加上去？

第 13 章　VHDL 93 版和 87 版的主要区别

本书第二版是以 VHDL 87 版为基础编写而成的。但是随着 VHDL 的使用，发现 87 版本存在许多缺陷和局限性，因此 IEEE 对 87 版进行了修订，推出了较完善的 93 版。93 版的某些特性是特有的，为了编写出与 87 版兼容的模块，就必须避免使用这些特性。当然，用 93 版的 VHDL 编写程序要更灵活、更方便。在一般使用 EDA 工具进行编译时，都要事先指定版本号，这一点务请读者充分注意。另外，当前常用的 EDA 工具并不都支持 93 版的所有标准，请注意“帮助”中的有关说明。

13.1　VHDL 93 版的特点

为了便于读者了解和查阅，下面详细列出了 VHDL 93 版所引入的几十种重要的变化特征，并用适当的例子加以说明。

(1) 文件是 VHDL 新的客体。

如前所述，87 版中有 3 类基本客体，即变量、常量和信号。93 版中将文件作为新增的客体，在 VHDL 中使用。

① 文件说明语句。文件说明语句的格式如下：

```
FILE 文件名: 数据子类型说明
    [OPEN 打开文件类型]  IS 路径表达式;
```

例如：

```
TYPE bv_ftype IS FILE OF BIT_VECTOR;
    FILE vec_file: bv_ftype IS "usr/home/jb/vec.in";
```

这个例子说明：vec.file 是一个以位矢量存储的文件，由于没有打开文件类型(属缺省)，因此它处于 READ_MODE 状态，是一个输入文件。该文件的读取路径及物理文件名为：usr/home/jb/vec.in。

又如：

```
FILE in_file: TEXT OPEN READ_MODE IS
                        "post.dat";
FILE out_file: TEXT OPEN WRITE_MODE IS
                        "fir3_out.data";
```

在上述两个文件说明语句中，in_file 是输入文件，读入的是当前目录的 post.dat 文件；out_file 是输出文件，它将 out_file 的内容写到当前目录的 fir3_out.data 文件名中存放起来。

② 文件类型说明语句。文件类型说明语句用于说明文件数据类型。每个文件类型说明都隐含定义了对所说明文件的操作。这些操作用过程 FILE_OPEN、FELE_CLOSE、READ、WRITE 和函数 ENDFILE 来描述。

文件类型定义的格式如下：

```
TYPE 类型名 IS FILE OF 类型/子类型名;
```

例如：

```
TYPE idex IS RANGE 0 TO 15;
TYPE int_ftype IS FILE OF index;
```

该例说明，int_ftype 是一个 index 值的文件类型，同时，该文件类型还隐含地说明了如下操作：

```
PROCEDURE FILE_OPEN (FILE F: int_ftype;
                     EXTERNAL_NAME: IN STRING;
                     OPEN_KIND: IN FILE_OPEN_KIND := READ_MODE);
PROCEDURE FILE_OPEN (STATUS: OUT FILE_OPEN_STATUS;
                     FILE F: int_ftype; EXTERNAL_NAME: IN STRING;
                     OPEN_KIND: IN FILE_OPEN_KIND := READ_MODE);
```

第一个过程是以所说明的打开类型打开由外部名所说明的文件，返回文件指示器 F。第二个过程是返回过程的状态。

例如：

```
PROCEDURE FILE_CLOSE(FILE F: int_ftype);
```

该过程关闭所说明的文件。

例如：

```
PROCEDURE READ (FILE F: int_ftype;
                VALUE: OUT index);
```

该过程从文件 F 读一个数据类型为 index 的值。

例如：

```
PROCEDURE WRITE (FILE F: int_ftype;
                 VALUE: IN index);
```

该过程将一个 index 类型的数据写到文件 F 中。

例如：

```
FUNTION ENDFILE (FILE F: int_ftype)
                RETURN BOOLEAN;
```

该函数检测文件 F，如果到了文件末尾，则返回一个 TRUE 值。

上面仅仅给出了 93 版在文件说明中所涉及的一些基本问题，在实际编程时应以此为索引参考有关例程才行。

(2) 在端口映射中使用常量表达式。

在本书的 5.3.3 节中叙述了名称映射方法。例如：

```
u2: and2 PORT MAP(a => nsel, b => d1, c => ab);
```

其中：a、b 是“与门”的输入端，c 是输出端。nsel、d1 和 ab 是信号量或输入端口名。映射的对象都是信号量。但是，在 93 版中这种情况已有了拓展，映射的对象可以是一个常量表达式。例如：

```
M1: mux PORT MAP(sel => TO_MVL(code),
        d0 => TO_MVL(bus(0)), d1 => TO_MVL(bus(1)),
        TO_BIT(2) => ctrl);
```

该例说明二选一选择器的输入端为 sel、d0、d1。这里映射的是函数表达式，如 sel => TO_MVL(code)、d0 => TO_MVL(bus(0))等。实际上选择器选择输入端 sel 代入的是函数 TO_MVL(code)返回的值，其他各端也类同。

(3) 定义了共享变量。

前面已经提到信号量和变量的重要区别是：信号可以是全局量，只要在构造体中已定义，那么构造体内的所有地方都可以使用；变量是局部量，只能在进程及子程序内部定义和使用。如果想将结果带出外部，则必须将变量值赋给某一个信号量才行。

但是，实际使用过程中希望进程或子程序中的结果以变量形式进行数据传递。为此，在 93 版中定义了共享变量。共享变量的说明格式如下：

```
SHARED VARIABLE 变量名: 子类型名[ := 初始值];
```

例如：

```
ARCHITECTURE sample OF tests IS
SHARED VARIABLE notclk: STD_LOGIC;
SIGNAL clk: STD_LOGIC;
BEGIN
    p1: PROCESS(clk) IS
        BEGIN
                IF (clk 'EVENT AND clk = '1') THEN
                    notclk := '0';
                END IF;
        END PROCESS p1;
    p2: PROCESS(clk) IS
        BEGIN
            IF (clk 'EVENT AND clk = '0') THEN
                notclk := '1';
            END IF;
        END PROCESS p2;
END ARCHITECTURE sample;
```

上述程序中，p1 进程在时钟上升沿时将共享变量 notclk 置为“0”，p2 进程在时钟下降沿时将 notclk 置为“1”，从而使 notclk 和 clk 在任何时刻，其值正好相反。共享变量除在进程和子程序的说明域中不能使用外，在其他任何地方都可以使用。

(4) 定义了 GROUP。

93 版中引入了组的概念。一个组是一些已定义项目的集合。一个组模块说明用于定义一个组模块，也就是将一些已定义的项目构成一个组。一个组说明对应于一个组模块。组说明的格式如下：

GROUP 组名：组属性名(项目，项目，…)；

例如：

```
GROUP ml: mark (alu3, compo5, mux32);
GROUP k1: keep(rst, rdy, sdrd);
GROUP q_grp: equivalent('A', 'a');
```

由上例可知，组内的项目可以是一个标号，可以是信号名，也可以是简单的值。组名不同，但属性名相同的那些组所构成的结构是一致的。

(5) 定义了新的属性 FOREIGN。

该属性用于构造体和子程序中连接非 VHDL 模块。下面就是使用属性 FOREIGN 的几种基本格式。

① 用于构造体：

```
ENTITY nand IS
      GENERIC (N: positive := 2);
      PORT(input: IN BIT_VECTOR(N DOWNTO 1);
            output: OUT BIT);
END ENTITY nand;
ARCHITECTURE NonVHDL OF nand IS
      ATTRIBUTE FOREIGN OF NonVHDL: ARCHITECTURE
      IS "NonVHDL_nand (A, B, C)";
BEGIN
END ARCHITECTURE NonVHDL;
```

② 用于子程序：

用于过程：

```
PROCEDURE print_line (a: STRING) IS
      ATTRIBUTE FOREIGN OF print_line: PROCEDURE
      IS "putline(a)";
BEGIN
END PROCEDURE print_line;
```

用于函数：

```
PACKAGE p IS
      FUNCTION atoi(s: STRING)
            RETURN INTEGER;
            ATTRIBUTE FOREIGN OF atoi;
                  FUNCTION IS "/bin/sh atoi";
```

(6) 语句描述上的区别。

93 版对 87 版的语法进行了统一，使语句格式更加规范。

① COMPONENT 语句：

COMPONENT c <u>IS</u>

```
        ⋮
END COMPONENT c;
```

② PROCESS 语句：

```
PROCESS(…) IS
        ⋮
END PROCESS;
```

③ 构造体描述：

```
ARCHITECTURE a OF e IS
        ⋮
END ARCHITECTURE a;
```

④ PROCEDURE 语句：

```
PROCEDURE p IS
        ⋮
END PROCEDURE p;
```

⑤ FUNCTION 语句：

```
FUNCTION f (…) IS
        ⋮
END FUNCTION f;
```

⑥ 实体描述：

```
ENTITY e IS
        ⋮
END ENTITY e;
```

⑦ 配置描述：

```
CONFIGURATION c OF e IS
        ⋮
END CONFIGURATION c;
```

⑧ 包集合描述：

```
PACKAGE pk IS
        ⋮
END PACKAGE pk;
```

(7) 扩展标号标注。

在任何顺序语句前面都可以加标号进行标注。例如：

```
L1: IF a = b THEN
        c := d;
END IF L1;
L2: sum := (a XOR b)XOR c;
```

(8) 函数可以设计成纯函数和非纯函数。

在 93 版中函数可以设计成纯函数和非纯函数。一个纯函数指的是在所带参量值相同时，调用后应返回一个相同值。在非纯函数情况下，即使函数所带的参量值相同，在调用后也可能会返回不同值。例如：

- 纯函数：

```
PURE FUNCTION "AND"(L, R: X01Z)
            RETURN X01Z IS
BEGIN
      RETURN TABLE_AND(L, R);
END FUNCTION "AND";
```

- 非纯函数：

```
IMPURE FUNCTION RANDOM RETURN REAL;
```

这是一个非纯函数描述，RANDOM 是产生随机值的函数，不同次调用该函数就会得到不同的返回值。当然，该函数没有输入参数。

(9) 增加了“标识”(Signature)。

“标识”能显式地识别子程序和枚举字符的越界。该“标识”能显式地说明参数和结果的概略情况。例如：

```
ATTRIBUTE BUILT_IN OF "_" [STD_LOGIC_VECTOR, STD_LOGIC_VECTOR RETURN
            STD_LOGIC_VECTOR]: FUNCTION IS TRUE;
```

上例中方括号[]内是“标识”部分，它限定了参加操作的数是位矢量，返回结果也是位矢量。

(10) 定义了文件操作。

在一个文件类型说明之后，隐式定义的文件操作将使文件被再次定义。这些操作如下：

```
FILE_OPEN;
FILE_CLOSE;
READ;
WRITE;
ENDFILE
```

上述 4 个操作为过程，最后一个操作用函数来实现。

例如：

```
TYPE index IS RANGE 0 TO 15;
TYPE int_ftype IS FILE OF index;
      PROCEDURE file_open (FILE f: int_ftype;
                              external_name: IN STRING;
                              open_kind: IN file_open_kind := READ_MODE);
      PROCEDURE file_open (STATUS: OUT file_open_status;
                              FILE f: int_ftype; external_name: IN STRING;
                              open_kind: IN file_open_kind := REAN_MODE);
      PROCEDURE file_close (FILE f: int_ftype);
      PROCEDURE read (FILE f: int_ftype;
                        Value: out index);
      PROCEDURE write (FILE f: int_ftype;
```

```
                    value: IN index);
    FUNCTION endfile (FILE f: int_ftype)
                    RETURN BOOLEAN;
```

(11) 扩大了属性使用范围。

在 93 版中，文字、单元、组和文件都可以使用属性。例如：

```
GROUP pinzpin IS(SIGNAL, SIGNAL);
GROUP clk2q: pinzpin (clk, q);
ATTRIBUTE tpLH: DELAY_LENGTH;
ATTRIBUTE tpLH OF clk2q: GROUP IS 12ns;
    ⋮
    q <= GUARDED d AFTER clkzq'tpLH;
```

(12) 增加了逻辑操作。

93 版中增加了 XNOR 操作、移位操作和循环操作。

SLL——逻辑左移；

SRL——逻辑右移；

SLA——算术左移；

SRA——算术右移；

ROL——逻辑循环左移；

ROR——逻辑循环右移。

这些操作的含义与汇编语言中所定义的含义是一致的。

(13) Report 语句(报告语句)。

Report 语句与断言语句相似，但没有断言表达式。例如：

```
R1: REPORT "This code should not have
            been entered! "
SEVERITY NOTE;
```

该语句在仿真时使用。

(14) 信号延时可指定脉冲宽度限制。

在信号延迟表达式中，REJECT 用来限制脉冲宽度。例如：

```
dout1 <= a AND b AFTER 5 ns;
dout2 <= REJECT 3ns INERTIAL a AND b
         AFTER 5 ns;          --脉冲宽度限制为 3 ns
```

(15) 可对信号赋无效值。

93 版中可以对信号赋一个无效值，以表明不改变当前驱动器的输出值。例如：

```
a <= NULL;
```

执行该语句，a 的信号值将不发生变化。

(16) 延迟过程。

一个过程可以标识为延迟过程。该过程仅仅在某一时段结束时才执行，也就是在一个时段的所有 Δ 延时之后才执行。延迟过程的标识符是“POSTPONED”。例如：

```
p1: POSTPONED nand_1 (a, b: IN BIT;
                      c: OUT BIT);
```

实际上，并发断言语句、并发过程调用和并发的信号代入语句都可以标识为延迟执行的语句。延迟进程机制的典型应用是延迟断言语句。在一个仿真时刻不作多次检测，这样不但避免了误警，而且也节省了仿真时间。

(17) COMPONENT 语句、实体、构造体或配置的直接说明。

文件的直接说明可简化描述方法。在结构化描述时，通常需要文件说明或配置，而直接说明则可省略。一个“与非”门的直接说明的构造体描述可写为

```
ARCHITECTURE direct_Nand OF Nand_2 IS
BEGIN
    G: ENTITY work Nand_2
    GENERIC MAP (tpLH => 13 ns, tpHL => 14 ns)
    PORT MAP (I1 => a, I2 => b, o => c);
END ARCHITECTURE direct_Nand;
G: CONFIGURATION Nand_2_Final GENERIC MAP(tpLH => 13 ns,
    tpHL => 14 ns)
      PORT MAP(I1 => a, I2 => b, o => c);
```

(18) GENERATE 语句可包含端口说明部分。

在 GENERATE 语句中可以包含说明的端口。例如：

```
Label: IF N MOD 2 = 1 GENERATE
Instance: COMPONENT_NAME PORT MAP
        (t1, t2);
END GENERATE;
```

(19) 扩展了字符集。

93 版的字符集扩展成了 256 个字符的字符集，具体定义参见参考文献[10]。

(20) 定义了扩展标识符。

扩展的标识符是写在两个黑斜杠之间的一系列字符。例如：

\VHDL ENTITY\，\a AND b\

\ADDER\，\adder\

扩展标识符和一般标识符的使用目的相同。但是，一般标识符受 VHDL 的保留字限制，而扩展标识符则不受这一限制。扩展标识符中的大小写字母是不一致的。例如，上例中 \ADDER\ 和 \adder\ 是两个不同的标识符。

(21) 使用了位串。

位串是用双引号括起来的扩展的数字序列。例如：

B"001_101_010"　——9 位二进制位串

X"A_F0_FC"　——20 位十六进制位串

O"3701"　——12 位八进制位串

X" "　——空位串

(22) 增加了预定义属性。

在 93 版中增加了如下预定义属性：

'ASCENDING；

'IMAGE；

'VALUE；

'DRIVING_VALUE；

'SIMPLE_NAME；

'INSTANCE_NAME；

'PATH_NAME。

① 'ASCENDING 属性。

例如：

```
VARIABLE axe: BIT_VECTOR(0 TO 63);
CONSTANT max: POSITIVE := 12;
TYPE two_d_arr IS ARRAY(i TO max,
          63 DOWNTO 0)OF STD_LOGIC;
SIGNAL box: two_d_arr;
```

如果 box 索引范围是升序排列的，那么 box'ASCENDING 返回值为 TRUE；否则返回值为 FALSE。例如：

```
box'ASCENDING                        --一维范围为升序，故返回 TRUE
box'ASCENDING(2)                     --二维范围为降序，故返回 FALSE
axe'ASCENDING                        --返回 TRUE
```

② 'IMAGE 和'VALUE 属性。'IMAGE 属性用来取一个标量值并产生一个串表示；'VALVE 属性用来取一个标量值的串表示并产生它的等价值。例如：

```
TYPE test IS {A, \A\, 'A'};          --枚举型
TYPE numeric IS RANGE 1 TO 16;       --整型
TYPE cap IS 0 TO 5000
     UNITS
          Pf;
          nf = 1000Pf;
     END UNITS;                      --物理型
test'IMAGE(A)                        --"A"
test'IMAGE('A')                      --"'A'"
numeric'IMAGE(12)                    --"12"
cap'IMAGE(5nf)                       --"5000Pf"
cap'VALUE("2000Pf")                  --2 nf 或 2000 pF
test'VALUE("A")                      --A
numeric'VALUE("13")                  --13
```

③ DRIVING_VALUE 属性。该属性将取得当前进程中的信号值。例如：

```
PROCESS
BEGIN
        ⋮
    IF a = '0' THEN
        car <= NULL;
    ELSE
        car <= '1';
    END IF;
        ⋮
    END PROCESS;
```

car'DRIVING_VALUE——如果当前时刻 car = '0'，则 car'DRIVING 取得 '0'；如果 car = '1'，则取得 '1'。

④ 'SIMPLE_NAME 属性。该属性将取得所指定命名项的名字，如标号名、变量名、信号名、实体名和文件名等。例如：

```
SIGNAL clk: BIT;
TYPE mc_state IS(READY, WAITING, HOLD,
        RUNNING);
VARIABLE \wait\: STD_LOGIC;
TYPE abc IS('A', 'B', 'C');
clk'SIMPLE_NAME                --"clk"
ready'SIMPLE_NAME              --"ready"
\wait\'SIMPLE_NAME             --"\wait\"
'c' 'SIMPLE_NAME                    --"'c'"
```

⑤ 'INSTANCE_NAME 属性。该属性将给出指定项的路径。例如：

```
BIT_ARITH'INSTANCE_NAME        --": att: bit_arith:"
```

该属性指明了 BIT_ARITH 这个包集合，在设计库 att 中提供。

⑥ 'PATH_NAME 属性。'PATH_NAME 属性和'INSTANCE 属性非常类同，其区别是'PATH_NAME 属性不显示说明的设计单元。例如：

```
full_adder'INSTANCE_NAME       --": full_adder(dataflow):"
full_adder'PATH_NAME           --"full_adder:"
```

除增加上述预定义属性外，93 版删除了 87 版中的 'STRUCTURE 和 'BEHAVIR 预定义属性。

(23) 扩充了标准包集合(STANDARD)。

93 版在标准包集合中增加了如下内容：

- DELAY_LENGTH 物理子类型；
- FILE_OPEN_KIND 枚举类型；
- FILE_OPEN_STATUS 枚举类型；
- 'FOREIGN 属性说明。

13.2 87 版到 93 版的移植问题

下面仅就移植过程中应注意的几个问题作一说明。

· 枚举类型 CHARACTER 成为一个更大的集合，根据类型 CHARACTER'HIGH 和 CHARACTER 'RIGHT 所得到的代码会发生某些改变。

· 由并置操作符所执行的操作更复杂了。

· 重新定义了文件类型说明，与之相应的隐式文件操作也重新进行了定义。

· 取消了 'STRUCTURE 和 'BEHAVIOR 属性。因此源代码中存在此属性的地方要去掉。

· 增加了新的保留字，因此使用这些保留字作标识的地方应改掉。

前面详述了 93 版和 87 版的主要不同点，其实还存在许多细微的差别，这里无法一一详述和列举。欲知详情的读者请参阅 93 版手册。

附录 A　VHDL 文法介绍

● ALIAS(替换名)说明

功能：定义已有目标的替换名。

逻辑综合：不能。

文法：

ALIAS 替换名：子类型表示符　IS　目标名;

使用场所：ARCHITECTURE 说明部分、ENTITY 说明部分、PROCESS 说明部分、PACKAGE 说明部分、PACKAGE BODY 语句和 SUBPROG RAM 说明部分。

ALIAS 说明与子类型定义不同，只更改名称。

例如：

```
ALIAS bit1：STD_LOGIC IS L_VECTOR(1);
ALIAS aaa：STD_LOGIC_VECTOR(0 TO 4) IS L_VECTOR(5 DOWNTO 1);
```

● ARCHITECTURE 说明

功能：定义构造体(3.1 节中详述)。

逻辑综合：可能。

文法：

```
ARCHITECTURE　构造体名　OF　实体名 IS
      {说明语句} --说明部分
BEGIN
      {并行处理语句} --本体
END {构造体名};
```

说明语句∷=SUBPROGRAM 说明|SUBPROGRAM 本体|TYPE 说明|SUBTYPE 说明|CONSTANT 说明|SIGNAL 说明|FILE 说明|ALIAS 说明|COMPONENT 说明|ATTRIBUTE 说明|ATTRIBUTE 定义|USE 语句|CONFIGURATION 定义|DISCONNECTION 定义

并行处理语句∷=BLOCK 语句|PROCESS 语句|PROCEDURE 调用语句|ASSERT 语句|代入语句|GENERATE 语句|COMPONENT_INSTANCE 语句

● ASSERT 语句

功能：信息输出(详见 9.1 节)。

逻辑综合：忽略。

文法：

ASSERT　条件 [REPORT 输出信息] [警告级别];

级别∷=NOTE|WARNING|ERROR|FAILURE

使用场所：ENTITY本体、ARCHITECTURE本体、PROCESS本体、SUBPROGRAM本体、BLOCK本体、IF语句、CASE语句和LOOP语句。

- **ATTRIBUTE说明**

功能：属性说明(详见6.3节)。

逻辑综合：不能(只一部分属性可使用)。

文法：

ATTRIBUTE 属性名：子类型说明

使用场所：ARCHITECTURE 说明部分、ENTITY 说明部分、PROCESS 说明部分、PACKAGE说明部分和SUBPROGRAM说明部分。

- **ATTRIBUTE定义**

功能：详见6.3节。

逻辑综合：不能(只一部分可使用)。

文法：

ATTRIBUTE 属性名 OF
目标名：目标级 IS 表示式;
级∷= ENTITY|ARCHITECTURE|CONFIGURATION|LABEL|PROCEDURE
|FUNCTION|PACKAGE|TYPE|SUBTYPE|CONSTANT|VARIABLE|
COMPONENT

使用场所：ARCHITECTURE 说明部分、ENTITY 说明部分、PROCESS 说明部分、PACKAGE说明部分、SUBPROGRAM说明部分和BLOCK说明部分。

例如：

```
ATTRIBUTE capacitance: cap;
ATTRIBUTE capacitance OF clk, reset: SIGNAL IS 20 pF;
```

- **ATTRIBUTE名称**

功能：详见6.3节。

逻辑综合：不能(只有EVENT和STABLE可以用)。

文法：

对象' 属性名[(固定表示式)]

使用场所：信号代入语句、并行处理信号代入语句、变量代入语句、类型定义、接口清单、表示式和固定表示式。

所谓固定表示式，是指可由文法判断的信号名、值、数值等。

例如：

```
r <= resistance'VAL(int_v);
```

- **BLOCK_CONFIGURATION**

功能：详见3.2节。

逻辑综合：不能(只能选择ARCHITECTURE)。

文法：

FOR 块定义
{USE 语句}
{BLOCK_CONFIGURATION 语句|COMPONENT_CONFIGURATION 语句}
END FOR;
块定义∷=ARCHITECTURE 名|BLOCK 标号名|GENERATE 标号名

使用场所：CONFIGURATION 说明部分、BLOCK_CONFIGURATION 语句、COMPONENT_CONFIGURATION 语句。

● BLOCK 名称

功能：ARCHITECTURE 的内部块(可嵌套)。

逻辑综合：可能(卫式块不行)。

文法：

```
标号名：BLOCK [(卫式)]
        块头
        {说明语句}              --说明部分
        BEGIN
        {并行处理语句}          --本体
        END BLOCK [标号名];
```

块头∷=[GENERIC 语句 [GENERIC_MAP 语句;]] [PORT 语句[PORT_MAP 语句]]

说明语句：与构造体说明语句相同

并行处理语句：与构造体本体相同

使用场所：ARCHITECTURE 本体、BLOCK 本体。

BLOCK 语句定义构造体内的子模块。与进程(PROCESS)语句不同的是，在内部各语句为并行处理。

● CASE 语句

功能：详见 6.1 节。

逻辑综合：可能。

文法：

```
CASE 式 IS
  条件式 {条件式}
END CASE;
```

条件式∷=WHEN 选择项{|选择项} => {顺序处理语句}

选择项∷ = 式|不连续范围|名称|OTHERS

注意：WHEN OTHERS 只能用在最后一项上。

使用场所：PROCESS 本体、SUBPROGRAM 本体、IF 语句、CASE 语句和 LOOP 语句。

● COMPONENT_CONFIGURATION 语句

功能：详见 3.3 节。

逻辑综合：不能。

文法：

```
FOR 样品清单：元件名
    {USE 语句}
    {BLOCK_CONFIGURATION 语句|COMPONENT_CONFIGURATION 语句}
END FOR;
样品清单∷=标号名{，标号名}|OTHERS|ALL
```

使用场所：CONFIGURATION 说明部分、BLOCK_CONFIGURATION 语句和 COMPONENT_CONFIGURATION 语句。

● **COMPONENT 说明**

功能：详见5.3节。

逻辑综合：可能。

文法：

```
COMPONENT   元件名
  [类属语句]
  [端口语句]
END COMPONENT;
```

使用场所：ARCHITECTURE 说明部分和 PACKAGE 说明部分。

● **COMPONENT_INSTANT 语句**

功能：详见5.3节。

逻辑综合：可能。

文法：

```
标号名：元件名 [GENERIC_MAP 语句] [PORT_MAP 语句];
```

使用场所：ARCHITECTURE 本体、BLOCK 本体和 GENERATE 语句。

● **CONFIGURATION 说明**

功能：详见3.3节。

逻辑综合：不能(只可用于 ARCHITECTURE 选择)。

文法：

```
CONFIGURATION   配置名   OF   实体名   IS
   {USE 语句|ATTRIBUTE 定义}
   BLOCK_CONFIGURATION 语句
END FOR;
```

● **CONFIGURATION 定义**

功能：详见3.3节。

逻辑综合：忽略。

文法：

```
FOR 样品清单：元件名   USE   对应对象;
```

使用场所：ARCHITECTURE 说明部分和 BLOCK 说明部分。

● **CONSTANT 说明**

功能：详见4.1节。

逻辑综合：可能。

文法：

```
CONSTANT  常数名{，常数名}: 子类型符 [ := 初始值];
```

使用场所：ARCHITECTURE 说明部分、ENTITY 说明部分、PROCESS 说明部分、PACKAGE 说明部分、PACKAGE 本体、SUBPROGRAM 说明部分和 BLOCK 说明部分。

- **DISCONNECTION 定义**

功能：卫式驱动器默认关断时间的定义。

逻辑综合：不能。

文法：

```
DISCONNECT  卫式信号定义  AFTER  关断时间;
```

使用场所：ARCHITECTURE 说明部分、ENTITY 说明部分、PACKAGE 说明部分和 BLOCK 说明部分。

- **ENTITY 说明**

功能：详见 3.1 节。

逻辑综合：可能。

文法：

```
ENTITY  实体名  IS
  [类属语句; ]
  [PORT 语句; ]
BEGIN
  {断言语句|被调用过程|被调用进程语句}
  END[实体名];
说明语句: : = SUBPROGRAM 说明|SUBPROGRAM 本体|TYPE 说明|SUBTYPE 说明
             |CONSTANT 说明|SIGNAL 说明|FILE 说明|ALIAS 说明|ATTRIBUTE
             说明|ATTRIBUTE 定义|USE 语句|CONFIGURATION 定义语句
             |DISCONNECTION 定义
```

- **FILE 说明**

功能：详见 4.1 节。

逻辑综合：不能。

文法：

```
FILE 文件变量: 子类型符  IS  方向  "文件名";
```

使用场所：ARCHITECTURE 说明部分、ENTITY 说明部分、PROCESS 说明部分、PACKAGE 说明部分、PACKAGE 本体、SUBPROGRAM 说明部分和 BLOCK 说明部分。

- **GENERATE 语句**

功能：详见 6.3 节。

逻辑综合：可能。

文法：

```
标号名: FOR  产生变量  IN  不连续范围  GENERATE
```

```
    {并行处理语句}
END GENERATE [标号名];
标号名：IF   条件   GENERATE
    {并行处理语句}
      END   GENERATE [标号名];
```

使用场所：ARCHITECTURE 本体、BLOCK 本体和 GENERATE 语句。

- GENERIC 语句

功能：详见 5.1 节。

逻辑综合：只有整数型数据可以综合。

文法：

```
GENERIC(端口名{，端口名}: [IN]
   子类型符[ := 初始值]
   {; 端口名{，端口名}: [IN]  子类型符
   [ := 初始值]})
```

使用场所：ENTITY 说明部分、BLOCK 说明部分。

- GENERIC_MAP 语句

功能：详见 5.1 节。

逻辑综合：只有整数型数据可以综合。

文法：

```
GENERIC_MAP([形式 => ]实体{，[形式 => ]实体})
形式∷=端口名|类型变换函数名(端口名)
实体∷=式|SIGNAL 名|OPEN|类型变换函数名(实体)
```

使用场所：COMPONENT_INSTANCE 语句、BLOCK 说明部分和 CONFIGURATION 连接符。

- IF 语句

功能：详见 6.1 节。

逻辑综合：可能。

文法：

```
IF   条件   THEN   {顺序处理语句}
  {ELSIF   条件   THEN {顺序处理语句}}
  [ELSE{顺序处理语句}]
END IF;
```

使用场所：PROCESS 语句、SUBPROGRAM 本体、IF 语句、CASE 语句和 LOOP 语句。

- LIBRARY 说明。

功能：详见 3.3 节。

逻辑综合：可能。

文法：

```
LIBRARY  库名{，库名};
```

● LOOP 语句。

功能：详见 6.1 节。

逻辑综合：可能。

文法：

　　[标号:]　[循环次数限定]　LOOP　{顺序处理语句}

　　END　LOOP　[标号];

　　循环次数限定∷ = FOR　循环变量　IN　不连续范围|WHILE 条件

在 LOOP 语句内部：

　　NEXT [标号][WHEN　条件];

　　　　: 跳出本次

　　EXIT [标号] [WHEN　条件];

　　　　: 跳出环外

使用场所：PROCESS 语句、SUBPROGRAM 本体、IF 语句、CASE 语句和 LOOP 语句。

● PACKAGE 说明。

功能：详见 3.3 节。

逻辑综合：可能。

文法：

　　PACKAGE　包集合名　IS

　　　　{说明语句}

　　END [包集合名];

　　说明语句∷ = SUBPROGRAM 说明|TYPE 说明|SUBTYPE 说明|CONSTANT 说明
　　　　|SIGNAL 说明|FILE 说明|ALIAS 说明|COMPONENT 说明|ATTRIBUTE
　　　　说明|ATTRIBUTE 定义|USE 语句|DISCONNECTION 定义

● PACKAGE_BODY 语句

功能：详见 3.3 节。

逻辑综合：可能。

文法：

　　PACKAGE　BODY　包集合名　IS

　　　{说明语句}

　　END [包集合名];

　　说明语句∷ = SUBPROGRAM 本体|TYPE 说明|SUBTYPE 说明|CONSTANT 说明
　　　　|FILE 说明|ALIAS 说明|USE 语句

● PORT 语句

功能：详见 3.1 节。

逻辑综合：可能。

文法：

　　PORT(端口名{，端口名}: [方向]　子类型符　[BUS] [:= 初始值]

　　{; 端口名{，端口名}: [方向]　子类型符　[BUS] [:= 初始值]})

方向∷=IN|OUT|INOUT|BUFFER|LINKAGE

使用场所：ENTITY 说明部分和 BLOCK 说明部分。

- **PORT_MAP 语句**

功能：详见 5.3 节。

逻辑综合：可能。

文法：

PORT_MAP ([形式 =>]实体{，形式 =>]实体})

形式∷=端口名|类型变换函数名(端口名)

实体∷=式|SIGNAL 名|OPEN|类型变换函数名(实体)

使用场所：COMPONENT_INSTANCE 语句、BLOCK 说明部分和 CONFIGURATION 连接符。

- **PROCESS 语句**

功能：详见 3.2 节。

逻辑综合：可能。

文法：

```
标号名: PROCESS [(敏感量清单)]
    {说明语句}                --说明部分
BEGIN
    {顺序处理语句}            --本体
END PROCESS [标号名];
```

说明语句∷=SUBPROGRAM 说明|SUBPROGRAM 本体|TYPE 说明|SUBTYPE 说明|CONSTANT 说明|VARIABLE 说明|FILE 说明|ALIAS 说明|ATTRIBLE 说明|ATTRIBLE 定义|USE 语句

顺序处理语句∷=WAIT 语句|PROCEDURE 调用|ASSERT 语句|信号代入语句|变量代入语句|IF 语句|CASE 语句|LOOP 语句|NULL 语句

使用场所：ARCHITECTURE 本体、BLOCK 本体和 GENERATE 语句。

- **PROCEDURE 调用**

功能：详见 3.2 节。

逻辑综合：可能。

文法：

过程名[(接口清单)]

并行处理过程调用时可加标号。

使用场所：ARCHITECTURE 本体、BLOCK 本体、PROCESS 本体和 SUBPROGRAM 本体。

- **SIGNAL 说明**

功能：详见 4.1 节。

逻辑综合：可能。

文法：

SIGNAL 信号名{，信号名}: 子类型符 [REGISTER|BUS] [:= 初始值];

若指定 REGISTER，则 BUS 为卫式信号(可关断信号)。

REGISTER 保持关断时的信号值，而 BUS 不保持。

卫式信号代入“NULL”，则由卫式关断信号。

使用场所：ARCHITECTURE 说明部分、ENTITY 说明部分和 PACKAGE 说明部分。

- SUBPROGRAM 说明

功能：详见 3.2 节。

逻辑综合：可能。

文法：

PROCEDURE　过程名 [(输入，输出参数)];

|FUNCTION　函数名 [(输入，输出参数)]　RETURN 数据类型名;

输入，输出参数∷ = [SIGNAL|VARIABLE|CONSTANT 端口名{，端口名}

: [方向]子类型符 [BUS] [:= 初始值];

使用场所：ARCHITECTURE 说明部分、ENTITY 说明部分和 PROCESS 说明部分。

- SUBPROGRAM 本体

功能：详见 3.2 节。

逻辑综合：可能。

文法：

子程序定义 IS

{说明语句}

BEGIN

{顺序处理语句}

END {子程序名};

使用场所：ARCHITECTURE 说明部分、ENTITY 说明部分、PROCESS 说明部分、PACKAGE 说明部分、PACKAGE 本体、SUBPROGRAM 说明部分和 BLOCK 说明部分。

- TYPE 说明

功能：详见 4.2 节。

逻辑综合：一部分不可能。

文法：

不完整类型说明|完整类型说明

不完整类型说明∷ = TYPE 类型名{，类型名};

→利用其他类型的假类型不能进行逻辑综合。

完整类型说明∷ = TYPE 类型名{，类型名}　类型定义;

类型定义∷ = 标量类型定义|复合类型定义|存取类型定义|文件类型定义

标量类型定义∷ = 枚举类型定义|INTEGER 类型定义|FLOATING 类型定义|物理量类型定义

枚举类型定义∷ = (元素{，元素})

→可进行逻辑综合

INTEGER 类型定义，FLOATING 类型定义∷=[简单式[TO|DOWNTO]简单式|属性名];

→可进行逻辑综合

物理量类型定义∷=[RANGE[简单式[TO|DOWNTO] 简单式|属性名]] UNITS
基本单位
{单位}
END UNITS

→不能进行逻辑综合

复合类型定义∷=数组类型|记录类型

数组类型∷=ARRAY(范围|RANGE<>{，范围|RANGE<>}) OF 子类型符

→只有一维的可以进行逻辑综合

记录类型∷=RECODE 元素{，元素} END RECODE

→可以进行逻辑综合(但是记录类型不能作元素)

存取定义∷=ACCESS 子类型符

→指向目标的类型(类似于C语言指示器)，不能进行逻辑综合

文件定义∷=FILE OF 子类型符

→指定文件能读的数据类型，不能进行逻辑综合

使用场所：ARCHITECTURE 说明部分、ENTITY 说明部分、PROCESS 说明部分、PACKAGE 说明部分、PACKAGE 本体和 SUBPROGRAM 说明部分。

● **USE 语句**

功能：使可视的说明变为直接可视。

逻辑综合：可能。

文法：

USE{选择名{，选择名};

选择名∷=实体{.实体}

使用场所：Design_unit、CONFIGURATION 说明部分、ARCHITECTURE 说明部分，BLOCK 说明部分、BLOCK_CONFIGURATION 语句和 COMPONENT_CONFIGURATION 语句。

● **VARIABLE 说明**

功能：详见4.1节。

逻辑综合：可能。

文法：

VARIABLE 变量名{，变量名}: 子类型符[:= 初始值];

使用场所：PROCESS 说明部分、SUBPROGRAM 本体。

● **WAIT 语句**

功能：详见6.1节。

逻辑综合：只有 UNTIL 可能，其他忽略。

文法：

WAIT [ON 信号名{, 信号名}]
[UNTIL 条件] [FOR 时间表达式];

使用场所：PROCESS 语句、PROCEDURE 本体、IF 语句、CASE 语句和 LOOP 语句。

● **并行处理信号代入语句**

功能：详见 6.2 节。

逻辑综合：可能(卫式不行，TRANSPORT 忽略)。

文法：

[标号名：] 条件信号代入语句|[标号名：] 选择信号代入语句
条件信号代入语句∷ = 目标 <= [GUARDED] [TANSPORT]条件波形
条件波形∷ = {波形 WHEN 条件 ELSE}波形
选择信号代入语句∷ = WITH 式 SELECT
目标 <= [GUARDED] [TRANSPORT]选择波形;
选择波形∷ = {波形 WHEN 选择项，}波形 WHEN 选择项

使用场所：ARCHITECTURE 本体、BLOCK 本体和 GENERATE 语句。

● **信号代入语句**

功能：详见 6.1 节。

逻辑综合：可能(忽略 TRANSPORT)。

文法：

目标 <= [TRANSPORT]波形;

使用场所：PROCESS 语句、SUBPROGRAM 本体、IF 语句、CASE 语句和 LOOP 语句。

● **波形**

功能：详见 4.1 节。

逻辑综合：可能(忽略 AFTER、NULL)。

文法：

波形∷ = 式 [AFTER 时间表达式|NULL [AFTER 时间表达式]{，式[AFTER 时间表达式]|NULL[AFTER 时间表达式]}

如果代入 NULL，则将关断卫式信号。

附录B 属性说明

1．数组(信号、变量、常数)属性

N 表示二维数组行序号。

A'LEFT [(N)]——左限值。

A'RIGHT [(N)]——右限值。

A'HIGH [(N)]——上限值。

A'LOW [(N)]——下限值。

A'RANGE [(N)]——范围。

A'REVERSE_RANGE [(N)]——逆向范围。

A'LENGTH [(N)]——范围个数。

【例】

```
SIGNAL A：STD_LOGIC_VECTOR(7 DOWNTO 0);
SIGNAL B：STD_LOGIC_VECTOR(0 TO 8);
TYPE C IS ARRAY (0 TO 5，0 TO 8) OF STD_LOGIC;
A'LEFT→7                    B'LEFT→0
A'RIGHT→0                   B'RIGHT→8
                            C'RIGHT(2)→8
A'HIGH→7                    B'HIGH→8
                            B'HIGH(1)→5
A'RANGE→7 DOWNTO 0
A'REVERSE_RANGE→0 TO 7
A'LENGTH→8                  B'LENGTH→9
```

2．数据类型属性

T'BASE——T 的基本类型，只和其他属性并用。例如：T'BASE'LEFT。

T'LEFT——左限值。

T'RIGHT——右限值。

T'HIGH——上限值。

T'LOW——下限值。

T'POS(x)——参数(x)的位序号。

T'VAL(x)——x 的位置值。

T'SUCC(x)——比 x 的位序号大的一个位置值。

T'PRED(x)——比 x 的位序号小的一个位置值。

T'LEFTOF(x)——在 x 左边位置的值。

T'RIGHTOF(x)——在 x 右边位置的值。

【例】

```
TYPE STD_LOGIC IS ('U', 'X', '0', '1', 'Z', 'W', 'L', 'H', '–');
SUBTYPE bar IS STD_LOGIC
bar'BASE'LFFT              →'U'
STD_LOGIC'LEFT             →'U'
STD_LOGIC'RIGHT            →'–'
STD_LOGIC'LOW              →'U'
STD_LOGIC'POS('Z')         →4
STD_LOGIC'SUCC('Z')        →'W'
STD_LOGIC'PRED('Z')        →'1'
```

3. 信号属性

S'DELAYED[(T)]——延时 T 时间的值。

S'EVENT——表示 S 事件是否发生的值(发生 = TRUE)。

S'LAST_EVENT——表示从事件发生后所经过的时间。

S'LAST_VALUE——表示最后事件发生前的值。

S'STABLE[(T)]——表示在 T 时间内是否发生事件的值(发生 = "FALSE")。

S'QUIET[(T)]——表示在 T 时间内信号值是否保持的值(保持 = "TRUE")。

S'ACTIVE——表示 S 是否有效的值(有效 = "TRUE")。

S'LAST_EVENT——从最后有效开始所经过的时间。

S'TRANSACTION——每次 S 有效重复返回 0 和 1 的值。

附录C VHDL标准包集合文件

● std_logic_1164(std_logic_1164: Draft Standard Version 4.2)

```
-- --------------------------------------------------------------------------------
-- Title          : std_logic_1164 multi_value logic system
-- Library        : This package shall be compiled into a library
--                : symbolically named IEEE.
--
-- Developers     : IEEE model standards group (par 1164)
-- Purpose        : This packages defines a standard for designers
--                : to use in describing the interconnection data types
--                : used in vhdl modeling.
--                :
-- Limitation     : The logic system defined in this package may
--                : be insufficient for modelign switched transistors,
--                : since such a requirement is out of the scope of this
--                : effort. Furthermore, mathematics, primitives,
--                : timing standards, etc. are considered orthogonal
--                : issues as it relates to this package and are therefore
--                : beyond the scope of this effort.
--                :
-- Note           : No declarations or definitions shall be included in,
--                : or excluded from this package. The "package declaration"
--                : defines the types, subtypes and declarations of
--                : std_logic_1164. The std_logic_1164 package body shall be
--                : considered the formal definition of the semantics of
--                : this package. Tool developers may choose to implement
--                : the package body in the most efficient manner available
--                : to them.
--                :
-- --------------------------------------------------------------------------------
-- modification history :
-- --------------------------------------------------------------------------------
-- version | mod. date: |
-- v4.200 | 01/02/92 |
```

```
-- ----------------------------------------------------------------------
PACKAGE std_logic_1164 IS
  -- -------------------------------------------------------------------
  -- logic state system (unresolved)
  -- -------------------------------------------------------------------
  TYPE std_ulogic IS ('U',    -- Uninitialized
                      'X',    -- Forcing Unknown
                      '0',    -- Forcing 0
                      '1',    -- Forcing 1
                      'Z',    -- High Impedance
                      'W',    -- Weak   Unknown
                      'L',    -- Weak   0
                      'H',    -- Weak   1
                      '—',    -- Don't care
                      );
  -- -------------------------------------------------------------------
  -- unconstrained array of std_ulogic for use with the resolution function
  -- -------------------------------------------------------------------
  TYPE std_ulogic_vector IS ARRAY (NATURAL RANGE <>) OF std_ulogic;
  -- -------------------------------------------------------------------
  -- resolution function
  -- -------------------------------------------------------------------
  FUNCTION resolved (s: std_ulogic_vector ) RETURN std_ulogic;
  -- -------------------------------------------------------------------
  -- *** industry standard logic type ***
  -- -------------------------------------------------------------------
  SUBTYPE std_logic IS resolved std_ulogic;
  -- -------------------------------------------------------------------
  -- unconstrained array of std_logic for use in declaring signal arrays
  -- -------------------------------------------------------------------
  TYPE std_logic_vector IS ARRAY (NATURAL RANGE <>) OF std_logic;
  -- -------------------------------------------------------------------
  -- common subtypes
  -- -------------------------------------------------------------------
  SUBTYPE X01 IS resolved std_ulogic RANGE 'X' TO '1';        -- ('X', '0', '1')
  SUBTYPE X01Z IS resolved std_ulogic RANGE 'X' TO 'Z';       --('X', '0', '1', 'Z')
  SUBTYPE UX01 IS resolved std_ulogic RANGE 'U' TO '1';       --('U', 'X', '0', '1')
  SUBTYPE UX01Z IS resolved std_ulogic RANGE 'U' TO 'Z';      -- ('U', 'X', '0', '1', 'Z')
  -- -------------------------------------------------------------------
  -- overloaded logical operators
```

```
--  ------------------------------------------------------------------------------------------------------
FUNCTION "and"  (l: std_ulogic; r: std_ulogic) RETURN UX01;
FUNCTION "nand" (l: std_ulogic; r: std_ulogic) RETURN UX01;
FUNCTION "or"   (l: std_ulogic; r: std_ulogic) RETURN UX01;
FUNCTION "nor"  (l: std_ulogic; r: std_ulogic) RETURN UX01;
FUNCTION "xor"  (l: std_ulogic; r: std_ulogic) RETURN UX01;
FUNCTION "xnor" (l: std_ulogic; r: std_ulogic) RETURN UX01;
FUNCTION "not"  (l: std_ulogic)                RETURN UX01;
--  ------------------------------------------------------------------------------------------------------
--  vectorized overloaded logical operators
--  ------------------------------------------------------------------------------------------------------
FUNCTION "and"  (l, r: std_logic_vector)  RETURN std_logic_vector;
FUNCTION "and"  (l, r: std_ulogic_vector) RETURN std_ulogic_vector;
FUNCTION "nand" (l, r: std_logic_vector)  RETURN std_logic_vector;
FUNCTION "nand" (l, r: std_ulogic_vector) RETURN std_ulogic_vector;
FUNCTION "or"   (l, r: std_logic_vector)  RETURN std_logic_vector;
FUNCTION "or"   (l, r: std_ulogic_vector) RETURN std_ulogic_vector;
FUNCTION "nor"  (l, r: std_logic_vector)  RETURN std_logic_vector;
FUNCTION "nor"  (l, r: std_ulogic_vector) RETURN std_ulogic_vector;
FUNCTION "xor"  (l, r: std_logic_vector)  RETURN std_logic_vector;
FUNCTION "xor"  (l, r: std_ulogic_vector) RETURN std_ulogic_vector;
--  ------------------------------------------------------------------------------------------------------
--  Note: The declaration and implementation of the "xnor" function is
--  specifically commented until at which time the VHDL language has been
--  officially adopted as containing such a function. At such a point,
--  the following comments may be removed along with this notice without
--  further "official" ballotting of this std_logic_1164 package. It is
--  the intent of this effort to provide such a function once it becomes
--  available in the VHDL standard.
--  ------------------------------------------------------------------------------------------------------
--  FUNCTION "xnor" (l, r: std_logic_vector)  RETURN std_logic_vector;
--  FUNCTION "xnor" (l, r: std_ulogic_vector) RETURN std_ulogic_vector;
    FUNCTION "not"  (l: std_logic_vector)     RETURN std_logic_vector;
    FUNCTION "not"  (l: std_ulogic_vector)    RETURN std_ulogic_vector;
--  ------------------------------------------------------------------------------------------------------
--  conversion functions
--  ------------------------------------------------------------------------------------------------------
FUNCTION To_bit (s: std_ulogic; xmap: BIT := '0') RETURN BIT;
FUNCTION To_bitvector(s: std_logic_vector; xmp : BIT := '0') RETURN BIT_VECTOR;
FUNCTION To_bitvector(s: std_ulogic_vector; xmap: BIT := '0') RETURN BIT_VECTOR;
```

```
    FUNCTION To_StdULogic         (b: BIT                ) RETURN std_ulogic;
    FUNCTION To_StdLogicVector    (b: BIT_VECTOR         ) RETURN std_logic_vector;
    FUNCTION To_StdLogicVector    (s: std_ulogic_vector  ) RETURN std_logic_vector;
    FUNCTION To_StdULogicVector   (b: BIT_VECTOR         ) RETURN std_ulogic_vector;
    FUNCTION To_StdULogicVector   (s: std_logic_vector   ) RETURN std_ulogic_vector;
    -- ---------------------------------------------------------------------------
    -- strength strippers and type convertors
    -- ---------------------------------------------------------------------------
    FUNCTION To_X01  (s: std_logic_vector   ) RETURN std_logic_vector;
    FUNCTION To_X01  (s: std_ulogic_vector  ) RETURN std_ulogic_vector;
    FUNCTION To_X01  (s: std_ulogic         ) RETURN X01;
    FUNCTION To_X01  (b: BIT_VECTOR         ) RETURN std_logic_vector;
    FUNCTION To_X01  (b: BIT_VECTOR         ) RETURN std_ulogic_vector;
    FUNCTION To_X01  (b: BIT                ) RETURN X01;
    FUNCTION To_X01Z (s: std_logic_vector   ) RETURN std_logic_vector;
    FUNCTION To_X01Z (s: std_ulogic_vector  ) RETURN std_ulogic_vector;
    FUNCTION To_X01Z (s: std_ulogic         ) RETURN X01Z;
    FUNCTION To_X01Z (b: BIT_VECTOR         ) RETURN std_logic_vector;
    FUNCTION To_X01Z (b: BIT_VECTOR         ) RETURN std_ulogic_vector;
    FUNCTION To_X01Z (b: BIT                ) RETURN X01Z;
    FUNCTION To_UX01 (s: std_logic_vector   ) RETURN std_logic_vector;
    FUNCTION To_UX01 (s: std_ulogic_vector  ) RETURN std_ulogic_vector;
    FUNCTION To_UX01 (s: std_ulogic         ) RETURN UX01;
    FUNCTION To_UX01 (b: BIT_VECTOR         ) RETURN std_logic_vector;
    FUNCTION To_UX01 (b: BIT_VECTOR         ) RETURN std_ulogic_vector;
    FUNCTION To_UX01 (b: BIT)                 RETURN UX01;
    ------------------------------------------------------------------------------
    -- edge detection
    ------------------------------------------------------------------------------
    FUNCTION rising_edge  (SIGNAL s: std_ulogic) RETURN BOOLEAN;
    FUNCTION falling_edge (SIGNAL s: std_ulogic) RETURN BOOLEAN;
    ------------------------------------------------------------------------------
    -- object contains an unknown
    ------------------------------------------------------------------------------
    FUNCTION Is_X (s: std_ulogic_vector) RETURN BOOLEAN;
    FUNCTION Is_X (s: std_logic_vector) RETURN BOOLEAN;
    FUNCTION Is_X (s: std_ulogic ) RETURN BOOLEAN;
END std_logic_1164;
PACKAGE BODY std_logic_1164 IS
    ------------------------------------------------------------------------------
```

-- local types

TYPE stdlogic_ld IS ARRAY (std_ulogic) OF std_ulogic;

TYPE stdlogic_table IS ARRAY (std_ulogic, std_ulogic) OF std_ulogic;

-- resolution function

CONSTANT resolution_table: stdlogic_table := (

-- ---

-- | U X 0 1 Z W L H - | |

-- ---

('U', 'U', 'U', 'U', 'U', 'U', 'U', 'U', 'U'),   --|U|

('U', 'X', 'X', 'X', 'X', 'X', 'X', 'X', 'X'),   --|X|

('U', 'X', '0', 'X', '0', '0', '0', '0', 'X'),   --|0|

('U', 'X', 'X', '1', '1', '1', '1', '1', 'X'),   --|1|

('U', 'X', '0', '1', 'Z', 'W', 'L', 'H', 'X'),   --|Z|

('U', 'X', '0', '1', 'W', 'W', 'W', 'W', 'X'),   --|W|

('U', 'X', '0', '1', 'L', 'W', 'L', 'W', 'X'),   --|L|

('U', 'X', '0', '1', 'H', 'W', 'W', 'H', 'X'),   --|H|

('U', 'X', 'X', 'X', 'X', 'X', 'X', 'X', 'X')   --|-|

);

FUNCTION resolved (s: std_ulogic_vector) RETURN std_ulogic IS

VARIABLE result: std_ulogic := 'Z' ;   -- weakest state default

BEGIN

-- the test for a single driver is essential otherwise the

-- loop would return 'X' for a single driver of '-' and that

-- would conflict with the value of a single driver unresolved

-- signal.

IF (s'LENGTH = 1) THEN RETURN s(s'LOW);

ELST

FOR i IN s'RANGE LOOP

result := resolution_table(result, s(i));

END LOOP;

END IF;

RETURN result;

END resolved;

-- ---

--   tables for logical operations

-- ---

--   truth table for "and" function

```
CONSTANT and_table: stdlogic_table := (
--   ----------------------------------------------------------------------------------------
--     |  U  X  0  1  Z  W  L  H  -        | |
--   ----------------------------------------------------------------------------------------
      (   'U', 'U', 'U', 'U', 'U', 'U', 'U', 'U', 'U'),        --|U|
      (   'U', 'X', '0', 'X', 'X', 'X', '0', 'X', 'X'),        --|X|
      (   '0',  '0', '0', '0',  '0',  '0', '0',  '0', '0'),    --|0|
      (   'U', 'X', '0', '1', 'X', 'X', '0', '1', 'X'),        --|1|
      (   'U', 'X', '0', 'X', 'X', 'X', '0', 'X', 'X'),        --|Z|
      (   'U', 'X', '0', 'X', 'X', 'X', '0', 'X', 'X'),        --|W|
      (   '0',  '0', '0', '0',  '0',  '0', '0',  '0', '0'),    --|L|
      (   'U', 'X', '0', '1', 'X', 'X', '0', '1', 'X'),        --|H|
      (   'U', 'X', '0', 'X', 'X', 'X', '0', 'X', 'X'),        --|-|
    );
--      truth table for "or" function
CONSTANT or_table: stdlogic_table := (
--   ----------------------------------------------------------------------------------------
--     |  U  X  0  1  Z  W  L  H  -        | |
--   ----------------------------------------------------------------------------------------
      (   'U', 'U', 'U', '1', 'U', 'U', 'U', '1', 'U'),        --|U|
      (   'U', 'X', 'X', '1', 'X', 'X', 'X', '1', 'X'),        --|X|
      (   'U', 'X', '0', '1', 'X', 'X',  '0', '1', 'X'),       --|0|
      (   '1',  '1',  '1','1', '1', '1',  '1',  '1', '1'),     --|1|
      (   'U', 'X', 'X', '1', 'X', 'X', 'X', '1', 'X'),        --|Z|
      (   'U', 'X', 'X', '1', 'X', 'X', 'X', '1', 'X'),        --|W|
      (   'U', 'X', '0',  '1', 'X', 'X',  '0', '1', 'X'),      --|L|
      (   '1',  '1',  '1',  '1',  '1', '1',  '1',  '1', '1'),  --|H|
      (   'U', 'X', 'X', '1', 'X', 'X', 'X',  '1', 'X'),       --|-|
    );
-- truth table for "xor" function
CONSTANT xor_table: stdlogic_table := (
--   ----------------------------------------------------------------------------------------
--     |  U  X  0  1  Z  W  L  H  -        | |
--   ----------------------------------------------------------------------------------------
      (   'U', 'U', 'U', '1', 'U', 'U', 'U', 'U', 'U'),        --|U|
      (   'U', 'X', 'X', 'X', 'X', 'X', 'X', 'X', 'X'),        --|X|
      (   'U', 'X', '0',  '1', 'X', 'X',  '0',  '1', 'X'),     --|0|
      (   'U', 'X', '1',  '0', 'X', 'X',  '1',  '0', 'X'),     --|1|
      (   'U', 'X', 'X', 'X', 'X', 'X', 'X', 'X', 'X'),        --|Z|
      (   'U', 'X', 'X', 'X', 'X', 'X', 'X', 'X', 'X'),        --|W|
```

```
        (    'U', 'X', '0',  '1', 'X', 'X',  '0',  '1', 'X'),        --|L|
        (    'U', 'X', '1',  '0', 'X', 'X',  '1',  '0', 'X'),        --|H|
        (    'U', 'X', 'X', 'X', 'X', 'X', 'X', 'X', 'X'),          --| - |
        );
-- truth table for "not" function
CONSTANT not_table: stdlogic_ld :=
--  --------------------------------------------------------------------------------
--    |  U   X   0   1  Z   W  L   H   -          |  |
--  --------------------------------------------------------------------------------
        (    'U', 'X', '1', '0', 'X', 'X', '1', '0',  'X');
--  --------------------------------------------------------------------------------
--    overloaded logical operators(with optimizing hints)
--  --------------------------------------------------------------------------------
FUNCTION "and" (l: std_ulogic; r: std_ulogic) RETURN UX01 IS
BEGIN
        RETURN (and_table(l, r));
END "and";
FUNCTION "nand" (l: std_ulogic; r: std_ulogic) RETURN UX01 IS
BEGIN
        RETURN (not_talbe (and_table(l, r)));
END "nand";
FUNCTION "or"(l: std_ulogic; r: std_ulogic) RETURN UX01 IS
BEGIN
        RETURN(or_table(l, r));
END "or";
FUNCTION "nor" (l: std_ulogic; r: std_ulogic) RETURN UX01 IS
BEGIN
        RETURN(not_table(or_table(l, r)));
END "nor";
FUNCTION "xor" (l: std_ulogic; r: std_ulogic) RETURN UX01 IS
BEGIN
        RETURN(xor_table(l, r));
END "xor";
--   function "xnor" (l: std_ulogic; r: std_ulogic) return ux01 is
--   begin
--        return not_table(xor_table(l, r));
--   end "xnor";
    FUNCTION "not" (l: std_ulogic) RETURN UX01 IS
    BEGIN
        RETURN(not_table(l));
```

```
END "not";
-- ----------------------------------------------------------------------
--   and
-- ----------------------------------------------------------------------
FUNCTION "and" (l, r: std_logic_vector) RETURN std_Logic_vector IS
        ALIAS lv: std_logic_vector(1 TO l' LENGTH) IS l;
        ALIAS rv: std_logic_vector(1 TO r' LENGTH) IS r;
        VARIABLE result: std_logic_vector(1 TO l' LENGTH);
BEGIN
        IF(l' LENGTH /= r' LENGTH) THEN
                ASSERT FALSE
REPORT "arguments of overloaded 'and' operator are not of the same length"
            SEVERITY FAILURE;
        ELSE
            FOR i IN result' RANGE LOOP
result(i) := and_table(lv(i), rv(i));
            END LOOP;
        END IF;
        RETURN result;
END "and";
-- ----------------------------------------------------------------------
FUNCTION "and" (1, r : std_ulogic_vector) RETURN std_ulogic_vector IS
        ALIAS lv: std_ulogic_vector(1 TO l' LENGTH) IS l;
        ALIAS rv: std_ulogic_vector(1 TO r' LENGTH) IS r;
        VARIABLE result: std_ulogic_vector(1 TO l' LENGTH);
BEGIN
        IF (l' LENGTH /= r' LENGTH) THEN
            ASSERT FALSE
REPORT"arguments of overloaded 'and' operator are not of the same length"
            SEVERITY FAILURE;
    ELSE
            FOR i IN result' RANGE LOOP
        result(i) := and_table(lv(i), rv(i));
      END LOOP;
    END IF;
    RETURN result;
END "and";
-- ----------------------------------------------------------------------
--   nand
-- ----------------------------------------------------------------------
```

```
FUNCTION "nand" (l, r: std_logic_vector) RETURN std_logic_vector IS
        ALIAS lv: std_logic_vector(1 TO l'LENGTH) IS l;
        ALIAS rv: std_logic_vector(1 TO r'LENGTH) IS r;
        VARIABLE result: std_logic_vector(1 TO l'LENGTH);
BEGIN
        IF(1' LENGTH /= r 'LENGTH) THEN
                ASSERT FALSE
REPORT "arguments of overloaded 'nand'   operator are not of the same length"
                SEVERITY FAILURE;
        ELSE
                FOR i IN result' RANGE LOOP
                    result(i) := not_table(and_table(lv(i), rv(i)));
                END LOOP;
        END IF;
        RETURN result;
END "nand";
--  -------------------------------------------------------------------------------------------
FUNCTION "nand" (l, r: std_ulogic_vector) RETURN std_ulogic_vector IS
        ALIAS lv: std_ulogic_vector(1 TO l' LENGTH) IS l;
        ALIAS rv: std_ulogic_vector(1 TO r' LENGTH) IS r;
        VARIABLE result: std_ulogic_vector(1 TO l' LENGTH);
BEGIN
        IF (l'LENGTH /= r'LENGTH) THEN
            ASSERT FALSE
REPORT "arguments of overloaded 'nand' operator are not of the same length"
            SEVERITY FAILURE;
        ELSE
            FOR i IN result' RANGE LOOP
        result(i) := not_table(and_table(lv(i), rv(i)));
            END LOOP;
        END IF;
        RETURN result;
END "nand";
--  -------------------------------------------------------------------------------------------
--      or
--  -------------------------------------------------------------------------------------------
FUNCTION "or" (l, r: std_logic_vector) RETURN std_logic_vector IS
        ALIAS lv: std_logic_vector (1 TO l'LENGTH) IS l;
        ALIAS rv: std_logic_vector (1 TO r'LENGTH) IS r;
        VARIABLE result: std_logic_vector (1 TO l'LENGTH);
```

```
BEGIN
        IF (l' LENGTH /= r' LENGTH) THEN
                ASSERT FALSE
REPORT "arguments of overloaded 'or' operator are not of the same length"
                SEVERITY FAILURE;
        ELSE
                FOR i IN result' RANGE LOOP
                        result(i) := or_table(lv(i), rv(i));
                END LOOP;
        END IF;
        RETURN result;
END "or";
-- ---------------------------------------------------------------------------------------------------------
FUNCTION "or" (l, r: std_ulogic_vector) RETURN std_ulogic_vector IS
        ALIAS lv: std_ulogic_vector (1 TO l'LENGTH) IS l;
        ALIAS rv: std_ulogic_vector (1 TO r'LENGTH) IS r;
        VARIABLE result: std_ulogic_vector (1 TO l' LENGTH);
BEGIN
        IF (l' LENGTH /= r' LENGTH) THEN
            ASSERT FALSE
REPORT "arguments of overloaded 'or' operator are not of the same length"
            SEVERITY FAILURE;
        ELSE
            FOR i IN result'RANGE LOOP
        result(i) := or_table(lv(i), rv(i));
END LOOP;
        END IF;
        RETURN result;
END "or";

------------------------------------------------------------------------------------------------------------
--      nor
------------------------------------------------------------------------------------------------------------
FUNCTION "nor" (l, r: std_logic_vector) RETURN std_logic_vector IS
        ALIAS lv: std_logic_vector (1 TO l'LENGTH) IS l;
        ALIAS rv: std_logi_vector (1 TO r'LENGTH) IS r;
        VARIABLE result: std_logic_vector (1 TO l'LENGTH);
BEGIN
        IF (l' LENGTH /= r'LENGTH) THEN
                ASSERT FALSE
```

```
REPORT "arguments of overloaded 'nor' operator are not of the same length"
                    SEVERITY FAILURE;
        ELSE
                    FOR i IN result'RANGE LOOP
                        result(i) := nor_table(or_table (lv(i), rv(i)));
                    END LOOP;
        END IF;
        RETURN result;
END "nor";
--  ---------------------------------------------------------------------------------------
FUNCTION "nor" (1, r: std_ulogic_vector) RETURN std_ulogic_vector IS
        ALIAS lv: std_ulogic_vector (1 TO l'LENGTH) IS l;
        ALIAS rv: std_ulogic_vector (1 TO r'LENGTH) IS r;
        VARIABLE result: std_ulogic_vector (1 TO l' LENGTH);
BEGIN
        IF (l'LENGTH /= r'LENGTH) THEN
          ASSERT FALSE
REPORT "arguments of overloaded 'nor' operator are not of the same length"
             SEVERITY FAILURE;
    ELSE
          FOR i IN result'RANGE LOOP
         result(i) := nor_table(or_table (lv(i), rv(i)));
       END LOOP;
    END IF;
    RETURN result;
END "nor";
--  ---------------------------------------------------------------------------------------
--      xor
--  ---------------------------------------------------------------------------------------
FUNCTION "xor" (l, r: std_logic_vector) RETURN std_logic_vector IS
        ALIAS lv: std_logic_vector (1 TO l'LENGTH) IS l;
        ALIAS rv: std_logic_vector (1 TO r'LENGTH) IS r;
        VARIABLE result: std_logic_vector (1 TO l' LENGTH);
BEGIN
        IF (l 'LENGTH /= r'LENGTH) THEN
                    ASSERT FALSE
REPORT "arguments of overloaded 'xor' operator are not of the same length"
                    SEVERITY FAILURE;
        ELSE
                    FOR i IN result' RANGE LOOP
```

```
                    result(i) := xor_table (lv(i), rv(i));
                END LOOP;
        END IF;
        RETURN result;
END "xor";
-- ----------------------------------------------------------------------------------------------
FUNCTION "xor" (l, r: std_ulogic_vector) RETURN std_ulogic_vector IS
        ALIAS lv: std_ulogic_vector (1 TO l'LENGTH) IS l;
        ALIAS rv: std_ulogic_vector (1 TO r'LENGTH) IS r;
        VARIABLE result: std_ulogic_vector (1 TO l'LENGTH);
BEGIN
        IF (l'LENGTH /= r' LENGTH) THEN
            ASSERT FALSE
REPORT "arguments of overloaded'xor' operator are not of the same length"
            SEVERITY FAILURE;
        ELSE
            FOR i IN result'RANGE LOOP
                result(i) := xor_table (lv(i), rv(i));
            END LOOP;
        END IF;
    RETURN result;
END "xor";
-- ----------------------------------------------------------------------------------------------
--    xnor
-- ----------------------------------------------------------------------------------------------
--    Note: The declaration and implementation of the "xnor" function is
--    specifically commented until at which time the VHDL language has been
--    officially adopted as containing such a function. At such a point,
--    the following comments may be removed along with this notice without
--    further "official" ballotting of this std_logic_1164 package. It is
--    the intent of this effort to provide such a function once it becomes
--    available in the VHDL standard.
-- ----------------------------------------------------------------------------------------------
--    FUNCTION "xnor" (l, r: std_logic_vector)RETURN std_logic_vector IS
--            ALIAS lv: std_logic_vector(1 TO l'LENGTH) IS l;
--            ALIAS rv: std_logic_vector(1 TO r'LENGTH) IS r;
--            VARIABLE result: std_logic_vector(1 TO l'LENGTH);
--    BEGIN
--            IF (l' LENGTH /= r'LENGTH) THEN
--                ASSERT FALSE
```

```
--      REPORT "arguments of overloaded 'xnor' operator are not of the same length"
--              SEVERITY FAILURE;
--              ELSE
--              FOR i IN result'RANGE LOOP
--                  result(i) := not_table(xor_table(lv(i), rv(i)));
--                  END LOOP;
--              END IF;
--          RETURN result;
--      END "xnor";
--      FUNCTION "xnor" (l, r: std_ulogic_vector) RETURN std_ulogic_vector IS
--              ALIAS lv: std_ulogic_vector(1 TO l'LENGTH) IS l;
--              ALIAS rv: std_ulogic_vector(1 TO r'LENGTH) IS r;
--              VARIABLE result: std_ulogic_vector (1 TO l'LENGTH);
--      BEGIN
--              IF (l'LENGTH /= r'LGNGTH) THEN
--                  ASSERT FALSE
--      REPORT "arguments of overloaded 'xnor' operator are not of the same length"
--                  SEVERITY FAILURE;
--              ELSE
--                  FOR i IN result'RANGE LOOP
--                      result(i) := not_talbe(xor_table(lv(i), rv(i)));
--                  END LOOP;
--              END IF;
--              RETURN RESULT;
--      END "xnor";
-- -----------------------------------------------------------------------------------------------
--      not
-- -----------------------------------------------------------------------------------------------
FUNCTION "not" (l: std_logic_vector) RETURN std_logic_vector IS
        ALIAS lv: std_logic_vector (1 TO l'LENGTH) IS l;
        VARIABLE result: std_logic_vector (1 TO l'LENGTH) := (OTHERS => 'X');
BEGIN
        FOR i IN result'RANGE LOOP
            result(i) := not_table(lv(i));
        END LOOP;
        RETURN result;
END;
-------------------------------------------------------------------------------------------------
FUNCTION "not" (l: std_ulogic_vector) RETURN std_ulogic_vector IS
        ALIAS lv: std_ulogic_vector(1 TO l'LENGTH) IS l;
```

```
        VARIABLE result: std_ulogic_vector(1 TO l'LENGTH) := (OTHERS => 'X');
BEGIN
        FOR i IN result'RANGE LOOP
            result(i) := not_table(lv(i));
        END LOOP;
        RETURN result;
END;
-------------------------------------------------------------------------------------------
--  conversion tables
--  ---------------------------------------------------------------------------------------
TYPE logic_x01_table IS ARRAY (std_ulogic'LOW TO std_ulogic'HIGH)OF X01;
TYPE logic_x01z_table IS ARRAY (std_ulogic'LOW TO std_ulogic'HIGH)OF X01Z;
TYPE logic_ux01_table IS ARRAY (std_ulogic'LOW TO std_ulogic'HIGH)OF UX01;
-------------------------------------------------------------------------------------------
--table name: cvt_to_x01
--parameters:
--in: std_ulogic          -- some logic value
--returns: x01            -- state value of logic value
--purpose: to convert state-strength to state only
--example: if (cvt_to_x01 (input_signal) = '1') then…
--  ---------------------------------------------------------------------------------------
CONSTANT cvt_to_x01: logic_x01_table := (
                            'X',        ----'U'
                            'X',        ----'X'
                            '0',        ----'0'
                            '1',        ----'1'
                            'X', ----'Z'
                            'X', ----'W'
                            '0', ----'L'
                            '1', ----'H'
                            'X' ----'-');
--  ---------------------------------------------------------------------------------------
-- table name: cvt_to_x01z
-- parameters:
-- in: std_ulogic         -- some logic value
-- returns: x01z          -- state value of logic value
-- purpose: to convert state-strength to state only
-- example: if(cvt_to_x01z (input_signal) = '1') then...
--  ---------------------------------------------------------------------------------------
CONSTANT cvt_to_x01z: logic_x01z_table := (
```

```
'X',        --'U'
'X',        --'X'
'0',        --'0'
'1',        --'1'
'Z',        --'Z'
'X',        --'W'
'0',        --'L'
'1',        --'H'
'X'         --'- ');
--  ----------------------------------------------------------------------------------------
-- table name: cvt_to_ux01
-- parameters:
--in: std_ulogic          -- some logic value
-- returns: ux01          -- state value of logic value
-- purpose: to convert state-strength to state only
--
-- example: if(cvt_to_ux01(input_signal) = '1') then…
--  ----------------------------------------------------------------------------------------
CONSTANT cvt_to_ux01: logic_ux01_table := (
                        'U',        --'U'
                        'X',        --'X'
                        '0',        --'0'
                        '1',        --'1'
                        'X',        --'Z'
                        'X',        --'W'
                        '0',        --'L'
                        '1',        --'H'
                        'X'         --'- ');
------------------------------------------------------------------------------------------
--      conversion functions
------------------------------------------------------------------------------------------
FUNCTION To_bit (s: std_ulogic; xmap: BIT := '0' ) RETURN BIT IS
BEGIN
            CASE s IS
                        WHEN '0' | 'L' => RETURN('0');
                        WHEN '1' | 'H' => RETURN('1');
                        WHEN OTHERS => RETURN xmap;
            END CASE;
END;
------------------------------------------------------------------------------------------
```

```
FUNCTION To_bitvector(s: std_logic_vector; xmap: BIT := '0') RETURN BIT_VECTOR IS
        ALIAS sv: std_logic_vector(s'LENGTH-1 DOWNTO 0) IS s;
        VARIABLE result: BIT_VECTOR(s'LENGTH-1 DOWNTO 0);
BEGIN
        FOR i IN result'RANGE LOOP
            CASE sv(i) IS
                WHEN '0' | 'L' => result(i) := '0';
                WHEN '1' | 'H' => result(i) := '1';
                WHEN OTHERS => result(i) := xmap;
            END CASE;
        END LOOP;
            RETURN result;
END;
--------------------------------------------------------------------------------
FUNCTION To_bitvector(s: std_ulogic_vector; xmap: BIT := '0')RETURN BIT_VECTOR IS
        ALIAS sv: std_ulogic_vector(s'LENGTH-1 DOWNTO 0) IS s;
        VARIABLE result: BIT_VECTOR(s'LENGTH-1 DOWNTO 0);
BEGIN
        FOR i IN result'RANGE LOOP
            CASE sv(i) IS
                WHEN '0' | 'L' => result(i) := '0';
                WHEN '1' | 'H' => result(i) := '1';
                WHEN OTHERS => result(i) := xmap;

            END CASE;
        END LOOP;
            RETURN result;
END;
--------------------------------------------------------------------------------
FUNCTION To_StdULogic(b: BIT) RETURN std_ulogic IS
BEGIN
        CASE b IS
                WHEN '0' => RETURN'0';
                WHEN '1' => RETURN'1';
        END CASE;
END;
--------------------------------------------------------------------------------
FUNCTION To_StdLogicVector(b: BIT_VECTOR) RETURN std_logic_vector IS
    ALIAS bv: BIT_VECTOR(b' LENGTH-1 DOWNTO 0) IS b;
    VARIABLE result: std_logic_vector(b'LENGTH-1 DOWNTO 0);
```

```
BEGIN
    FOR i IN result'RANGE LOOP
        CASE bv(i) IS
            WHEN '0' => result(i) := '0';
            WHEN '1' => result(i) := '1';
        END CASE;
    END LOOP;
    RETURN result;
END;
--------------------------------------------------------------------------------
FUNCTION To_StdULogicVector(s: std_ulogic_vector) RETURN std_logic_vector IS
    ALIAS sv: std_ulogic_vector(s'LENGTH-1 DOWNTO 0) IS s;
    VARIABLE result: std_logic_vector(s'LENGTH-1 DOWNTO 0);
BEGIN
    FOR i IN result'RANGE LOOP
            result(i) := sv(i);
    END LOOP;
    RETURN result;
END;
--------------------------------------------------------------------------------
FUNCTION To_StdULogicVector(b: BIT_VECTOR)RETURN std_ulogic_vector IS
    ALIAS bv: BIT_VECTOR(b' LENGTH-1 DOWNTO 0) IS b;
    VARIABLE result: std_ulogic_vector(b'LENGTH-1 DOWNTO 0);
BEGIN
    FOR i IN result' RANGE LOOP
            CASE bv(i) IS
                WHEN '0' => result(i) := '0';
                WHEN '1' => result(i) := '1';
            END CASE;
    END LOOP;
    RETURN result;
END;
--------------------------------------------------------------------------------
FUNCTION To_StdULogicVector(s: std_logic_vector) RETURN std_ulogic_vector IS
    ALIAS sv: std_logic_vector(s' LENGTH-1 DOWNTO 0) IS s;
    VARIABLE result: std_ulogic_vector(s' LENGTH-1 DOWNTO 0);
BEGIN
    FOR i IN result'RANGE LOOP
            result(i) := sv(i);
    END LOOP;
```

```
        RETURN result;
    END;
    ---------------------------------------------------------------------------------------------------
    -- strength strippers and type convertors
    - -------------------------------------------------------------------------------------------------
    -- to_x01
    ---------------------------------------------------------------------------------------------------
    FUNCTION To_X01(s: std_logic_vector) RETURN std_logic_vector IS
        ALIAS sv: std_logic_vector(1 TO s'LENGTH) IS s;
        VARIABLE result: std_logic_vector(1 TO s'LENGTH);
     BEGIN
        FOR i IN result'RANGE LOOP
              result(i) := cvt_to_x01 (sv(i));
        END LOOP;
        RETURN result;
    END;
    ---------------------------------------------------------------------------------------------------
    FUNCTION To_X01(s: std_ulogic_vector) RETURN std_ulogic_vector IS
        ALIAS sv: std_ulogic_vector(1 TO s'LENGTH) IS s;
        VARIABLE result: std_ulogic_vector(1 TO s'LENGTH);
    BEGIN
        FOR i IN result'RANGE LOOP
                  result(i) := cvt_to_x01 (sv(i));
        END LOOP;
        RETURN result;
    END;
    ---------------------------------------------------------------------------------------------------
    FUNCTION To_X01(s: std_ulogic)RETURN X01 IS
    BEGIN
        RETURN(cvt_to_x01(s));
    END;
    ---------------------------------------------------------------------------------------------------
    FUNCTION To_X01 (b: BIT_VECTOR)RETURN std_logic_vector IS
        ALIAS bv: BIT_VECTOR (1 TO b'LENGTH) IS b;
        VARIABLE result: std_logic_vector (1 TO b'LENGTH);
    BEGIN
        FOR i IN result'RANGE LOOP
            CASE bv(i) IS
                WHEN '0' => result(i) := '0';
                WHEN '1' => result(i) := '1';
```

```
            END CASE;
        END LOOP;
        RETURN result;
    END;
    ----------------------------------------------------------------------------------------------------
    FUNCTION To_X01(b: BIT_VECTOR)RETURN std_ulogic_vector IS
        ALIAS bv: BIT_VECTOR(1 TO b'LENGTH) IS b;
        VARIABLE result: std_ulogic_vector(1 TO b'LENGTH);
    BEGIN
        FOR i IN result 'RANGE LOOP
            CASE bv(i) IS
                WHEN '0' => result(i) := '0';
                WHEN '1' => result(i) := '1';
            END CASE;
        END LOOP;
        RETURN result;
    END;
    ----------------------------------------------------------------------------------------------------
    FUNCTION To_X01(b: BIT)RETURN X01 IS
    BEGIN
        CASE b IS
                WHEN '0' => RETURN('0');
                WHEN '1' => RETURN('1');
        END CASE;
    END;
    ----------------------------------------------------------------------------------------------------
    --  to_x01z
    ----------------------------------------------------------------------------------------------------
    FUNCTION To_X01Z (s: std_logic_vector) RETURN std_logic_vector IS
        ALIAS sv: std_logic_vector (1 TO s'LENGTH) IS s;
        VARIABLE result: std_logic_vector (1 TO s'LENGTH);
    BEGIN
        FOR i IN result'RANGE LOOP
            result(i) := cvt_to_x01z (sv(i));
        END LOOP;
        RETURN result;
    END;
    ----------------------------------------------------------------------------------------------------
    FUNCTION To_X01Z (s: std_ulogic_vector) RETURN std_ulogic_vector IS
        ALIAS sv: std_ulogic_vector (1 TO s'LENGTH) IS s;
```

```
    VARIABLE result: std_ulogic_vector (1 TO s'LENGTH);
BEGIN
    FOR i IN result'RANGE LOOP
        result(i) := cvt_to_x01z (sv(i));
    END LOOP;
    RETURN result;
END;
---------------------------------------------------------------------------------
FUNCTION To_X01Z (s: std_ulogic) RETURN X01Z IS
BEGIN
    RETURN (cvt_to)_x01z(s));
END;
---------------------------------------------------------------------------------
FUNCTION To_X01Z (b: BIT_VECTOR) RETURN std_logic_vector IS
    ALIAS bv: BIT_VECTOR (1 TO b'LENGTH) IS b;
    VARIABLE result: std_logic_vector (1 TO b'LENGTH);
BEGIN
    FOR i IN result'RANGE LOOP
        CASE bv(i) IS
            WHEN '0' => result(i) := '0';
            WHEN '1' => result(i) := '1';
        END CASE;
    END LOOP;
    RETURN result;
END;
---------------------------------------------------------------------------------
FUNCTION To_X01Z (b: BIT_VECTOR) RETURN std_ulogic_vector IS
    ALIAS bv: BIT_VECTOR(1 TO b'LENGTH) IS b;
    VARIABLE result: std_ulogic_vector(1 TO b'LENGTH);
BEGIN
    FOR i IN result'RANGE LOOP
        CASE bv(i) IS
            WHEN '0' => result(i) := '0';
            WHEN '1' => result(i) := '1';
        END CASE;
    END LOOP;
    RETURN result;
END;
---------------------------------------------------------------------------------
FUNCTION To_X01Z(b: BIT)RETURN X01Z IS
```

```
BEGIN
        CASE b IS
            WHEN '0' => RETURN('0');
            WHEN '1' => RETURN('1');
        END CASE;
END;
-------------------------------------------------------------------------------------------------
--  to_ux01
-------------------------------------------------------------------------------------------------
FUNCTION To_UX01 (s: std_logic_vector) RETURN std_logic_vector IS
    ALIAS sv: std_logic_vector (1 TO s'LENGTH) IS s;
    VARIABLE result: std_logic_vector (1 TO s'LENGTH);
BEGIN
    FOR i IN result'RANGE LOOP
          result(i) := cvt_to_ux01 (sv(i));
    END LOOP;
    RETURN result;
END;

-------------------------------------------------------------------------------------------------
FUNCTION To_UX01  (s: std_ulogic_vector)  RETURN std_ulogic_vector IS
    ALIAS sv: std_ulogic_vector (1 TO s'LENGTH) IS s;
    VARIABLE result: std_ulogic_vector (1 TO s'LENGTH);
BEGIN
    FOR i IN result'RANGE LOOP
          result(i) := cvt_to_ux01 (sv(i));
    END LOOP;
    RETURN result;
END;
-------------------------------------------------------------------------------------------------
FUNCTION To_UX01 (s: std_ulogic) RETURN UX01 IS
BEGIN
    RETURN (cvt_to_ux01(s));
END;
-------------------------------------------------------------------------------------------------
FUNCTION To_UX01 (b: BIT_VECTOR) RETURN std_logic_vector IS
    ALIAS bv: BIT_VECTOR (1 TO b'LENGTH) IS b;
    VARIABLE result: std_logic_vector (1 TO b'LENGTH);
BEGIN
    FOR i IN result'RANGE LOOP
```

```
        CASE bv(i) IS
            WHEN '0' => result(i) := '0';
            WHEN '1' => result(i) := '1';
        END CASE;
    END LOOP;
    RETURN result;
END;
-------------------------------------------------------------------------------------------
FUNCTION To_UX01 (b: BIT_VECTOR)RETURN std_ulogic_vector IS
    ALIAS bv: BIT_VECTOR (1 TO b'LENGTH) IS b;
    VARIABLE result : std_ulogic_vector (1 TO b'LENGTH);
BEGIN
    FOR i IN result'RANGE LOOP
        CASE bv(i) IS
            WHEN '0' => result(i) := '0';
            WHEN '1' => result(i) := '1';
        END CASE;
    END LOOP;
    RETURN result;
END;
-------------------------------------------------------------------------------------------
FUNCTION To_UX01 (b: BIT)RETURN UX01 IS
BEGIN
        CASE b IS
            WHEN '0' => RETURN('0');
            WHEN '1' => RETURN('1');
        END CASE;
END;
-------------------------------------------------------------------------------------------
--  edge detection
-------------------------------------------------------------------------------------------
FUNCTION rising_edge (SIGNAL s: std_ulogic) RETURN BOOLEAN IS
BEGIN
    RETURN (s' EVENT AND(TO_X01(s) = '1') AND
                            (TO_X01(s' LAST_VALUE) = '0'));
END;
FUNCTION falling_edge(SIGNAL s: std_ulogic) RETURN BOOLEAN IS
BEGIN
    RETURN (s' EVENT AND(TO_X01(s) = '0') AND
                            (TO_X01(s' LAST_VALUE) = '1'));
```

```
END;
--------------------------------------------------------------------------------------------------
--  object contains an unknown
--------------------------------------------------------------------------------------------------
FUNCTION Is_X (s: std_ulogic_vector) RETURN BOOLEAN IS
BEGIN
    FOR i IN s' RANGE LOOP
            CASE s(i) IS
                WHEN 'U' | 'X ' |'Z' | 'W' | '-' |=> RETURN TRUE;
                WHEN OTHERS => NULL;
            END CASE;
    END LOOP;
    RETURN FALSE;
END;
--------------------------------------------------------------------------------------------------
FUNCTION Is_X (s: std_logic_vector) RETURN BOOLEAN IS
BEGIN
    FOR i IN s' RANGE LOOP
            CASE s(i) IS
                WHEN 'U' | 'X' | 'Z' | 'W' | '-' |=> RETURN TRUE;
                WHEN OTHERS => NULL;
            END CASE;
    END LOOP;
    RETURN FALSE;
END;
--------------------------------------------------------------------------------------------------
FUNCTION Is_X (s: std_ulogic) RETURN BOOLEAN IS
BEGIN
            CASE s IS
                WHEN 'U' | 'X' | 'Z' | 'W' | '-' |=> RETURN TRUE;
                WHEN OTHERS => NULL;
            END CASE;
    RETURN FALSE;
END;

END std_logic_1164;
```

- std_logic_arith (Synopsys 公司提供)

```
--------------------------------------------------------------------------------------------------
--  Copyright (c) 1990, 1991, 1992 by Synopsys, Inc. All rights reserved.          --
```

```
--   This source file may be used and distributed without restriction       --
--   provided that this copyright statement is not removed from the file    --
--   and that any derivative work contains this copyright notice.           --
--                                                                          --
--     Package name: std_logic_arith                                        --
--                                                                          --
--     Purpose:                                                             --
--     A set of arithemtic, conversion, and comparison functions            --
--     for SIGNED, UNSIGNED, SMALL_INT, INTEGER,                            --
--     STD_ULOGIC, STD_LOGIC, and STD_LOGIC_VECTOR.                         --
------------------------------------------------------------------------------
LIBRARY IEEE;
USE IEEE.STD_LOGIC_1164.ALL;
PACKAGE std_logic_arith IS
    TYPE UNSIGNED IS ARRAY (NATURAL RANGE <>) OF STD_LOGIC;
    TYPE SIGNED IS ARRAY (NATURAL RANGE <>) OF STD_LOGIC;
    SUBTYPE SMALL_INT IS INTEGER RANGE 0 TO 1;
    FUNCTION "+" (L: UNSIGNED; R: UNSIGNED) RETURN UNSIGNED;
    FUNCTION "+" (L: SIGNED; R: SIGNED) RETURN SIGNED;
    FUNCTION "+" (L: UNSIGNED; R: SIGNED) RETURN SIGNED;
    FUNCTION "+" (L: SIGNED; R: UNSIGNED) RETURN SIGNED;
    FUNCTION "+" (L: UNSIGNED; R: INTEGER) RETURN UNSIGNED;
    FUNCTION "+" (L: INTEGER; R: UNSIGNED) RETURN UNSIGNED;
    FUNCTION "+" (L: SIGNED; R: INTEGER) RETURN SIGNED;
    FUNCTION "+" (L: INTEGER; R: SIGNED) RETURN SIGNED;
    FUNCTION "+" (L: UNSIGNED; R: STD_ULOGIC) RETURN UNSIGNED;
    FUNCTION "+" (L: STD_ULOGIC; R: UNSIGNED) RETURN UNSIGNED;
    FUNCTION "+" (L: SIGNED; R: STD_ULOGIC) RETURN SIGNED;
    FUNCTION "+" (L: STD_ULOGIC; R: SIGNED) RETURN SIGNED;
    FUNCTION "+" (L: UNSIGNED; R: UNSIGNED) RETURN STD_LOGIC_VECTOR;
    FUNCTION "+" (L: SIGNED; R: SIGNED) RETURN STD_LOGIC_VECTOR;
    FUNCTION "+" (L: UNSIGNED; R: SIGNED) RETURN STD_LOGIC_VECTOR;
    FUNCTION "+" (L: SIGNED; R: UNSIGNED) RETURN STD_LOGIC_VECTOR;
    FUNCTION "+" (L: UNSIGNED; R: INTEGER) RETURN STD_LOGIC_VECTOR;
    FUNCTION "+" (L: INTEGER; R: UNSIGNED) RETURN STD_LOGIC_VECTOR;
    FUNCTION "+" (L: SIGNED; R: INTEGER) RETURN STD_LOGIC_VECTOR;
    FUNCTION "+" (L: INTEGER; R: SIGNED) RETURN STD_LOGIC_VECTOR;
    FUNCTION "+" (L: UNSIGNED; R: STD_ULOGIC) RETURN STD_LOGIC_VECTOR;
    FUNCTION "+" (L: STD_ULOGIC; R: UNSIGNED) RETURN STD_LOGIC_VECTOR;
    FUNCTION "+" (L: SIGNED; R: STD_ULOGIC) RETURN STD_LOGIC_VECTOR;
```

```
FUNCTION "+" (L: STD_ULOGIC; R: SIGNED) RETURN STD_LOGIC_VECTOR;
FUNCTION "-" (L: UNSIGNED; R: NSIGNED) RETURN UNSIGNED;
FUNCTION "-" (L: SIGNED; R: SIGNED) RETURN SIGNED;
FUNCTION "-" (L: UNSIGNED; R: SIGNED) RETURN SIGNED;
FUNCTION "-" (L: SIGNED; R: UNSIGNED) RETURN SIGNED;
FUNCTION "-" (L: UNSIGNED; R: INTEGER) RETURN UNSIGNED;
FUNCTION "-" (L: INTEGER; R: UNSIGNED) RETURN UNSIGNED;
FUNCTION "-" (L: SIGNED; R: INTEGER) RETURN SIGNED;
FUNCTION "-" (L: INTEGER; R: SIGNED) RETURN SIGNED;
FUNCTION "-" (L: UNSIGNED; R: STD_ULOGIC) RETURN UNSIGNED;
FUNCTION "-" (L: STD_ULOGIC; R: UNSIGNED) RETURN UNSIGNED;
FUNCTION "-" (L: SIGNED; R: STD_ULOGIC) RETURN SIGNED;
FUNCTION "-" (L: STD_ULOGIC; R: SIGNED) RETURN SIGNED;
FUNCTION "-" (L: UNSIGNED; R: UNSIGNED) RETURN STD_LOGIC_VECTOR;
FUNCTION "-" (L: SIGNED; R: SIGNED) RETURN STD_LOGIC_VECTOR;
FUNCTION "-" (L: UNSIGNED; R: SIGNED) RETURN STD_LOGIC_VECTOR;
FUNCTION "-" (L: SIGNED; R: UNSIGNED) RETURN STD_LOGIC_VECTOR;
FUNCTION "-" (L: UNSIGNED; R: INTEGER) RETURN STD_LOGIC_VECTOR;
FUNCTION "-" (L: INTEGER; R: UNSIGNED) RETURN STD_LOGIC_VECTOR;
FUNCTION "-" (L: SIGNED; R: INTEGER) RETURN STD_LOGIC_VECTOR;
FUNCTION "-" (L: INTEGER; R: SIGNED) RETURN STD_LOGIC_VECTOR;
FUNCTION "-" (L: UNSIGNED; R: STD_ULOGIC) RETURN STD_LOGIC_VECTOR;
FUNCTION "-" (L: STD_ULOGIC; R: UNSIGNED) RETURN STD_LOGIC_VECTOR;
FUNCTION "-" (L: SIGNED; R: STD_ULOGIC) RETURN STD_LOGIC_VECTOR;
FUNCTION "-" (L: STD_ULOGIC; R: SIGNED) RETURN STD_LOGIC_VECTOR;
FUNCTION "+" (L: UNSIGNED) RETURN UNSIGNED;
FUNCTION "+" (L: SIGNED) RETURN SIGNED;
FUNCTION "-" (L: SIGNED) RETURN SIGNED;
FUNCTION "ABS"(L: SIGNED) RETURN SIGNED;
FUNCTION "+" (L: UNSIGNED) RETURN STD_LOGIC_VECTOR;
FUNCTION "+" (L: SIGNED) RETURN STD_LOGIC_VECTOR;
FUNCTION "-" (L: SIGNED) RETURN STD_LOGIC_VECTOR;
FUNCTION "ABS"(L: SIGNED) RETURN STD_LOGIC_VECTOR;
FUNCTION "*" (L: UNSIGNED; R: SNSIGNED) RETURN UNSIGNED;
FUNCTION "*" (L: SIGNED; R: SIGNED) RETURN SIGNED;
FUNCTION "*" (L: SIGNED; R: UNSIGNED) RETURN SIGNED;
FUNCTION "*" (L: UNSIGNED; R: SIGNED) RETURN SIGNED;
FUNCTION "*" (L: UNSIGNED; R: UNSIGNED) RETURN STD_LOGIC_VECTOR;
FUNCTION "*" (L: SIGNED; R: SIGNED) RETURN STD_LOGIC_VECTOR;
FUNCTION "*" (L: SIGNED; R: UNSIGNED) RETURN STD_LOGIC_VECTOR;
```

```
FUNCTION "*" (L: UNSIGNED; R: SIGNED) RETURN STD_LOGIC_VECTOR;
FUNCTION "<" (L: UNSIGNED; R: UNSIGNED) RETURN BOOLEAN;
FUNCTION "<" (L: SIGNED; R: SIGNED) RETURN BOOLEAN;
FUNCTION "<" (L: UNSIGNED; R: SIGNED) RETURN BOOLEAN;
FUNCTION "<" (L: SIGNED; R: UNSIGNED) RETURN BOOLEAN;
FUNCTION "<" (L: UNSIGNED; R: INTEGER) RETURN BOOLEAN;
FUNCTION "<" (L: INTEGER; R: UNSIGNED) RETURN BOOLEAN;
FUNCTION "<" (L: SIGNED; R: INTEGER) RETURN BOOLEAN;
FUNCTION "<" (L: INTEGER; R: SIGNED) RETURN BOOLEAN;
FUNCTION "<="(L: UNSIGNED; R: UNSIGNED) RETURN BOOLEAN;
FUNCTION "<="(L: SIGNED; R: SIGNED) RETURN BOOLEAN;
FUNCTION "<=" (L: UNSIGNED; R: SIGNED) RETURN BOOLEAN;
FUNCTION "<=" (L: SIGNED; R: UNSIGNED) RETURN BOOLEAN;
FUNCTION "<=" (L: UNSIGNED; R: INTEGER) RETURN BOOLEAN;
FUNCTION "<=" (L: INTEGER; R: UNSIGNED) RETURN BOOLEAN;
FUNCTION "<=" (L: SIGNED; R: INTEGER) RETURN BOOLEAN;
FUNCTION "<=" (L: INTEGER; R: SIGNED) RETURN BOOLEAN;
FUNCTION ">" (L: UNSIGNED; R: UNSIGNED) RETURN BOOLEAN;
FUNCTION ">" (L: SIGNED; R: SIGNED) RETURN BOOLEAN;
FUNCTION ">" (L: UNSIGNED; R: SIGNED) RETURN BOOLEAN;
FUNCTION ">" (L: SIGNED; R: UNSIGNED) RETURN BOOLEAN;
FUNCTION ">" (L: UNSIGNED; R: INTEGER) RETURN BOOLEAN;
FUNCTION ">" (L: INTEGER; R: UNSIGNED) RETURN BOOLEAN;
FUNCTION ">" (L: SIGNED; R: INTEGER) RETURN BOOLEAN;
FUNCTION ">" (L: INTEGER; R: SIGNED) RETURN BOOLEAN;
FUNCTION ">="(L: UNSIGNED; R: UNSIGNED) RETURN BOOLEAN;
FUNCTION ">="(L: SIGNED; R: SIGNED) RETURN BOOLEAN;
FUNCTION ">=" (L: UNSIGNED; R: SIGNED) RETURN BOOLEAN;
FUNCTION ">="(L: SIGNED; R: UNSIGNED) RETURN BOOLEAN;
FUNCTION ">=" (L: UNSIGNED; R: INTEGER) RETURN BOOLEAN;
FUNCTION ">=" (L: INTEGER; R: UNSIGNED) RETURN BOOLEAN;
FUNCTION ">=" (L: SIGNED; R: INTEGER) RETURN BOOLEAN;
FUNCTION ">=" (L: INTEGER; R: SIGNED) RETURN BOOLEAN;
FUNCTION "=" (L: UNSIGNED; R: UNSIGNED) RETURN BOOLEAN;
FUNCTION "=" (L: SIGNED; R: SIGNED) RETURN BOOLEAN;
FUNCTION "=" (L: UNSIGNED; R: SIGNED) RETURN BOOLEAN;
FUNCTION "=" (L: SIGNED; R: UNSIGNED) RETURN BOOLEAN;
FUNCTION "=" (L: UNSIGNED; R: INTEGER) RETURN BOOLEAN;
FUNCTION "=" (L: INTEGER; R: UNSIGNED) RETURN BOOLEAN;
FUNCTION "=" (L: SIGNED; R: INTEGER) RETURN BOOLEAN;
```

```
FUNCTION "=" (L: INTEGER; R: SIGNED) RETURN BOOLEAN;
FUNCTION "/=" (L: UNSIGNED; R: UNSIGNED) RETURN BOOLEAN;
FUNCTION "/=" (L: SIGNED; R: SIGNED) RETURN BOOLEAN;
FUNCTION "/=" (L: UNSIGNED; R: SIGNED) RETURN BOOLEAN;
FUNCTION "/=" (L: SIGNED; R: UNSIGNED) RETURN BOOLEAN;
FUNCTION "/=" (L: UNSIGNED; R: INTEGER) RETURN BOOLEAN;
FUNCTION "/=" (L: INTEGER; R: UNSIGNED) RETURN BOOLEAN;
FUNCTION "/=" (L: SIGNED; R: INTEGER) RETURN BOOLEAN;
FUNCTION "/=" (L: INTEGER; R: SIGNED) RETURN BOOLEAN;
FUNCTION SHL (ARG: UNSIGNED; COUNT: UNSIGNED) RETURN UNSIGNED;
FUNCTION SHL (ARG: SIGNED; COUNT: UNSIGNED) RETURN SIGNED;
FUNCTION SHL (ARG: UNSIGNED; COUNT: UNSIGNED) RETURN UNSIGNED;
FUNCTION SHL (ARG: SIGNED; COUNT: UNSIGNED) RETURN SIGNED;
FUNCTION CONV_INTEGER (ARG: INTEGER) RETURN INTEGER;
FUNCTION CONV_INTEGER (ARG: UNSIGNED) RETURN INTEGER;
FUNCTION CONV_INTEGER (ARG: SIGNED) RETURN INTEGER;
FUNCTION CONV_INTEGER (ARG: STD_ULOGIC) RETURN SMALL_INT;
FUNCTION CONV_UNSIGNED (ARG: INTEGER:  SIZE:  INTEGER) RETURN UNSIGNED;
FUNCTION CONV_UNSIGNED (ARG: UNSIGNED: SIZE: INTEGER) RETURN UNSIGNED;
FUNCTION CONV_UNSIGNED (ARG: SIGNED: SIZE: INTEGER) RETURN UNSIGNED;
FUNCTION CONV_UNSIGNED (ARG: STD_ULOGIC: SIZE: INTEGER) RETURN UNSIGNED;
FUNCTION CONV_SIGNED (ARG: INTEGER: SIZE: INTEGER) RETURN SIGNED;
FUNCTION CONV_SIGNED (ARG: UNSIGNED: SIZE: INTEGER) RETURN SIGNED;
FUNCTION CONV_SIGNED (ARG: SIGNED: SIZE: INTEGER) RETURN SIGNED;
FUNCTION CONV_SIGNED (ARG: STD_ULOGIC: SIZE: INTEGER) RETURN SIGNED;
FUNCTION CONV_STD_LOGIC_VECTOR (ARG: INTEGER: SIZE: INTEGER)
                                   RETURN STD_LOGIC_VECTOR;
FUNCTION CONV_STD_LOGIC_VECTOR (ARG: UNSIGNED: SIZE: INTEGER)
                                   RETURN STD_LOGIC_VECTOR;
FUNCTION CONV_STD_LOGIC_VECTOR (ARG: SIGNED: SIZE: INTEGER)
                                   RETURN STD_LOGIC_VECTOR;
FUNCTION CONV_STD_LOGIC_VECTOR (ARG: STD_ULOGIC: SIZE: INTEGER)
                                   RETURN STD_LOGIC_VECTOR;
--ZERO EXTEND STD_LOGIC_VECTOR (ARG) TO SIZE,
--SIZE <0 IS same AS SIZE = 0
--RETURNS STD_LOGIC_VECTOR (SIZE-1 DOWNTO 0)
FUNCTION EXT(ARG: STD_LOGIC_VECTOR: SIZE: INTEGER) RETURN STD_LOGIC_VECTOR;
-- SIGN EXTEND STD_LOGIC_VECTOR (ARG) TO SIZE,
-- SIZE <0 IS SAME AS SIZE = 0
-- RETURNS STD_LOGIC_VECTOR (SIZE-1 DOWNTO 0)
```

```
        FUNCTION SXT (ARG: STD_LOGIC_VECTOR: SIZE: INTEGER)
        RETURN STD_LOGIC_VECTOR;
END std_logic_arith;
```

• std_logic_unsigned (Synopsys 公司提供)

```
--------------------------------------------------------------------------------------------------------
-- Copyright (c) 1990, 1991, 1992 by Synopsys, Inc.    All rights reserved.              --
-- This source file may be used and distributed without restriction                      --
-- provided that this copyright statement is not removed from the file                   --
-- and that any derivative work contains this copyright notice.                          --
--                                                                                       --


--          Package name: std_logic_unsigned                                             --
--                 Date:     09/11/92                KN                                  --
--                           10/08/92                AMT                                 --
--          Purpose:                                                                     --
--          A set of unsigned arithemtic, conversion,                                    --
--                              and comparison functions of STD_LOGIC_VECTOR.            --
--          Note: comparision of same length discrete arrays is defined                  --
--                  by the LRM. This package will "overload" those                       --
--                  definitions                                                          --
--------------------------------------------------------------------------------------------------------
LIBRARY IEEE;
USE IEEE.STD_LOGIC_1164.ALL;
USE IEEE.STD_LOGIC_ARITH.ALL;
PACKAGE std_logic_unsigned IS
   FUNCTION "+" (L: STD_LOGIC_VECTOR;
   R: STD_LOGIC_VECTOR) RETURN STD_LOGIC_VECTOR;
   FUNCTION "+" (L: STD_LOGIC_VECTOR; R: INTEGER) RETURN STD_LOGIC_VECTOR;
   FUNCTION "+" (L: INTEGER; R: STD_LOGIC_VECTOR) RETURN STD_LOGIC_VECTOR;
   FUNCTION "+" (L: STD_LOGIC_VECTOR; R: STD_LOGIC) RETURN STD_LOGIC_VECTOR;
   FUNCTION "+" (L: STD_LOGIC; R: STD_LOGIC_VECTOR) RETURN STD_LOGIC_VECTOR;
   FUNCTION "-" (L: STD_LOGIC_VECTOR; R: STD_LOGIC_VECTOR) RETURN
                    STD_LOGIC_VECTOR;
   FUNCTION "-" (L: STD_LOGIC_VECTOR; R: INTEGER) RETURN STD_LOGIC_VECTOR;
   FUNCTION "-" (L: INTEGER; R: STD_LOGIC_VECTOR) RETURN STD_LOGIC_VECTOR;
   FUNCTION "-" (L: STD_LOGIC_VECTOR; R: STD_LOGIC) RETURN STD_LOGIC_VECTOR;
   FUNCTION "-" (L: STD_LOGIC; R: STD_LOGIC_VECTOR) RETURN STD_LOGIC_VECTOR;
   FUNCTION "+" (L: STD_LOGIC_VECTOR) RETURN STD_LOGIC_VECTOR;
   FUNCTION "*" (L: STD_LOGIC_VECTOR; R: STD_LOGIC_VECTOR) RETURN
```

```
                    STD_LOGIC_VECTOR;
FUNCTION "<" (L: STD_LOGIC_VECTOR; R: STD_LOGIC_VECTOR) RETURN BOOLEAN;
FUNCTION "<" (L: STD_LOGIC_VECTOR; R: INTEGER) RETURN BOOLEAN;
FUNCTION "<" (L: INTEGER; R: STD_LOGIC_VECTOR) RETURN BOOLEAN;
FUNCTION "<="(L: STD_LOGIC_VECTOR; R: STD_LOGIC_VECTOR) RETURN BOOLEAN;
FUNCTION "<=" (L: STD_LOGIC_VECTOR; R: INTEGER) RETURN BOOLEAN;
FUNCTION "<=" (L: INTEGER; R: STD_LOGIC_VECTOR) RETURN BOOLEAN;
FUNCTION ">" (L: STD_LOGIC_VECTOR; R: STD_LOGIC_VECTOR) RETURN BOOLEAN;
FUNCTION ">" (L: STD_LOGIC_VECTOR; R: INTEGER) RETURN BOOLEAN;
FUNCTION ">" (L: INTEGER; R: STD_LOGIC_VECTOR) RETURN BOOLEAN;
FUNCTION ">=" (L: STD_LOGIC_VECTOR; R: STD_LOGIC_VECTOR) RETURN BOOLEAN;
FUNCTION ">=" (L: STD_LOGIC_VECTOR; R: INTEGER) RETURN BOOLEAN;
FUNCTION ">=" (L: INTEGER; R: STD_LOGIC_VECTOR) RETURN BOOLEAN;
FUNCTION "=" (L: STD_LOGIC_VECTOR; R: STD_LOGIC_VECTOR) RETURN BOOLEAN;
FUNCTION "=" (L: STD_LOGIC_VECTOR; R: INTEGER) RETURN BOOLEAN;
FUNCTION "=" (L: INTEGER; R: STD_LOGIC_VECTOR) RETURN BOOLEAN;
FUNCTION "/=" (L: STD_LOGIC_VECTOR; R: STD_LOGIC_VECTOR) RETURN BOOLEAN;
FUNCTION "/=" (L: STD_LOGIC_VECTOR; R: INTEGER) RETURN BOOLEAN;
FUNCTION "/=" (L: INTEGER; R: STD_LOGIC_VECTOR) RETURN BOOLEAN;
FUNCTION SHR(ARG: STD_LOGIC_VECTOR; COUNT: STD_LOGIC_VECTOR)
                    RETURN STD_LOGIC_VECTOR;
FUNCTION SHR(ARG: STD_LOGIC_VECTOR; COUNT: STD_LOGIC_VECTOR)
                    RETURN STD_LOGIC_VECTOR;
FUNCTION CONV_INTEGER(ARG: STD_LOGIC_VECTOR) RETURN INTEGER;
-- remove this since it is already in std_logic_arith
--          FUNCTION CONV_STD_LOGIC_VECTOR(ARG: INTEGER; SIZE: INTEGER)
                    RETURN STD_LOGIC_VECTOR;
END std_logic_unsigned;
```

参考文献

[1] Roth Charles H Jr. Digital Systems Design Using VHDL. PWS Publishing Company, 1998.

[2] 森岡澄夫. HDL による大規模ディジタル回路設計入門. CQ 出版社 トランジスタ技術誌，連載 1～17，1998～1999.

[3] 侯伯亨，顾新. VHDL 硬件描述语言与数字逻辑电路设计. 修订版. 西安：西安电子科技大学出版社，1999.

[4] 長谷川裕恭. VHDL によゐ ハ―ト″ウユア設計入門. 東京: CQ 出版社, 1995.

[5] 長谷川裕恭. 例解 VHDL プロゲラミンク″. トランシ″スタ技術, 1993 年 3 月号～1994 年 5 月号.

[6] 中林, 祥惠/江森, 玲/今井, 正治. VHDL によるマイクロプロセツサ設計, インタ―フユ―ス, 1994 年 2 月号①～1995 年 7 月号⑩.

[7] 小林優. 入門 Verilog - HDL 記述. インタ―フユ―ス, 1994(4): 135-154.

[8] David R Coelho.The VHDL Handbook. Boston: Vantage Analysis Systems, INC, 1993.

[9] Douglas L Perry. 电子设计硬件描述语言 VHDL. 周祖成，译. 北京：学苑出版社, 1994.

[10] BHASKER J. A Guide to VHDL syntax Based on the new IEEE std 1076—1993. AT&T Bell Laboratories, Allentown, PA.

[11] Jorgen Staunstrup, Wayne Wolf. Hardware/Software Co-Design: Principles and Practice. KLUWER ACADEMIC PUBLISHERS, 1997.

[12] Mark Zwolinski. VHDL 数字系统设计. 2 版. 李仁发，等，译. 北京：电子工业出版社，2007.